U0322729

原位自生双相纳米复合永磁材料

崔春翔 孙继兵 韩瑞平 著

科学出版社

北京

内 容 简 介

    本书主要涉及原位自生双相纳米复合永磁材料中间合金及整体合金的成分设计、冶炼制备、原位析出处理和微观组织观察分析,主要阐述作者采用熔体快冷、离心甩带、机械粉碎、氢爆、氮化法和原位自生合成 $Sm(Fe_{1-x}Ti_x)29N_y/\alpha\text{-}Fe$ 等系列原位自生双相薄带磁体与双相纳米粉体,再用黏结法和烧结法制备块体系列原位自生双相纳米复合永磁材料的详细工艺过程、微结构检测与相组成分析、材料微观组织与磁性能的关系及规律等内容。

    本书可作为从事磁性材料生产的工程技术人员以及该领域的研究人员、高校教师和研究生的参考书。

图书在版编目(CIP)数据

原位自生双相纳米复合永磁材料/崔春翔,孙继兵,韩瑞平著.—北京:科学出版社,2015

ISBN 978-7-03-045872-8

Ⅰ.①原… Ⅱ.①崔… ②孙… ③韩… Ⅲ.①纳米材料-复合永磁材料
Ⅳ.①TM273

中国版本图书馆 CIP 数据核字(2015)第 234475 号

责任编辑:鲁永芳 钱 俊 / 责任校对:张凤琴
责任印制:张 倩 / 封面设计:铭轩堂

科 学 出 版 社 出版
北京东黄城根北街 16 号
邮政编码:100717
http://www.sciencep.com

文林印务有限公司 印刷
科学出版社发行 各地新华书店经销

*

2015 年 10 月第 一 版 开本:720×1000 1/16
2015 年 10 月第一次印刷 印张:23 3/4 插页:1
字数:459 000

定价:128.00 元
(如有印装质量问题,我社负责调换)

前　　言

本书是作者课题组承担的国家自然科学基金项目、教育部博士点基金项目、河北省及天津市应用基础重点项目在原位自生双相纳米复合永磁材料研究领域最新研究结果的总结,第1章绪论部分特别注意介绍了近几年国外该领域最新的研究成果。主要内容包括:永磁材料和双相纳米磁性材料的发展历史和研究现状概述、Sm-Fe 合金、Sm-Fe-N 合金、Sm-Fe-N-M($M=Ti,Nb$)合金、Sm-Fe-M 合金、Nb-Fe-B-M($M=Co,Cr,Zr,Al$)合金等原位自生双相纳米复合永磁材料中间合金和整体合金的成分设计、冶炼制备方法、原位析出处理、微观组织观察与分析。主要阐述作者采用熔体快冷、离心甩带、机械粉碎、氢爆、氮化法和原位自生合成 $Sm_2Fe_{17}N_y//\alpha$-Fe、$Sm(Fe_{1-x}Ti_x)29N_y/\alpha$-Fe、Nd-Fe-B$//\alpha$-Fe、Nd-Fe-B/Fe-Co、Nd-Fe-B-M($M=Co,Cr,Al,Zr$)/Fe-Co 系列原位自生双相薄带磁体和双相纳米粉体,再用黏结法和烧结法制备块体 $Sm_2Fe_{17}N_y//\alpha$-Fe、$Sm(Fe_{1-x}Ti_x)29N_y/\alpha$-Fe 及 Nd-Fe-B/Fe-Co 等系列原位自生双相纳米复合永磁材料的详细工艺过程、微结构检测与相组成分析、材料微观组织与磁性能的关系和规律等内容。

本书由活跃在材料科学教学科研一线的教师和博士研究生编写。全书共20章,其中大部分章节的文字内容和实验数据来自于崔春翔教授指导的博士研究生孙继兵、韩瑞平的博士学位论文及硕士研究生张颖、梁志梅、吴瑞国和高建霞等的硕士学位论文。本书由河北工业大学崔春翔教授、孙继兵教授和韩瑞平博士联合撰写;全书由崔春翔教授统稿。本书参考了国内外磁性材料领域,尤其是双相纳米磁性材料研究领域的学术期刊、兄弟院校的相关教学参考书目及其他材料科学方面的专著,并得到河北工业大学优秀博士论文成果出版专著项目的宝贵资助和科学出版社的大力支持,河北工业大学材料科学与工程学院金属材料工程系的教师对本书的编写提出了许多宝贵意见,谨此一并致谢。

本书的系列研究工作得到了国家自然科学基金项目"$Sm(Fe_{1-x}Ti_x)29N_y/\alpha$-Fe 双相纳米永磁复合材料界面微结构"(项目编号:50271024)、"$SmCo_5/Fe_7Co_3$高温永磁复合材料的纳米相结构与磁性能"(项目编号:51271070),教育部博士点基金项目(项目编号:20060080005),河北省自然科学基金项目(项目编号:E2010000125),以及天津市应用基础重点项目(项目编号:05YFZJC02200)的资金支持,部分试验研究工作得到了河北工业大学河北省新型功能材料重点实验室的大型实验仪器运行经费的支持,在此表示感谢。在成书过程中曾得到河北工业大学材料科学与工程学院检测中心的戚玉敏博士、刘双进老师、王磊老师和王海云老师在扫描电镜观察、X 射线检测中给予的支持和帮助,在本书相关实验过程中杨薇博士、刘双进博士、戚玉敏博士、赵立臣博士、王清周博士、步绍静博士、丁贺伟老师给予了无私的帮助和支持,在磁性材料合金熔炼过程中硕士研究生张颖、高建霞、梁志梅、吴瑞国和龚俊杰做了大量的材料制备与电镜测试等工作,在此一并表示感谢。

　　本书可作为高等学校和研究院所材料科学与工程专业、金属材料工程专业、冶金专业和功能材料专业教师与研究生的教学及科研参考书,对从事磁性材料发展与应用的科技人员和企业管理人员也有一定的参考价值。

崔春翔　孙继兵　韩瑞平

2015 年 6 月 28 日

目　　录

第 1 章　绪　　论

1.1　磁学研究的发展

磁性是物质的基本属性之一。早在远古时代,人们就已经发现了磁并开始利用地磁场和磁体之间的相互作用。当时的磁是以极磁矿石的形式出现的,这个矿石的名称,即磁学(magnetism),来自于古希腊在 Thesaly 的一个名叫 Maggnesia 的省份,在那里磁体以天然矿物的形式被发现[1]。磁技术可追溯到全世界四大洲,从公元前上千年到公元 1088 年,中国人最早用磁石和钢针制成了指南针[2]。指南针的发明是磁学历史发展中的一个标志,它对此后的磁学和技术的发展产生了深远的影响。

近代磁学建立于 19 世纪末 20 世纪初,近代物质磁性研究的先驱者居里(Curie)于 1894 年发现了居里温度,并且确立了顺磁磁化率与温度成反比的实验规律(居里定律)。1905 年,朗之万(Langevin)将经典统计力学应用到具有一定大小的原子磁矩系统上,推导出居里定律。1907 年,外斯(Weiss)假设了铁磁性物质中存在分子场,这种分子场驱使原子磁矩有序排列,形成自发磁化,从而推导出铁磁性物质满足的居里-外斯定律。朗之万和外斯的理论出色地从唯象的角度说明了顺磁性和铁磁性现象。然而上述经典理论存在两个根本性的困难:首先,经典物理不能解释原子具有一定大小磁矩的假设;其次,经典理论也不能说明分子场的起因。按照居里点计算的分子场要比磁偶极相互作用大三个数量级。这些困难直到量子力学建立以后才得到解决。海森伯(Heisenberg,1928 年)和弗兰克尔(Frankel,1929 年)先后以交换能作为出发点,独立地解释了分子场的微观机制。他们基于量子力学的泡利不相容原理和粒子的全同性得到了交换作用,这项作用导致了磁矩的有序排列。这在经典力学中完全没有与之对应者。这项工作充分显示了量子力学在磁学研究中不可替代的重要作用。海森伯的直接交换作用模型及以此为基础的局域电子理论包括超交换作用模型及 RKKY 理论等虽然成功地给出了外斯分子场的本质,说明了许多化合物的磁性起源及其温度关系,但是在说明铁、钴、镍磁矩的非玻尔磁子的整数性等问题上遇到了较大的困难。几乎在局域电子模型发展的同时,斯托纳(Stoner,1936 年)、斯莱特(Slater,1936 年)和莫特(Mott,1938 年)又对巡游电子模型做了一系列开创性的工作,该模型成功地解释了过渡金属原子磁矩的非整数性。目前,这两种模型在长期相互对立又相互补充地说明物质磁性的内在规律的同时,都在不断地发展和深化,但在强磁性这一基本问题上很难趋

向统一,任何一种模型都很难单独地对自发磁化的全部内容(主要是自发磁化强度
或原子磁矩大小、自发磁化和温度的关系,磁相转变点的温度值及其附近的规律
性)给出较满意或合适的结果。总的来看,局域电子模型在自发磁化与温度的关系
以及对居里点高低的估计上比较成功,而巡游电子模型在给出过渡金属原子磁矩
非整数的特性上比较成功[3]。

1.2　永磁材料的研究概况

磁性材料主要包括软磁材料、半硬磁材料、硬磁材料、磁致伸缩材料、磁性薄
膜、磁性微粉、磁性液体、磁致冷材料以及磁蓄冷材料等,它们统称为磁功能材
料[4-6],其中硬磁材料经充磁至饱和,再去掉外磁场后,仍能保持磁性,又具有较高
的矫顽力,能经受外加不太强的磁场的干扰,所以又称为永磁材料。1999 年全球
需要的磁性材料总量价值为 300 亿美元,每种磁性材料的市场份额如图 1.1
所示[7,8]。

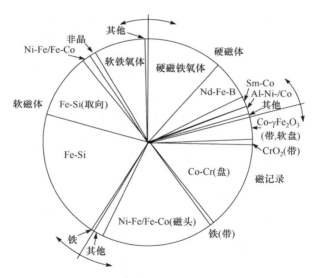

图 1.1　1999 年全球磁性材料市场分布[7,8]

1.2.1　永磁材料

一般说来,永磁材料性能的好坏,最重要的判据是在各种外界条件(温度、时
间、辐射、震动等)下退磁曲线的形状,但为了简便起见,通常只采用下列几个参量
来标志其性能的好坏:①高的最大磁能积$(BH)_{max}$,在满足同样要求(磁场数值和
空间范围)的情况下,$(BH)_{max}$最大的材料用料少;②高的矫顽力 H_c,H_c大的材料

抗干扰能力强,磁体使用时的形状可以扁平;③高的剩余磁通密度 B_r 或高的剩余磁化强度 M_r,B_r 或 M_r 越大,永磁体性能越好;④高的稳定性,即对外加干扰磁场和温度、震动等非磁性环境因素变化的稳定性[9]。从根本上来说,永磁材料应具备以下"三高一低"条件:①高饱和磁极化强度 J_s;②高磁各向异性场 H_a 或磁晶各向异性常数 K_1、K_2;③高居里温度 T_c;④低成本。这四条是判断一种永磁材料是否有发展前途的重要依据之一。

目前工业和现代科学技术中广泛应用的永磁材料有四大类[6,10]:铸造永磁材料,铁氧体永磁材料,稀土永磁材料和其他永磁材料,如可加工 Fe-Cr-Co、Fe-Co-V、Fe-Pt、Pt-Co 等。

(1)铸造永磁材料:最初是日本在 1917 年发现钴系磁钢,并随后由日本的三岛(Mishima)在 1931 年发展了 Fe-Co-Al-Ni 合金系列,并使 Alnicos 首次作为真正的永磁体出现,其居里点大约在 800℃。由于铝镍钴合金很难加工,故多以铸造磁钢制品的形式出现[11]。

(2)铁氧体永磁材料:20 世纪 50 年代,在荷兰(Netherlands)的飞利浦(Philips)合成了硬磁性铁氧体,其主要由铁氧化物($BaFe_{12}O_{19}$ 或 $SrFe_{12}O_{19}$)组成[12]。虽然磁化强度不高($M = 380kA/m$),但其便宜、可靠、有效,直到今天仍占据很大的市场。

(3)稀土永磁材料:虽然所有的原子在外磁场中都表现出某种程度的磁性,但是铁磁性物质却总是与过渡族和稀土族金属或离子联系在一起。在 3d 过渡族元素中以 Fe、Co、Ni 的原子磁矩最高,分别为 $2.17\mu_B$、$1.72\mu_B$、$0.606\mu_B$。3d 族的特点就是除 3d 电子层外,其他次电子层已为电子填满,它们的原子磁矩主要由 3d 电子来贡献。而 3d 壳层电子比较靠近最外壳层,其波函数在空间分布很广,受到外界电子和原子的影响较大,当这些元素与其他元素形成固体时,晶场的作用致使电子的轨道角动量"冻结",所以离子的磁矩主要来源于电子的自旋运动,而轨道磁矩贡献很小[3]。

稀土元素从镧(La)到镥(Lu)的电子组态为 $4f^{0\sim14}5s^25p^65d^{0\sim1}6s^2$,其相应的原子与离子电子结构中 4f 壳层和 5d 壳层电子数目未填满。在大多数情况下,稀土离子在晶体中是三价的,即外层的 5d 和 6s 电子都不再属于单个稀土原子。而 $5S^2$ 和 $5p^6$ 是闭壳层,4f 壳层较靠内,其电子受到外层($5S^25p^6$)电子较好的屏蔽,局域性很强,半径仅为 $0.6\sim0.8Å$,近邻原子的波函数重叠很少,直接作用极弱,4f 电子之间的交换作用主要是通过传导电子(6s 电子)的极化来进行的,此即 RKKY 作用(因分别由茹德曼(Ruderman,1954 年)、基特尔(Kittel,1954 年)、糟谷(Kasuya,1956 年)和芳田(Yosida,1957 年)提出,合称 RKKY)[3]。稀土离子产生的强磁晶各向异性和 3d 元素提供的高饱和磁化强度和高居里温度使得稀土与过渡族之间的金属间化合物成为永磁材料的最佳候选者,形成 3d-4f 系列稀土永磁材料,开创了永磁材料的新纪元。

图 1.2 是 20 世纪永磁材料最大磁能积的发展进程图[11,13]。由图 1.2 可见,从 1910 年到 1985 年,标志永磁材料主要性能的最大磁能积的进展大致可用指数函数$(BH)_m = 9.6\exp[($年份$-1910)/\tau]$来描述[14],其中周期 τ 为 20 年,这意味着每隔 20 年磁能积增长 e(约 2.7)倍。而自 20 世纪 70 年代以来,磁能积创纪录的历史都是在稀土永磁领域,并且稀土永磁材料连续地实现了三次重大突破,即 $SmCo_5$ 系、Sm_2Co_{17} 系和 Nd-Fe-B 系三个发展阶段。通常把$(BH)_m \approx 160kJ/m^3$ 的 1∶5 型 $SmCo_5$ 磁体称为第一代稀土磁体[15-17];$(BH)_m = 220\sim240kJ/m^3$ 的 2∶17 型 Sm_2TM_{17} 磁体称为第二代稀土磁体[18-27]。第一、二代稀土永磁材料的温度稳定性优于任何一种永磁材料,居里点高达 800℃以上,但其都是钴基,由于钴为战略储备金属,原材料价格昂贵,限制了其应用。而铁在自然界中含量十分丰富,价格便宜,其原子磁矩比钴大,用铁替代钴制作永磁材料成为人们的研究目标。遗憾的是,$CaCo_5$ 型的稀土铁化合物不存在,而 R_2Fe_{17} 的居里温度都不太高,并且在室温下不具备单轴各向异性,所以不能用来制作永磁材料。图 1.3 给出了 3d 和 4f 金属的储量与原子磁矩[11]。从图中可以看出,轻稀土元素中的 Nd 储量丰富(镧和铈虽然也丰富,但其在合金中通常表现为非磁性),且 Nd 具有 4f 元素中最大的原子磁矩$(3.27\mu_B)$;而 Fe 是迄今储量最高的 3d 元素,且具有铁磁性 3d 族中最高的原子磁矩$(2.17\mu_B)$,但同样没有合金的二元 Nd-Fe 化合物存在[11]。1983 年,日本住友特殊金属公司的 Sagawa 等[28]用传统的粉末冶金工艺研制成功性能优良的 $Nd_{15}Fe_{77}B_8$ 永磁体,其$(BH)_m$ 达 $290kJ/m^3$(36.5MGOe),创下了永磁性能的最高纪录,成为第三代稀土永磁材料。1984 年,Nd-Fe-B 的最大磁能积达到 $385kJ/m^3$(45MGOe),1995 年超过了 $420kJ/m^3$[11],现在日本住友公司已研制出磁能积超过 $446kJ/m^3$(55.78MGOe)的烧结永磁体[9]。

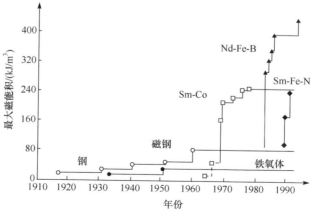

图 1.2　20 世纪永磁材料最大磁能积的发展[11,13]

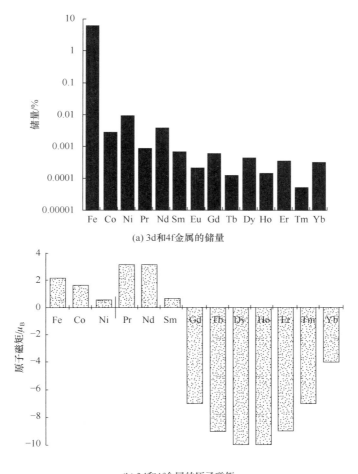

(a) 3d和4f金属的储量

(b) 3d和4f金属的原子磁矩

图 1.3　3d 和 4f 金属的储量与原子磁矩[11]

Coey 等总结了永磁材料的内禀磁性能值[29,30]，见表 1.1，典型的商业取向磁体的磁性能见表 1.2，在永磁体最高工作温度下的温度系数见表 1.3。从表 1.1～表 1.3 可以看出，Nd-Fe-B 系永磁材料磁性能高，具有仅次于纯铁(M_s＝1.72MA/m)或纯 Co(M_s＝1.37MA/m)的磁化强度值，但居里温度仍低于纯 Fe(T_c＝770℃)和纯 Co(T_c＝1127℃)，它的$(BH)_m$相当于铁氧体永磁体的 5～12 倍，铸造 Al-Ni-Co永磁体的 5～15 倍，它潜在的理论磁能积达到 516kJ/m³，被称为"永磁材料之王"，目前 Nd-Fe-B 系永磁材料产值年增长率为 18%～20%，但是 Nd-Fe-B 永磁体的居里温度只有 312℃，最高工作温度低于 120℃，剩磁温度系数高，为－0.13%/℃，而且抗腐蚀性能差，因此人们[31-51]在不断尝试改善其磁性能的同时，还在寻找新型的永磁稀土材料。

表 1.1 永磁材料中主要相的内禀磁性能[29,30]

化合物	结构	$T_c/℃$	$M_s/(MA/m)$	J_s/T	$K_1/(MJ/m^3)$	$H_a/(MA/m)$	$\frac{J_s^2}{4\mu_0}/(kJ/m^3)$	δ_w/nm
$BaFe_{12}O_{19}$	六方	450	0.38	0.47	0.25	1.1	44	15.4
$SmCo_5$	六方	720	0.84	1.05	17	32	219	3.7
Sm_2Co_{17}	菱方	827	1.04	1.30	3.3	5.1	336	8.6
$Nd_2Fe_{14}B$	四方	312	1.29	1.61	4.9	6.1	516	4.2
$Sm_2Fe_{17}N_3$	菱方	476	1.23	1.54	8.6	11.2	472	3.6

表 1.2 典型的商业取向磁体的磁性能[29,30]

	B_r/T	J_s/T	$H_{cj}/(kA/m)$	$H_{cb}/(kA/m)$	$(BH)_m/(kJ/m^3)$
$SrFe_{12}O_{19}$	0.41	0.47	275	265	34
磁钢	1.25	1.40	54	52	43
$SmCo_5$	0.88	0.95	1700	660	150
Sm_2Co_{17}	1.08	1.15	800	800	220
$Nd_2Fe_{14}B$	1.28	1.54	1000	900	300

表 1.3 永磁体最高工作温度下的温度系数[29,30]

	$T_c/℃$	$\frac{dM_s}{dT}/\%$	$\frac{dH_c}{dT}/\%$	$T_{max}/℃$
$SrFe_{12}O_{19}$	450	-0.20	0.40	300
磁钢	800	-0.02	0.03	500
$SmCo_5$	720	-0.04	-0.20	250
Sm_2Co_{17}	820	-0.03	-0.20	350
$Nd_2Fe_{14}B$	310	-0.13	-0.60	120

1987 年，日本的 Ohazhi 等[52]研制出稳定的 $SmTiFe_{11}$ 化合物，随后 1∶12 型化合物得了系统的研究[53-68]。1990 年，爱尔兰的 Coey 等[69]利用气固相反应的方法研制出系列 $R_2Fe_{17}N_y$ 化合物，其中 $Sm_2Fe_{17}N_y$ 化合物显示出室温单轴各向异性，其各向异性场为 $140\sim220kOe(1Oe=79.5775A/m)$，是 $Nd_2Fe_{14}B$ 的各向异性场的约 2 倍，居里温度为 749K，饱和磁化强度约 15kG(1.5T)。1990 年，Coey 等[69,70]用气固相反应法得到了碳含量很高的 $R_2Fe_{17}C_y(y\sim2.5)$ 系列化合物，其中 $Sm_2Fe_{17}C_{2.5}$ 化合物的居里温度为 760K，室温各向异性场约为 150kOe。因此 2∶17 型氮(碳)化物的优异磁性能引起了广大磁学工作者的极大兴趣，当时世界上有一百多个实验室投入了这方面的研究，并相继对 Sm-Fe-N[71-126]、Sm-Fe-C[58,70,73,78,82,83,104,127-147]、Sm-Fe-B[148-152] 及 Sm-Fe-C-N[127,153,154] 型展开研究，直

到现在仍是研究的热点之一。从表 1.1 可以看出，$Sm_2Fe_{17}N_3$ 的 M_s、J_s、$J_s^2/(4\mu_0)$ 比 $Nd_2Fe_{14}B$ 的值略低，而 T_c、K_1、H_a 均高于 $Nd_2Fe_{14}B$ 的值，关键是可以在较高温度的环境中正常工作，弥补了 $Nd_2Fe_{14}B$ 的不足，可望成为继 $Nd_2Fe_{14}B$ 后的又一颗稀土永磁材料的耀眼新星。

1.2.2 双相纳米永磁材料

在理想的情况下，当 $M_r = M_s$ 时，永磁材料磁能积的理论值 $(BH)_m = (\mu_0 M_s)^2/4$。实际上工业生产的永磁材料总是 $M_r < M_s$，因此实际永磁材料 $(BH)_m$ 的理论值为 $(BH)_m = (\mu_0 M_r)^2/4$。要想使实际永磁材料的磁能积达到理论值，其前提条件是要使其内禀矫顽力 H_{cj} 大于或等于 B_r。铸造 Al-Ni-Co 系永磁材料的 B_r（1.2～1.4T）远大于 H_{cj}（0.1～0.3T），因此对于该系列永磁材料，提高 $(BH)_m$ 的关键在于如何提高 H_{cj}。自从稀土永磁材料出现以来，由于稀土与金属间化合物的各向异性特别高，各向异性场特别大，往往 $H_{cj} > B_r$，所以对于稀土金属间化合物永磁材料，提高 $(BH)_m$ 的关键又转到了如何提高 B_r。幸好不论是稀土钴系永磁材料（1:5 型和 2:17 型），还是稀土铁系永磁材料（主要是钕铁硼系、钐铁氮系等），它们均具有单轴各向异性，可采用粉末冶金法（PA）制造各向异性永磁体，将其 M_r 提高到 $(0.9\sim0.95)M_s$，现在钕铁硼系永磁材料的 $(BH)_m$ 已提高到 431.4kJ/m^3，达到理论磁能积 $(BH)_m$（516kJ/m^3）的 97%。其次是烧结钕铁硼系永磁材料发现的同时，也发现了快淬钕铁硼系永磁材料。用熔体快淬法（MQ）将 Nd-Fe-B 系合金制成非晶态薄带或鳞片或粉末，然后经真空下晶化处理，可得到具有细小晶粒的高矫顽力 Nd-Fe-B 粉末。这种粉末的晶粒是混乱取向的，可将它黏结或压结成各向同性的永磁体。按照 Stoner-Wohlfarth 模型[155]，单易轴各向同性永磁体的 $M_r = 0.5M_s$，因此各向同性黏结 Nd-Fe-B 系永磁体的磁能积理论值 $(BH)_m = (\mu_0 M_s)^2/16$，仅有各向异性 Nd-Fe-B 系永磁体 $(BH)_m$ 理论值的 25%。那么能否将各向同性的稀土永磁材料的 M_r 提高到大于 $0.5M_s$ 呢？再次是由于稀土金属与 3d 过渡族金属间化合物中 3d 金属电子自旋和稀土 4f 电子自旋是共线反向（或反平行）的，所以稀土金属间化合物的 M_s（表 1.1）一般要远低于 α-Fe 的 M_s（1.71MA/m）。由于稀土金属间化合物的 H_{cj} 已经大于 $\mu_0 M_r \approx \mu_0 M_s$，想进一步提高稀土金属间化合物的 $(BH)_m$ 的关键又转化为如何提高 $\mu_0 M_s$。人们自然会想到如果能将具有高 M_s 的 α-Fe 和高各向异性的稀土金属间化合物复合起来做成永磁体，那么将会得到高性能的永磁材料。

1988 年，荷兰飞利浦公司研究所的 Coehoom 等[156] 用熔体快淬方法制备出了 $Nd_4Fe_{77.5}B_{18.5}$ 非晶薄带，经晶化处理后得到的各向同性磁粉具有明显的剩磁增强效应，即 $M_r > M_s/2$。结构分析发现，合金粉末由 10～30nm 的硬磁性 $Nd_2Fe_{14}B$ 相和软磁性 Fe_3B 相构成。随后的研究指出，纳米晶粒构成的复合永磁材料出现剩磁增强效应是由于晶粒之间的交换耦合相互作用使材料同时具有硬磁性相的高矫顽力和软磁性相的高饱和磁化强度。1991 年，德国的 Kneller 等[157]从理论上首次系统地提出了纳米晶交换耦合永磁体的物理思想，认为软磁材料的饱和磁化强度 M_s 高但矫顽力 H_{cj} 小，而硬磁材料的 H_{cj} 大但 M_s 低，因此若能将这两种材料通过一定的工艺复合在一起，通过两相晶粒间铁磁耦合且各相的线度在纳米范围内则可构成整体的高性能永磁材料，此即纳米晶交换耦合永磁材料，它被认为是开发第四代稀土永磁体的重要途径。1993 年，Skomski 等[158]应用微磁学计算得到 $Sm_2Fe_{17}N_3$ （2.5nm）/$Fe_{65}Co_{35}$（9nm）多层取向排列纳米双相复合磁体的理论磁能积可高达 $1MJ/m^3$（120MGOe），比目前永磁性能最好的烧结 Nd-Fe-B 磁体的磁能积提高一倍，他们的宣言及建立的新颖的双相磁结构机理吸引了许多人的注意[159-176]。

目前研究的双相纳米稀土永磁材料中的硬磁相主要集中在 $Sm_2Fe_{17}N_y$、$Nd_2Fe_{14}B$ 型，软磁性相主要集中在 α-Fe、Fe_3B（$J_s=1.60T$，$M_s=1.28\times10^6 A/m$）等，从而形成 $Sm_2Fe_{17}N_y/\alpha$-Fe（或 Fe_3B）[159-163]和 $Nd_2Fe_{14}B/\alpha$-Fe（或 Fe_3B）[164-172]及 $Pr_2Fe_{14}B/\alpha$-Fe[173,174]、$SmFe_7C_x/\alpha$-Fe[175,176]。双相纳米永磁复合材料的磁性具有以下特点：高剩磁比 $m_r=M_r/M_s>0.5$；单相磁性表现；保持相当的矫顽力 H_{cj} 值；高的回复磁导率；低成本和高稳定性。总体看，纳米尺度微结构的获得是制备与实现晶粒交换耦合相互作用的关键。

1.2.3　永磁材料的应用

磁性材料和器件的应用非常广泛，在国民经济的各个部门和日常生活中，几乎都离不开它。在当今世界上，磁性材料更是在高技术应用领域起着举足轻重、无所不在、无可替代的作用[177-183]。例如，没有磁性材料就不会有现代的计算机。可以毫不夸张地说，没有磁性材料就没有现代的高技术，永磁材料的应用如图 1.4 所示。

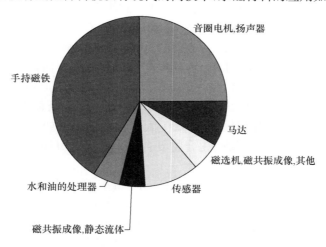

图 1.4　永磁体的应用[177]

1.2.4 永磁材料的发展趋势

由以上分析可见,目前对新型永磁材料的研究主要集中在以下两个方向:一个方向是探索新型的稀土永磁材料。由于 $Sm_2Fe_{17}N_y$、$Sm_2Fe_{17}C_x$、$Sm_3Fe_{29}N_y$、$ThMn_{12}$ 等新型 Sm-Fe-N 系稀土永磁有与 Nd-Fe-B 系永磁相近的饱和磁化强度和磁能积,但各向异性场却高出 2.5 倍,居里温度高出 160K,有希望成为实用永磁体。此外,稀土-铁可以与第三元素 M=Ti,Co,V,Mo,Cr,W,Si,Nb,Zr 等形成金属间化合物,可以改善 Sm-Fe-N 系合金永磁性能,并稳定化合物结构,也需要下大力气研究。另一个方向是研制纳米复相永磁材料,通过软磁相与硬磁相的交换弹性耦合获得接近 $1MJ/m^3$ 的高理论磁能积的新材料。这种材料稀土含量少,成本低,且具有高剩磁、高矫顽力,有望成为新一代永磁材料,也是目前研究热点之一[8,9,11,30,156,177,184-187]。

1.3 $Sm_2Fe_{17}N_y$ 型稀土永磁材料的研究进展

1.3.1 R_2Fe_{17} 化合物晶体结构

R_2Fe_{17} 化合物具有 Th_2Zn_{17} 和 Th_2Ni_{17} 两种类型的晶体结构[30,72,102,188]。一般来说,重稀土元素倾向于具有 Th_2Zn_{17} 型结构,某些化合物在高温下具有 Th_2Ni_{17} 型结构,而在低温时以同素异构的方式转变为 Th_2Zn_{17} 型结构。而对 R=Y,Gd,Tb,这两种结构可以同时存在。两种 R_2Fe_{17} 化合物都是由 $CaCu_5$ 型结构化合物 RT_5 沿 c 轴堆垛而成,即 $3RT_5-R+2T\rightarrow R_2T_{17}$ 或者说三个 RT_5 晶胞沿 c 轴堆垛,其中一个 R 原子被一个过渡族金属原子对所取代而形成 R_2Fe_{17} 化合物。$CaCu_5$ 型化合物的单胞结构如图 1.5 所示。

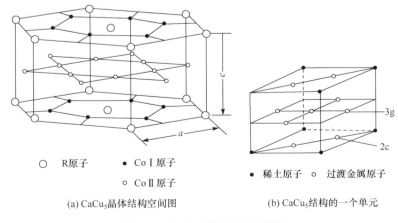

○ R原子　● CoⅠ原子
○ CoⅡ原子

● 稀土原子　○ 过渡金属原子

(a) $CaCu_5$ 晶体结构空间图　　　　(b) $CaCu_5$ 结构的一个单元

图 1.5　$CaCu_5$ 晶体结构空间图

1) Th$_2$Ni$_{17}$型晶体结构

Th$_2$Ni$_{17}$型晶体结构属于六方(hexagonal)晶系,空间群为 P63/mmc,单胞结构图如图 1.6 所示。一个单胞由两个 Th$_2$Ni$_{17}$分子组成,共有 38 个原子,其中两个 Th(或 R)原子占据 b 晶位,另外两个 Th(或 R)原子占据 d 晶位。在 34 个 Ni(或 Co 或 Fe 等)原子中,6 个占据 g 晶位,12 个占据 k 晶位,4 个占据 f 晶位,12 个占据 j 晶位。其中 4f 为哑铃晶位,它由 Ni 或 Co 或 Fe 等的原子对占据,相当于 CaCu$_5$ 型结构的 c 晶位上的稀土原子被 Co 或 Ni 或 Fe 原子对转换的结果。Th$_2$Ni$_{17}$ 型晶体结构可看成由 z=0, 1/4, 1/2, 3/4(以 c=1)的四个原子层沿[0001]轴堆垛而成。

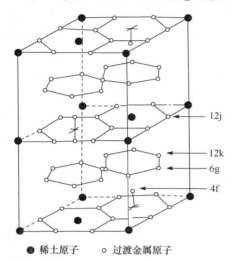

● 稀土原子　　○ 过渡金属原子

图 1.6　Sm$_2$Fe$_{17}$ 的 Th$_2$Ni$_{17}$型晶体结构

2) Th$_2$Zn$_{17}$型晶体结构

R$_2$Co$_{17}$ 和 R$_2$Fe$_{17}$ 化合物在低温区多数具有 Th$_2$Zn$_{17}$ 型晶体结构,其结构图与同素异构体的 Th$_2$Ni$_{17}$ 型晶体结构相似,如图 1.6 所示。Th$_2$Zn$_{17}$ 型晶体结构属于菱方晶系(或称三角晶系)菱方(rhombohedral)结构,空间群为 R$\bar{3}$m(166)。每个单胞中有 57 个原子,其中有 6 个 Sm(Th)原子占据 c 晶位,51 个 Fe(或 Zn)原子中有 9 个占据 d 晶位,18 个占据 f 晶位,18 个占据 h 晶位,6 个占据 c 晶位。各原子坐标分别如下:

Sm,6(c):(0,0,1/3),(1/3,2/3,0),(2/3,1/3,2/3),(0,0,2/3),(1/3,2/3,1/3),(2/3,1/3,0);

Fe,9(d):(1/2,0,1/2),(0,1/2,1/2),(1/2,1/2,1/2),(5/6,2/3,1/6),(1/3,1/6,1/6),(5/6,1/6,1/6),(1/6,1/3,5/6),(2/3,5/6,5/6),(1/6,5/6,5/6);

Fe,18(f):(1/3,0,0),(0,1/3,0),(2/3,2/3,0),(2/3,0,0),(0,2/3,0),(2/3,2/3,2/3),(1/3,1/3,0),(1/3,0,2/3),(0,1/3,2/3),(0,2/3,2/3),(1/3,1/3,2/3),(2/3,0,2/3),(0,1/3,1/3),(2/3,2/3,1/3),(1/3,0,1/3),(1/3,1/3,1/3),(2/3,0,1/3),(0,2/3,1/3);

Fe,18(h):(1/2,1/2,1/6),(1/2,0,1/6),(0,1/2,1/6),(1/2,1/2,5/6),(1/2,0,5/6),(0,1/2,5/6),(5/6,1/2,5/6),(5/6,2/3,5/6),(1/3,1/6,5/6),(5/6,5/6,1/2),(5/6,2/3,1/2),(1/3,1/6,1/2),(1/6,5/6,1/2),(1/6,1/3,1/2),(2/3,5/6,1/2),(1/6,5/6,1/6),(1/6,1/3,1/6),(2/3,5/6,1/6);

Fe,6(c):(0,0,0.097),(0,0,−0.097),(1/3,2/3,2/3+0.097),(1/3,2/3,

$2/3-0.097),(2/3,1/3,1/3+0.097),(2/3,1/3,1/3-0.097)$。

其中 6c 为哑铃晶位。Th_2Zn_{17} 型晶体结构可看成是由 $z=0,1/6,1/3,1/2,2/3,5/6$(以 $c=1$)的 6 个原子层沿[0001]轴重叠而成。有两个不同的间隙位,一个为大的八面体 9e 晶位,另一个为小的四面体 18g 晶位。

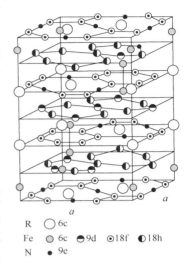

R ○ 6c
Fe ◐ 6c ◖ 9d ◉ 18f ◐ 18h
N ● 9e

图 1.7 Sm_2Fe_{17} 相的菱方结构

1.3.2 填隙元素和氮化气氛的影响

R_2Fe_{17} 系列稀土金属尽管有较高的 Fe 含量,但由于在 Th_2Zn_{17} 中 6c 哑铃晶位(图 1.7)及 Th_2Ni_{17} 的 4f 哑铃晶位的 Fe—Fe 间距较短而使其正交换作用减弱甚至变负[189],并且对所有的晶位包括哑铃位这种交换作用是长程的,由于铁次晶格的面各向异性决定了除 R=Tm 外的所有 R_2 Fe_{17} 化合物均表现为面各向异性,居里温度接近室温,不能用作永磁材料[30]。

然而引入 N、C、B 等间隙原子后,分别得到 Sm_2 Fe_{17} $N^{[72-126,190]}$、$Sm_2Fe_{17}C^{[58,70,73,78,82,83,104,127-147]}$、$Sm_2Fe_{17}B^{[148-152]}$ 及 $Sm_2Fe_{17}CN^{[127,153,154]}$ 型化合物,而且 R_2Fe_{17} 的间隙化合物表现出轴各向异性。Coey 等[30,105,191,192]利用中子衍射、穆斯堡尔谱、微磁学计算等均表明,只有 R=Sm 的合金氮化后才明显地改变室温磁晶各向异性的正负,由氮化前的面各向异性变为氮化后的强单轴各向异性,其 $K_1=8.6MJ/m^3$,基本上是 $Nd_2Fe_{14}B$ 的 2 倍,增加较大的原因主要是围绕 Sm 原子的 N 原子的电负性很强,改变了其晶场参数 A_2^0,其值估计为 $-333Ka_0^{-2}$ 或 $-453Ka_0^{-2}$,而稀土离子主单轴各向异性系数可表示为

$$K_1^R=-\alpha_J\langle r_{4f}^2\rangle A_2^0\langle 3J_Z^2-J(J+1)\rangle$$

其中,K_1 的正负主要取决于 4f 轨道是长椭球(prolate)还是扁球状(oblate)的,这又与 Stevens 系数 α_J 有关,Sm 的 $\alpha_J=4.127\times10^{-2}$,$Sm_2Fe_{17}N_{3-\delta}$ 的磁晶各向异性是由 Sm 的 4f 轨道壳层的长椭球形状、N 决定的负晶场值、间隙 9e 晶位的面坐标综合作用的结果[30]。而其他的稀土原子(如 Er、Tm、Yb)由于没有像 Sm 那样的长椭球 4f 壳层结构,因此不能与 N 产生足够强的晶场作用,不能超越 Fe 次晶格的面各向异性($K^{Fe}\approx-1.3MJ/m^3$)从而不具有强的轴各向异性。氮化后 Sm_2Fe_{17} 哑铃位 6c-6c 的交换积分 J_{ij} 由氮化前的-201K 变为氮化后的-49K,9d-18f 的交换积分则由氮化前的-20K 变为正值 39K,其他的原子对交换积分仍为正值,甚至有增加,最终导致氮化后合金居里温度增加。另外,J_{ij} 与磁体的体积效应(膨胀或收缩)有关。氮化后每个铁原子的磁矩平均增加 20%,但单胞体积膨胀减小了磁

化强度的增加效应。

氮化时氮原子会进入 Th_2Zn_{17} 的由两个 Sm 原子与四个铁原子组成的八面体 9e 晶位(图 1.7)或 Th_2Ni_{17} 的 6h 晶位,并使单胞体积膨胀 5%~7%,从而增加了居里温度 T_c 和磁化强度 M_s。

Horiuchi 等[78]研究表明,氮、碳、硼均可作填隙元素,只是与碳、硼(熔炼法)相比,氮填隙(气固相反应法)对改进 Sm_2Fe_{17} 磁性效果最明显,饱和磁化强度 μ_0M_s 从母合金 Sm_2Fe_{17} 的 1.17T 增大到氮化后 $Sm_2Fe_{17}N_y$ 的 1.5T;居里温度从 107℃ 提高到 467℃。在纯氮气氛下 Sm_2Fe_{17} 中氮的最大溶解量一般认为不超过 $y=3$[69]。碳填隙对改进磁性也是有效的,但由于碳的溶解度极限为 $y=1.5$,低于氮的溶解度极限,因此相应地磁性变化也小,μ_0M_s 可增大到 1.26T,居里温度可提高到 307℃。硼填隙只有很小的极限溶解度($y=0.2$),仅使 T_c 有微小的升高。

Koeninger 等[77,99,193,194]研究表明,在高温(363℃ 以上)下流动足够快的 NH_3 中分解出来的 N 原子的活性比封闭的 NH_3 或 N_2 中分解出来的 N 原子高,因此,可在较低的温度下和较短的时间内完成氮化。活性足够高时从 N 的可逆溶解变为不可逆吸收。Brennan[99]利用氨气得到了 $Sm_2Fe_{17}N_{3.9}$,其晶格常数 $a=0.8763nm$,$c=1.2813nm$,$c/a=1.46$,$V=0.85209nm^3$。Iriyama 等[194]利用氨气与氢气的混合气体,使 $0<y<6$,最大值达到 $y=6.6$,并认为 Sm_2Fe_{17} 在 363℃ 以上流动足够快的 NH_3 中可吸收较多的氮,约是在 N_2 气中处理时的 3 倍,可得到 $Sm_2Fe_{17}N_{5.5}$。如果此时变为 N_2 气氛,则 $Sm_2Fe_{17}N_{5.5}$ 会解吸变为 $Sm_2Fe_{17}N_{3.3}$,需要 50min。而在纯氮气中 $y\leqslant3$,几乎不会产生解吸。

文献[85],[195]~[199]还研究了 H 对 Sm_2Fe_{17} 合金的影响,发现在氮化前进行 300~450℃ 氢处理有助于合金的破碎,并有助于氮化物的形成。H 在 $Sm_2Fe_{17}N_y$ 中的最大溶解度可达 $y=5$(同时占据八面体晶位和四面体晶位)。

1.3.3 替代元素的影响

制备 $Sm_2Fe_{17}N_y$ 型材料有一些实际的困难:第一,是铸造的 Sm_2Fe_{17} 母合金具有严重的结构不均匀性,这是因为 Sm_2Fe_{17} 是通过预先晶化的固态 Fe 和液态富 Sm 相之间通过包晶反应形成的,容易导致铸块中存在较多的残留 α-Fe;第二,Sm 的熔点与沸点均较低,因此冶炼时挥发严重,对真空设备系统有一定的危害;第三,Sm-Fe 合金有多种存在形式(2:17 型、1:7 型、1:12 型、3:29 型等),如何保持某种化合物的稳定性也是一个问题;第四,晶粒的细化。而这些困难在一定程度上可以通过添加替代 Sm 或 Fe 的元素得到改善。因此,Sm_2Fe_{17} 合金的元素替代研究主要分为用其他稀土元素替代 Sm 和用其他合金元素替代 Fe 两方面。

1) 稀土元素替代 Sm

罗广圣等[200-203]认为由于 Sm 次格子与 Dy 次格子的各向异性存在正向耦合,

在用 Dy 代替 Sm 原子达到 $(Sm_{1-x}Dy_x)_2Fe_{17}N_y$ ($x=0.4$) 时,晶体结构会由
Th_2Zn_{17} 型变或 Th_2Ni_{17} 型。用磁中性原子 Y 取代 $(Sm_{1-x}Y_x)_2Fe_{17}N_y$ 中的 Sm 时,
Y 会改变各个 Fe 晶位的近邻配置,导致晶体结构变化。而混合添加 Dy 与 Ga 具
有降低合金非晶形成能力,降低退火温度,减少退火时间的作用;并在保持合金高
剩磁情况下,提高合金矫顽力。林国标[204]认为在 $Sm_2Fe_{17}N_y$ 中加入错可以提高剩
磁但显著降低矫顽力。

　　2) 合金元素替代 Fe

　　一般认为,在 Sm_2Fe_{17} 中加入少量的 ⅣB、ⅤB、ⅥB 族元素会降低铸态、退火后
及氮化前后的 α-Fe 量,适量的过渡金属会稳定各种稀土-过渡金属化合物。

　　文献[97]认为在 Sm-Fe 合金中加入 $2at\%$ Zr 可阻止晶粒长大,但降低剩磁。
Gebel 等[125]认为添加 $1at\%$ Zr 就可避免在铸态合金中形成 α-Fe,从而使
$Sm_{10.5}Fe_{88.5}Zr_{1.0}$ 合金在氮化前避免均匀化工艺。Kubis 等[205]认为加入 Zr 可以减
少铸态材料中的富 Sm 相和自由 α-Fe 相。

　　Zarek 等[138,206]认为在 Sm_2Fe_{17} 和 $Sm_2Fe_{17}C_y$ 中添加 Al 或 Si 可以提高居里温
度,降低磁矩。用 Al、Ga、Si 取代 $Sm_2Fe_{17}C_2$ 中的两个 Fe 原子会稳定晶体结构,但
会降低饱和磁化强度约 35%。

　　文献[207]和[208]发现在 Sm-Fe 中加入大约 $4at\%$ Nb 可使结晶时避免出现
α-Fe,而文献[209]认为加入 Nb 或 Zr 可以稳定 1∶7 相结构。

　　Shcherbakova 等[210]认为 $Sm_2(Fe_{1-x}Ti_x)_{17}$ ($x=0.02,0.03,0.04$) 在高温可以
得到稳定的 Th_2Ni_{17} 型结构。Cao 等[211]认为 $R_3(Fe,T)_{29}$ 相是亚稳定相,而当 T＝
Cr,Mo,Ti,V,Nb 时可以使其稳定为 $Nd_3(Fe,Ti)_{29}$ 型结构。另外,由于 Cr 与 N
的电负差(绝对值)大于 Fe 与 N 的电负性差,Cr 与 N 有更强的亲和力,因此添加
Cr 可以增加氮含量[212]。

　　文献[164]、[205]、[213]认为少量 Cu 及 Nb 可提高硬磁性能。Nb 通过稳定
残余的非晶相而使其得以阻止晶粒长大,Cu 可以提高烧结磁体的矫顽力。文献
[204]认为 V 对 $Sm_2Fe_{17}N_y$ 的剩磁及矫顽力均有不利影响。文献[214]研究了 Zr、
Nb、Co、Ga 对氢气处理的 Sm_2Fe_{17} 合金的影响发现,Zr 或 Nb 推迟歧化反应,Co 或
Ga 降低再复合反应的温度,对氢化-歧化-解吸-再复合(hydrogenation-dispropor-
tionation-desorption-rewmbination,HDDR)工艺中再复合工艺有利。Imaoka
等[74]认为 Mn 提高 Sm-Fe-N 磁体矫顽力的热稳定性及防高温氧化性。

1.3.4 $Sm_2Fe_{17}N_y$ 磁粉的制备方法

　　Sm-Fe-N 型各向异性磁粉分为单晶粉末和多晶粉末[30]。单晶各向异性磁体
的粉末的制备主要依靠严格控制氮化后材料的球磨条件得到,而多晶各向异性粉
末的制备则可通过图 1.8 所示方法进行。

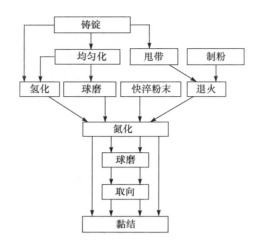

图 1.8　　$Sm_2Fe_{17}N_y$ 制备过程

1) 常规工艺(粉末冶金法)[64,69,72-84,86-88,90,92,95-104,110-116,120,127,190,193,215]

该工艺流程为:合金配比→熔炼→热处理(均匀化退火)→磨粉→氮化。该工艺是制备间隙型氮化物黏结磁体常用的工艺。熔炼大都采用电弧炉和真空感应加热,均匀化退火温度大多在 $1000\sim1100℃$,时间从几小时到一周。磨粉采用的方法主要是各种机械研磨法(振动球磨、行星磨、气流磨)及实验室的手研磨等,并用惰性气体或油醚保护。普通球磨法用球磨时间控制粉末粒度,强烈地影响化合物的磁性能。单畴晶粉末的磁性能最好,如果继续延长球磨时间则形成多畴晶粉末,反而使磁性能下降。气流磨法是用惰性气体(如高纯氩气)将含金铸锭破碎成粉末的一种方法,该工艺具有氧含量低、粉末粒度小且分布窄、生产效率高、退磁曲线方形度好等特点,广泛用于稀土永磁材料的生产。氮化一般采用纯氮气或加氢气的氮气或氨气,在 $350\sim500℃$ 下氮化几小时到几十小时的工艺。

2) 还原扩散(R/D)法

Kawamoto 等[216]用还原扩散(reduction and diffusion,R/D)法制备了高性能 $Sm_2Fe_{17}N_3$ 磁粉,其工艺流程为:Sm_2O_3、Fe、Ca 混合→还原扩散→Sm_2Fe_{17} 粉末→水洗→氮化→$Sm_2Fe_{17}N_y$ 粉末。由于 Sm_2Fe_{17} 合金粉末要用水冲洗,所以不可避免地要在合金的表面有几十纳米的氧化层。最大磁能积随氧含量的增加而降低,氧含量应减少到 0.13wt% 以下才能获得大于 $224kJ/m^3$ 的磁能积。该工艺的特点:①用 Sm_2O_3 作为原料,不用纯 Sm,成本低;②原料均为粉末,不需破碎 Sm_2Fe_{17} 合金。

3) 机械合金化(MA)法[97,160,217-220]

增大磁粉矫顽力的方法之一是细化晶粒或磁粉,而细化晶粒的方法主要有机械合金化(MA)法、氢处理法和快淬法。MA 法是用单质元素原料粉末进行高能球磨机械合金化,然后进行后续适当温度的热处理,使非纳米级非晶 Sm-Fe 合金和 α-Fe 的混合物晶化为 Sm_2Fe_{17} 化合物进而再进行氮化的方法。用 MA 法制得的 $Sm_2Fe_{17}N_y$ 磁粉的矫顽力已达到 $\mu_0H_{cj}=3T$,但这种粉末大部分是各向同性的。MA 法不需要大型的快淬设备,是一种简单的磁粉制造方法,但生产周期长,能耗大,对 Sm_2Fe_{17} 合金晶化较困难,同时长时间的球磨,极易造成粉末氧化,降低磁粉的磁性能。

4) 氢破碎法[125,134,196,209,221-230]

制备 $Sm_2Fe_{17}N_y$ 材料的另一个困难是 Sm_2Fe_{17} 母合金氮化反应动力学较差。而母合金经过氢处理后就会较容易地破碎成细粉。氢破碎法是把合金破碎成粗粉,在真空炉中加热到一定的温度,通入氢气,合金吸氢并发生歧化反应,再将氢气抽出使硬磁相再复合为具有纳米晶粒结构粉末的工艺。氢破碎法又可细分为低温氢处理(氢化-爆破,hydrogenation-decrepitation,HD,简称为氢爆)和高温氢处理(HDDR)。目前实验发现 HDDR 工艺主要包括以下过程:首先 Sm_2Fe_{17} 粗粉在 $250\sim300℃$ 吸氢形成氢化物,$Sm_2Fe_{17}+H_2 \longrightarrow Sm_2Fe_{17}H_y$;接着在 $500\sim600℃$ 进一步吸氢产生歧化,$Sm_2Fe_{17}H_y+H_2 \longrightarrow SmH_y$(微晶)$+α$-Fe;$SmH_y$(微晶)在高于 $750℃$ 解吸,$SmH_y \longrightarrow Sm$(单质)$+H_2$,复合,$Sm+α$-Fe $\longrightarrow Sm_2Fe_{17}$(微晶)。HDDR 工艺具有氧含量低、粉末晶粒细等优点,但用 HDDR 尚未获得 $Sm_2Fe_{17}N_y$ 的各向异性粉末[30],在 $Nd_2Fe_{14}B$ 基的化合物中加入 0.1wt%Zr 可望得到各向异性粉,但在 $Sm_2Fe_{17}N_y$ 中加入替代型合金元素后的情况尚不很清楚。Gebel 等[125]得到的各向同性 $Sm_2Fe_{17}N_y$ 磁粉的 $(BH)_m=103kJ/m^3$,$\mu_0H_{cj}=2.0T$。

5) 熔(体)快淬法[65,151,152,231,232]

一般是采用真空单辊急冷法制成非晶薄带,然后晶化处理形成 Sm_2Fe_{17} 纳米晶体。对 Nd-Fe-B 基磁粉这种方法已经商品化,但对 Sm-Fe 基磁粉目前尚在研究阶段。Yamamoto 等[232]在 Sm-Fe 合金中加入 3at%Zr 得到的 $(Sm_8Zr_3Fe_{89})_{85}N_{15}$ 甩带磁粉的性能为:$H_c=713kA/m$,$B_r=0.91T$,$(BH)_m=126kJ/m$,$T_c=760K$。快淬法制备的 Sm_2Fe_{17} 磁粉,晶粒细小,工艺简单,有利于工业化生产,但磁粉的磁性能对结构十分敏感,需要严格控制配料成分、快淬速度、晶化温度,尤其 Sm_2Fe_{17} 合金流动性较差,对快淬工艺要求较高。

目前用机械合金化法、HDDR、快淬法得到的粉末的磁性能见表 1.4。可见三者的磁性能值基本相当,快淬法的矫顽力略低。

表 1.4 三种工艺 $Sm_2Fe_{17}N_y$ 磁粉性能对比

工艺	$H_c/(MA/m)$	B_r/T	$(BH)_m/(kJ/m^3)$
机械合金化法	2.3	0.75	102
HDDR	2.2	0.77	100
快淬法	1.5	0.79	102

1.3.5　$Sm_2Fe_{17}N_y/\alpha$-Fe 双相纳米磁粉的制备方法

$Sm_2Fe_{17}N_y/\alpha$-Fe 双相纳米磁粉的制备方法目前主要有三种[30,156]，即机械合金化法、HDDR 和熔体快淬法。Ding 等[160]首次采用机械合金化法得到的 $Sm_2Fe_{17}N_y/\alpha$-Fe 磁粉性能为：$J_r = 1.41T$，$H_{cj} = 312kA/m(3.9kOe)$，$(BH)_m = 205kJ/m^3(25.6MGOe)$。O'Donnell 等[159]采用 HDDR 工艺制备的 $Sm_2Fe_{17}N_y/\alpha$-Fe 磁粉的矫顽力达到 $990kA/m(12.4kOe)$。Mikio 等[161]采用机械研磨法得到的 $Sm_2Fe_{17}N_y/\alpha$-Fe 磁粉的最佳磁性能为 $H_{cj} = 0.44MA/m$，$M_s = 1.32T$，$M_r = 0.96T$，$(BH)_m = 87.1kJ/m^3$。但遗憾的是，目前用这三种方法制备出的磁粉均为各向同性的[30,156]，虽然剩磁仍表现出大于 $M_s/2$，但磁能积与理论值 $1MJ/m^3$ 相差仍很远，这也正是目前研究双相纳米磁性材料的难点与焦点。

1.3.6　黏结磁体的制备

前已述及，$Sm_2Fe_{17}N_y$ 的氮化温度在 $350\sim500℃$，温度太低难以氮化，温度过高（超过 720K）时会按照式 $Sm_2Fe_{17}N_3 \longrightarrow 2SmN + Fe_4N + 13Fe$ 分解，因此 $Sm_2Fe_{17}N_3$ 磁粉主要用作黏结磁体[30]。也有人采用冲击压制法或先烧结 Sm_2Fe_{17} 合金再氮化的方法[107,223]，但磁性能值都偏低。用于黏结磁粉的材料主要是树脂类，如环氧树脂[234,235]以及低熔点金属，如 Zn[236-238]、Sn[239]等。因此黏结永磁体是指用永磁粉混入一定比例的黏结剂，按一定的工艺制度制成的磁体。按其最终形态可分为柔性磁体和刚性磁体。黏结磁体的开发，一改永磁材料硬而脆的缺点，对轻薄而短小以及异性的永磁部件可以直接成型，能充分满足小型、特种仪器设备的要求，特别是，随着磁性器件，尤其是信息、通信、计算机领域所用器件（如 HDD、FDD、CD-COM、FAX 等）向小型化、轻量化、高速化、低噪声方向发展，对新型黏结永磁材料的需要量越来越大。

若按黏结磁体生产工艺可分为四种：压延成型（又称辊压成型）、注射成型、挤压成型和模压成型[240]。其中，模压成型是借鉴粉末冶金工艺的一种黏结方法。首先将磁粉和黏结剂按比例混合，使得黏结剂均匀地涂覆在每一个磁粉颗粒表面，经过简单造粒并加入一定量的添加剂，把混合粉放入模具中在压机上成型，成型压力一般为 $7\sim10t/cm^2$，最后将压块放入烘箱中在 $120\sim150℃$ 温度下固化得到最终产品。所用黏结剂一般是热固型环氧类树脂或酚醛类树脂，加入量为 $10\%\sim20\%$（体积）。由于加入的黏结剂量少，这种工艺制成的黏结磁体的磁性能最好，是目前发展最快的一种工艺，特别是钕铁硼永磁材料出现以后，黏结钕铁硼永磁体几乎全部采用这种工艺，已逐渐产业化。黏结磁体表面需进行涂层保护，一般采用阴极电泳、喷涂或其他表面防护方法。

现今市场上有近三分之一的永磁材料是黏结磁体[4,5]，目前用上述方法得到的黏结磁体的磁能积见表 1.5。黏结磁体的主要优点是：①显著的特性/价格比；②可提供几乎无限多种机械、物理和磁性的组合；③可方便地直接加工为各种复杂结构的部件，可高精度加工；④具有很高的韧性，不易破损、开裂；⑤作为永磁体的性能偏差小，特别适合于小型化。

表 1.5　目前得到的黏结磁体的磁能积[234-242]

磁粉	制造方法	各向同性$(BH)_m/(kJ/m^3)$	各向异性$(BH)_m/(kJ/m^3)$
铁氧体	压延成型	4.0～6.4	11.2～12.8
铁氧体	注射成型	4.0～6.4	12.0～13.6
铁氧体	挤压成型	3.2～4.8	9.6～12.0
铁氧体	模压成型	4.0～8.0	9.6～11.2
钐钴	注射成型		68.0～76.0
钐钴	模压成型		104.0～136.0
钕铁硼	压延成型	39.2～40.8	
钕铁硼	注射成型	40.0～41.6	76.0～88.0
钕铁硼	模压成型	64.0～96.0	112.0～128.0

由于 $Sm_2Fe_{17}N_y$ 具有比 $Nd_2Fe_{14}B$ 好的较高温度下的稳定磁性能，所以各向异性 $Sm_2Fe_{17}N_y$ 将很快进入市场。TDK 公司甚至宣布 $Sm_2Fe_{17}N_y$ 将开辟黏结磁体的新时代。而由于 $Sm_2Fe_{17}N_y$ 亚稳性对处理温度的限制性，聚合物黏结磁体将是唯一有生命力的生产路线[30]。正是在这样的背景下，本书将 Sm-Fe 与 Sm-Fe-M（M＝Ti，Nb）合金及其氮化物的磁粉与黏结磁体作为重点研究对象。

1.4　其他 Sm-Fe 基化合物

1.4.1　ThMn₁₂型

杨应昌等[243-245]首先发现 $NdFe_{12-x}M_xN_y$（M＝Ti，Mo，W 等，$x=1\sim2$）具有高的各向异性，并首先用气-固相反应法制造出磁性能为 $B_r=1.02T$，$H_{cj}=477.6kA/m$，$(BH)_m=168.75kJ/m^3$ 的 $NdFe_{10.5}Mo_{1.5}N_y$ 间隙化合物稀土永磁材料[52-68]。

1：12 型稀土铁系化合物的分子式可写为 $R(Fe,M)_{12}$ 或 $R(Fe_{12-x}M_x)$，式中 M 代表某些特定的金属元素，是 1：12 型化合物得以稳定存在的前提条件，因此称其为 1：12 型化合物的稳定化元素，其中 M＝V，Mo，Ti。1：12 型化合物具有四方 $ThMn_{12}$ 型晶体结构，空间群为 IA/mmm[246]。可以说，$ThMn_{12}$ 型化合物由 4 个 $CaCu_5$ 单胞组成，其中 2 个 R 原子被哑铃金属 M 原子对取代。与 R_2Fe_{17} 系列不同，铁次晶格有较强的磁晶各向异性，对 M＝Ti，除 R＝Pr 和 Tb 外，所有的化合物均具有轴各向异性。尤其对 R＝Sm,晶场 A_2^0 小且为负,因此 Sm(Fe,Ti)$_{12}$ 有最好的硬磁性能。而氮化后,铁次晶格仍保持轴各向异性,但稀土次晶格的各向异性由于稀土原子周围沿 c 轴方向有两个氮原子而发生很大的改变,并使 A_2^0 变为正,得到 $A_2^0 \approx 300Ka_0^{-2}$,这使 R＝Sm,Er 和 Tm 的化合物表现为面各向异性,其他仍表现为轴各向异性。氮的位置类似于 Sm$_2$Fe$_{17}$,存在于 1：12 型稀土铁系化合物中的八面体间隙位置,理论最大氮含量为每分子式中 1 个原子,如 SmFe$_{11}$Ti,单胞体积膨胀 2％～4％,Sm(Fe$_{11}$Ti)N$_y$ 的居里温度为 740K[247-262]。

1.4.2　R₃(Fe,M)₂₉型

早在 1968 年,Johnson 等[263]就从几何晶体学预言了 3：29 型 R-Fe-M 化合物的存在。1992 年,Collocott 等[264]在研究 Nd-Fe-Ti 三元相图时,在富 Fe 角处发现了一种新型 Nd(Fe,Ti)$_{19}$ 型化合物,1994 年,Li 等[265]用 X 射线衍射和 Yelon 等[266]用中子衍射实验,分别同时证明 Nd(Fe,Ti)$_{19}$ 化合物的准确分子式应是 Nd$_3$(Fe,Ti)$_{29}$。它具有单斜晶体结构,空间群为 A_2/m,这种结构也可以从 CaCu$_5$ 型结构通过金属哑铃对的有序取代而得到[256],这种关系可表述为:5(RFe$_5$)-2R＋4(Fe,M)(2-哑铃型)──→R$_3$(Fe,M)$_{29}$,其空间结构图如图 1.9 所示。3：29 结构可以认为是菱方 Th$_2$Zn$_{17}$ 型结构与四方 ThMn$_{12}$ 型结构之间的中间结构。这种化合物的晶体结构参数与 1：5 型晶体结构参数的关系为

$$a_{3:29}=[(2a_{1:5})^2+(c_{1:5})^2]^{1/2}, \quad b_{3:29}=\sqrt{3}a_{1:5}, \quad c=[(a_{1:5})^2+(2c_{1:5})^2]^{1/2}$$
$$\beta=\arctan[(2a_{1:5})/c_{1:5}+\arctan[a_{1:5}/(2c_{1:5})]$$

一个单胞由两个分子组成,共有 64 个原子,6 个 R 原子,58 个 Fe(M)原子。其中 2 个 R 原子占据 2a 晶位,4 个 R 原子占据 4i 晶位,2 个 Fe 原子占据 c 晶位,32 个 Fe 原子占据 4 个不同的 8j 晶位,16 个 Fe 原子占据 4 个不同的 4i 晶位,4 个 Fe 原子占据 4g 晶位,4 个 Fe 原子占据 4 个不同的 4e 晶位。M 原子分别占据部分的 4i 晶位和部分的 4g 晶位。氮化后 N 原子占据两个大的八面体间隙晶位,每分子式中可达 4 个氮原子形成 Sm$_3$(Fe,Ti)$_{29}$N$_4$,单胞体积膨胀约 6％,氮的渗入改变了 Fe—Fe 键长(或增或减),但总的效应是获得正的交换作用,使居里温度升高,饱和磁化强度增加。但 R$_3$(Fe,M)$_{29}$ 的各向异性场值不能确定,估计在 10～13T 范围内,氮化后略有增加。另外,制备 R$_3$(Fe,M)$_{29}$ 化合物不易控制,除了可以加入 M＝Ti 外,还可以加入 M＝V,Cr,Mo,W 等,但加入这些元素也不一定能得到 3：29 型,还要控制加入的含量、冷却速度、退火工艺,目前这些还没有一致的结论[211,228,247-266]。Koyama 等[256]得到 Sm$_3$(Fe$_{0.933}$Ti$_{0.067}$)$_{29}$N$_y$ 的 300K 磁性能:M_s＝140A·m^2/kg,$\mu_0 H_A$＝12.8T,T_c＝750K。

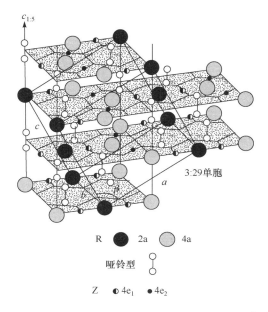

$c_{1:5}$

3:29 单胞

R ⬤ 2a ◯ 4a

哑铃型 ◯

Z ◐ $4e_1$ ● $4e_2$

图 1.9 $R_3(Fe,M)_{29}Z_x$ 与 $CaCu_5$ 晶体结构图对比[256]

1.4.3 SmFe₇ 型

SmFe₇ 型化合物属于 TbCu₇ 型菱方结构,其结构是 CaCu₅ 型与 Th₂Zn₁₇ 型的中间结构,空间群为 $R\bar{3}m$(166),其典型的点阵常数为 $a=0.8554$nm,$c=1.2441$nm[JCPDS卡片190621]。Wang 等[267,268]研究 $Sm_{10}Fe_{90-x}Ti_x$($x=4.5$ 和 6)并得到 TbCu₇ 型结构,母合金表现为面各向异性,而氮化物居里温度 $T_c=733$K,各向异性场 $\mu_0 H_A=10.5$T,室温 $M_s=140$J/(T·kg),矫顽力 $\mu_0 H_{cj}=1.8\sim2.3$T。Suzuki 等[269]用快淬法研究了 $Sm_{10}(Fe,V)_{90}V_y$,发现在辊速为 $15\sim50$m/s 的范围内均表现为 TbCu₇ 型结构。在 773K 氮化 6h 后得到的磁性能为 $J_r=0.71$T,$H_{cj}=535$kA/m(6.7kOe),$(BH)_m=63.7$kJ/m³。

1.4.4 SmTiFe₁₀ 型(1∶11 型)

SmTiFe₁₀ 型属于四方结构,体心点阵,空间群为 $I4/mmm$(139),典型的点阵常数为 $a=0.8566$nm,$c=0.4796$nm[JCPDS卡片451202]。Yang 等[270]研究发现 SmTiFe₁₀ 仍旧属于 ThMn₁₂ 型结构,表现为轴各向异性,室温磁化强度为 123emu/g(1emu/g=1A·m²/kg),各向异性场 $H_A=104.5$kOe,$K_1=4.27\times10^7$ erg/cm³(1erg=10^{-7}J),居里温度 $T_c=610$K,潜在的最大磁能积为 38MGOe。另外一个 1∶11 型是 $SmFe_{9.5}Ti_{1.5}$,为非铁磁性相。

1.4.5　SmFe₅型(1∶5型)

SmFe$_5$属于CaCu$_5$型六方结构,空间群为$P6/mmm$(191),典型的点阵常数为$a=0.496$nm,$c=0.415$nm$^{[JCPDS卡片251099]}$,尚未见有关磁性能的报道。

1.4.6　SmFe₂与SmFe₃

SmFe$_2$属于Cu$_2$Mg型立方结构,空间群为$Fd3m$(227),典型的点阵常数为$a=0.7415$nm$^{[JCPDS卡片251152]}$。日本TDK公司[271]研究了SmFe$_2$和SmFe$_3$,发现它们均表现为铁磁性行为,并得到SmFe$_2$的饱和磁化强度为60emu/g,居里温度为425℃,而SmFe$_3$的饱和磁化强度为80emu/g,居里温度为410℃。在氮化后,这两种化合物均会分解为SmN和α-Fe,产生的软磁相会破坏Sm$_2$Fe$_{17}$N$_y$型磁体的磁性能。Yau等[272]研究了SmFe$_3$的磁性能发现其具有PuNi$_3$型结构,空间群为$R3m$,点阵常数为$a=0.519$nm,$c=2.483$nm。

1.4.7　Sm₁₀Fe₉₀型

Sm$_{10}$Fe$_{90}$属于Cu$_7$Tb型六方结构,空间群为$P6/mmm$(191),典型的点常数为$a=0.49056$nm,$c=0.41886$nm$^{[JCPDS卡片431311]}$,尚未见有其磁性能的报道。

1.4.8　Sm₆Fe₂₃型

Samata等[273]研究原子比Sm∶Fe=65∶35的Sm-Fe合金得到了具有Th$_6$Mn$_{23}$型结构,空间群为$Fm3m$,点阵常数为$a=(1.2178\pm0.006)$nm。利用磁化曲线计算得到每分子式磁矩为59μ_B(在5K),各向异性场为6.1kOe,各向异性常数K_1、K_2分别为-2.7×10^6erg/cm^3、6.3×10^5erg/cm^3。

1.5　磁化理论模型与双相纳米晶界面弹性交换作用的提出

铁磁性物质在一定温度(居里温度)下,由于某种自身的力量,原子磁矩有序排列而存在自发磁化。关于自发磁化的机制以外斯提出的分子场理论、海森伯提出的交换作用模型解释较好。对于3d-4f金属的磁性,则多用RKKY理论来解释。

迄今对Nd-Fe-B基的纳米晶交换耦合相互作用模型研究得较多,如Kneller和Hawig[274,275]最早提出了双相纳米交换耦合的一维简化理论模型,相邻的软磁性组元和硬磁性组元均具有一定的宽度。Shomshi和Coey[158]提出的一维模型把纳米复合磁体微结构简化为由硬磁性相和软磁性相构成多层膜状结构。Fischer等[276,156]提出了简化的二维模型,把晶粒理想化为正六角形的单畴粒子。Fukunaga等[276,277,156]还模拟了三维模型,提出了6个最近邻晶粒的交换耦合作用和1330

个晶粒之间的静磁相互作用,给出了系统的总自由能。纳米晶界面弹性交换耦合概念导致了双相纳米复合永磁材料的产生。

1.6　纳米复合稀土永磁材料

1.6.1　纳米复合稀土永磁材料的交换耦合作用

纳米复合稀土永磁材料由于集合了硬磁相高的磁晶各向异性与软磁相高的饱和磁化强度的优势,获得了优异的磁性能。纳米复合稀土永磁材料中两相的各向异性常数相差很大,当有外磁场作用时,两相界面处不同取向的磁矩产生交换耦合相互作用,阻止磁矩沿各自的易磁化方向取向,使界面处的磁矩取向从一个晶粒的易磁化方向连续改变为另一个晶粒的易磁化方向,使混乱取向的晶粒磁矩趋于平行排列,从而导致磁矩沿外磁场方向的分量增加产生剩磁增强效应,即软磁相的磁矩随着硬磁相的磁矩同步转动,使得磁化和反磁化具有单一铁磁性相特征。

纳米复合稀土永磁材料晶粒间交换耦合作用为短程作用,其影响范围一般为纳米数量级,与晶粒畴壁厚度相当。其相互作用的强弱与晶粒的尺寸、晶粒耦合程度及相对取向有关。晶粒尺寸越小,比表面积越大,交换耦合作用越强烈,磁体性能越优异;晶粒界面直接接触越多,近邻晶粒的易磁化方向夹角越大,交换耦合相互作用越明显,交换耦合作用削弱了每个晶粒磁晶各向异性的影响,使晶粒界面处的有效各向异性减小,磁体的剩磁增强、矫顽力下降的影响作用越显著。总体来看,双相纳米永磁复合材料的磁性具有以下特点:高剩磁比 $m_r = M_r / M_s > 0.5$;单相磁性表现;保持相当的矫顽力 H_{cj} 值;高回复磁导率;低成本和高稳定性。但总体看,纳米尺度微结构的获得是制备与实现晶粒交换耦合相互作用的关键。

1.6.2　双相纳米晶交换耦合相互作用的理论模型

1. Kneller 和 Hawig 的一维简化理论模型[278]

Kneller 和 Hawig[65]最早提出了双相纳米永磁合金的一维简化理论模型,如图 1.10 所示。

软磁性组元 m 和硬磁性组元 k 均具有磁单轴各向异性,二者存在铁磁性交换耦合。m 组元和 k 组元的宽度分别为 b_m 和 b_k。在反向外磁场的作用下,软磁性(m)组元中部首先反转磁化。随反向磁场增强,反转磁化由 m 组元中部向两端扩展,最终穿过两组元边界进入硬磁性(k)组元,使软、硬磁性组元均产生反转磁化,即临界不可逆反转磁化场 H_{n0} 与软磁性组元宽度 b_m 有关,b_m 必须不大于某一临界值 b_{cm},才能使内禀矫顽力的值最大。计算表明

$$b_{cm} \approx \pi [A_m / (2K_k)]^{1/2} \tag{1.1}$$

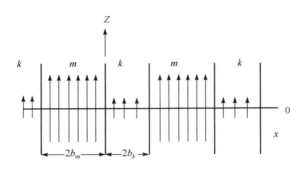

图 1.10　双相纳米永磁合金的一维简化理论模型

式中，A_m 为软磁性组元的交换积分系数；K_k 为硬磁性组元的磁晶各向异性常数。对软磁性相（α-Fe）的代表性数值，$A_m = 10^{-11}\,\text{J/m}$，$K_k = 2 \times 10^6\,\text{J/m}^3$，可计算得到 $b_{cm} \approx 5\text{nm}$。

　　另外，Kneller 和 Hawig 还给出了纳米复合永磁体的各向同性多晶材料的临界不可逆反转磁化形核场 H_{no} 为

$$H_{no} \approx K_k / (\mu_0 M_{sm}) \tag{1.2}$$

其中，M_{sm} 为软磁性相的饱和磁化强度。对于理想的结构，$b_m = b_{cm}$ 时，矫顽力场 $H_{cM} \approx H_{no}$，而当 $b_m > b_{cm}$ 时，则理论内禀矫顽力 H_{cM} 取决于 b_m，其公式可表示为

$$H_{cM} \approx \frac{A_m \pi^2}{2\mu_0 M_{sm}} \cdot \frac{1}{b_m^2} \tag{1.3}$$

2. 双相复合交换耦合二维与三维简化模型

　　Fischer 等[279,280]应用微磁理论，采用简化的二维模型模拟晶粒的微结构，把晶粒理想化为正六角形的单畴粒子，如图 1.11 所示。

　　研究结果表明：①当软磁性相的尺寸接近于硬磁性相畴壁厚度（约 4.3nm）的 2 倍（约 10nm）时，软硬磁性相之间的交换硬化是非常有效的，这种交换硬化效应避免了硬磁性相的交换耦合使矫顽力下降的不利影响。②当平均晶粒尺寸为 15nm 时，偶极（静磁）相互作用对磁体性能的影响很小，晶粒间的交换耦合相互作用明显地使磁体的剩磁增强，矫顽力下降。③随着晶粒尺寸的减小，纳米双相复合永磁体的剩磁和矫顽力同时增强，因而磁能积可有很大的提高。④复合磁体的硬磁性能随软磁性相体积分数的增加而增大。矫顽力随软磁性相的体积分数的增加而有所下降，但在软磁相的体积分数小于 50% 范围内，矫顽力不会明显下降。

　　Fukunaga 等[281]模拟了三维模型，其由 8000 个边长为 L、混乱取向的立方体构成。他们考虑了 6 个最近邻晶粒的交换耦合作用和 1330 个晶粒之间的静磁相互作用，给出系统的总自由能 W 为

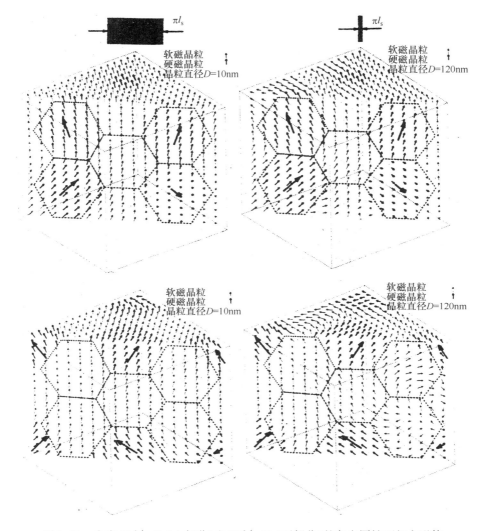

图 1.11 含有 51%α-Fe(上部分)和 72%α-Fe(下部分)的各向同性两相永磁体

平均晶粒尺寸为约 10nm,交换耦合极矩使软磁偶极矩趋向硬磁晶粒方向。

粗箭头指硬磁相,细箭头指软磁相($\pi l_s = 8.2$nm)

$$W = K_u V \sum_{i=1}^{8000} \left[\sin^2\delta_i - \frac{2J_s S}{K_u V} \left(\frac{1}{6} \sum_{j=1}^{6} \cos\beta_{ij} \right) - \frac{M_s H_a}{K_u} \sin\theta_i \cos\varphi_i \right] + \sum_{i=1}^{8000} W_{si}$$

$$(1.4)$$

式中,θ_i 和 φ_i 是第 i 个晶粒磁矩 M_s 的极角和方位角;δ_i 是第 i 个晶粒的磁矩与其易轴方向的夹角;β_{ij} 是第 i,j 个晶粒磁矩的夹角;K_u 为单位体积的各向异性常数;J_s 为单位边界面积的有效交换常数;$V(V = L^3)$ 和 $S(S = 6L^2)$ 表示晶粒的体积和表面积; H_a 为施加的磁场; W_{si} 表示由局域退磁场决定的第 i 个晶粒的静磁能。根据总磁自由能最小值决定系统平衡状态的原理, 确定每个晶粒磁矩的取向 θ_i 和 φ_i。磁体的磁化状态由每个晶粒磁矩的平均值确定。计算结果表明, 当各向同性 Nd-Fe-B 磁体晶粒尺寸从 100nm 减小到 10nm 时, 静磁相互作用对磁体性能没有明显影响, 而交换耦合相互作用的影响逐渐增强; 晶粒的体各向异性能 K_uV 与界面交换作用能 AS 之比 $K_uV/(AS)$ 从大约 10 下降到 0.5(取 $Nd_2Fe_{14}B$ 晶粒单位面积交换能为 $A\sim1.6\times10^{-2}J/m^2$, 剩磁比 J_r/J_s 从 0.5 增加到接近于 1, 矫顽力 H_c 则从 $0.48H_k$(H_k 为各向异性场)下降到接近于 0。

最近的模型计算表明, 通过减小晶粒尺寸到小于 10nm 和控制双相比例, 可进一步提高双相复合磁体的磁能积到高于 80MGOe[282]。Schrefl[283] 和山东大学的 Feng 等[284] 强调相的理想分布的重要性。Kuma 等[285] 用三维模型计算各向同性 Nd-Fe-B 基纳米复合磁体的磁能积都能达到 $290kJ/m^3$, 而且通过优化微结构可进一步提高磁能积。

1.6.3　国内外纳米复合稀土永磁专利进展

纳米复合稀土永磁材料自问世以来, 迄今为止无论是材料种类、制备工艺还是其他方面的研究都有了突破性的进展, 并取得了一定的相关专利成果。世界各国对该领域的专利技术保护都越来越重视, 近两年相关专利成果数量更是迅速增加。在纳米复合永磁材料专利中, 日本相关专利数量居多, 并且凭借专利优势在稀土永磁国际市场上已经获得了丰厚的利润, 而我国相关专利迅速增加是从近两年才开始的。今后, 对纳米复合稀土永磁材料的开发主要集中在改进与添加材料组分以获得新品种以及创新工艺的研究上, 各国专利申请与部署也会随之展开。当今社会专利已不仅代表着技术, 还意味着市场, 重视并搞好以专利为核心的知识产权战略研究和部署, 对推动我国稀土产业未来发展具有重要作用。以下为近年来纳米复相稀土永磁材料的相关专利技术的总结, 探讨国内外在该领域的研究进展以及专利技术保护方面所取得的成果。

1) 近年来取得专利保护的纳米复合稀土永磁材料种类

改进合金成分是研制纳米复合磁体的重要途径之一, 到目前为止, 对于纳米复合磁体的研究, 硬磁相主要集中在开发 $R_2T_{14}B$(其中 R 代表一个或多个稀土元素, T 代表以 Fe、Co 为主的一个或多个过渡族金属)、$Sm_2Fe_{17}N$(或 C)x 型, 软磁相主要集中在 α-Fe、Fe_3B 等, 而国内外相关专利成果则主要是涉及 $R_2T_{14}B$ 基纳米复合稀土永磁材料。

2）$R_2T_{14}B$ 基纳米复合稀土永磁材料

随着对 Nd-Fe-B 基纳米复合永磁体添加元素及替代元素的深入研究,人们发现加入适当含量的某些元素使磁体的性能有了显著的改善,于是 $R_2T_{14}B$ 基纳米复合永磁材料逐步发展起来,并已投入实际生产。在纳米复合永磁材料专利成果中,$R_2T_{14}B$ 基材料占有较大的比例,目前国内外相关专利分别见表 1.6 与表 1.7。

表 1.6　国内 $R_2T_{14}B$ 基纳米复合永磁材料专利中材料成分与特性

专利发明人	纳米复合永磁材料组分及特点
陈伟等[286]	其合金相组成为 $(Nd,Dy,Pr)_2(Fe,Nb,Zr,Ga)_{14}B/\alpha\text{-Fe}$,特点是:合金设计采用低 Nd,高 Fe($25\%\sim35\%$ 的 $\alpha\text{-Fe}$)含量组成
张士岩等[287]	其合金成分(原子百分含量)为 $7\%\sim11\%Nd$、$70\%\sim82\%Fe$、$2\%\sim8\%Co$、$1\%\sim4\%Zr$、$0.1\%\sim1.5\%Ga$、$4\%\sim8\%B$
张久兴等[288]	该发明涉及 $Nd_2Fe_{14}B/Fe$ 双相纳米晶复合永磁材料
白书欣等[289]	含钛、碳的 Re-Fe-B 基高性能纳米复合永磁材料,其通式为 $R_xFe_{100-x-y-z-w}B_yTi_zC_w$,其中 R 为至少一种不包括 La、Ce 的稀土元素,摩尔分数 x、y、z 和 w 分别满足不等式:$4\leqslant x\leqslant11$,$7\leqslant y\leqslant 9.95$,$0.5\leqslant z\leqslant10$ 和 $0.05\leqslant w\leqslant3$,$y+w\leqslant10$。特点为:硼含量低而矫顽力高、晶粒明显细化、磁性能高
胡连喜等[290]	该发明涉及 $Nd_2Fe_{14}B/\alpha\text{-Fe}$ 纳米双相永磁材料粉末
岳明等[291]	$R_xFe_yB_z/\alpha\text{-Fe}$ 纳米双相永磁材料,其中 R 为稀土 Nd 或 Pr 元素,$x=4\sim10$,$y=78\sim88$,$z=6\sim18$
都有为等[292]	富硼体系的纳米复相 Nd-Fe-B 合金,其成分范围为:$Nd_xFe_yB_zR_u$,$x+y+z+u=100$,R 为 Nd 以外的其他稀土元素,$3<x+u<6$,$6<z<20$,其余为 Fe
张湘义等[293]	合金的微结构由 $50\%\sim80\%$ 永磁 $Nd_2Fe_{14}B$、$10\%\sim30\%$ 软磁 $\alpha\text{-Fe}$ 相和 $10\%\sim20\%$ 残余非晶相三相组成,合金成分(重量百分比)为:$6\%\sim11\%Nd$,$9\%\sim15\%Pr$,$2\%\sim4\%Co$,$0.8\%\sim1.6\%B$,$0.7\%\sim3\%Nb$,其余为 Fe
张湘义等[294]	该发明涉及 $\alpha\text{-Fe}/Nd_2Fe_{14}B$ 各向异性复合纳米晶永磁材料
潘振东[295]	其相结构为 $R_2Fe_{14}B$ 化合物为主相,Fe_3B 相和 $\alpha\text{-Fe}$ 相为辅相的多相共存结构,特征是:合金粉末的粒经为 $5\sim500\mu m$,且平均晶颗粒尺寸为 $10\sim50nm$

表 1.7　国外 $R_2T_{14}B$ 基纳米复合永磁材料专利中材料成分与特性

专利发明人	纳米复合永磁材料组分及特点
丰田汽车有限公司等[296]	$Nd_2Fe_{14}B/\alpha\text{-Fe}$ 纳米复合永磁材料,Fe 颗粒均匀分布在 $Nd_2Fe_{14}B$ 颗粒界,从而提高了磁性能

专利发明人	纳米复合永磁材料组分及特点
Neomax 有限公司[297]	$R_2T_{14}B/\alpha$-Fe 基纳米复合永磁材料,其通式为 $T_{100-x-y-z-n}(B_{1-q}C_q)_xR_yTi_zM_n$,其中 T 代表 Fe 或 Fe、Co、Ni 共同组成,R 表示 La 或 Ce 以外的其他稀土元素,M 为 Al、Si、V、Cr、Mn、Cu、Zn、Ga、Zr、Nb、Mo、Ag、Hf、Ta、W、Pt、Au 以及 Pb 中至少一种元素,x、y、z、n 以及 q 满足下列条件:$4 \leqslant x \leqslant 10, 6 \leqslant y \leqslant 10, 0.05 \leqslant z \leqslant 5, 0 \leqslant n \leqslant 10, 0.05 \leqslant q \leqslant 0.5$(以上均为原子百分比)。其特点为:在 $R_2T_{14}B$ 与 α-Fe 晶界处存在着 Ti、C 等无磁相
代顿大学[298]	$R_2Fe_{14}B$ 基纳米复合永磁材料,包括至少两种稀土-或钇-过渡金属化合物的纳米复合稀土永磁体。该磁体可以在大约 130℃ 至大约 300℃ 工作温度下使用并且与 $Nd_2Fe_{14}B$ 基磁体相比表现出较高的热稳定性
Neomax 有限公司等[299]	$R_2T_{14}B$ 基纳米复合永磁材料,其通式为 $(Fe_{1-m}T_m)_{100-x-y-z-w-n}(B_{1-p}C_p)_xR_yTi_zV_wM_n$,其中 T 为 Co、Ni 或者其中之一,R 为一种稀土元素,M 为 Al、Si、Cr、Mn、Cu、Zn、Ga、Nb、Zr、Mo、Ag、Ta 以及 W 中至少一种元素,x、y、z、w、n 以及 m 满足下列条件:$10 \leqslant x \leqslant 15, 4 \leqslant y \leqslant 7, 0.5 \leqslant z \leqslant 8, 0.01 \leqslant w \leqslant 6, 0 \leqslant n \leqslant 10, 0 \leqslant m \leqslant 0.5, 0.05 \leqslant p \leqslant 0.5$(以上均为原子百分比)
Neomax 有限公司[300]	$R_2Fe_{14}B/\alpha$-Fe 纳米复合永磁材料,其通式为 $R_xQ_yM_z(Fe_{1-m}T_m)$,其中 R 代表一个或多个稀土元素,Q 代表 B、C 中的一个或两个,M 代表 Al、Si、Ti、V、Cr、Mn、Cu、Zn、Ga、Zr、Nb、Mo、Ag、Hf、Ta、W、Pt、Au 及 Pb 中至少一种元素,T 代表 Co 和 Ni 中的一个或两个,x、y、z、m 满足下列条件:$6 \leqslant x \leqslant 10, 10 \leqslant y \leqslant 17, 0.5 \leqslant z \leqslant 6, 0 \leqslant m \leqslant 0.5$(以上均为原子百分比)
Miyoshi 等[301]	其通式为 $(Fe_{1-m}T_m)_{100-x-y-z}Q_xR_yTi_zM_n$,其中 T 为 Co、Ni 或者其中之一,Q 代表 B、C 中的一个或两个,R 代表钇和另外一个稀土元素,M 是 Nb、Zr、Mo、Ta 和 Hf 中的一个或多个;x、y、z、m、n 满足下列条件:$10 \leqslant x \leqslant 25, 6 \leqslant y \leqslant 10, 0.1 \leqslant z \leqslant 12, 0 \leqslant m \leqslant 0.5, 0 \leqslant n \leqslant 10$(以上均为原子百分比)
Neomax 有限公司等[302]	$R_2Fe_{14}B$ 基纳米复合永磁材料,其中 R 代表 Pr 和 Nd,合金中添加了 Co、Al、Si、Ti、V、Cr、Mn、Ni、Cu、Ga、Zr、Nb、Mo、Hf、Ta、W、Pt、Pb、Au 和 Ag 中的一种或多种元素,此外合金中 B 有部分被 C 所取代
住友特殊金属有限公司[303]	$R_2Fe_{14}B$ 基纳米复合永磁材料,制备过程中,对磁粉颗粒采用特殊的机械处理方式,使得材料获得了优异的磁性能
住友特殊金属有限公司[304]	$R_2Fe_{14}B$ 基纳米复合永磁材料,通过快淬的方法获得双相纳米磁体
日产汽车有限公司[305]	$Nd_2Fe_{14}B/\alpha$-Fe 纳米复合永磁材料

3) $Sm_2Fe_{17}N$(或 C)$_x$ 基及其他纳米复合稀土永磁材料

目前涉及 $Sm_2Fe_{17}N$(或 C)$_x$ 基纳米复合稀土永磁材料的专利不多,张湘义等[306]的"$Sm_2(Fe,Si)_{17}C_x/\alpha$-Fe 复合超细纳米晶永磁材料"为仅有的一项,该永磁体的晶粒尺寸为 8～10nm,矫顽力 $H_c=500kA/m$,剩磁比 $M_r/M_s=0.83$。

此外,取得专利保护的其他纳米复合稀土永磁材料的种类有:Zhang 等[307]的"$Sm(Co,Cu)_5/(Fe+Fe_{1-y}Co_y)$ 多层纳米薄膜"、刘伟等[308]的"纳米复合稀土永磁薄膜材料(其硬磁相为 $R(Fe,T,B)_z$,其中 R 是稀土元素,$z=2～8$,T 是合金元素,其原子百分比为 0～60%,B 的原子百分比为 0.6%～20%,剩余的部分由 Fe 进行平衡;软磁相 Fe、Co 或 FeCo 合金)"、文玉华等[309]的"$Fe_3B/R_2Fe_{14}B$ 纳米复合永磁粉末"、孙光飞等[310]的"铁基纳米核壳复合结构稀土永磁合金"。

1.7　目前 Sm-Fe 基氮化物及双相纳米磁性材料研究中存在的问题

从上面的分析可以看出,目前 Sm-Fe 基氮化物中最有潜能用作永磁材料的是 2:17 型、3:29 型与 1:12 型,而 2:17 结构最稳定,性能也较好;而 3:29 型与 1:12 型均需要添加稳定化元素而且受冶炼及热处理条件限制较多。但总体看,这三种氮化物仍是未来几年研究的重点,这是由于在制备这些氮化物磁粉及磁体过程中还存在一些问题,要用这些氮化物来制备得到第四代有实用意义的永磁材料还有较长的路要走。

(1) 与目前第三代永磁材料 NdFeB 型相比,Sm-Fe 基氮化物制备工艺相对复杂。第一,Nd-Fe-B 四方相在铸造后即可直接得到,而 3d-4f 氮化物必须经过合适的氮化工艺才能得到最佳的磁性能。Sm_2Fe_{17} 母合金氮化反应动力学较差[30],而磁性能的高低又与氮含量及氮的均匀性密切相关。因此总是希望所有的粉末颗粒从表面到芯部要充分氮化,否则未氮化的软磁性芯部会降低粉末的矫顽力。为此需要将母合金在氮化前先破碎成细粉($<40\mu m$)[6]。另外,矫顽力在粉末颗粒尺寸为 1～10μm 范围内又随粉末颗粒的减小而增大[30]。Sm_2Fe_{17} 的单畴颗粒尺寸为 300nm 左右,当颗粒在 1～3μm 时,其磁化行为已与单畴反磁化过程一致,因此最好要求 $Sm_2Fe_{17}N_y$ 磁粉分布在其范围内,但要获得如此细而均匀的粉末又需要在氮化后对粉末进行研磨细化处理,而研磨过程又会增加粉末的内应力,还可能破坏其晶体结构。一般认为当 N 原子完全占据 Sm_2Fe_{17} 中的八面体 9e 晶位时,分子式为 $Sm_2Fe_{17}N_3$,但当 N 含量大于 3 个原子时对磁性能也是有害的,会降低 K_1,减小 T_c 约 10K[30]。第二,与 Nd 和 Fe 相比,Sm 的熔点(1345.2K)低、沸点(2073K)低,在熔炼、退火甚至氮化等过程中均会有 Sm 的挥发,容易造成成分的不稳定。另外,由于磁粉在冶炼、退火、氮化等过程均在真空气氛中进行,挥发的金属 Sm 同时也会危害真空系统。第三,工艺过程较多,整体工艺对粉末的性能影响较大,制备工艺需要进一步优化;同时要摸索防止粉末氧化的新措施。

（2）Sm-Fe 基氮化物的氮化机制尚没有统一的解释。目前关于粉末的氮化过程主要存在两种机制。一种是自由扩散机制[311-313]，该机制认为氮是从颗粒的表面到颗粒芯部的连续扩散，存在氮含量的连续变化区域，氮原子只进入 9e 晶位，由于 N 与 Sm 的键能很高，所以 N 能在 9e 稳定存在。另一种机制是捕获扩散（trapping diffusion）机制或称反应扩散（chemical reaction diffusion）机制，这种机制认为 N 原子的扩散是通过能量上不利扩散的 18g 晶位进行的，N 原子进入 9e 晶位是化学反应的结果，并且 N 一旦进入 9e 则不可再移动。

（3）Sm-Fe 基氮化物磁粉的性能与理论值相差较远。一般认为氮化物粉的矫顽力不应低于 $550kA/m$[30]，而且目前的研究大多停留在实验室的水平，用不同方法（机械合金化法、HDDR 法与快淬法）得到的多晶各向同性 $Sm_2Fe_{17}N_y$ 磁粉的磁能积一般在 $100kJ/m^3$，最高估计能达到 $160kJ/m^3$[30]，与理论值（$472.0kJ/m^3$）相差很远，远未发挥出 $Sm_2Fe_{17}N_y$ 的优异磁性能。矫顽力值在 $2MA/m$ 左右，最高纪录为 $3.5MA/m$，剩磁为 $0.7\sim0.8T$，一般低于或与 $M_s/2$ 值相当。而文献中往往给出的是某项最高值，如有的剩磁高但矫顽力低，而有的矫顽力高但剩磁低。另外，由于实验条件的不同，不同的研究者得到的同一组成的磁性能值相差较远，重复性较差，工艺性较强。

（4）Sm-Fe 基氮化物只能用作黏结磁体。虽然氮化过程是不可逆的，即一旦形成氮化物，则抽真空（vacuum-pumping，VP）不能使 N 原子脱离间隙晶位，但由于氮化温度一般为 $350\sim500℃$，温度过低，氮化不易进行，温度过高则 $Sm_2Fe_{17}N_y$ 会分解成 SmN 与 α-Fe 及 Fe_4N，失去永磁性能。而烧结温度一般需要高于 $500℃$（例如，Sm_2Fe_{17} 是在 $1280℃$ 包晶反应的产物），因此无法对其实施烧结处理，只能用作黏结磁体。而由于黏结剂的磁稀释强烈地降低黏结磁体剩磁，目前 $15wt\%\sim25wt\%$Zn 黏结 $Sm_2Fe_{17}N_y$ 磁体的磁能积小于 $80\sim90kJ/m^3$，Zn 含量再降低又使黏结磁体的强度明显降低。而聚合物黏结 $Sm_2Fe_{17}N_y$ 磁体的磁能积可能超过 $150kJ/m^3$，但聚合物的软化温度较低，又不能充分发挥 $Sm_2Fe_{17}N_y$ 磁体较高温度下磁性能稳定的优势。因此如何能得到强度高、耐软化温度高、磁性能高的黏结磁体仍是目前难以解决的问题。另外，在取向压制成型过程中需要施加较大的压力，对无磁钢制作的模具材料的强度提出了较高的要求，而且冷静压后的密度也较低，一般在 $5.0g/cm^3$ 左右。

（5）Sm-Fe 基氮化物的新制备方法的特性没有形成统一的解释，随试验条件变化相差较大。目前在 Sm-Fe 基氮化物的制备方法中，传统的粉末冶金法由于其工艺相对简单比较容易实现的特点，仍是实验室与工业生产主要采用的方法，但其缺点是研磨或球磨后粉末中多边形颗粒的边角离散场效应较大，粉末粒径分布范围相对较大。还原扩散法虽然原料便宜，但不可避免地要经过水洗容易使粉末氧化而难以得到发展。机械合金化法、HDDR 法与熔体快淬法的研究虽然取得了一定的进展,但关于其作用机理仍没有形成统一的解释,而且目前得到的主要是各向同性的磁粉,剩磁难有提高,因此利用这些方法通过改变成分或热处理条件得到各向异性粉末是今后的主要研究方向。另外,机械合金化法和熔体快淬法均会首先得到非晶,其晶化处理过程中如何控制晶化温度与时间及 α-Fe 含量,不同的研究者得到不同的结论,这也增加了生产的难度。在氮化前 HDDR 处理可以破碎颗粒,对氮化有利,但 HDDR 也是一个微晶的分解与重合过程,也会产生 α-Fe,而且HDDR 与 HD 过程目前的解释也没有统一说法。在氮化过程中,氮气氛的压力、流动性、纯度等对氮化后氮含量及磁性能影响的研究还不够深入。

(6) 替代元素的作用。目前在 Sm-Fe 合金中加入的合金元素主要是ⅣB、ⅤB、ⅥB 族元素 Ti($Z=22$),V($Z=23$),Cr($Z=24$),Zr($Z=40$),Nb($Z=41$),Mo($Z=42$),Hf($Z=72$),Ta($Z=73$),W($Z=74$),以及ⅦB 族元素 Mn($Z=25$),ⅧB 族元素 Co($Z=27$),Ni($Z=28$) 和ⅠB 族元素 Cu($Z=29$)。在 1990 年后的 13 年中,对 Sm-Fe(M)合金的磁性及结构已有了确切的解释并得到人们的认可,而在替代元素对不同 Sm-Fe 基氮化物作用的研究上还存在许多分歧,有待深入研究,尤其是对不同制备方法得到的氮化物的物相结构与磁性能的影响关系。

(7) Sm-Fe 基氮化物的特性需要深入研究。尤其是 2:17 型相、3:29 型相与 1:12 型相的磁性能和结构与成分及制备方法的关系,需要得到完善的数据。

(8) $R_3(Fe,M)_{29}N_y$ 化合物虽然具有很好的磁性能,但其制备工艺有关的报道很少,说明其制备存在一定难度。作者认为 $R_3(Fe,M)_{29}$ 相和纳米双相耦合技术,尤其是原位自生方法制备双相纳米磁性材料技术是目前永磁材料领域最具潜力的研究方向,但其制备工艺还很不成熟,需进一步研究。

(9) 许多研究者已对 $Nd_2Fe_{14}B$ 双相纳米耦合磁体进行了研究,并已取得一定的成果,但仍需进一步改善工艺,以期找到稳定的制备工艺,并进一步降低生产成本。

(10) 磁性能测试方法不统一,制备工艺变化大,磁性能相差较大。目前测试磁性能的设备主要有:superconducting quantum interference device(SQUID,最大磁场大于 5T)、提拉样品磁强计(最大外加磁场可超过 20T)、磁天平、脉冲磁强计(外加磁场可超过 7~12T)、振动样品磁强计(vibrating sample magnetometer,VSM,目前能生产得到的最大外加磁场为 3T,一般为 2T)、磁滞回线仪(一般为2T)、磁通仪、永磁测量仪(生产厂家常采用)等。另外,测磁粉的性能时有人用石蜡混粉取向后再测,有人则直接测粉末,还可以取向压制成块后再测,而且所用的设备不同,外加磁场不同,自然得到的磁性能就不同。如 SQUID、VSM 属于开路测量,直接测试的是粉末的磁矩或磁化强度值,部分研究者则采用按理论密度计算得到磁感应强度值[109];而且测试时外加 2T 的磁场根本无法使硬磁材料达到饱和,因此其测试后的剩磁与矫顽力一般偏低;而部分永磁测量仪(如中国计量科学研究院生产的永磁测量仪)则只能用于测试块体样品,其测试的是取向后的块体,属于闭路测量,得到的是磁感应强度值。但由于各实验室条件差异较大,目前还没有规定统一的磁性能测试仪器,相互可比性较差。

1.8 本书的研究内容

针对 3d-4f 氮化物、Nd-Fe-B 为硬磁相的双相纳米复合材料研究中存在的问题,本书要通过采用粉末冶金法和机械研磨法与高能球磨法、盘磨法、高能球磨破碎粉末法相结合的新工艺及 HDDR 法,来研究 Sm-Fe 合金和加替代元素为 Ti、Nb 的 Sm-Fe(M)合金及其氮化物,并添加黏结剂环氧树脂或金属锌粉研究黏结磁体的性能。具体研究内容主要包括以下几个方面。

(1)探讨感应加热法与电弧炉法冶炼 Sm-Fe 合金的工艺。

(2)在名义成分为 Sm_2Fe_{17} 的原料中多添加重量百分比为 $0wt\%\sim40wt\%$ 的纯钐,试验确定金属钐的挥发量,准确把握冶炼工艺,以得到单相 Sm_2Fe_{17} 合金及双相 Sm_2Fe_{17} 合金。

(3)在 $Sm_2Fe_{17-x}M_x$ 合金中加入不同含量替代元素 M=Ti(ⅣB 族,$Z=22$)、Nb(ⅤB 族,$Z=41$),研究 M 对冶炼后合金的组织、物相组成及磁性能的影响。

(4)对所有不同成分合金进行 1000℃下不同时间的退火,研究退火工艺对组织形貌与结构的影响。

(5)对所有成分合金分成两组,分别进行机械破碎与 HDDR 处理,详细研究 HDDR 机制及不同替代元素对处理过程的影响,研究用 HDDR 得到的 $Sm_2Fe_{17}N_y$ 及 $Sm_2Fe_{17}N_y/\alpha$-Fe 的特性。研究盘磨、机械研磨、高能球磨对破碎粉末的形貌、粒度及磁性能的影响规律;研究磨制过程中保护剂或保护气氛防止氧化的作用效果。

(6)对破碎后的粉末进行筛选,对不同粒度的粉末进行 500℃下不同时间的氮化处理,研究粉末粒度对氮含量的影响规律;另外,氮化气氛分别采用流动的纯 N_2 与加固定压力封闭的纯 N_2,研究合金替代元素对 Sm-Fe-N 的结构、物相组成、晶格参数、磁性能等的影响,最终确定不同成分、不同工艺的氮化机制。研究 Sm-Fe 合金在氮化过程中原位析出 α-Fe 机制,最终用原位自生方法制备出 $Sm_2Fe_{17}N_y/\alpha$-Fe 双相纳米磁性材料。

(7)对氮化后的粉末加树脂及固化剂或金属 Zn 做成黏结磁体,研究不同工艺得到的合金中替代元素及黏结剂对粉末的结构、物相组成、磁性能的影响;在进行磁性能测试时,研究外加磁场强度对磁性能的影响。

(8)对 $Sm_2Fe_{17}N_y/\alpha$-Fe 双相纳米磁性材料粉末及黏结磁体利用透射电子显微镜(transmission electron microswpy,TEM)进行微结构的观察,研究粉末的晶粒度、不同相的界面、黏结剂等的作用机理与存在形式。

（9）在对不同工艺、不同成分进行详细研究的基础上，得到比较适合 Sm-Fe-N 不同氮化物的优化工艺及要注意的问题，分析不同工序的不同作用机制。

（10）采用熔体快淬的制备工艺，以及稳定性元素 Ti 的添加、氮化和软磁相原位析出工艺制备得到 $Sm_3(Fe,Ti)_{29}/\alpha\text{-}Fe$ 双相纳米耦合磁性材料，并对其显微结构与磁性能进行分析。

（11）利用熔体快淬工艺制备 $Nd_{10}Fe_{84-x}B_6Co_x$（$x=0,3,5$）、$Nd_{11.3}Fe_{80-x}B_{5.2}Co_{3.5}Cr_x$（$x=0.4,0.9,1.3,1.8$）、$Nd_{11.3}Fe_{80-x}B_{5.2}Co_{3.5}Al_x$（$x=0.5,1,1.5,2$）、$Nd_{11.3}Fe_{80-x}B_{5.2}Co_{3.5}Zr_x$（$x=0.5,1,1.5,2$）合金。

（12）研究硬磁相 $Nd_2Fe_{14}B$ 与软磁相 FeCo 合金二者复合永磁材料，期望获得高的矫顽力、高的饱和磁化强度的纳米耦合磁体。

（13）通过熔体快淬工艺研究不同成分配比的 $Nd_2Fe_{14}B/Fe\text{-}Co$ 纳米磁性材料微结构与磁性能，研究熔体快淬工艺中的重要影响因素——快淬速度对材料微结构及磁性能的影响。

（14）研究不同成分的 $Nd_2(Fe,M)_{14}B/Fe\text{-}Co$ 纳米磁性材料熔炼铸锭微结构，研究快淬、晶化退火、快淬速度、球磨工艺对原位自生 $Nd_2(Fe,M)_{14}B/Fe_7Co_3$ 双相纳米磁性复合材料微结构及磁性能的影响机制。

第 2 章　试验方法

2.1　原材料的选用

原材料均选用块状、纯度大于 99.95% 的 Sm、Nd 和工业纯 Fe(DT-4,专用于永磁材料生产)及纯 Ti、Nb。氮化使用纯氮气,氢化使用纯氢气,保护气体用纯氩气。在材料制备前及制备完成后,立即放入抽真空后的塑料袋中塑封处理,并置于真空干燥箱中保存。研究不同钐含量的 Sm-Fe-N 合金,不同含量替代元素的 Sm-Fe(Ti)-N、Sm-Fe(Nb)-N 合金在不同工艺下的各种行为。

2.2　试验过程

(1) 母合金熔炼:母合金的熔炼采用真空感应加热炉和非自耗真空电弧炉加热熔化两种方式。无论采用哪种方式,控制真空室的真空度是关键,真空度低时,原材料中的钐氧化及热烧损就严重。

(2) 均匀化退火:将熔炼好的样品破碎成块,并封入玻璃管中,抽真空后分别在 1000℃ 下真空炉中进行 24h,48h,60h 的均匀化退火。通过均匀化退火,可以使生成 Sm_2Fe_{17} 的包晶反应更充分,在退火过程中,α-Fe 相会与富 Sm 的边界相反应生成更多的 Sm_2Fe_{17} 相,从而减少 α-Fe 相及富 Sm 相,使 Sm_2Fe_{17} 的体积百分比提高。因为 α-Fe 相是软磁相,其存在会成为反磁化的核心而导致磁体的矫顽力大幅度降低;另外,软磁性相本身也具有较低的剩磁。均匀化退火还可以消除内应力,使组织更加均匀致密。均匀化退火后还可以控制试样冷却的速度,便于控制物相的结构与组成。

(3) 破碎:破碎采用手破、盘磨、高能球磨、研磨等不同方式,以比较其对组织及性能的影响。但不管何种方法,破碎过程中要注意粉末的氧化,我们采用的防氧化措施是:破碎力度较小的用无水乙醇保护,力度稍大的用 120♯ 航空油醚保护,力度最大的用氩气保护。破碎的一个主要目的是使氮化获得足够的驱动力,能使粉末(粉末粒径应当小于 $38\mu m$,即过 400 目筛)完全氮化;另一个目的是筛选不同粒度的粉末,研究粉末的氮化机制。对产生非晶的粉末还要进行退火晶化处理的研究。

(4) 氢气处理:对退火后的锭块放入专用真空炉中抽真空后通入一定压力的氢气,研究不同温度下氢气处理效果、HDDR 作用机制、不同 HDDR 循环次数的影响及对粉末晶粒度、物相结构与含量和磁性能的影响。

（5）氮化：将破碎的粉末（不同破碎方式及 HDDR 后的）在 500℃ 下流动氮气和一定压力封闭的氮气氛中分别氮化 0～20h，研究氮化时间对不同成分、不同工艺的粉末的增氮含量、氮化机制、优化工艺。

（6）细破碎或研磨处理：为进一步降低粉末的粒度，将氮化后的粉末进行研磨、高能球磨处理，并比较不同细化粉末方式对组织及性能的影响。对高能球磨后产生非晶的粉末进行退火晶化处理。

（7）粉末磁性能测试：永磁材料的主要技术磁参量可分为非结构敏感参量（即内禀磁参量），如饱和磁化强度 M_s、居里温度 T_c 等，以及结构敏感磁参量，如剩磁 M_r 或 B_r、矫顽力 H_c（内禀矫顽力 H_{ci} 和磁感矫顽力 H_{cb}）、磁能积 $(BH)_{max}$ 等。目前前者主要由材料的化学成分和晶体结构来决定；后者除了与内禀参量有关外，还与晶粒尺寸、晶粒取向、晶体缺陷、掺杂物等因素有关。在本节中将不同粒度及不同组合的粉末在振动样品磁强计上测量磁滞回线，得到样品的磁化强度 M 或质量磁化强度 σ（$\sigma = M/\rho$，ρ 为粉末的密度）与矫顽力 H_c，研究粉末在不同磁场下的磁性能。

（8）加树脂或金属 Zn 粉制备黏结磁体：在氮化后的粉末中加入一定含量的环氧树脂或金属 Zn 粉混合均匀后在磁场中压制成型，并在真空炉中固化成型。

（9）研究黏结磁体的磁性能：将磁体做成薄膜形状，在振动样品磁强计上测量磁滞回线，得到磁性能 M 与 H_c，并对部分磁体作各向异性分析。

（10）测试磁体的力学性能。

在上述步骤中，每步完成后，都要利用 X 射线衍射仪、扫描电镜、光学显微镜等设备分析材料的物相组成及组织形貌与成分分布，对氮化后的粉末及磁体进行透射电镜的观察。

2.3　试验所用的主要制备设备

（1）感应加热炉；

（2）非自耗真空电弧炉，最大锭块质量小于 50g；

（3）真空退火及 HDDR 加热炉；

（4）GJ-2 型盘磨机；

（5）QN-2 型高能球磨机；

（6）磁场压制成型机，最大压力 150kN，极间距 4mm 时最大磁场为 2T；

（7）真空干燥箱；

（8）水循环真空抽滤机等。

2.4　试验所用的检测与分析设备

（1）金相显微镜：用 OLYMPOS 金相显微镜对组织进行观察，大致确定物相的体积分数及分布情况。

（2）扫描电子显微镜（scanning electron microscopy，SEM）和能量分散谱仪（energy dispersive spectropy，EDS）：用飞利浦 XL30 型扫描电子显微镜观察组织的形貌及成分分布，估计元素在铸锭、退火组织、氮化组织和粉末中的含量。

（3）X 射线衍射（X-ray diffraction，XRD）分析：用飞利浦 X'Pert MPD 型、Rigaku（理学）DMAX-RC 型 X 射线衍射仪对铸锭组织、退火组织、氮化组织、粉末进行分析，确定其相组成和相对含量、晶格参数、晶粒度等。采用 CuK_α 射线，步长为 0.02，测试角度为 $20°\sim80°$。

（4）透射电子显微镜（transmission electron microscopy，TEM）：采用飞利浦 tecnal20 型透射电子显微镜对氮化后的粉末及磁体进行微观组织形貌与结构分析。

（5）热重分析：采用美国 TA 公司生产 Du Pont 2000 SDT-2960 型热重（thermo-gravimetry，TG）与差热分析（differential thermal analysis，DTA）仪及 DSC2910 型示差扫描量热法（differential scanning calorimetry，DSC），研究氮化物的重量、温度的变化趋势，研究其热稳定性及可能的相变。实验条件为：升温速率 $10℃/min$，流动氩气或氮气，流速 $50mL/min$，升温范围为室温$\sim800℃$。

（6）电子分析天平：采用精度为 $10^{-4}g$ 的 BS-210S 型电子分析天平进行配料，以保证微量添加元素的精确含量，并采用称重法研究渗氮量随氮化时间与替代元素含量的变化关系，氮重量百分比为

$$N\% = \frac{\text{氮化后的重量} - \text{氮化前的重量}}{\text{氮化后的重量}} \times 100\%$$

（7）磁性能测试：粉末与膜状黏结磁体在美国产 LDJ9600 型振动样品磁强计（vibrating sample magnetometer，VSM）上测量不同氮化工艺得到的粉末氮化后磁体的磁性能，即 M_r、M_s、H_c 及居里温度。用 Formastor-全自动转变测量记录仪对 Sm_2Fe_{17} 母合金的居里温度进行测定。圆柱状黏结磁体在 NIM-200 型永磁仪上测量，最大磁场为 2T。

第3章 钐铁母合金的熔炼

3.1 Sm-Fe 二元合金的相图与结晶

3.1.1 Sm-Fe 二元合金相图

图 3.1 为 Fe-Sm 二元合金相图。在图 3.1 中，Sm 有三种同素异构体，α-Sm 属于菱方结构（晶系：六方；点阵：菱方；空间群 $R\bar{3}m$(166)，$a=3.629$Å，$c=26.20$Å），β-Sm 属于密排六方结构（空间群为 $P6_3/mmc$(194)，$a=3.619$Å，$c=211.68$Å），γ-Sm 属于体心立方结构。Fe 和 Sm 可以形成三种化合物：具有 Th_2Zn_{17} 型菱方结构（晶系：六方；点阵：菱方；空间群 $R\bar{3}m$(166)）的 Sm_2Fe_{17} 相（$a=8.5521(5)$Å，$c=12.440(1)$Å）、$PuNi_3$ 型菱方结构（晶系：六方；点阵：菱方；空间群 $R\bar{3}m$(166)）的 $SmFe_3$ 相和 $MgCu_2$ 型面心立方结构的 $SmFe_2$ 相（$a=7.415$Å，空间群 $Fd3m$(227)），这三种化合物均表现为铁磁性行为。三种化学平衡相均由包晶反应形成。Sm 在 α-Fe 中的最大溶解度很小，约为 0.3at%，而 Fe 在 α-Sm 中的溶解度更小，用电子显微探针不易检测到[197]。这三种相的包晶反应及共晶反应从高温到低温依次为：Liquid+ γ-Fe $\Rightarrow Sm_2Fe_{17}$（1558K）；Liquid + $Sm_2Fe_{17} \Rightarrow SmFe_3$（1287K）；Liquid+ $SmFe_3 \Rightarrow SmFe_2$（1172K）；Liquid $\Rightarrow SmFe_2 + \alpha$-Sm（共晶反应 997K）。

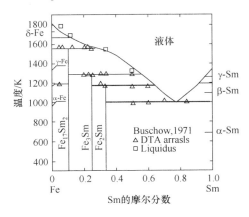

图 3.1 Sm-Fe 二元合金相图[197]

实际目前又有人用不同的方法分别得到了 $SmFe_5$（简单六方，空间群 $P6/mmm$(191)，$a=4.96$Å，$c=4.15$Å，$CaCu_5$ 型结构[JCPDS卡片251099数据]）、菱方结构 $SmFe_7$[267,268]（空

间群 $R\bar{3}m$（166），$a=8.554\text{Å}$，$c=12.441\text{Å}$[JCPDS卡片190621值]，原子排列介于 $CaCu_5$ 型和 Th_2Zn_{17} 型的中间产物）、$Fe_{90}Sm_{10}$（简单六方，空间群 $P6/mmm$（191），$a=4.9056\text{Å}$，$c=4.1886\text{Å}$，用快淬法得到的属于 Cu_7Tb 型结构[JCPDS卡片431311数据]）、$SmFe_{12}$[52-68][JCPDS卡片481438值]（四方晶系，空间群 $I4/mmm$（139），$a=8.603\text{Å}$，$c=4.702\text{Å}$，通过溅射到钽基片上并在 450℃ 保温得到强织构后测试）、$Fe_{23}Sm_6$[273] 等结构，但其中某些结构是否能在室温稳定存在尚有待进一步研究。

3.1.2　Sm_2Fe_{17} 合金的平衡结晶

由图 3.1 可见，要想得到理想公称比为 2∶17 的 Sm_2Fe_{17} 单相，Sm 的摩尔分数为 10.53%，低于此含量会进入 $Sm_2Fe_{17}+\alpha\text{-Fe}$ 的两相区，高于此含量还会得到 $SmFe_3$ 及 $SmFe_2$ 富钐相。因此要想得到纯净的 Sm_2Fe_{17} 并非易事，其主要原因在于 Sm_2Fe_{17} 是经过包晶反应形成的，在熔炼时必须全部得到液相，纯 Fe（$T_m=1809\text{K}$）与纯 Sm（$T_m=1345\text{K}$）及其他元素 Ti（$T_m=1943\text{K}$）、Nb（$T_m=2740\text{K}$）须全部熔化，但这几种元素的熔点相差较大，尤其纯 Sm 的沸点也只有 2064K，原料 Sm 在变为液相过程中特别容易挥发而损失，在配制合金时，必须额外添加部分钐，以弥补钐的烧损，使合金结晶过程中成分接近 2∶17 的比值，另外要严格控制加热温度。

当成分在 2∶17 附近的合金由液相冷却时，首先会析出 $\delta\text{-Fe}$（或 $\gamma\text{-Fe}$）初晶，并一般以枝晶或鱼骨状形式出现，冷却到 1558K 时发生包晶反应：$Liquid+\gamma\text{-Fe}\Rightarrow Sm_2Fe_{17}$，$Sm_2Fe_{17}$ 相以 $\gamma\text{-Fe}$ 相为基底通过固相界面和固/液界面充分地扩散长大，由于先形成的是固态的 $\gamma\text{-Fe}$，所以扩散过程缓慢，在平衡结晶过程中，冷却速度较慢时，在室温会有较多的 Sm_2Fe_{17} 相与较少的 $\alpha\text{-Fe}$ 形成。

如果合金中 Sm 的成分大于 2∶17 时，在形成 Sm_2Fe_{17} 相后，多余的液相还会接着发生包晶反应，生成 $SmFe_3$ 甚至 $SmFe_2$ 相。因此在室温可能会得到 $\alpha\text{-Fe}+Sm_2Fe_{17}+SmFe_3$（及 $SmFe_2$）。

3.1.3　Sm_2Fe_{17} 合金的非平衡结晶

在工业生产中，Sm-Fe 系合金铸锭的结晶过程一般都是非平衡结晶过程，而非平衡结晶过程与铸锭的浇注温度、冷却条件、冷却速度等因素有关。浇注温度不能太高，否则金属钐挥发严重，$\alpha\text{-Fe}$ 含量增加；冷却速度较慢时，形成较多的树枝状或鱼骨状 $\alpha\text{-Fe}$ 晶体；冷却速度较快时，可以抑制 $\alpha\text{-Fe}$ 的形成。另外，冷却越快越容易形成柱状晶，铸锭越容易破碎，但容易造成枝晶偏析。因此应当对铸锭不同截面的冷却组织进行研究。

3.2　Sm-Fe 二元合金的热力学分析

3.2.1　热力学模型及计算

Zinkevich 等[197]用次晶格模型研究了 Sm-Fe 的热力学，在 101325Pa 下物相的吉布斯能可表述为

$$^0G(T) = a + bT + cT\ln(T) + dT^2 + eT^3 + f/T + \sum_n g_n T^n \quad (3.1)$$

他们假定 Sm_2Fe_{17} 相由三个次晶格组成，一是完全由 Sm 原子组成；二是完全由 Fe 原子组成；三是由空位组成，推导出 Sm_2Fe_{17} 相的吉布斯自由能可表示为

$$G_{Sm:Fe:Va}^{2:17} = -3287.51224 - 56.6232245T + 8.40715399T\ln T - 2.59607031E-3T^2$$
$$-2.08252746E-7T^3 - 94492.728T^{-1} + 0.89473684G_{Fe:Va}^{bcc} \quad (3.2)$$
$$+0.10526316G_{Sm:Va}^{\alpha-Sm} \quad (T<6000K)$$

$$G_{Fe:Va}^{bcc} = \begin{cases} 1225.7 + 124.134T - 23.5143T\ln T - 0.00439752T^2 - 5.8927 \\ \times 10^{-8} \cdot T^3 + 77359T^{-1} \quad (T_{max}<1811K) \\ -25383.581 + 299.31255T - 46T\ln T + 2.29603 \times 10^{31}T^{-9} \\ (1811K \leqslant T_{max}<6000K) \end{cases} \quad (3.3)$$

$$G_{Sm:Va}^{\alpha-Sm} = \begin{cases} -3872.013 - 32.10748 - 1.6485T\ln T - 0.050254T^2 \\ +1.010345 \times 10^{-5}T^3 - 82168T^{-1} \quad (T_{max}<700K) \\ -23056.079 + 282.194375T - 50.208T\ln T \quad (700K \leqslant T_{max}<2100K) \end{cases}$$
$$(3.4)$$

在形成 Sm_2Fe_{17} 包晶的 1558K，其 $G_{Sm} = -158434.714J/mol$；$G_{Fe} = -85532.845J/mol$；$G_{Sm_2Fe_{17}} = -95575.113J/mol$。在 298K 时，$G_{Sm} = -20709.870J/mol$；$G_{Fe} = -1835.874J/mol$；$G_{Sm_2Fe_{17}} = -10263.885J/mol$。另外，实验得到的 298K 的标准熵为 $^0S_{298} = 36.6J/(mol \cdot K)$。

3.2.2　热力学分析

结合上面的热力学计算和相图 3.1 可知，通过包晶反应形成的 Sm_2Fe_{17} 在热力学上是可行的，而且 Sm_2Fe_{17} 的吉布斯能又是绝对值比较大的负值，因此在室温是能稳定存在的。

3.3　Sm-Fe 二元合金的感应电炉熔炼

由于在 Sm-Fe 合金中，只有 Sm_2Fe_{17} 相氮化后的磁性能最好，所以本节熔炼母合金的目的是要得到尽可能多的均匀的 Sm_2Fe_{17} 相，而 α-Fe、$SmFe_2$、$SmFe_3$ 等相越少越好。

3.3.1　感应电炉熔炼操作

在工业生产中，目前一般是采用感应电炉来对 Sm-Fe 合金进行熔炼。熔炼的目的是将纯金属料熔化，生成尽可能多的设计成分的合金。在熔炼过程中，应合理控制熔炼电流和熔炼时间，确保合金液"清，准，均，净"。所谓"清"是将所有金属料熔清，纯 Fe 和 Ti、Nb 等的熔点较高，应设法使它们完全熔清。"准"是确保合金的设计成分，做到成分准确。而造成成分不准的原因是金属的挥发和氧化损失（总称为烧损），为此在采用真空熔炼炉时，真空度应达到 $10^{-3}\sim10^{-2}$Pa 以上。在实际熔炼时，采用了两种方式，一是装料时把金属钐置于铁等高熔点金属之下，使铁充分熔化后包覆住钐熔化；二是采用在铁等高熔点金属熔清后再加钐，以避免钐的过量挥发。由于真空感应炉内容积相对较大，所以使加热室内真空直接达到 10^{-3}Pa 以上有较大的困难，一般要求在装料后抽真空至 10^{-2}Pa 以上，先送电预热炉料，以排除炉料的吸附气体、有机物等。此时炉内真空可能有稍许下降，待真空再一次达到 10^{-3}Pa 后，停止抽真空，并充入高纯氩气，洗炉 $2\sim3$ 次，最后充氩气至 1.4×10^{5}Pa 即可开始熔炼。"均"是指成分均匀。采用真空电弧炉熔炼，要大功率加热快速熔化，以减少稀土的挥发。使炉料快速熔化后，用大功率电磁搅拌一段时间，以确保成分均匀。"净"是确保合金液干净，防止夹杂物和气体污染。夹杂物的来源主要是炉料本身和坩埚反应带来的污染。金属料要经过预处理，以便除去氧化物和其他污染。坩埚要用 Al_2O_3 预制坩埚，尤其是炉口，尽量不要使用镁砂来制作，也要用 Al_2O_3。新坩埚应烘干，用旧炉料洗炉，使坩埚表面烧结一层致密层，减少金属液与坩埚的化学反应。熔炼操作时要应注意：加热温度控制，因纯 Al_2O_3 的熔点为 2082℃，而由于坩埚纯度的限制，其软化温度要低于此温度，而且在感应加热时一般没有控温装置，所以容易使坩埚软化变形；另外，由于坩埚一般与镁砂打在一起，加热与冷却时二者的膨胀与收缩不一致容易造成坩埚的开裂。钐的密度（7.54g/cm³）与铁的密度（7.86g/cm³）相比较小，在熔融状态下与铁充分混合有一定的困难，加热时间过短，钐铁不能充分反应结合，内部组织不均匀、不致密，会严重影响材料的磁性能。因此，为了得到尽可能多的柱状晶组织及较少的 α-Fe 含量，金属铸模要能通冷却水冷却。

3.3.2　真空度对感应电炉熔炼 Sm-Fe 母合金组织及物相的影响

在理想情况下，总是希望加热室内真空度越高越好，最好不低于 10^{-3}Pa，金属 Sm 的挥发较少，含量容易控制，在这种状态下，多添加 30wt% Sm，并在冶炼时把金属钐放在最下面，用熔化的 Fe 液熔化 Sm 并快速浇注，得到的铸态母合金的组织如图 3.2 所示。从图中可以看出，铸态组织中主要有三种物相，即黑色鱼骨状枝晶相，而且可以看出分布在晶内；另外是白亮色相，分布在晶界；大部分是灰色的基体相。图 3.3 是对应图 3.2 的 X 射线衍射图谱，图 3.3 中也只有三种物相，即大部

分为 Sm_2Fe_{17} 相,还有较多的 α-Fe 与相对较少的 $SmFe_2$ 相和 $SmFe_3$ 相,结合能谱(EDS)可以对图 3.2 中的组织得出如下结论:基体为 Sm_2Fe_{17} 相,白色晶界相为 $SmFe_3$ 与 $SmFe_2$ 及黑色的晶内相 α-Fe。$SmFe_3$ 与 $SmFe_2$ 在图 3.2 中很难区分开,根据背散射的原子序数衬度原理,$SmFe_2$ 与 $SmFe_3$ 相比应该更明亮些。尽管多添加了 30wt%Sm,但在铸态仍没有得到单相 Sm_2Fe_{17},其主要原因应为铸态非平衡冷却。

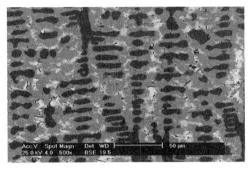

图 3.2　真空感应炉冶炼 Sm-Fe 合金铸锭组织

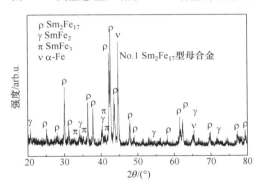

图 3.3　对应图 3.1 的 X 射线衍射图

在添加同量补偿钐的前提下,降低感应电炉中的真空度到低于 3Pa,并同样用纯氩气洗炉两次后再充氩气到 1.4×10^5 Pa 再冶炼,观察到了图 3.4 所示的组织,图 3.5 为对应图 3.4 的 X 射线衍射图。从图 3.5 分析得出,主相为 α-Fe,对应图 3.4 中的灰黑色相,另外还有少量的 Sm_2Fe_{17} 相,对应图 3.5 中的零星白亮相。可见得到的合金中 Sm 含量很低,而在炉壁上却发现了较多的 Sm,可见 Sm 在低真空状态下挥发氧化严重,而由于只要一打开炉盖,壁上的大多数 Sm 会立即氧化燃烧,所以无法搜集得到真正的挥发到炉内壁上的产物。但有一点可以肯定的是,在图 3.5 中,没有发现任何氧化物(Sm_2O_3 或 Fe_2O_3、FeO 等)的衍射峰,可能是原料中 Sm 含量太低的缘故。而炉内残留的氧应该已与挥发的 Sm 作用,也可以说,炉腔内的氧含量是促进金属 Sm 挥发的一个重要因素。

图 3.4　在低真空下得到的 Sm-Fe 铸态组织

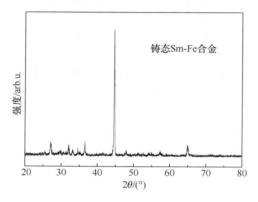

图 3.5　对应图 3.4 的 X 射线衍射图谱

　　为了观察到铸态母合金被氧化的情况,采取加大 Sm 补偿含量到 50wt%,在低真空状态 5Pa 下,得到的合金的组织及对应的 X 射线衍射图如图 3.6 和图 3.7 所示。由图 3.7 可见,图 3.6 中的合金组织中含有五种物相,其中主要是黑色的 α-Fe,其次为明亮的 Sm_2O_3 氧化物及白灰色的 $SmFe_2$ 与 $SmFe_3$,而 Sm_2Fe_{17} 含量极

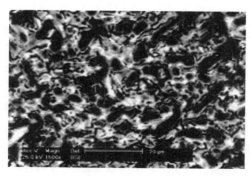

图 3.6　多补偿 50wt%Sm 被氧化的 Sm-Fe 合金

低,在图 3.6 中不易辨别出来。可见在有氧的环境中,金属 Sm 主要发生氧化作用,液态合金不再容易形成 Sm_2Fe_{17} 相,这会严重地恶化合金的磁性能,因此在冶炼合金时防氧化是采用感应加热首要重点解决的问题。

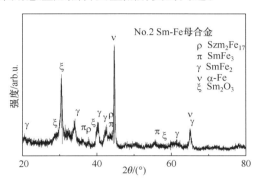

图 3.7　对应图 3.6 的 X 射线衍射图谱

3.3.3　感应电炉熔炼 Sm-Fe 母合金设备的匹配问题

另外,设备的装炉能力与实际装炉量要匹配。由于一定的炉室是相对一定的装炉能力设计的,所以当装炉量远低于装炉能力时,钐的挥发空间相对较大,残留的氧含量极容易把相对装炉较少的钐大部分氧化掉而使合金的钐含量达不到设计要求。当作者最初使用 25kg 的感应加热炉熔炼 0.5kg 的装炉量时发现,控制钐的含量相当困难,在真空度稍低时,组织中只有很低的钐含量,与图 3.4 相似。这种现象尤其发生在新材料的试验阶段,为了节省原材料,装炉量要力求小,但仍使用大容量设备,会造成试验结果与实际偏差较大。

3.3.4　加钐方式对感应电炉熔炼 Sm-Fe 母合金组织及物相的影响

在前面的试验中均采用把金属 Sm 放在 Fe 等过渡族金属的下面,利用其熔化后的液体包覆金属 Sm 熔化,并直接成为二元液相合金液再浇注成型,但毕竟 Sm 要在加热炉内高温下停留一定的时间,因此必然有较多的 Sm 挥发损失,而且试验发现 Sm 的熔化过程所需时间较短,所以作者想到可以利用感应炉配置的加料装置,在单独熔化金属 Fe 后,再加入 Sm 并马上浇注以达到减少加入 Sm 补偿量的目的。图 3.8 和图 3.9 是利用此种方法得到的组织及对应的 X 射线衍射图。由图 3.9 可知,图 3.8 中含量最多的是黑色的 α-Fe,另外还有白色的 $SmFe_2$、$SmFe_3$ 和白亮色的 α-Sm,唯独没有想得到的 Sm_2Fe_{17} 相,分析原因可能在于:Sm 加入时,Fe 已是高于其熔点的液态,Sm 加入后部分直接由固态变为了气态而不是 Sm-Fe 二元合金液体,因此合金中保存下来的平均 Sm 含量已很低;另外,由于是加入 Sm 后马上浇注,所以合金中成分没有均匀化,部分富铁的液相冷却后直接得到 α-Fe,

而另一部分富钐的液相冷却后包晶反应得到 $SmFe_3$、$SmFe_2$ 及共晶反应得到 $SmFe_2$、α-Sm。

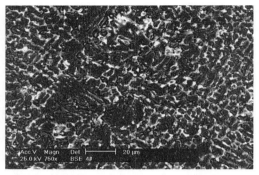

图 3.8　加入 Sm 后立刻浇注的 Sm-Fe 合金组织

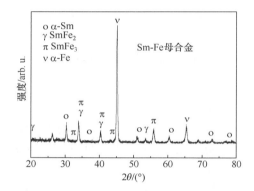

图 3.9　对应图 3.8 的 X 射线衍射图谱

另外，作者设想如果加入钐后减小加热功率保温适当时间可能会得到较多的 Sm_2Fe_{17} 相，但在随后的试验中发现，延长保温时间虽然可以得到 Sm_2Fe_{17} 相，但含量极低，组织与图 3.4 相似，其原因是在液相 Fe 中，温度很高，而且 Sm 的比重比铁的小，因此停留时间越长，Sm 挥发越严重，合金中保留下来的 Sm 含量越低。

第三种尝试减小 Sm 加入量的方法是把没有添加补偿含量的 Sm 原料松散地预先放入金属模具中，再直接浇入温度较高的 Fe 金属液，结果发现，Sm 含量确实全部能保存在母合金中，但由于金属模具冷却速度快，Sm 在合金中不能均匀化，而且也不会得到柱状晶的理想 Sm_2Fe_{17} 组织，而是孔洞型结构。

3.3.5　加入保护气体压力的影响

纯物质的饱和蒸气压与温度的关系式为：$\lg p = \dfrac{A}{T} + B\lg T + CT + D$。可见，凝聚态物质的饱和蒸气压是温度的函数，随着温度的升高，饱和蒸气压增大。因此对于易于挥发的金属 Sm,为了减小其饱和蒸气压,熔化温度不要太高,加热电流不要太大。另外,由 Sm-Fe 组成的二元合金,组元的蒸气压 p_i 与合金熔化液所受的总压力关系不大[282]。而由拉乌尔定律知,组元的蒸气分压与该组元在溶液中的浓度及其饱和蒸气压成正比。因此只有降低温度减小其饱和蒸气压才能减小组元的挥发。另外,组元的挥发量与炉内总容积的大小及内部气体的总压力有关,当其他气体的压力增大时,Sm 组元的分压就相对减小,因此在熔炼时要向炉内充入一定压力的惰性气体(一般为氩气)。周寿增等[6]在熔炼 Nd-Fe-B 时充入的氩气压力为 1.4atm(1atm=1.01325×10^5Pa)。在本试验中也参考此数据进行。

3.4 Sm-Fe 二元合金的真空电弧炉熔炼

3.4.1 真空电弧炉的特点

真空电弧炉是利用氩弧焊的工作原理,通过两极相接触起弧后的电弧的热量来熔化金属的。电弧的热量大小通过调节电流的大小来控制,例如,可以从 50A 连续地调节到 600A,这样大的可调范围可以一次性熔化几克到 50g 的样品,而且电弧的火焰可以上下左右移动,从而对样品中原料的加热次序、加热速度、加热范围、加热时间进行灵活的调整。成形的铸锭一般呈钮扣形,底部冷却速度可以通过调整冷却水的温度及电弧火焰的加热时间、加热电流、火焰与试样的距离等来控制。另外,由于加热室内只有通冷却水冷却的铜模具及电弧杆,所以整个内部空间可以比较小,比较容易达到小于 5×10^{-3}Pa 的高真空状态,特别适用于实验室小块料的试验工作。真空电弧最大的缺点是,电弧的加热面积不能很大,一次只能熔炼几克到几十克的样品,而且样品越大越不容易同时全部熔化,因此一般不能只熔炼一次即使样品均匀,通常要翻个反复熔炼 3~4 次。在本书后面的试验中就全部采用电弧炉进行母合金的熔炼,并严格一致地控制每次加热试样的质量、加热电流的调节规律(电流的大小与停留时间)、冷却水的温度与压力。

3.4.2 真空电弧炉熔炼 Sm-Fe(M)合金

考虑到金属钐的易挥发性,因此在装料时同样把钐放到所有料的最下面,其他金属的顺序从下向上为 Fe、Ti、Nb。先熔化最难熔的金属,并且采用先预热再熔化的办法,即先小电流再大电流,让熔化的金属液流到最下面的钐料中并包覆熔化钐,过渡族金属全部熔化后加大电流使合金均匀化。翻个后,由于钐在表面附近,所以同样采用先小电流再大电流的加热顺序。这样反复四次后,一般就能得到较为均匀的组织,如图 3.10 所示得到的 Sm-Fe 二元合金组织,其物相的组成与图 3.2相同,不同的只是物相的相对含量。另外,补偿添加的钐含量也由于操作条件的不同会有所不同。在操作条件掌握不好时,会得到图 3.11~图 3.13 所示的组织。图 3.11 是由于施加的电流较小,同时未旋转电弧火焰,未能把合金搅均匀从而出现左边富铁右边富钐的现象。图 3.12 是由于施加的最大电流偏小,电弧火焰未能吹到整个钮扣合金液的底部而出现分层的缘故,界线正好是钮扣上下半圆的分界线。图 3.13 则是由于全过程施加的电流偏小,未全部熔化的铁冷却下来,钐在内部包着的形貌。

　　由于真空电弧炉熔炼室内真空度比较容易达到 5×10^{-3} Pa,所以 Sm-Fe 合金的熔炼要求真空度必须达到此条件,另外还要用纯氩气洗炉两次后再开始熔炼。

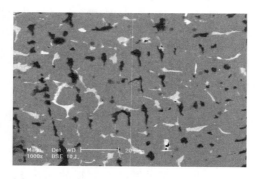

图 3.10　电弧炉熔炼得到的 Sm-Fe 合金组织

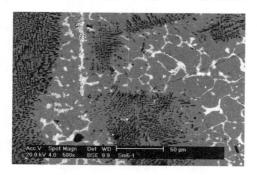

图 3.11　内部不均匀的 Sm-Fe 合金组织

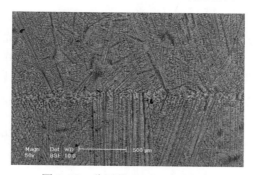

图 3.12　分层的 Sm-Fe 合金组织

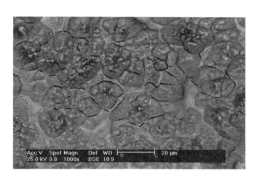

图 3.13　未熔化的铁核

3.5　本 章 小 结

（1）通过分析相图及热力学计算发现，包晶反应形成 Sm_2Fe_{17} 在热力学上是可行的，Sm_2Fe_{17} 在室温是稳定的。

（2）在用感应加热炉熔炼 Sm-Fe 合金时要遵循的规律是：①打制坩埚时尽量不要使镁砂表面外露，要使用刚玉坩埚。②注意装料方式。把金属钐放在所有料的最下面。③要保证炉内的真空度不低于 10^{-3} Pa，越高越好。④加入保护气体（纯氩气）正压（1.4atm 左右）。⑤先小功率预热，到接近钐的熔化温度之前要大功率加热，而且在坩埚的设计上要考虑让上部的铁先熔化，同时要控制加热最高温度不要使坩埚软化。⑥合金液的均匀化时间要小于 3min。⑦模具采用能通水冷却的金属模具。⑧预先多添加 $20wt\%\sim30wt\%$ Sm 补偿烧损。⑨在冶炼结束后，等待时间长于约 20min 后再抽真空打开炉盖，否则挥发钐容易氧化并在感应线圈间打火花发生短路现象，烧毁线圈。

（3）使用电弧炉熔炼 Sm-Fe 合金，除了要保证真空度，注意装料方式外，关键是要严格一致地控制熔炼工艺参数。

第4章 Sm-Fe 基合金的 X 射线测试与分析方法

4.1 稀土 Sm_2Fe_{17} 型永磁材料 X 射线无标定量相分析

4.1.1 引言

目前稀土 Sm_2Fe_{17} 型永磁材料的发展主要集中在两个方向：一个是 $Sm_2Fe_{17}N_x$ 型，另一个是纳米 $Sm_2Fe_{17}N_x/\alpha$-Fe（或 Fe_3B 等其他软磁性相）双相型稀土永磁材料。但由于 Sm_2Fe_{17} 母合金是通过包晶反应形成的，在结晶过程中首先就会形成 α-Fe 相而使得铸态组织中除了主相 Sm_2Fe_{17} 外总有少量 α-Fe 相残留。第二个研究方向上把具有高饱和磁化强度的软磁材料（α-Fe）和具有高矫顽力的硬磁材料（$Sm_2Fe_{17}N_x$）通过一定的工艺复合在一起，两相晶粒间发生铁磁交换耦合且各相的线度在纳米范围内，而磁性能的优劣与两相的相对含量关系密切。关于稀土 Sm_2Fe_{17} 型永磁材料中 Sm_2Fe_{17} 相与 α-Fe 相相对含量的测定，O'Donnell 等[159,283] 采用穆斯堡尔谱对其进行定量分析。对于穆斯堡尔谱法，只有少数研究机构有此条件，普遍采用的是 X 射线衍射对稀土 Sm_2Fe_{17} 型永磁材料进行定量相分析[284]，但详细计算方法尚未见报道。

通常 X 射线衍射定量相分析的方法[285]可分为标样法和无标法两大类，其中单线条法、内标法、K 值法及参比强度法等标样法都要求加入一定的标准纯样进行对比。另外，Sm_2Fe_{17} 相的参比强度值尚未见报道，而 Sm_2Fe_{17} 型硬磁相的纯标样很难获得，因此难以配制均匀的含有纯相的混合样品，而只能采用无标法。作为无标法之一的直接对比法，是利用试样自身中某相作为标准的定量分析方法，具有对样品无特殊要求，一个样品就可求解和试验分析速度快等优点而广泛用于钢中残余奥氏体含量和其他同素异构型转变过程的定量相分析。由于一般研究的稀土 Sm_2Fe_{17} 型永磁材料中主要有两相（Sm_2Fe_{17} 型相和 α-Fe），而且两相的最强峰邻近，所以比较适于采用直接对比法进行物相的定量分析。

Sm_2Fe_{17} 型相具有 Th_2Zn_{17} 型菱方结构（空间群为 $R\bar{3}m(166)$）或 Th_2Ni_{17} 型六方结构（空间群为 $P63/mmc$）。通常情况下 Sm_2Fe_{17} 型相具有 Th_2Zn_{17} 型菱方结构，单胞结构复杂，相对强度计算较为困难。本章通过分析 Th_2Zn_{17} 型菱方结构的 Sm_2Fe_{17} 型相各原子的坐标，提出了定量计算稀土 Sm_2Fe_{17} 型永磁材料中物相相对含量的详细步骤及关键参数，并用此方法定量分析了不同成分和不同工艺处理的 Sm_2Fe_{17} 型相中的物相组成。

4.1.2　试样的制备及试验方法

按名义成分 $Sm_{10.5}Fe_{89.5}$、$Sm_{12.8}Fe_{87.2}$ 配制两种不同钐含量 Sm_2Fe_{17} 型母合金，用纯度不低于 99.5% 的 Sm 块及 DT4 纯 Fe 配料，在电弧炉中熔炼四遍，铸锭在 1000℃ 真空炉中退火 48h 后水冷。部分退火块料在专用 HDDR 炉中充纯氢气 0.13MPa，加热到 800℃ 保温 2h 后，开始抽真空，2h 后降温直到炉内压力小于 $4×10^{-3}$Pa、温度到室温后完成 HDDR 处理。将退火及 HDDR 处理后的块料轻破碎及研磨并过 250 目后进行 X 射线衍射分析。纯铁块标样采用 DT4 纯铁，并经 1000℃ 真空退火后进行 X 射线衍射对比分析。

采用飞利浦 X′Pert MPD 型 X 射线衍射仪。根据靶材的选择原则，靶材的原子序数 $Z_{靶}≤Z_{样}+1$，由于本章研究的材料中主要为 Fe 与 Sm，所以原则上应当选用 Co 靶或 Fe 靶，可以减小试样对 X 射线的吸收。但由于大多数 X 射线衍射仪主要配备 Cu 靶，虽然会增加衍射图谱的背底，但对衍射峰的位置及相对强度没有影响，而且要分析计算最强峰的相对积分强度，所以仍选用 Cu 靶、Ni 滤波、计数管。对各试样首先采用连续扫描，时间常数为 3°/min。接着对特定特征峰步进扫描，步宽为 0.02°，时间常数为 4s，测定的衍射谱经 $K_{\alpha 1}$、$K_{\alpha 2}$ 分离程序处理，其中 $\lambda_{K_{\alpha 1}}=1.54056Å$ 为本章计算采用的波长（另外 $\lambda_{K_{\alpha 2}}=1.54439Å$），获得 Sm_2Fe_{17} 型相 303 衍射、α-Fe 相 110 衍射的衍射峰位和积分强度，利用定量分析计算程序输入测量值及查表变量，输出两相的体积百分含量。

4.1.3　方法原理

衍射强度理论指出，各相衍射线条的强度随着该相在混合物中相对含量的增加而增强。衍射强度的基本公式为

$$I=I_0\frac{\lambda^3}{32\pi R}\left(\frac{e^2}{mc^2}\right)^2\frac{V}{V_c^2}P\,|\,F\,|^2\varphi(\theta)A(\theta)\mathrm{e}^{-2M} \tag{4.1}$$

式中，I_0 为入射 X 射线的强度；λ 为入射 X 射线的波长；R 为与试样的观察距离；V_c 为物相单位晶胞的体积；V 为试样被照射的体积；j 相体积 $V_j=Vf_j$，f_j 为第 j 相的体积百分数；P 为多重性因子；F 为结构因子；$\varphi(\theta)$ 为角因子，$\varphi(\theta)=\frac{1+\cos^2 2\theta}{\sin^2\theta\cos\theta}$；$A(\theta)=\frac{1}{2}\mu$，$\mu$ 为混合物的线吸收系数；e^{-2M} 为温度因子。

假如被测试样中含有 n 个相，根据式（4.1），对于每个相的每个衍射都可写出一个衍射线强度与含量之间的关系方程，这种方程共有 n 个，即

$$I_j=CK_jV_j/\mu \tag{4.2}$$

式中，$j=1,2,\cdots,n$；$C=I_0\frac{\lambda^3}{32\pi R}\left(\frac{e^2}{mc^2}\right)^2\frac{V}{2}$，对于同一试样中物相，$C$ 为常数；$K_j=$

$\dfrac{1}{V_c^2} P \mid F \mid^2 \varphi(\theta) \mathrm{e}^{-2M}$，称为比例常数，可通过计算得到。

用第 m 个方程去除其余方程，则得

$$\frac{I_j}{I_m} = \frac{K_j}{K_m} \cdot \frac{V_j}{V_m} = \frac{K_j}{K_m} \cdot \frac{f_j}{f_m}，即\ f_j = \frac{I_j}{I_m} \cdot \frac{K_m}{K_j} \cdot f_m \tag{4.3}$$

试样中各物相体积分数的总和满足归一化条件，于是

$$\sum_{j=1}^{n} f_j = \sum_{j=1}^{n} \left(\frac{I_j}{I_m} \cdot \frac{K_m}{K_j} \cdot f_m \right) = \frac{K_m}{I_m} f_m \sum_{j=1}^{n} \frac{I_j}{K_j} = 1 \tag{4.4}$$

即

$$f_m = \frac{I_m / K_m}{\sum\limits_{j=1}^{n} (I_j / K_j)} \tag{4.5}$$

将式(4.5)代入式(4.3)得

$$f_j = \frac{I_j / K_j}{\sum\limits_{j=1}^{n} (I_j / K_j)} \tag{4.6}$$

在 $\mathrm{Sm_2Fe_{17}}$ 型相退火态、HDDR 处理及氮化后的过程中，部分材料的物相组成主要有两相，即 $\mathrm{Sm_2Fe_{17}}$ 型相和 $\alpha\text{-Fe}$。如以 I_{217} 表示一种相（$\mathrm{Sm_2Fe_{17}}$ 型）某根线条的积分强度，I_α 表示另一种相（$\alpha\text{-Fe}$）某根线条的积分强度，相应的比例常数及体积分数分别为 K_{217}、K_α、f_{217}、f_α，则应有 $f_{217} + f_\alpha = 1$，得到

$$f_\alpha = \frac{I_\alpha / K_\alpha}{I_\alpha / K_\alpha + I_{217} / K_{217}} = \frac{I_\alpha K_{217}}{I_\alpha K_{217} + I_{217} K_\alpha} = \frac{1}{1 + \dfrac{I_{217}}{I_\alpha} \dfrac{K_\alpha}{K_{217}}} \tag{4.7}$$

式中

$$\frac{K_\alpha}{K_{217}} \frac{\left[\dfrac{PF^2}{V_{胞}^2} \varphi(\theta) \mathrm{e}^{-2M} \right]_\alpha}{\left[\dfrac{PF^2}{V_{胞}^2} \varphi(\theta) \mathrm{e}^{-2M} \right]_{217}}$$

如果试样衍射花样中还有第三种物相，则此时 $f_\alpha + f_{217} + f_3 = 1$（$f_3$ 为第三相的体积百分比），由式(4.7)可得

$$\begin{aligned} f_\alpha &= \frac{I_\alpha / K_\alpha}{I_\alpha / K_\alpha + I_{217} / K_{217} + I_3 / K_3} = \frac{I_\alpha K_{217} K_3}{I_\alpha K_{217} K_3 + I_{217} K_\alpha K_3 + I_3 K_\alpha K_{217}} \\ &= \frac{1}{1 + \dfrac{I_{217}}{I_\alpha} \dfrac{K_\alpha}{K_{217}} + \dfrac{I_3 K_\alpha}{I_\alpha K_3}} \end{aligned} \tag{4.8}$$

4.1.4　计算步骤与程序

在计算中选取 Sm_2Fe_{17} 型相和 α-Fe 的最强峰（303）和（110），在 JCPDS（粉末衍射标准联合委员会）卡片上标准的 Sm_2Fe_{17} 和 α-Fe 衍射花样中对应衍射方向 2θ 的位置分别为 $2\theta=42.57°$ 和 $2\theta=45.067°$，两衍射峰比较靠近。在下面的计算中以两标准峰进行计算推演。具体计算步骤如表 4.1 所示。

表 4.1　定量计算步骤列表及举例

计算步骤	1	2	3	4	5			6	7	8			
参数	$2\theta/(°)$	$\theta/(°)$	$\sin\theta$	$d/\text{Å}$	$a/\text{Å}$	$c/\text{Å}$	$V/\text{Å}^3$	$\sin\theta/\lambda$		f_{Sm}	$f-\Delta f$	f_{Fe}	$f-\Delta f$
Sm_2Fe_{17}	42.57	21.285	0.363	2.1236	8.55215	12.4401	787.96	2.3563		47.57	46.41	17.72	16.19
α-Fe	45.067	22.534	0.383	2.010	2.8664		23.55	2.488				17.29	15.76

计算步骤	9		10	11	12		1		13		14	
参数	F	F^2	$\varphi(\theta)$	P	K_{217}	K_α	I_{217}	I_α	f_α	f_{217}	m_α	m_{217}
Sm_2Fe_{17}	651.9	424993	12.561	6	51.59		100			95.8%		95.8%
α-Fe	31.52	993.4	11.05	12		237.5		20	4.2%		4.2%	

第 1 步，得到所研究材料的 X 射线衍射谱，准确测量 Sm_2Fe_{17} 型相和 α-Fe 的最强峰（303）和（110）衍射峰位置 2θ 角度及各衍射峰的积分强度 I_{217}、I_α（在举例计算中假定 $I_{217}/I_\alpha=100/20$）。

第 2 步，为了计算方便，先计算得到 θ 角度。

第 3 步，为了计算的需要，进一步计算得到 $\sin\theta$ 值。

第 4 步，根据布拉格方程计算得到干涉面指数的面间距 $d=\lambda/(2\sin\theta)$，$\lambda=1.54056\text{Å}$。

第 5 步，利用最小二乘法，计算各物相的精确点阵常数 a、c。对于 α-Fe 体心立方结构，$d=a/\sqrt{H^2+K^2+L^2}$；对于 Sm_2Fe_{17} 型相菱方结构，$\dfrac{1}{d}=\dfrac{4}{3}\left(\dfrac{H^2+HK+K^2}{a^2}\right)+\dfrac{L^2}{c^2}$，可用逐次近似法测定。

第 6 步，计算单位晶胞体积。对体心立方 α-Fe，$V_c=a^3$；对菱方结构 Sm_2Fe_{17} 型相，$V_c=\dfrac{\sqrt{3}}{2}a^2c$。

第 7 步，计算 $\sin\theta/\lambda$，λ 为入射 X 射线的波长，θ 为所研究物相干涉指数对应的布拉格角。

第 8 步，根据 $\sin\theta/\lambda$ 值查表并用内插法得到物相中不同原子的原子散射因子 f 和修正项 Δf。考虑到电子与核的交互作用，当入射 X 射线频率（或波长）与电子的固有频率(或吸收限波长)相近时,对原子散射振幅影响不应忽略,应该进行修正。通常,当 λ/λ_k 值小于 0.8 左右时,其校正值几乎可以略去不计;当 λ/λ_k 值超过 1.6 时,其校正值几乎可以恒定;唯有当 λ 靠近 λ_k 时,其校正值的变化才剧烈。修正公式为: $f_{修正}=f-\Delta f$, Δf 为色散修正项。λ 与 λ_k 的关系及查表得到的 Δf 值见表 4.2。

表 4.2　校正原子散射因子

元素	吸收限波长 λ_k/Å	λ/λ_k	原子散射参数 δ_K	Δf
Sm	0.26464	5.83	0.152	1.16
Fe	1.74346	0.884	0.215	1.532
N	30.99	0.0498		忽略

第 9 步,按公式 $F_{hkl}=\sum_1^N f_j e^{2\pi i(hu_j+kv_j+lw_j)}$ 计算结构因子 F。f_j 为 j 原子的原子散射因子,(hkl) 为所研究物相的干涉面指数,(u_j,v_j,w_j) 为单位晶胞中的原子坐标。

对于 α-Fe 体心立方结构,由消光条件,只有当 $h+k+l=$ 偶数时才有衍射,而且单胞中只有两个原子,其原子坐标为 $(0,0,0)$ 和 $(1/2,1/2,1/2)$,计算后得到,$F=2f_{Fe修正}$。

对于菱方 Th_2Zn_{17} 结构的 Sm_2Fe_{17} 型相,其晶体结构如图 1.6 所示,根据其中各原子坐标,计算 Sm_2Fe_{17} 相的 303 得到 $F_{303}=\sum_1^N f_j e^{2\pi i(hu_j+kv_j+lw_j)}$ 的实部为 $6f_{Sm修正}+25.4714f_{Fe修正}$,虚部为 0。

对于 Sm_2Fe_{17} 的氮化相,如 $Sm_2Fe_{17}N_{2.9}$,单晶数据库中给出 (303) 衍射的相应值 $F=650.7$, $a=8.739$Å, $c=12.653$Å, $V_c=836.8$Å^3,可作为氮化后 (303) 衍射计算的参考。

计算 $|F|^2=\left[\sum_j f_j\cos 2\pi(hu_j+kv_j+lw_j)\right]^2+\left[\sum_j f_j\sin 2\pi(hu_j+kv_j+lw_j)\right]^2$,得到晶胞结构因数值。

第 10 步,由 θ 值计算或查表得到角因子 $\varphi(\theta)$。

第 11 步,由晶系及 (hkl) 查表得到多重性因子 P 值。

第 12 步,由公式 $K=\dfrac{1}{V_c^2}P|F|^2\varphi(\theta)e^{-2M}$ 计算不同相不同峰位的比例常数 K 值,另外,由于 Sm_2Fe_{17} 试样中主要元素为 Fe,而且是在常温下测量的,可以假定两相的温度因子相同而忽略不计。所以 $K=\dfrac{1}{V_c^2}P|F|^2\varphi(\theta)$。

第 13 步,根据式(4.7)或式(4.8)计算物相的体积百分比。

第 14 步,计算物相的质量百分比 m_j。

4.1.5　试验结果与分析

1. 单相计算结果及比较

为检验计算方法和步骤的可行性,对同等条件下纯 Fe 标样的衍射谱进行了计算并与测量结果进行了对比,结果见表 4.3。由于没有 Sm_2Fe_{17} 单相标样,所以将 Sm_2Fe_{17} 及 α-Fe 的计算结果与标准 JCPDS 卡上的结果进行了比较,结果见表 4.4。从表 4.3 与表 4.4 的结果可看出,计算值与测量值的强度相对误差均小于 4%,表明采用的计算方法和程序是可行的,结果是可信的。

表 4.3　纯铁(DT4)标样衍射强度测量值与计算值比较

衍射干涉面指数	测量值			计算值		强度相对误差/%
	$2\theta_{hkl}$/(°)	积分强度	积分相对强度	计算强度值	相对强度	
110	44.61074	2737.1	100	245.43	100	0
200	64.87679	401.3	14.7	35.32	14.4	−2.0

表 4.4　JCPDS 卡片上衍射强度值与计算相对强度值比较

物相	干涉面指数	JCPDS 值			计算值			强度相对误差/%
		卡片号	$2\theta_{hkl}$/(°)	相对强度	F_{hkl}	计算强度值	相对强度	
α-Fe	110	01-1267	45.067	100	31.52	237.48	100	0
	200		65.185	15	25.85	34.78	14.6	−2.7
Sm_2Fe_{17}	303	48-1789	42.57	100	651.91	51.59	100	0
	214		43.473	24	226.81	11.91	23.1	−3.75

2. 双相计算结果及分析

利用经检验的计算方法对退火态和 HDDR 处理后的 $Sm_{10.5}Fe_{89.5}$、$Sm_{12.8}Fe_{87.2}$ 合金进行了计算,测量与计算的结果对比见表 4.5。由表 4.5 可见,$Sm_{10.5}Fe_{89.5}$ 合金在退火后 α-Fe 的含量达到了 8.8%(体积百分比),这是由于金属钐的熔点为 1052℃,而沸点也只有 1771℃,与铁的熔点相当,所以在熔炼时会有较多的钐挥发致使 α-Fe 的含量增加。而 $Sm_{12.8}Fe_{87.2}$ 按名义成分 Sm_2Fe_{17} 多加 25%(质量百分比)钐经同样工艺退火后只有 1.7% 的 α-Fe,说明按本节的熔炼工艺多添加质量百分比为 25% 的钐可以明显地降低退火态合金中的 α-Fe 含量。$Sm_{10.5}Fe_{89.5}$ 和 $Sm_{12.8}Fe_{87.2}$ 两种成分的合金退火再经 HDDR 处理后,α-Fe 含量都比较高,分别达到了 9.1% 和 10.8%,其原因在于:①HDDR 工艺的复合过程是不完全的;②在

800℃进行 HDDR 处理会造成部分钐的挥发,尤其是 $Sm_{12.8}Fe_{87.2}$ 合金,在 HDDR 后 α-Fe 含量比退火后多了 9.1%,说明多添加钐对 HDDR 工艺中的复合过程没有明显促进作用。对于这种结果,应当通过继续改善工艺来减少 HDDR 后的残留 α-Fe 含量。

表 4.5　Sm-Fe 合金退火态与经 HDDR 处理后的 X 射线测量结果与计算结果对比

合金	最后工艺	X 射线测量结果				计算结果	
		Sm_2Fe_{17} 相		α-Fe 相		体积分数	
		$2\theta_{303}/(°)$	相对强度	$2\theta_{110}/(°)$	相对强度	α-Fe	Sm_2Fe_{17}
$Sm_{10.5}Fe_{89.5}$	退火	42.61646	100	44.77527	45.56	8.8	91.2
$Sm_{12.8}Fe_{87.2}$	退火	42.71504	100	44.72479	8.4	1.7	98.3
$Sm_{10.5}Fe_{89.5}$	HDDR	42.64845	100	44.73283	47.57	9.1	90.9
$Sm_{12.8}Fe_{87.2}$	HDDR	42.66335	100	44.66009	57.84	10.8	89.2

4.2　稀土 Sm_2Fe_{17} 型永磁材料晶格常数的精确测定

能对点阵常数进行精确测定的方法主要有图解外推法和最小二乘法[286],而目前由于计算机计算能力的提高,可以更好地利用最小二乘法进行计算。最小二乘法是建立在统计学基础上的,它适用的条件是观察量很多,远超过待确定的参量个数[286]。Sm-Fe 合金中主相基本是 Sm_2Fe_{17} 型相,在 $2\theta=20°\sim80°$ 范围内,其标准衍射峰个数有 $35\sim40$ 个,对这些衍射峰进行最小二乘法的计算,可以得到晶格常数 a、c 与单胞体积 V_c。任何测量值都有一定的统计不确定性,这通常用标准偏差来表示。在精确测定原始数据的前提下,数据量越多,不确定性越小,标准偏差小,统计可信度高。在本章的计算中,一般以 a 的标准偏差在 $0.001\sim0.003$、c 的标准偏差在 $0.001\sim0.006$ 认为是可信的,并进行相应数据结果的分析。

4.3　稀土 Sm_2Fe_{17} 型永磁材料晶粒尺寸的测定

利用 X 射线的衍射结果还可以对合金中某物相的晶粒尺寸进行测定,测定的原理是谢乐公式[284,286]

$$d=\frac{K\lambda}{B\cos\theta} \qquad (4.9)$$

式中,d 为晶粒的尺寸;λ 为 X 射线的波长;B 为某物相某衍射峰的半高宽;θ 为对应 B 的布拉格入射角;K 为系数,一般为 $K=1\sim0.9$。另外,由于衍射峰的宽化因素主要有两个:一个是由于晶粒细化和点阵畸变引起的,称为物理宽化;另一个是由于 X 射线源有一定的几何尺寸、入射线发散及平板样品聚焦不良,以及采用接收狭缝大小和衍射仪调正精度等而产生的衍射线的宽化,称为仪器宽化(或几何宽化)。因此在计算中,要对 B 值进行修正。对 α-Fe 相的仪器宽度可以通过测试退火的 α-Fe 标样在相同试验条件下的半高宽,并以其值作为仪器宽度。

4.4　本 章 小 结

(1) 通过分析 Sm_2Fe_{17} 结构中的原子坐标,计算出 Sm_2Fe_{17} 的 303 衍射的结构因子 $F_{303} = 6f_{Sm修正} + 25.4714f_{Fe修正}$,其中 $2\theta_{303} = 42.57°$ 的 Sm_2Fe_{17} 相与 $2\theta_{110} = 45.067°$ 的 α-Fe 衍射的结构因子 F 分别为 651.91 与 31.52。

(2) 利用 X 射线衍射结果采用直接对比法对 Sm_2Fe_{17} 型永磁合金进行定量相分析的方法是可行的,结果是可信的。

(3) 利用 X 射线数据可计算 Sm_2Fe_{17} 型相的晶格参数 a、c,并认为 a 的标准偏差在 0.001~0.003、c 的标准偏差在 0.001~0.006 时数据是可信的并采用。

(4) 可利用谢乐公式计算 X 射线谱中物相的晶粒尺寸。

第 5 章 Sm_2Fe_{17} 型合金及其氮化物的研究

5.1 引 言

为了补偿钐的挥发,大多数研究者[101,129,153,230,255]采用多添加 10wt%～30wt%的钐的方法,并都能得到基本为单相的 Sm-Fe 二元合金,但他们都没有详细研究过量钐和不足钐的影响。本章通过采用电弧炉冶炼、真空退火、破碎及在密封真空炉中通入 0.13MPa 氮气氮化的方法,以 Sm_2Fe_{17} 合金的 2:17 公称比为核心,对多添加补偿钐质量百分比为 0wt%～40wt%大范围成分的合金的铸态及退火组织、物相进行研究,并重点对配比为 $Sm_{10.5}Fe_{89.5}$(不补偿 Sm)、$Sm_{12.8}Fe_{87.2}$(补偿添加 25%Sm)、$Sm_{14.2}Fe_{85.8}$(补偿添加 40%Sm)的合金及其氮化物制备过程中的组织形貌、物相组成及结构与磁性能进行了较为详细的研究。

将纯度大于 99.5%的钐和铁块料,按名义成分 $Sm_{10.5}Fe_{89.5}$、$Sm_{12.8}Fe_{87.2}$、$Sm_{14.2}Fe_{85.8}$ 配料。在电弧炉中反复熔炼四遍,严格一致地控制熔化电流与熔化时间,并控制冷却的时间与循环冷却水的温度。钮扣铸锭在真空炉中 1000℃均匀化退火 48h 后快冷。将均匀化退火后的锭子轻破碎成 60～80 目及过 400 目后,放入真空氮化炉中,抽真空到小于 3×10^{-3}Pa 后,充入 0.13MPa 氮气,在 500℃氮化不同时间(0～20h),出炉后在振动样品磁强计(VSM,外场 15000Oe)上测量磁滞回线。氮化前后用电子天平(精度 0.1mg)称粉末重量的变化决定粉末中的氮含量。制备过程中的组织观察在飞利浦 XL30 型 SEM 上进行,物相组成用 X 射线衍射仪(Cu 靶)分析(XRD)。氮化物的热分析在差示扫描量热仪(DSC)上进行,升温速度为 10℃/min,净化气为氮气,流量为 50mL/min。

5.2 添加不同钐含量的 Sm_2Fe_{17} 型合金的铸态和退火态组织与物相研究

5.2.1 铸态组织观察与物相分析

图 5.1 为添加补偿钐质量百分比为 0wt%～40wt%合金的铸态组织背散射电子像(BSE)。用 SEM 上能谱对合金的平均成分进行了测试发现,$Sm_{10.5}Fe_{89.5}$ 合金平均成分原子比范围为 Sm:Fe=2:(21.98～22.97),$Sm_{12.8}Fe_{87.2}$ 合金平均成分原子比范围为 Sm:Fe=2:(17.01～17.49),$Sm_{14.2}Fe_{85.8}$ 合金平均成分原子比范围为 Sm:Fe=2:(15.98～16.78)。但为了叙述方便与准确,在本章中仍以配料

比描述。由图 5.1 可见,不管合金中钐的补偿含量为多少,总体看合金中主要有三种物相:灰色主相、白色晶界相与黑色晶内相,黑色相基本为枝晶或鱼骨状,这是由于 α-Fe 是以初晶的形式析出的。对铸态样品进行了 X 射线衍射分析,其中图 5.2 给出补偿 40wt% Sm 合金的 XRD(由于物相种类相同,只是相对含量不同,其余不再给出),可见图 5.2 中实际有四种物相,主相为具有菱方 Th_2Zn_{17} 结构的 Sm_2Fe_{17} 相,另外为较多的 $SmFe_2$ 相、$SmFe_3$ 相和 α-Fe 相。结合 SEM 的 EDS 分析(不再给出)及 XRD 分析可以证明,图 5.1 中的灰色相为 Sm_2Fe_{17},白色相为 $SmFe_2$ 与 $SmFe_3$,黑色相为 α-Fe。由背散射电子像的原子序数原理可知,白色相中较亮的为 $SmFe_2$,稍暗的为 $SmFe_3$。

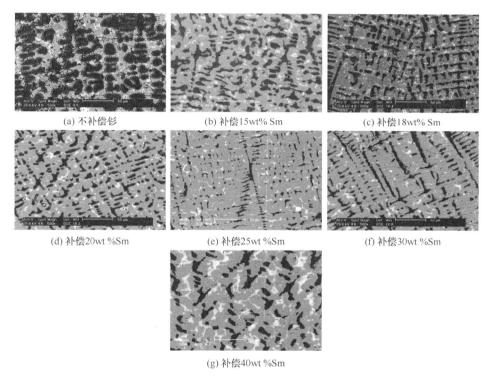

(a) 不补偿钐　　　　　　　(b) 补偿15wt% Sm　　　　　　(c) 补偿18wt% Sm

(d) 补偿20wt %Sm　　　　　(e) 补偿25wt %Sm　　　　　　(f) 补偿30wt %Sm

(g) 补偿40wt %Sm

图 5.1　不同钐补偿含量的铸态组织

当在公称比为 Sm_2Fe_{17} 合金中添加不同补偿钐含量时,合金中三种颜色相的相对含量变化比较明显,不补偿的合金(图 5.1(a))中黑色 α-Fe 相含量最高,白色富钐相 $SmFe_2$ 与 $SmFe_3$ 最少;而随着补偿钐含量提高到 15wt%(图 5.1(b))、18wt%(图 5.1(c))、20wt%(图 5.1(d))时,黑色 α-Fe 相逐渐减少,白色富钐相与灰色相逐渐增多,但图 5.1(b)~(d)相比,物相含量的变化不是特别明显;当补偿钐量增加到 25wt%(图 5.1(e))时,黑色相与白色相的相对含量较少,再增加钐到

30wt%(图 5.1(f))、40wt%(图 5.1(g))时,甚至黑色相与白色相同时在增加。可见在铸态组织中始终没有得到灰色的 Sm_2Fe_{17} 单相,因此单纯地依靠补偿钐来消除铸态组织中 α-Fe 软磁相的方法是不可行的,但可以减少其含量。在不同补偿钐含量的合金中以补偿添加 25wt%Sm 的合金中黑色相与白色相最少。

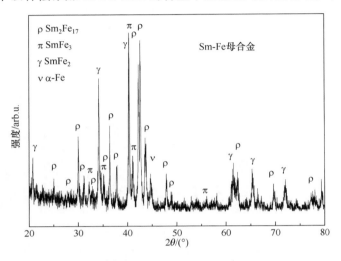

图 5.2　补偿 40wt%Sm 合金的 X 射线衍射图谱

5.2.2　铸态组织退火时间的研究

在铸态组织中始终存在 α-Fe 与富钐相,其产生原因是非平衡冷却结晶后元素不能均匀扩散,所以减少其含量的另一个方法便是对其实行均匀化退火。均匀化退火属于元素的固态扩散,由扩散定律与扩散机制知道,温度越高,时间越长,扩散越均匀。不同的文献退火温度与时间均不完全相同[25,118,125,192,206,237],温度一般选择在 900~1150℃,时间则从几小时到两周。任何工艺要考虑设备的可持久工作性、经济性、效率等因素,因此在设备允许的条件下温度应尽可能高,时间应尽量地短。基于这些考虑,对不同钐补偿含量的合金真空封管后在 1000℃、氩气保护下分别进行了 24h、48h 与 60h 的退火研究。图 5.3 为补偿 30wt%Sm 合金退火不同时间的组织。与图 5.1(f)相比,补偿 30wt%Sm 合金退火 24h(图 5.3(a))后富钐的白色相即消失,α-Fe 含量也明显减少,但 α-Fe 晶核尺寸仍相对较大;而退火 48h(图 5.3(b))后,不但没有白色相消失,α-Fe 晶核也相对减小了,而退火 60h(图 5.3(c))则与退火 48h(图 5.3(b))的区别不大。其他成分的合金与此结果相同,不再给出 BSE 像。可见,在 1000℃下真空退火 48h 就可以获得比较满意的效果:富钐相消失,α-Fe 含量减少且晶核减小。因此在后面的研究中,对所有 Sm-Fe(M)合金都只进行 1000℃下 48h 的退火。

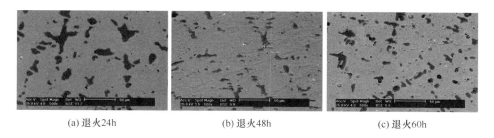

(a) 退火24h　　　　　　　　(b) 退火48h　　　　　　　　(c) 退火60h

图 5.3　补偿 30wt％Sm 合金退火不同时间的组织

5.2.3　退火态合金组织

不同钐补偿含量的合金在 1000℃下进行 48h 真空退火后的微观组织如图 5.4 所示。由图 5.4 可见,退火后与铸态(图 5.1)相比,白色相消失,黑色相相对减少,晶核减小。而且随着补偿钐含量的增加,退火后组织中的黑色相也减少,图 5.4 (a)中残留的黑色相最多,补偿钐超过 25wt％后黑色 α-Fe 相含量变化减小,可以

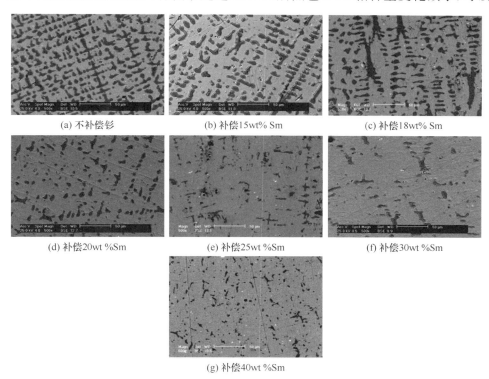

(a) 不补偿钐　　　　　　　(b) 补偿15wt% Sm　　　　　　(c) 补偿18wt% Sm

(d) 补偿20wt %Sm　　　　　(e) 补偿25wt %Sm　　　　　(f) 补偿30wt %Sm

(g) 补偿40wt %Sm

图 5.4　不同钐补偿含量 Sm₂Fe₁₇型合金的退火态组织

认为从减少 α-Fe 相含量及经济性角度看,补偿添加 25wt％Sm 最合适,因此在后面的不同 Sm-Fe(M)合金的研究中均补偿添加 25wt％Sm。对 Sm-Fe 二元合金,下面重点研究 $Sm_{10.5}Fe_{89.5}$(不补偿 Sm)、$Sm_{12.8}Fe_{87.2}$(补偿添加 25wt％Sm)、$Sm_{14.2}Fe_{85.8}$(补偿添加 40wt％Sm)三种合金,以研究过量铁及过量钐对合金氮化机制、磁性能等的影响。

5.2.4　退火前后 XRD 分析

图 5.5～图 5.7 分别为 $Sm_{10.5}Fe_{89.5}$、$Sm_{12.8}Fe_{87.2}$、$Sm_{14.2}Fe_{85.8}$ 合金退火前后的 XRD 图谱。由图 5.5 可见,在沿垂直于冷却方向慢冷的 $Sm_{10.5}Fe_{89.5}$ 试样(图 5.5(a))中,主相为 Th_2Zn_{17} 型结构的 Sm_2Fe_{17} 相,而峰位向小角度方向略有偏移,说明 Sm_2Fe_{17} 相没有发生明显的晶格畸变。另外可以看到 α-Fe 的 110 衍射峰很高,还有富 Sm 的 $SmFe_2$ 相(只标出一个特征的不重叠位置)。在图 5.5(b)退火后的 XRD 中,明显的变化是 α-Fe 的 110 衍射峰明显减弱,富 Sm 的 $SmFe_2$ 相衍射峰消失,Sm_2Fe_{17} 相成为绝对主相,而且各衍射峰的相对强度与 JCPDS 卡片中相对强度值相比没有异常。用直接对比法通过对比 Sm_2Fe_{17} 相的最强峰 303 衍射与 α-Fe 的最强峰 110 衍射,计算了退火后 $Sm_{10.5}Fe_{89.5}$ 合金中的残留 α-Fe 体积百分比约为 8.80％。

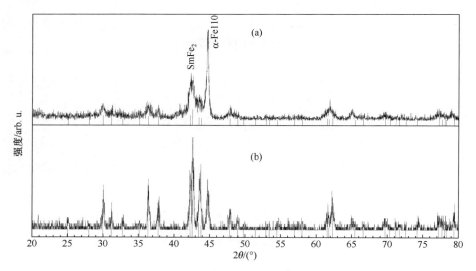

图 5.5　$Sm_{10.5}Fe_{89.5}$ 合金退火前后 XRD 图
(a)沿垂直冷却方向慢冷,(b)退火后。图中下部竖线均为 Sm_2Fe_{17} 相的衍射峰位置

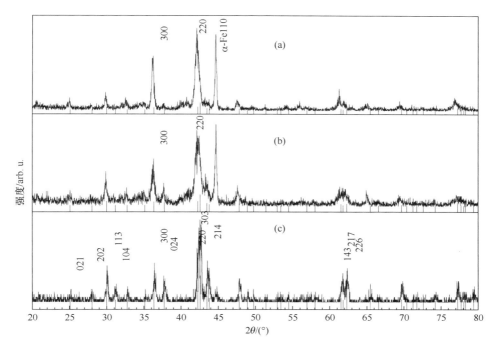

图 5.6　Sm$_{12.8}$Fe$_{87.2}$合金退火前后 XRD 图

（a）为冶炼后沿冷却方向快冷 XRD；（b）为冶炼后沿冷却方向慢冷 XRD；（c）为退火后 XRD。
图中下部竖线均为 Sm₂Fe₁₇相的标准衍射峰位

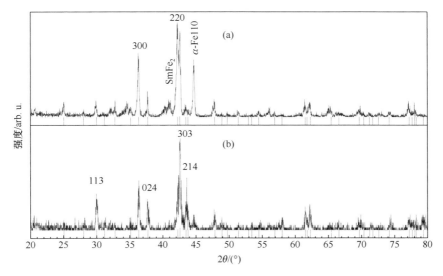

图 5.7　Sm$_{14.2}$Fe$_{85.8}$退火前后 XRD 图

（a）垂直冷却方向快冷；（b）退火后。图中下部竖线均为 Sm₂Fe₁₇相的标准衍射峰位

对图 5.6 中对 $Sm_{12.8}Fe_{87.2}$ 合金在垂直于冷却方向上以不同速度冷却的铸态试样的 XRD 作了对比，其中图 5.6(a)为快冷试样，图 5.6(b)为慢冷试样。可以看到，慢冷与快冷对物相的组成影响不大，主相均为 Sm_2Fe_{17} 结构，其他为 α-Fe 与 $SmFe_2$。但发现 Sm_2Fe_{17} 相的 300、220 衍射在快冷后衍射峰增强，而 024、214 衍射明显减弱。慢冷后 300、220 衍射只稍增强，024、214 衍射虽然较弱但能出现，说明 Sm-Fe 合金在冷却时{300}与{220}干涉面优先长大。另外，无论快冷还是慢冷，α-Fe 的 110 衍射变化不大。与退火后的衍射峰相比，铸态的 Sm_2Fe_{17} 相的衍射峰均向小角度方向发生了偏移，而且快冷试样的偏移量较大，说明在冷却时 Sm_2Fe_{17} 相的晶格是膨胀型畸变，而且冷却速度越快，晶格膨胀量越大。退火后图 5.6(c)中最明显的变化是 α-Fe 的衍射峰明显减弱，富 Sm 的 $SmFe_2$ 相也消失。经计算，$Sm_{12.8}Fe_{87.2}$ 合金退火后残留的 α-Fe 体积百分比约为 1.75%，明显地低于 $Sm_{10.5}Fe_{89.5}$ 合金中的 α-Fe 含量，与图 5.1 和图 5.4 中的 BSE 结果是吻合的。

在图 5.7(a)中，$Sm_{14.2}Fe_{85.8}$ 合金在沿垂直冷却方向快冷后，具有与 $Sm_{12.8}Fe_{87.2}$ 合金(图 5.6(a))相似的结果，铸态试样有择优冷却方向，以{300}与{220}优先长大，而 214 衍射非常弱。铸态的 Sm_2Fe_{17} 相同样存在晶格的膨胀，所有衍射峰向小角度方向偏移。退火后 $SmFe_2$、$SmFe_3$ 相消失，α-Fe 的衍射峰明显减弱。经计算，$Sm_{14.2}Fe_{85.8}$ 合金退火后残留的 α-Fe 体积百分比约为 2.52%，反而比 $Sm_{12.8}Fe_{87.2}$ 合金的 α-Fe 含量略高，这可能意味着过多的补偿 Sm 含量不一定能更大程度地减少残留的 α-Fe 含量。

5.3　退火后合金的破碎

Sm-Fe 合金只有在氮化后才表现为轴各向异性，而粉末越细，颗粒直径越小，表面积越大，越容易使粉末完全充分地氮化。周寿增[6]认为要氮化的粉末粒径必须小于 $38\mu m$，也即必须筛选粉末过 400 目筛(泰勒标准筛制)，必须对退火后的合金进行破碎。目前在工业生产 Nd-Fe-B 材料中使用的破碎方法主要是盘磨＋球磨，或颚式破碎＋气流磨。而 Sm-Fe 合金与 Nd-Fe-B 合金最大的区别在于，前者的破碎要影响后序工艺中得到的氮化物的各向异性，而后者破碎后即得到产品。因此适用于 Nd-Fe-B 型合金的破碎工艺不一定满足 Sm-Fe-N 型化合物。鉴于此，对合金分别进行了三种破碎方式的研究，即手破碎、盘磨与高能球磨。破碎后粉末过 60～80 目筛(0.178～0.142mm)及过 400 目筛(<0.038mm)，对不同粒度粉末的氮化机制进行研究。在本章的内容中首先采用手破的粉末，而盘磨与高能球磨对粉末的影响在第 11 章单独研究。手磨粉末的特点在于：对粉末的撞击力不大，撞击频率小，得到过 400 目的粉末比较容易，得到粒径为几微米粉末的难度较大。

5.4　Sm-Fe 合金粉末在封闭气氛中氮化的研究

5.4.1　引言

在第 1 章已经总结过前人的研究，他们对 Sm-Fe 合金氮化的温度选择在 350～550℃范围内，而氮化时间短则 1h，长则几十小时。而且氮化气氛有 N_2、NH_3、N_2+H_2 等，气氛的压力也是从几个标准大气压到几十个标准大气压。从工业应用角度看，氮化的工艺应当有较好的重复性与可操作性及经济性。因此氮化温度不易太低，否则氮化速度太慢甚至不能实现氮化；氮化温度不能太高，氮化物由于高温不稳定性会发生分解而失去硬磁特性，所以应当在氮化物不分解的条件下采用较高的氮化温度以提高氮化效率，因此就以 500℃作为氮化温度。关于氮化的气氛，对氮化用钢进行氮化时一般采用的就是 NH_3 而不是 N_2，是因为 NH_3 有更大的活性，易于分解并渗入金属中，但普通的 NH_3 分解装置比较复杂，压力不易随便调节，在实验室实现需要较大的投资且不方便，而纯 N_2 则比较容易得到、压力可调、使用方便而成为本节的首选。另外，氮化气氛可以是流动的也可以是封闭的，封闭氮化节约气源且压力可较高，而流动的气氛则相对压力达不到较高值且消耗较大的气源，但气氛的活性相对较高。本节重点研究了利用封闭气氛（N_2 压力为 1.3atm）的氮化，另外探讨了在流动的气氛中氮化的一些现象。本节仍以 $Sm_{10.5}Fe_{89.5}$、$Sm_{12.8}Fe_{87.2}$、$Sm_{14.2}Fe_{85.8}$ 三种合金粉末为研究对象。

5.4.2　氮化热力学

由具有菱方 Th_2Zn_{17} 结构的 Sm_2Fe_{17} 相的晶体结构图可知，其中有两个不同的间隙位，有可能容纳间隙原子，一个大的八面体 9e 晶位，一个小的 18g 四面体晶位。而目前大家比较认可 N 原子将进入 Sm_2Fe_{17} 相的 9e 间隙中而得到每分子式中最多三个 N 原子，即 $Sm_2Fe_{17}N_3$，而 Coey 等[31]认为反应是 $2Sm_2Fe_{17}+(3-\delta)N_2 \longrightarrow 2Sm_2Fe_{17}N_{3-\delta}$，考虑到温度较高时熵的变化情况，$\delta$ 大约为 0.2。而另外他们又认为 N 还可能少量占据 18g 晶位，因此有许多人[99,109,194]得到每分子式中的 N 原子超过了 3 个。Koeninger 等[77]得到部分热力学函数：

$$\frac{1}{2}N_2 \Leftrightarrow N, \quad \Delta G_a^0 = 86400 - 15.6T \quad (\text{cal}) \tag{5.1}$$

N 原子在金属颗粒表面的活度为[77]

$$a_N = p_{N_2}^{1/2} \exp\left(-\frac{\Delta G_a^0}{RT}\right) \tag{5.2}$$

Uchida 等按照 Van't Hoff 曲线计算得到 $Sm_2Fe_{17}+N_2 \longrightarrow Sm_2Fe_{17}N_y$ 的 $\Delta H=(-46.9\pm2.4)kJ/(mol \cdot N_2)$，$\Delta S=(-25.4\pm1.3)J/(K \cdot (mol \cdot N_2))$，因此可计算

得到在 773K 的 $\Delta G = \Delta H - T\Delta S = -46900 - (-25.4) \times 773 = -27.3\text{kJ}/(\text{mol} \cdot \text{N}_2)$ < 0，在 773K 氮化在热力学上是可行的。

5.4.3　粉末粒度对氮化后氮含量的影响

图 5.8 为 $Sm_{10.5}Fe_{89.5}$、$Sm_{12.8}Fe_{87.2}$、$Sm_{14.2}Fe_{85.8}$ 合金两种粉末粒度（细粉＋400目，fine powder，简称 FP；粗粉，＋60～−80 目，coarse powder，简称 CP）对不同氮化时间（2h，6h，9h，12h）下化合物中氮含量的影响曲线。由图中可以看出：第一，不管粉末粒度如何，随氮化时间的延长，粉末中的氮含量近似呈直线增加；第二，不同粒度、相同成分的合金粉末中的氮含量随氮化时间的变化规律相同；第三，相同成分、相同氮化时间下细粉的氮含量高于粗粉的氮含量，二者的幅度相差较大，粗粉在氮化 12h 后的氮含量仍远低于同种成分氮化 2h 的氮含量，说明只通过延长氮化时间来增加粗粉末中氮含量的方法对 Sm-Fe 合金不是一个好的办法；第四，不同钐含量对粉末中氮含量也有一定的影响，无论细粉还是粗粉，不补偿添加钐的 $Sm_{10.5}Fe_{89.5}$ 合金的氮含量在氮化时间小于 12h 内基本是最低的，从曲线的变化规律也很难推测出再延长氮化时间时，会超过其他成分的氮含量，其原因在于，$Sm_{10.5}Fe_{89.5}$ 合金中 α-Fe 含量最多，Sm_2Fe_{17} 相的含量最少，而 $Sm_{12.8}Fe_{87.2}$、$Sm_{14.2}Fe_{85.8}$ 成分的合金中由于补偿了钐的损失，退火后的合金中 Sm_2Fe_{17} 相增多，氮比较容易进入 Sm_2Fe_{17} 相的八面体间隙 9e 或 18g 晶位中，而不容易进入 α-Fe 的间隙晶位中。

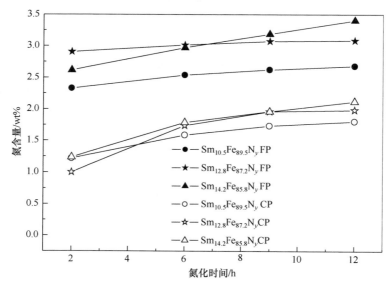

图 5.8　不同钐补偿含量及粉末粒度对不同氮化时间下 Sm_2Fe_{17} 型化合物中氮含量的影响

为了研究细粉的氮化机制，接着对细粉在 500℃下进行氮化 1～20h 的详细研究，氮化后合金粉末中的增氮含量与氮化时间的关系曲线如图 5.9 所示。从不包含氮化前合金的图 5.9(a)可以看出，随着氮含量的增加，$Sm_{10.5}Fe_{89.5}$、$Sm_{12.8}Fe_{87.2}$、$Sm_{14.2}Fe_{85.8}$ 三种成分合金的增氮量均随氮化时间的延长而增加，但增加的程度与幅度有较大的区别。$Sm_{10.5}Fe_{89.5}$、$Sm_{12.8}Fe_{87.2}$ 合金增长的斜率相似，而 $Sm_{14.2}Fe_{85.8}$ 增长程度增大，在氮化 6h 后，粉末中的氮含量超过了 $Sm_{12.8}Fe_{87.2}$ 合金中的氮含量，说明在母合金中多添加钐有助于合金粉末氮化速度及氮含量的提高。在氮化 6h 前，$Sm_{12.8}Fe_{87.2}$ 合金具有较高的氮含量，而氮化超过 6h 后，$Sm_{14.2}Fe_{85.8}$ 合金有较高的氮含量，$Sm_{10.5}Fe_{89.5}$ 合金的氮含量在 1～20h 的范围内始终最低。对这三种合金的氮含量随时间的变化曲线进行数学拟合后发现，这三种合金的变化规律都基本满足反曲函数中的 Srichards 公式：

$$y = a\left[1 + (d-1)e^{-k(x-XC)}\right]^{\frac{1}{1-d}} \tag{5.3}$$

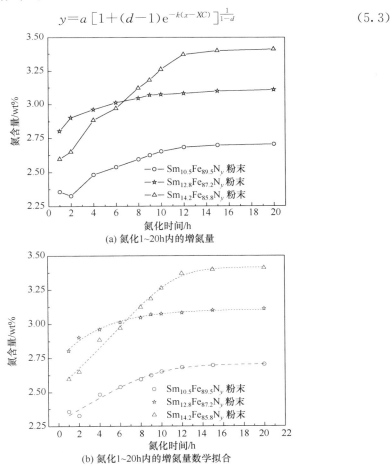

(a) 氮化1~20h内的增氮量

(b) 氮化1~20h内的增氮量数学拟合

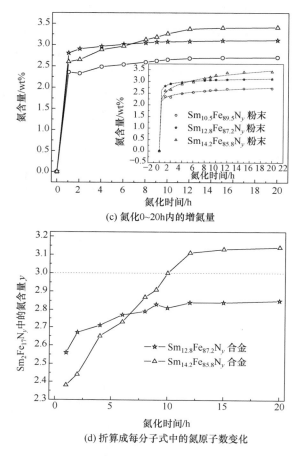

(c) 氮化0~20h内的增氮量

(d) 折算成每分子式中的氮原子数变化

图 5.9　三种合金在不同氮化时间下的氮含量

利用式(5.3)对三种合金进行拟合的结果如图 5.9(b)所示,相关参数见表 5.1。从拟合结果看,$Sm_{10.5}Fe_{89.5}$合金氮化 1~2h 的结果拟合得不是很好,图 5.9(a)中可以反映出在氮化 2h 后氮含量有稍许的减小。如果再把氮化前合金考虑进来则得到图 5.9(c)。由图 5.9(c)可见,三种成分合金只氮化 1h,氮含量就超过了 2.25wt%,而在氮化 20h 后仍小于 3.5wt%,说明在氮化初期(小于 2h),增氮量是最快的,而再延长氮化时间,氮化速度变慢。对 0~20h 范围内氮含量数据进行数学拟合发现其基本满足反曲函数的 Hill 公式:

$$y = V_{max} \frac{x^n}{k^n + x^n} \tag{5.4}$$

表 5.1　1～20h 内氮含量与氮化时间的关系曲线拟合结果

合金	$y=a\left[1+(d-1)e^{-k(x-XC)}\right]^{\frac{1}{1-d}}$			
	a	XC	d	k
$Sm_{10.5}Fe_{89.5}N_y$	2.70638	1.05723	21.63319	0.40478
$Sm_{12.8}Fe_{87.2}N_y$	3.1064	8.82281	1.0671×10^{-7}	0.2416
$Sm_{14.2}Fe_{85.8}N_y$	3.41521	5.70551	22.65395	0.59303

利用式(5.4)对三种合金进行拟合的结果如图 5.9(c)右下角所示,相关参数见表 5.2。由于在退火后 $Sm_{12.8}Fe_{87.2}$、$Sm_{14.2}Fe_{85.8}$ 合金中只有体积百分比约 1.75%、2.52% 的 α-Fe,大部分为 Sm_2Fe_{17} 相,而氮在 α-Fe 中的溶解度极低,所以当假定所有的氮都只进入 Sm_2Fe_{17} 晶格间隙中形成 $Sm_2Fe_{17}N_y$ 相时,可以计算出增加的氮含量相当于每个 $Sm_2Fe_{17}N_y$ 分子式中的 y 值,如图 5.9(d)所示。可见, $Sm_{12.8}Fe_{87.2}$ 在氮化 20h 范围内,氮含量始终没有超过每分子式中 3 个 N 原子,而 $Sm_{14.2}Fe_{85.8}$ 合金在氮化 10h 后超过每分子式中 3 个 N 原子。

表 5.2　0～20h 内氮含量与氮化时间的关系曲线拟合结果

合金	$y=V_{max}\dfrac{x^n}{k^n+x^n}$		
	V_{max}	k	n
$Sm_{10.5}Fe_{89.5}N_y$	17.04455	1.0872×10^{12}	0.06699
$Sm_{12.8}Fe_{87.2}N_y$	3.38168	0.0051	0.29936
$Sm_{14.2}Fe_{85.8}N_y$	76.74744	1.7263×10^{13}	0.11104

5.4.4　不同氮化时间对物相的影响

利用 XRD 研究了 $Sm_{10.5}Fe_{89.5}$、$Sm_{12.8}Fe_{87.2}$、$Sm_{14.2}Fe_{85.8}$ 合金在 500℃氮化 1～20h 的物相变化(图 5.10～图 5.12),发现不同钐补偿含量的 Sm_2Fe_{17} 型合金具有相似的变化规律,只是变化的程度有所差别。图 5.10 为 $Sm_{10.5}Fe_{89.5}$ 合金退火后及氮化 1h、2h、6h、9h、12h、20h 的 XRD 图。由图 5.10 可看出,Sm_2Fe_{17} 型合金在氮化后物相的结构没有改变,仍保持退火后(图 5.10(a))Sm_2Fe_{17} 主相的结构,并且仍只有两种物相,即 2:17 型相与 α-Fe。但氮化后的 α-Fe 特征峰没有发现明显的移动,而 Sm_2Fe_{17} 相各特征峰都向小角度发生了偏移,尤其氮化 1h 与未氮化的退火态相比偏移量较大,而氮化 2h 的偏移量与氮化 1h 的相比反而减小,特征峰右移。与 $Sm_2Fe_{17}N_3$ 衍射峰位(图 5.10(b)与(c)的下部)相比,只氮化 1h 后 $Sm_2Fe_{17}N_y$ 相的单胞膨胀量使得衍射峰就偏移到 $Sm_2Fe_{17}N_3$ 衍射峰位的小角度方向,说明刚开始氮化时就有大量的氮进入 Sm_2Fe_{17} 型合金的间隙中,而氮化 2h 的衍射峰位基

本与 $Sm_2Fe_{17}N_3$ 峰位相当甚至略向大角度方向偏移,说明氮化时间超过 1h 后,氮开始在合金间隙中扩散,使得单胞体积膨胀减小。氮化 6h、9h、12h 后,$Sm_2Fe_{17}N_y$ 衍射峰又略向小角度方向偏移,到氮化 12h 后,其衍射峰基本与 $Sm_2Fe_{17}N_3$ 峰位吻合。氮化 20h 与氮化 12h 相比,向小角度方向偏移量也较为明显,说明随着氮化时间的延长,衍射峰位仍向小角度方向偏移,但偏移的幅度较小,说明氮化时间较长后氮在合金粉末中由氮的扩散来控制单胞体积及其含量。另外,这种现象应该与 X 射线能照射到 Sm-Fe 合金中的深度及氮化的过程有关。X 射线在试样中照射的深度可以用公式 $x = \dfrac{K_x}{2\mu}\sin\theta$ 来计算,其中 θ 为掠射角,μ 为合金的线吸收系数,K_x 为系数,当以 90% 的 X 射线的能量能达到的最大深度为 x 计算时,$K_x = 2.30$,由于本节研究的合金中主相为 Sm_2Fe_{17},所以可以把 Sm_2Fe_{17} 相的线吸收系数 $\mu = 2635.27\,cm^{-1}$ 作为合金的线吸收系数计算,可得到 X 射线能进入的最大深度为 $x_{max} = 34\,\mu m$($\sin\theta$ 取 1),该深度与细粉的粒径大小相当($< 38\,\mu m$),说明图 5.10 中得到的 X 射线是整个颗粒内(从表面到芯部)所有与试样表面平行的晶面均参与衍射的结果。而在图 5.10(a)的(a2)～(a7)中始终没有 Sm_2Fe_{17} 相的衍射峰,所有衍射峰均清晰且为单峰,没有文献[100]中所述每个衍射峰劈裂成两个峰,即一个富 N 相和一个贫 N 相,说明在氮化 1h 后就已不存在没有氮化的芯部。而且氮化时,按照扩散规律,刚开始粉末颗粒表面的氮浓度较高,也即在氮化较短时间内,氮进入颗粒的外层晶格间隙的含量较高,随着氮化时间的延长,氮含量才会在粉末中均匀分布,因此会出现氮化 1h 时的偏移量较大。

图 5.11 为 $Sm_{12.8}Fe_{87.2}$ 合金氮化不同时间的 XRD 图,其中图 5.11(a1)为铸态的 XRD 图,有 $SmFe_2$ 和 $SmFe_3$ 富钐相,α-Fe 含量也较高,退火后(图 5.11(a2))中富钐相均消失,α-Fe 含量也降低,但退火前后 Sm_2Fe_{17} 的衍射峰位始终没有改变。随着氮化时间的延长,氮含量的变化(图 5.11(a3)～(a8))规律与图 5.10 中 $Sm_{10.5}Fe_{89.5}$ 合金的规律相似,要强调指出的是:①氮化 1h 与 20h 合金中的 α-Fe 含量较高,其他合金中的 α-Fe 含量始终较低;②氮化 2h 与 20h 的衍射峰位与 $Sm_2Fe_{17}N_3$ 的相当。

图 5.12 为 $Sm_{14.2}Fe_{85.8}$ 合金氮化不同时间的 XRD 图。与图 5.10 和图 5.11 的相同点在于:①退火后主相为 Sm_2Fe_{17},α-Fe 含量极低;②在氮化 1h 与 20h 衍射峰的偏移有极大值;③α-Fe 衍射峰位偏移量不明显。不同点在于:在氮化 1～20h 范围内 α-Fe 含量始终较低。

对图 5.10～图 5.12 中晶格常数的变化及 α-Fe 含量的变化按照 XRD 数据进行定量分析计算的结果如图 5.13 和图 5.14 所示。由图 5.14 可见,氮化后 Sm-Fe-N 合金的点阵常数 a(图 5.14(a))、c(图 5.14(b))及单胞体积 V(图 5.14(c))均比原 Sm-Fe 母合金大幅增长,说明氮确实扩散进入菱方 Sm_2Fe_{17} 相的晶格中。而且发现,氮化只有 1h 的点阵常数 a、c 及单胞体积 V 均大于氮化 2h、6h、9h,甚至部分 12h 的值,说明氮化速度在开始阶段是非常快的,再延长氮化时间时,氮原子会逐渐向颗粒芯部扩散,反而使粉末颗粒表面的氮浓度降低。从氮化 2h 到氮化 20h 会发现,点阵常数 a、c 及单胞体积 V 基本规律是随着氮化时间的延长而逐渐增加的,结合图 5.8 和图 5.9 中氮含量的增长曲线发现,氮含量增长幅度比较缓慢,这可能与氮化工艺及菱方 Sm₂Fe₁₇ 相的晶格间隙两方面的因素有关。一方面,氮化时的 1.3atm 的氮气是在氮化前充入的,而氮化过程中不再补充氮气,单位体积中氮气浓度也不再增加,氮原子向颗粒中扩散的浓度梯度减小了;另一方面,氮原子要进入菱方 Sm₂Fe₁₇ 晶格的八面体间隙 9e 或 18g 晶位中,文献[69]认为每个 Sm₂Fe₁₇ 单胞中最多有 9 个氮原子(因 9e 晶位占有率小于 1),即 Sm₂Fe₁₇N₃(每分子式中 3 个 N 原子),其点阵常数为 $a=8.73890$Å,$c=12.6528$Å,而此处氮化 1h 的三种合金的点阵常数均已大于该值,氮化 20h 的值也与此相当,甚至大于该值,说明氮原子在 Sm₂Fe₁₇ 中的 9e 晶位基本饱和,多余的还会占据 18g 晶位。图 5.14 (d)为点阵常数的比率 c/a 的变化,可以看出 Sm₁₀.₅Fe₈₉.₅ 和 Sm₁₄.₂Fe₈₅.₈ 合金 c/a 的值大都分布在 1.45 ± 0.005 范围内,说明氮的渗入使 Sm₂Fe₁₇ 晶格均匀膨胀。

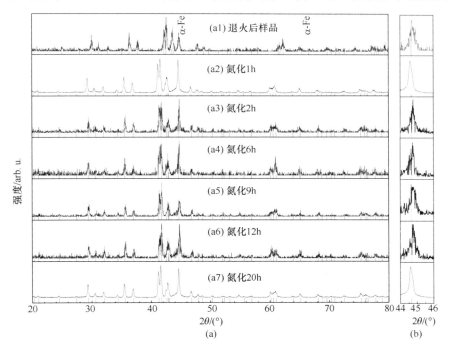

图 5.10　Sm₁₀.₅Fe₈₉.₅ 合金氮化不同时间的 XRD 图(a)与 α-Fe 的 110 衍射图(b)

(a1)下部示出 Sm₂Fe₁₇ 与 α-Fe,(a2)～(a7)下部示出 Sm₂Fe₁₇N₃ 与 α-Fe 的衍射峰位置

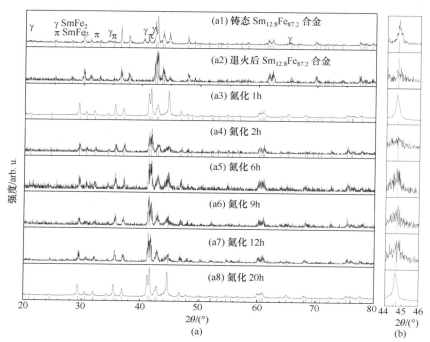

图 5.11　$Sm_{12.8}Fe_{87.2}$ 合金粉末氮化不同时间的 XRD 图(a)与 α-Fe 的 110 衍射图(b)
(a1)为铸态,(a2)为退火后;(a3)～(a8)分别为氮化 1h、2h、6h、9h、12h、20h。(a1)、(a2)下部示出标准 Sm_2Fe_{17} 的衍射峰位,(a3)、(a4)、(a8)下部示出 $Sm_2Fe_{17}N_3$ 衍射峰位,(a5)～(a7)下部示出 α-Fe 的衍射峰位

对比不同钐含量的 Sm-Fe 合金发现,相同氮化时间下 $Sm_{14.2}Fe_{85.8}$ 合金的点阵常数值及单胞体积略小,$Sm_{12.8}Fe_{87.2}$ 合金的点阵常数 a、单胞体积 V 及单胞体积膨胀幅度 $\Delta V/V$ 较大,而且 $Sm_{12.8}Fe_{87.2}$ 合金的点阵常数 c 随氮化时间在超过 6h 后增大趋势明显,单胞体积 V 及 $\Delta V/V$、c/a 的值也有明显增大的趋势,说明这种成分的合金有不均匀膨胀趋势。

文献[69]、[190]中报道 2∶17 型合金的 $\Delta V/V$ 值应在 6%,而 $Sm_{12.8}Fe_{87.2}$ 氮化超过 6h,$Sm_{10.5}Fe_{89.5}$ 和 $Sm_{14.2}Fe_{85.8}$ 合金氮化 20h 的 $\Delta V/V$ 值均超过 6%,最高达到 8.36%(图 5.14(c))。

图 5.10～图 5.12 中另一个明显的变化是 α-Fe 的含量,仔细观察会发现,α-Fe 的 110 衍射峰在氮化后都有所增高,说明氮化又使 α-Fe 的含量较退火后增加。由于氮化后所有的 Sm-Fe 合金也只有两种物相:$Sm_2Fe_{17}N_y$ 和 α-Fe,通过对比 $Sm_2Fe_{17}N_y$ 的最高峰 303 衍射和 α-Fe 的最高峰 110 衍射,用直接对比法计算了 α-Fe 的体积百分比,如图 5.13 所示。图 5.13 总体的规律,一是氮化后所有合金的 α-Fe 含量均高于氮化前的值;二是在相同氮化时间下,$Sm_{10.5}Fe_{89.5}N_y$ 合金中 α-Fe 含量最多,$Sm_{14.2}Fe_{85}N_y$ 合金中相对最少,说明多补偿 Sm 在氮化后还是起到了减少 α-Fe 含量的作用;三是在氮化 20h 的范围内,α-Fe 含量呈现两头高中间低的现

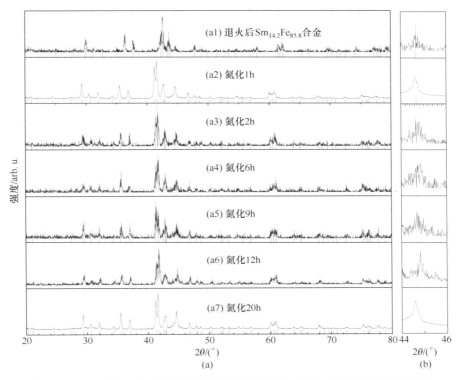

图 5.12　$Sm_{14.2}Fe_{85.8}$合金氮化不同时间的 XRD 图(a)与 α-Fe 的 110 衍射图(b)
(a1)为退火后;(a2)～(a7)分别为氮化 1h、2h、6h、9h、12h、20h。(a1)下部示出标准 Sm_2Fe_{17} 的衍射峰位,
(a2)、(a3)、(a5)、(a7)下部示出 $Sm_2Fe_{17}N_3$ 衍射峰位,(a3)～(a6)下部示出 α-Fe 的衍射峰位

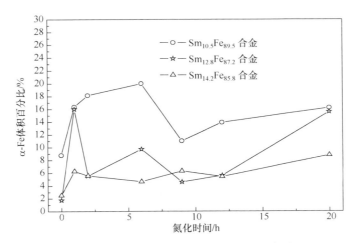

图 5.13　氮化后 Sm-Fe 合金中的 α-Fe 含量

象,在波动中随着氮化时间有所增加。之所以出现波动可能与 $Sm_2Fe_{17}N_y$ 型相的氮化过程有关。

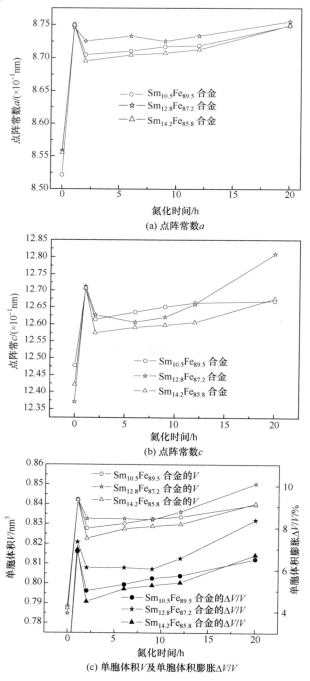

(a) 点阵常数 a

(b) 点阵常数 c

(c) 单胞体积 V 及单胞体积膨胀 $\Delta V/V$

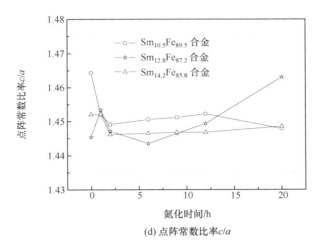

(d) 点阵常数比率 c/a

图 5.14　不同补偿钐含量 Sm_2Fe_{17} 型合金在不同氮化时间的晶格常数变化

5.4.5　Sm_2Fe_{17} 型合金的热分析

在差示扫描量热仪上对 $Sm_{12.8}Fe_{87.2}N_y$ 在氮气氛中作了热分析,如图 5.15(a) 所示(升温速度为 10℃/min,气氛流速为 50mL/min),发现该合金的氮化物在小于 500℃ 范围内有两个放热峰,在 183℃ 附近有一个小的放热峰,在 312℃ 附近有一个大的放热峰。第一个放热峰可能是破碎过程使 Sm-Fe 合金粉末内部有内应力,在加热到 180℃ 左右时应力松弛的缘故;第二个放热峰从 255℃ 附近有一个较小的吸热峰后到 312℃ 放出热量,是氮进入 Sm_2Fe_{17} 合金中形成 $Sm_2Fe_{17}N_y$ 化合物的标志,而且所需的激活能较小,在超过 255℃ 直到 300℃ 期间就能氮化,而且反应过程中放出的热量较高。而在 398℃ 有一个较低的吸热峰后合金粉末仍放出热量,说明第二个阶段的氮化过程又接着进行,与前面的相比,所需的激活能较高,氮可能以另一种方式进入合金粉末中到 438℃ 达到峰顶,之后又吸收热量,并在 452℃ 形成吸热峰顶,这是由于 $Sm_2Fe_{17}N_y$ 相的原子磁矩由磁有序(铁磁性)转变为磁无序(顺磁性)吸收热量。图 5.15(b) 为相同成分的合金粉末在氩气氛(升温速度为 10℃/min,气氛流速为 50mL/min)中的 DSC 曲线,在该图中没有出现像图 5.15(a) 中大的放热与吸热峰,除在 166℃ 和 452℃ 附近有小的拐点外,随着温度的升高,合金粉末一直处于均匀的连续的吸热状态。对图 5.15(b) 进行一次微分分析得到图 5.15(c),可以确认 166℃ 和 452℃ 的两个拐点,前一个应该是应力释放所致,后一个是磁有序向磁无序转变的居里温度。与图 5.15(b) 相比会进一步确认图 5.15(a) 中 255～438℃ 区间的热量变化完全是 N_2 与 Sm-Fe 合金作用的结果。$Sm_{10.5}Fe_{89.5}$、$Sm_{14.2}Fe_{85.8}$ 合金的热分析也具有相似的结果。

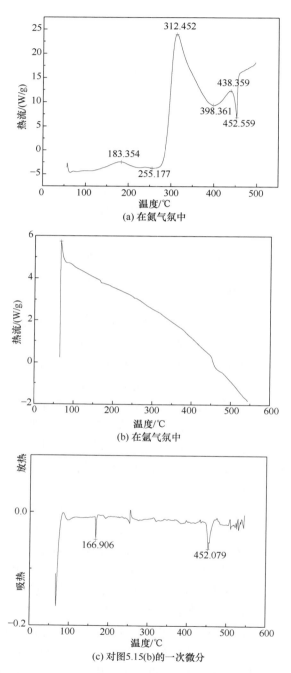

(a) 在氮气氛中

(b) 在氩气氛中

(c) 对图5.15(b)的一次微分

图 5.15　$Sm_{12.8}Fe_{87.2}N_y$ 合金的差示扫描量热分析

5.4.6　氮化后粉末的自然时效处理

图 5.16 为 $Sm_{12.8}Fe_{87.2}$ 合金氮化后(图 5.16(a))及在室温时效一年(图 5.16 (b))的 XRD 图。由图 5.16(a)可见,合金在氮化后 $Sm_2Fe_{17}N_y$ 相的衍射峰位都位于 $Sm_2Fe_{17}N_3$ 相的更小角度方向,说明单胞体积膨胀量较大。而在室温时效处理一年后,$Sm_2Fe_{17}N_y$ 和衍射峰位基本与 $Sm_2Fe_{17}N_3$ 的峰位相对,也即与图 5.16(a)中对应的衍射峰反而向大角度方向移动,说明单胞体积膨胀减小,这可能是 N 使点阵膨胀后产生应力,而在室温时效后应力释放的结果。

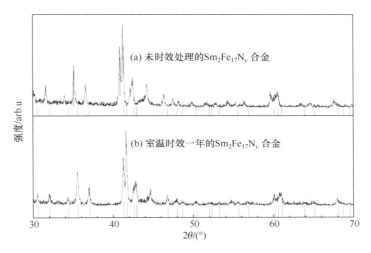

图 5.16　$Sm_{12.8}Fe_{87.2}N_y$ 经一年时效处理前后的 XRD 图谱

图中下部示出 $Sm_2Fe_{17}N_3$ 相的衍射峰位

5.4.7　氮化粉末的形貌

图 5.17 为 $Sm_{10.5}Fe_{89.5}$、$Sm_{12.8}Fe_{87.2}$、$Sm_{14.2}Fe_{85.8}$ 三种成分合金氮化前后合金粉末的二次电子像(SE)。由图 5.17 可见,氮化前三种粉末粒径均小于 $38\mu m$,颗粒外形轮廓清晰,颗粒表面呈三、四边形的块状较多,大颗粒表面平整,表现为脆性断裂的断面。球形小颗粒($1\sim3\mu m$)较少。氮化 12h 得到图 5.17(d)~(f),与氮化前粉末形貌(图 5.17(a)~(c))相比,大颗粒粒径变化不大,大颗粒的尖棱尖角现象减少,球形小颗粒增多,并出现层片状颗粒。说明颗粒氮化有助于粉末的破碎,这可能是由于氮的渗入使 Sm_2Fe_{17} 晶格膨胀产生较大内应力。对比三种成分的合金,小颗粒数目从少到多的顺序为 $Sm_{10.5}Fe_{89.5}$、$Sm_{12.8}Fe_{87.2}$、$Sm_{14.2}Fe_{85.8}$,说明合金中 α-Fe 含量越多,越不容易破碎,而 $Sm_{12.8}Fe_{87.2}$、$Sm_{14.2}Fe_{85.8}$ 中 α-Fe 含量较少,尤其是 $Sm_{14.2}Fe_{85.8}$ 合金氮化后 α-Fe 含量最少,因此图 5.17(f)中小颗粒也表现为最多。

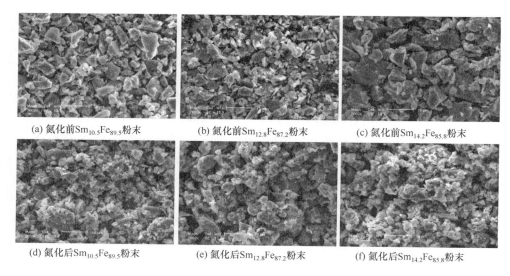

(a) 氮化前Sm$_{10.5}$Fe$_{89.5}$粉末　　　(b) 氮化前Sm$_{12.8}$Fe$_{87.2}$粉末　　　(c) 氮化前Sm$_{14.2}$Fe$_{85.8}$粉末

(d) 氮化后Sm$_{10.5}$Fe$_{89.5}$粉末　　　(e) 氮化后Sm$_{12.8}$Fe$_{87.2}$粉末　　　(f) 氮化后Sm$_{14.2}$Fe$_{85.8}$粉末

图 5.17　氮化前后粉末的二次电子像

5.4.8　Sm$_2$Fe$_{17}$型合金的氮化机制

由以上分析可知,N 必定是进入了 Sm-Fe 合金的粉末中并且形成了 Sm$_2$Fe$_{17}$N$_y$ 相,这是气(N$_2$)固(Sm$_2$Fe$_{17}$)相反应的结果。要想真正完成这一结果,可能需要经过以下几个过程:①清洁的母合金粉表面吸附 N$_2$ 分子,这应该是一个物理吸附的过程;②N$_2$ 在粉末表面分解,即 N$_2$⟶2N,且 N 吸附在粉末的表面;③N 扩散进入粉末中,形成 N 的固溶相或 Sm$_2$Fe$_{17}$N$_y$,Sm$_2$Fe$_{17}$＋N$_2$⟶Sm$_2$Fe$_{17}$N$_y$;④N 在间隙中继续扩散,完成贫 N 的 Sm$_2$Fe$_{17}$N$_y$ 向完全氮化相转变。因此控制氮化速度的因素应该主要有两个,即 N$_2$ 在开始阶段的分解速度与形成 Sm$_2$Fe$_{17}$N$_y$ 的速度,以及 N 的扩散均匀化速度。由图 5.6 可见,粉末氮化 1h 的氮含量已超过 2.25wt％,而氮化 20h 的氮含量仍小于 3.5wt％。可见,刚开始,短时间内的氮化速度非常快,而延长氮化时间的增氮速度相对较慢,说明氮化刚开始 N 基本是以"反应"形式的速度进入 Sm$_2$Fe$_{17}$ 晶格间隙形成 Sm$_2$Fe$_{17}$N$_y$ 相的。同时说明 N$_2$ 在开始阶段的分解速度不应该是控制形成氮化相的主要因素。共价键气体分子的分解是分子的反键轨道波函数与金属表面 d 电子的正弦波函数相互作用的结果,而电子在表面和分子间的输运吸附被认为是分子分解的基本步骤[76]。再结合图 5.15 的 DSC 分析结果,说明 N 在与 Sm$_2$Fe$_{17}$ 反应形成 Sm$_2$Fe$_{17}$N$_y$ 相的温度起始于 255℃附近,该处小的吸热峰是其反应所需的小的激活能,开始反应后放出比较高的能量。而由图 5.14 点阵常数 a、c,单胞体积膨胀 $\Delta V/V$ 中 1h 的膨胀量高于 2h 甚至 12h 的膨胀量说明,刚开始 N 是过饱和地扩散进入粉末颗粒的外层的,而在颗粒氮化的外壳层与未氮化或氮化不饱和的颗粒芯部的界面处点阵会产生不匹配,自然会有应力与应变产生,结果由于外壳层的点阵膨胀,芯部未氮化或氮化不饱和层即使没有 N 原子进入点阵也受外层影响产生芯部的点阵膨胀,而同时完全氮化或过饱和氮化的外壳层由于受到芯部的影响还会产生些许的点阵收缩。Sm_2Fe_{17} 氮化后单胞体积膨胀,其直接的结果是造成 Fe-Fe 交换耦合作用的增强,居里温度提高,离 N 原子间隙位置最近的是稀土晶位,由于 N 原子有很强的电负性,晶场系数(the leading term of the crystal-field coefficient)A_{20} 被改变,从而具有正的二级 Stevens 系数(the second order Stevens coefficient)α_J 的稀土铁化合物表现出很强的单轴各向异性[81]。研究者[72,73,76-78,190]一般认为 N 原子会进入 Sm_2Fe_{17} 晶格中大的八面体间隙 9e 晶位和少量的四面体间隙 18g 晶位。由于 N 与金属原子,尤其是 Sm 的键能很高,另外由于相邻的 9e 位置没有共同的晶面,所以 N 原子从一个 9e 位置进入另一个 9e 位置要克服较高的能垒才行,因此普遍认为 9e 是 N 原子相当稳定的位置[81]。如果 N 完全占据 9e 晶位,则每分子式 $Sm_2Fe_{17}N_y$ 中 y 应当等于 3,但如果部分 N 还要占据 18g 晶位,则 y 会大于 3。而 N 是直接进入 9e 晶位还是通过其他方式进入 9e 晶位? 这实际对应着两种氮化机制。如果 N 直接进入 9e 晶位,则属于自由扩散机制[274];而如果 N 原子通过 18g 晶位进入 9e 晶位,则属于捕获扩散机制[275]。在本节的试验中,如果是后者那么需要较高的激活能,这显然与图 5.15 的结果不符,那 N 必然是通过自由扩散首先进入大间隙的 9e 晶位,多余的再进入 18g 晶位。

当 N 含量增加时,控制氮化速度的步骤不再是 N_2 的分解,而变为 N 原子在块体中的扩散。根据扩散规律,N 要自由扩散进入晶格间隙中经过的途径又有三种可能:①表面扩散;②晶界、空位等缺陷位置扩散;③体扩散。粉末颗粒越小,表面积越大,扩散越容易,粉末中氮含量应越高,这与图 5.8 的结果是一致的。而 N 要进入颗粒内,必然是沿着以颗粒核心为中心的半径方向进行的。另外,晶界、空位等缺陷处原子排列规律性较差,能量比较高,N 原子会优先进入这些位置,属于短路扩散,而 N 原子进入晶格的间隙后造成晶格的膨胀,在晶格中产生较高的应力,也会有利于 N 原子的进一步扩散。Uchida 和 Liu 等[72,76]计算得到在 1atm 下通过缺陷位扩散时,N 的扩散激活能为 64kJ/(mol · N)、66.1kJ/(mol · N)、78kJ/(mol · N),623K 的扩散系数 $D_0 = 2.15 \times 10^{-2} \, m^2/s$,而通过体扩散所需的激活能为 118.5kJ/(mol · N)、133kJ/(mol · N)、168kJ/(mol · N)等值。Uchida 等[76]认为 N 在 $Sm_2Fe_{17}N_y$ 中的扩散激活能基本上与颗粒尺寸无关,而晶格中产生的大的点阵应变会增大 D_0,另外,位错、微裂纹等缺陷均会影响 D_0。在粉末颗粒表面及晶界等缺陷位积累很高的 N 浓度后便开始体扩散,N 化速度会减慢。氮的扩散系数为

$$D = D_0 e^{-Q/(RT)} \tag{5.5}$$

当粉末粒度小于 $5\mu m$ 时,取 $D_0 = 2.2 \times 10^{-2} m^2/s$，$Q = 118.5 kJ/(mol \cdot N)$，则氮的体扩散系数可表示为

$$D = 2.2 \times 10^{-2} \exp\left(\frac{-118500}{RT}\right) \quad (cm^2/s) \tag{5.6}$$

可以计算得到,在 773K，$D = 2.2 \times 10^{-11} cm^2/s$。

当粉末粒度小于 $75\mu m$ 时,取 $D_0 = 1.6 \times 10^{-2} m^2/s$，$Q = 118.5 kJ/(mol \cdot N)$，则氮的体扩散系数可表示为

$$D = 1.6 \times 10^{-2} \exp\left(\frac{-118500}{RT}\right) \quad (cm^2/s) \tag{5.7}$$

可以计算得到,在 773K，$D = 1.5 \times 10^{-11} cm^2/s$。遗憾的是,没能找到合适的 SEM 的扫描探针用于分析粉末中颗粒的氮化层深(x)与氮化时间(t)的关系(日本 Sun 等[81]用硬脂酸铅单晶探针),但从氮化 0～20h 整体的规律不难推测得到氮化层深与氮化时间的关系总体上也应是刚开始渗氮快,之后变平缓,或基本满足 $x^2 = KDt$ 关系,K 为常数,D 为扩散系数。

再参考图 5.9(d),当只氮化 1h 后,每分子式 $Sm_2Fe_{17}N_y$ 中的氮原子数 y 已经超过 2.3,超过 1h 直到 20h，y 可连续地增大到超过 3,因此可以推测缩短时间到小于 1h 便会得到 $y < 2.3$ 的连续氮化物相。另外,在执行氮化工艺时,使加热炉与试样加热到 773K 也有段时间(30～40min),而本节计算氮化时间是以炉内试样到达 773K 开始计时的。图 5.18 为 $Sm_{12.8}Fe_{87.2}$ 合金氮化 6h 的氮化工艺曲线(压力-温度-时间曲线)。由图 5.18(a)可见,随着温度的升高和时间的延长,加热炉中氮气的压力在 120℃ 附近有一个低点,说明有 N 进入粉末中;随后一直升高到 500℃ 又开始降低。图 5.18(b)为无试样时的氮气空载加热曲线,随着温度的升高和时间的延长,氮气压力是一直升高的,这是单纯气体热膨胀的结果,膨胀的幅度约为 0.02MPa,而图 5.18(a)中低于 500℃ 的氮气膨胀幅度也接近 0.02MPa,说明在升温过程中粉末的吸氮量不是很大。而在 500℃ 后保温氮化 360min 后压力要降低 0.01MPa,也证明氮确实进入了粉末中。通过上面的分析,作者认为,按照本节的氮化工艺，N_2 与 Sm_2Fe_{17} 的相互作用可简单地分为两个过程:一个发生在刚氮化时,是 $N_2 + Sm_2Fe_{17} \longrightarrow Sm_2Fe_{17}N_y$,由于这个过程没有改变晶体结构,但晶胞参数、磁性能等都由于氮的引入而发生了性质的改变,另外氮化过程是不可逆的,即形成 $Sm_2Fe_{17}N_y$ 氮化物后即使再抽真空,也不能抽出 N 原子而得到 Sm_2Fe_{17} 母合金[31],因此可认为这是一个以氮的扩散、固溶方式进行的化学反应,速度非常快,在该阶段,扩散过程是制约氮化速度的控制因素。另一个过程是氮的均匀化及饱和化过程,而这一过程纯粹由体扩散控制,这时 N_2 与 Sm_2Fe_{17} 的反应速度减慢,成为氮化的控制因素。

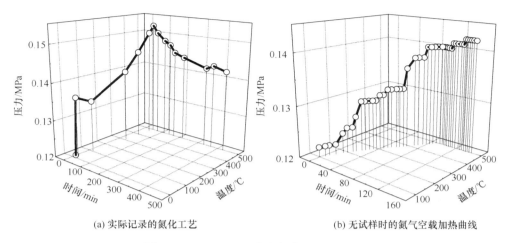

(a) 实际记录的氮化工艺　　　　　　(b) 无试样时的氮气空载加热曲线

图 5.18　Sm$_{12.8}$Fe$_{87.2}$合金氮化 6h 工艺曲线

在氮化时,初始加入的氮气压力是固定的,在氮化过程中也不再额外加入新的氮气,这可能也是氮化 1h 后氮化速度变慢的原因。因为,氮气氛的压力对氮含量也有较大的影响。Uchida 等[287]总结了氮化气氛压力 P 与温度及氮含量的关系,利用 Van't Hoff 曲线得到平衡氮气压力满足

$$\frac{1}{2}\ln\frac{P}{P_{0.5}}=\ln\frac{\theta}{1-\theta}-\frac{\left(\theta-\frac{1}{2}\right)W_{\text{N-N}}}{RT} \tag{5.8}$$

式中,θ 为 N 在间隙中的占位率,$0<\theta<1$;$P_{0.5}$ 为 $\theta=0.5$ 时的压力;$W_{\text{N-N}}$ 为 N-N 结合能;R 为气体常数;T 为反应温度,Uchida 等计算得到在 $T=(793\pm30)$K 时,根据 $W_{\text{N-N}}=4RT$ 得到 $W_{\text{N-N}}=26.4$kJ/(mol・N)。当 N 含量固定(θ 不变)时,式(5.8)变为

$$\ln P=A/T+B \tag{5.9}$$

式(5.9)即被称为 Van't Hoff 方程,压力 P 与 $1/T$ 成正比。张绍英等[288]参考 Lin 的试验结果给出平衡氮压与反应焓和熵的关系为

$$\ln P=\Delta H/(3RT)-\Delta S/(3R) \tag{5.10}$$

而 Sm$_2$Fe$_{17}$ + N$_2$ $\longrightarrow$ Sm$_2$Fe$_{17}$N$_y$ 的 $\Delta H=(-46.9\pm2.4)$kJ/(mol・N),$\Delta S=(-25.4\pm1.3)$J/(K・(mol・N)),可以计算得到在 773K 的 $\Delta G=\Delta H-T\Delta S=-46900-(-25.4)\times773=-27.3$kJ/(mol・N)$<0$,代入式(5.10)得到在 773K 氮化需要的氮气氛压力为 0.243Pa,远小于 10^5Pa,因此只要加热到足够高的温度,氮化是比较容易进行的。由于初始通入的氮气压力大于 10^5Pa,在氮化过程中压力也始终大于 10^5Pa(图 5.18),说明在本节的试验条件下氮化过程是始终可以进行的。

Uchida 等[287]认为 $Sm_2Fe_{17}N_3$ 能稳定存在的温度范围为 $763\sim823K$,超过该范围,氮化相 $Sm_2Fe_{17}N_y$ 将会发生分解:

$$Sm_2Fe_{17}N_3 \longrightarrow Sm_2Fe_{17}N_2 + N \tag{5.11}$$

$$N + N \longrightarrow N_2 \tag{5.12}$$

或者

$$Sm_2Fe_{17}N_3 \longrightarrow SmN + \alpha\text{-}Fe \tag{5.13}$$

张绍英等[288]认为式(5.13)具有较负的反应的焓,比较容易发生,但因为 $Sm_2Fe_{17}N_3$ 分解为 SmN 和 $\alpha\text{-}Fe$ 两种晶粒需要很高的激活能,要求金属原子长程扩散,当 Sm_2Fe_{17} 合金粉末氮化温度过高或时间过长时就容易发生。

另外,由图5.10~图5.12中 $\alpha\text{-}Fe$ 的110衍射峰与Fe的衍射位置(对应图中下方竖线)对比可以发现,氮化后 $\alpha\text{-}Fe$ 的衍射峰基本没有向小角度方向偏移,这与N在 $\alpha\text{-}Fe$ 中的溶解度有关。文献[31]报道N在BBC铁中的最大溶解度为860K时的 $0.4at\%$。根据文献[289]中给出的Fe-N相图,N与Fe还可以形成 γ' 相(Fe_4N)与 ε 相(Fe_2N),这是氮化用钢氮化后组织的组成相。而在图5.10~图5.12中没有发现任何形式的 FeN_y 化合物,这可能是由于N与 Sm_2Fe_{17} 的氮化热力学与动力学更容易满足。

5.4.9　不同钐含量合金的磁性能

图5.19为不同补偿钐含量 Sm_2Fe_{17} 型合金在不同氮化时间下的磁性能(测量磁场为15000Oe):矫顽力 H_c(图5.19(a))、磁化强度 σ_s(最高场下的磁化强度值,为叙述方便,也称为饱和磁化强度,图5.19(b))、剩磁 σ_r(图5.19(c))与居里温度 T_c(图5.19(d))。由图可见,氮化后的合金粉末的磁性能高于氮化前的二元合金值,如剩磁从 $5\sim10emu/g$ 提高到 $35\sim60emu/g$,而饱和磁化强度值则从 $100\sim130emu/g$ 提高到 $140\sim195emu/g$,矫顽力从小于200Oe提高到500~1300Oe。

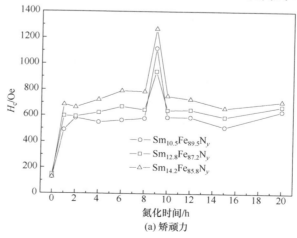

(a) 矫顽力

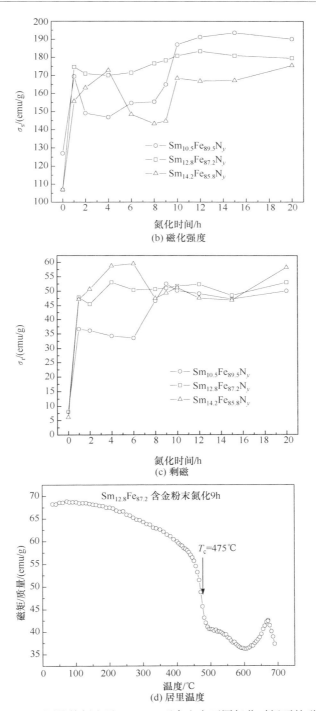

图 5.19　不同补偿钐含量 Sm₂Fe₁₇型合金在不同氮化时间下的磁性能

　　三种合金磁粉的矫顽力表现为基本相同的规律,在氮化 1~20h 的范围内,似乎氮化时间对矫顽力的影响不大,除氮化 9h 出现一个峰值外,其余值变化幅度不大。三种成分的矫顽力值排序为 $Sm_{14.2}Fe_{85.8}N_y > Sm_{12.8}Fe_{87.2}N_y > Sm_{10.5}Fe_{89.5}N_y$,有一点奇怪的现象是,这三种成分的合金均在氮化 9h 出现峰值,分别达到 1269Oe、940.6Oe、1119Oe。

　　三种合金磁粉在 15000Oe 外场下的饱和磁化强度值(图 5.19(b))变化幅度较大,尤其是 $Sm_{14.2}Fe_{85.8}N_y$ 和 $Sm_{10.5}Fe_{89.5}N_y$ 粉末,这两种粉末的 σ_s 值分别在氮化 4h 和 1h 时就出现一个峰值,但再随着氮化时间的延长,反而又分别在 8h 和 4h 时出现最低值,两者在氮化 10h 后分别达到一个较高的平台值,分布在 170emu/g 和 190emu/g 左右,呈现两头高中间低的现象。而 $Sm_{12.8}Fe_{87.2}N_y$ 的 σ_s 值基本是随着氮化时间的延长而略有增长,但变化幅度不大,分布在 170~184emu/g 的范围内,最高值出现在氮化 12h 的 184emu/g。在氮化超过 10h 后,三种成分合金的 σ_s 值稳定且规律明显,排序为 $Sm_{10.5}Fe_{89.5}N_y > Sm_{12.8}Fe_{87.2}N_y > Sm_{14.2}Fe_{85.8}N_y$。

　　就剩磁而言,在氮化时间小于 8h 内,三种成分合金的值由大到小依次为 $Sm_{14.2}Fe_{85.8}N_y > Sm_{12.8}Fe_{87.2}N_y > Sm_{10.5}Fe_{89.5}N_y$,而且幅度相差较大,$Sm_{14.2}Fe_{85.8}N_y$ 的剩磁最高达到 60emu/g,而 $Sm_{10.5}Fe_{89.5}N_y$ 最低值小于 35emu/g,$Sm_{12.8}Fe_{87.2}N_y$ 的值与 $Sm_{14.2}Fe_{85.8}N_y$ 的值比较靠近。而在氮化 8~15h 范围内,三种合金成分的剩磁值相当,维持在 50emu/g 左右。再延长氮化时间到 20h 时,三种成分的剩磁值又区别开来,仍旧表现为 $Sm_{14.2}Fe_{85.8}N_y > Sm_{12.8}Fe_{87.2}N_y > Sm_{10.5}Fe_{89.5}N_y$。可见 $Sm_{14.2}Fe_{85.8}N_y$ 的剩磁值表现为两头高中间低的现象,最高剩磁值出现在氮化 4h、6h 和 20h。$Sm_{12.8}Fe_{87.2}N_y$ 合金氮化 4h 后的值变化不大,但高于氮化 2h 和 1h 的值。$Sm_{10.5}Fe_{89.5}N_y$ 在氮化 8h 前的值较低,8h 后变化幅度不大。图 5.19(d) 为在 VSM 上测试的热磁曲线,可见 $Sm_{12.8}Fe_{87.2}$ 合金居里温度从 110℃(用膨胀仪测试结果)提高到氮化 9h 的约 475℃。

　　总体来看,$Sm_{14.2}Fe_{85.8}N_y$ 的剩磁与矫顽力较高,$Sm_{10.5}Fe_{89.5}N_y$ 的较低,而最高场下磁化强度值在氮化 10h 时 $Sm_{10.5}Fe_{89.5}N_y$ 的较高,$Sm_{14.2}Fe_{85.8}N_y$ 的低。$Sm_{12.8}Fe_{87.2}N_y$ 合金的所有值基本分布在 $Sm_{14.2}Fe_{85.8}N_y$ 和 $Sm_{10.5}Fe_{89.5}N_y$ 的值中间,显然这应该与三种成分中的钐含量有关,或者说与氮化后的 α-Fe 含量(图 5.13)有关,另外还应与硬磁相 $Sm_2Fe_{17}N_y$ 中的晶格变化(图 5.14)有关,但又都不是完全对应的线性关系。

　　由磁性材料的反磁化理论[155]可知,图 5.20 的多畴体的饱和磁滞回线可分为三个阶段:第一阶段为可逆转动过程,每一个晶粒的磁矩转动到该晶粒最靠近外磁场的易磁化方向;第二个阶段为畴壁的小巴克豪森跳跃或磁矩的转动过程,也可能有新的反磁化畴形成;第三个阶段为不可逆的大巴克豪森跳跃,最后磁矩转动到反磁化场方向。由应力和掺杂决定的不可逆壁移和畴转发生的临界场 $H_{cm} \propto \Delta\sigma/M_s$,

$\Delta\sigma$ 为应力的变化，M_s 为饱和磁化强度。样品的矫顽力是各种畴壁所对应的临界场的平均值。图 5.21 为图 5.19(a)中三种合金氮化 9h 的饱和磁滞回线，可见其磁化和反磁化机制可用壁移和畴转来解释，$Sm_{14.2}Fe_{85.8}$ 合金的矫顽力较高，是由于其中硬磁相含量较高，而 $Sm_{10.5}Fe_{89.5}$ 的矫顽力低则是由于其中软磁性相 α-Fe 含量高。在氮化 9h 的矫顽力最高与磁化强度 σ_s 最低是完全对应的，二者成反比关系。

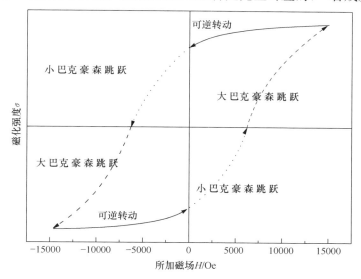

图 5.20　饱和磁滞回线

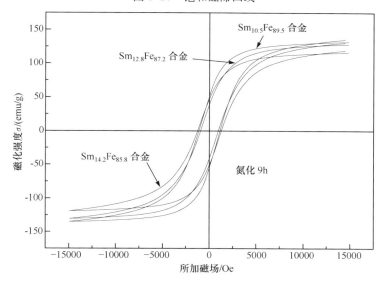

图 5.21　Sm_2Fe_{17} 型合金氮化 9h 的饱和磁滞回线

在反磁化过程中,除了壁移和磁矩的转动以外,还有反磁化核的形成和长大。一般来说,晶粒边界上、掺杂上、应力中心上和缺陷上都比较容易出现反磁化核,反磁化核长大的发动场与样品的矫顽力相当,但由形核决定的矫顽力要低于畴转矫顽力,可能高于壁移矫顽力[3]。在图 5.19 的合金中,除有晶粒边界、应力及缺陷外,还有不同含量的软磁性 α-Fe 相,均容易产生反磁化核,因此也有形核机制的贡献。

5.5　黏结磁体的制备及磁性能

5.5.1　黏结剂的选择

目前黏结磁体的黏结剂主要集中在用低熔点金属 Zn(熔点 692.73K)和环氧树脂上。制备黏结磁体的工艺过程为:黏结剂与试样粉末混合→在 2T 磁场中取向定型→在真空炉中固化(对用 Zn 黏结的在 500℃、环氧树脂在 150℃分别保温 2h)。对这两种黏结剂进行了对比研究发现,加入相同重量百分比(3wt%)黏结剂得到的磁性能相差不大,但用 Zn 黏结得到的磁体强度相对较低,粉末易脱落,否则就得加入 5wt%～15wt%的 Zn,而强度提高的同时磁性能又明显降低,但 Zn 黏结磁体的耐高温能力优于用树脂黏结的磁体,因为目前的主要目的是测试磁体的磁性能,所以在后面的黏结磁体中如不强调说明则采用环氧树脂作黏结剂。

环氧树脂本身是一种热塑性高分子的预聚体,单纯的树脂几乎没有多大的使用价值,只有加入称为固化剂(curing agent)的物质使它转变为三向网状立体结构、不溶不熔的高聚物(常称固化产物)后,才呈现出一系列优良的性能。因此固化剂对于环氧树脂的应用及对固化产物的性能起到了相当大的作用。

在众多树脂中选用缩水甘油醚型环氧树脂,这类环氧树脂是由多元酚或多元醇与环氧氯丙烷经缩聚反应而制得的,最具代表性的品种是双酚 A 二缩水甘油醚(DGEBPA),在世界范围内它的产量占环氧树脂总量的 75%以上,它的应用又遍及国民经济的整个领域,因此被称为通用型环氧树脂,其部分性能参数见表 5.3,从中选择软化点最高的 E-12 号树脂。

固化剂又称为硬化剂(hardene agent),是热固性树脂必不可少的固化反应助剂,对于环氧树脂来说本身品种较多,而固化剂的品种更多,仅用环氧树脂和固化剂两种材料的不同品种相组合就能组成应用方式不同和性能各异的固化产物,对于双酚 A 型环氧树脂,目前国内工业上一般选用典型的曼尼斯加成多元胺固化剂 T-31,其典型性能见表 5.4,拉伸强度见表 5.5。T-31 固化剂是无毒等级化学品,应用安全;并能在低温下固化双酚 A 型环氧树脂,可在湿度 80%和水下应用;在相同条件下所得产物的固化收缩率为乙二胺的 1/2～1/3,黏结强度高于乙二胺。

表 5.3　双酚 A 型环氧树脂主要性能[290]

指标	E-44(6101#)	E-42(634#)	E-12(604#)	E-20(601#)	E-51(618#)
环氧值当量/(100g)	0.41~0.47	0.38~0.45	0.09~0.14	0.18~0.22	0.48~0.54
软化点/℃	12~20	21~27	85~95	64~79	—
无机氯当量/(100g)	≤0.001	≤0.001	≤0.001	≤0.001	≤0.001
无机氯当量/(100g)	≤0.02	≤0.2	≤0.02	≤0.02	≤0.02
挥发分/%	≤1	≤1	≤1	≤1	≤1

表 5.4　T-31 固化剂物化指标[290]

指标	数据
外观	透明棕色黏稠液体
黏度(25℃)/(Pa·s)	1.1~1.3
相对密度(25℃)	1.08~1.09
胺值/(KOHmg/g)	460~480
溶解性	易溶于乙醇、丙酮、二甲苯等溶剂,微溶于水
毒性	动物半致死(在 7850mg/g 左右)
储存期	1 年以上

表 5.5　用 T-31 配制的固化剂拉伸强度[290]

固化条件	拉伸强度/Pa	
	T-31	乙二胺
25℃,48h,湿度 80%	13×10^6	6.59×10^6
100℃,48h	10.6×10^6	5.5×10^6
25℃(水下),48h	7.94×10^6	3.98×10^6

5.5.2　黏结磁体的形貌

图 5.22 为用树脂黏结和金属 Zn 黏结的磁体的形貌。加 3wt%的环氧树脂和 3wt%的固化剂后,在 1.8T 磁场下取向后在 800MPa 压力下冷压制成型,再在 150℃固化 2h 后的表面形貌如图 5.22(a)所示。粉末颗粒大小不均匀,但大小颗粒混杂排列,分布比较紧密,黏结剂分布在颗粒之间,部分区域黏结剂较多。通过测量质量与体积计算得到黏结磁体的密度为 4.8~5.0g/cm^3,只能达到 Sm$_2$Fe$_{17}$N$_3$ 相理论密度 $\rho = 7.686$g/cm^3 的 62%~65%。另外还可看到在制样过程中颗粒脱落后的黑色凹坑,说明颗粒的黏结强度不是很高。由于采用的模具材料为不锈钢,材料硬度较低,所以不能施加很大的取向压力,如果能采用其他更硬的无磁钢材料来制作模具,同时提高取向成型压力后,磁体的密度还可以再提高,磁体的磁性能也

可以再提高。图 5.22(b)为添加质量百分比为 3wt％Zn 的背散射电子像,其形貌与环氧树脂黏结的相似,得到的黏结体的密度也分布在 $4.8 \sim 5.0 \mathrm{g/cm^3}$ 范围内。

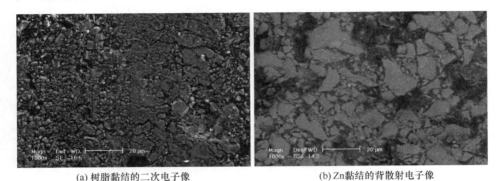

(a) 树脂黏结的二次电子像　　　　　　　　(b) Zn黏结的背散射电子像

图 5.22　黏结磁体的形貌

5.5.3　磁粉取向压结后的物相结构

图 5.23 为 $Sm_{12.8}Fe_{87.2}N_y$ 合金氮化 20h 后磁粉与加 3wt％树脂取向压制固化后黏结磁体的 XRD 图。与没有取向的磁粉 XRD 相比,取向后黏结磁体中 $Sm_2Fe_{17}N_y$ 相的 006 衍射明显增强而使得其他衍射及 α-Fe 的衍射相对减弱,但没有出现文献[6]中 Nd-Fe-B 材料取向后只剩下 004、105、006 衍射的情况,可能与取向场不足够大有关。

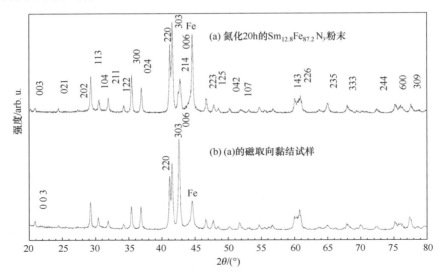

图 5.23　$Sm_{12.8}Fe_{87.2}N_y$ 无取向粉末与取向黏结磁体的 XRD 对比

5.5.4　黏结磁体的强度

用上述工艺制作了环氧树脂黏结的磁体,试样的直径为 10mm,高为 10mm,密度为 4.83g/cm³,在材料拉伸试验机上进行压缩强度试验,得到的抗压强度为 60.84MPa,压缩弹性模量为 3907.6MPa。强度值不是很高,这可能与 3wt% 环氧树脂＋T31 固化剂分布不是很均匀,磁体密度偏低有关。

5.5.5　在封闭气氛中氮化后的黏结磁体的磁性能

对 $Sm_{10.5}Fe_{89.5}N_y$、$Sm_{12.8}Fe_{87.2}N_y$、$Sm_{14.2}Fe_{85.8}N_y$黏结磁体磁性能的测试测量磁场(15000Oe)结果如图 5.24 所示,可见黏结磁体表现为各向异性,平行于取向方向(//)的磁性能值高于垂直于取向方向(⊥)的值,尤其图 5.24(a)黏结磁体的矫顽力表现得更明显,而且两不同取向的磁性能值随氮化时间的变化规律相似。随着氮化时间的增加,磁粉的矫顽力在氮化 4～9h 区间出现最高值,在氮化 12～15h 降低后又在氮化 20h 增大。与图 5.19(a)对应磁粉的矫顽力对比看,没有出现氮化 9h 的极高值;磁体 $Sm_{14.2}Fe_{85.8}N_y$两不同取向的矫顽力均要高于对应磁粉的值,最高值为氮化 4h 的 1228Oe 与 975Oe;$Sm_{10.5}Fe_{89.5}N_y$平行取向方向的矫顽力也高于对应磁粉的值,而 $Sm_{12.8}Fe_{87.2}N_y$平行于取向的矫顽力值与对应磁粉的相当。

图 5.24(b)为最高磁场下的磁化强度值 σ_s,随氮化时间的增加,磁化强度值 σ_s表现出与矫顽力相似的规律,在氮化 4～9h 有极大值,在 10～15h 有最低值,在氮化 20h 又增加。三种成分相比,$Sm_{10.5}Fe_{89.5}N_y$的 σ_s 值最大而 $Sm_{12.8}Fe_{87.2}N_y$的值最小,但与图 5.19(b)对应磁粉的值相比,黏结磁体的 σ_s 值明显偏低,这主要是由于树脂及固化剂稀释了磁化强度值。

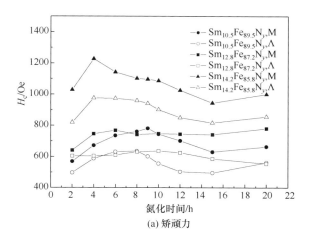

(a) 矫顽力

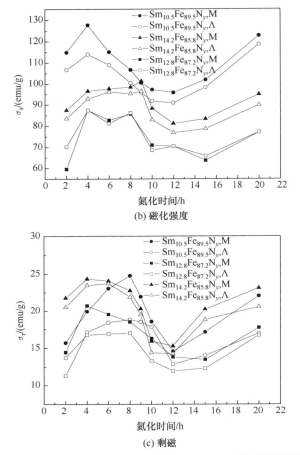

图 5.24　$Sm_{10.5}Fe_{89.5}N_y$、$Sm_{12.8}Fe_{87.2}N_y$、$Sm_{14.2}Fe_{85.8}N_y$磁粉黏结磁体的磁性能
M 指平行取向，Λ 指垂直取向

　　图 5.24(c)为磁体的剩磁值，其随氮化时间的变化规律与矫顽力及磁化强度 σ_s 的基本相同，但与图 5.19(c)对应磁粉的值相比，明显偏低，这主要是由于磁化强度 σ_s 值太低。

　　按照微磁理论，由形核和钉扎决定的矫顽力对微观结构非常敏感[238]。微结构参数 α 和 N_{eff} 由下式决定：

$$H_c = \alpha 2K_1/M_s - N_{eff}M_s \quad 或 \quad H_c/M_s = \alpha 2K_1/M_s^2 - N_{eff} \quad\quad (5.14)$$

在具有强烈各向异性的材料中，矫顽力 H_c 与最小形核场 H_n^{min} 的关系可以用式(5.15)表示，即

$$H_c = \alpha H_n^{min} - N_{eff}M_s \quad\quad (5.15)$$

其中，K_1 为各向异性常数；M_s 为饱和磁化强度；α 用来描述晶粒间各向异性减小的影响和相邻晶粒磁交换耦合强度的大小，称为微结构参数，或者说是反映晶粒不

均匀性及非取向颗粒影响的参数；参数 N_{eff} 反映非磁相的退磁场和单畴颗粒的尖锐边角的退磁场的影响，称为有效退磁因子。在 Sm$_{10.5}$Fe$_{89.5}$N$_y$、Sm$_{12.8}$Fe$_{87.2}$N$_y$、Sm$_{14.2}$Fe$_{85.8}$N$_y$ 三种合金磁体中，均有不同含量的容易成为反磁化核心的软磁性相 α-Fe 存在，但氮化后 Sm$_{14.2}$Fe$_{85.8}$N$_y$ 中的 α-Fe 含量最低，因此 N_{eff} 最小，而且取向后 α 增大，因此 Sm$_{14.2}$Fe$_{85.8}$N$_y$ 的矫顽力在三种磁体中最高。另外，磁体的磁滞回线形状与磁粉的形状相似，因此磁化过程仍有壁移与畴转的贡献。因此认为壁移与畴转及形核和钉扎机制都对 Sm$_2$Fe$_{17}$N$_y$ 环氧树脂黏结磁体的磁硬化有贡献。

5.6　Sm-Fe 合金粉末在流动氮气氛中的氮化

5.6.1　试验条件

将退火后的 Sm$_{12.4}$Fe$_{87.6}$ 母合金破碎成小于 $38\mu m$ 的粉末在室温放入图 5.25 所示改造后专用于流动氮气氮化的管式加热炉中，从进气管通入纯氮气，先洗炉再加热，通入的氮气流量为 3L/min。氮化温度仍旧为 500℃，氮化保温一定时间（分别为 2h、4h、6h、10h）后，继续通氮气直到炉内温度接近室温，取出粉末完成氮化过程。

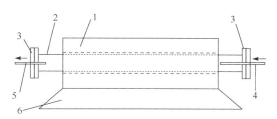

图 5.25　用于流动氮气氮化的管式加热炉

1. 加热器；2. 加热管；3. 密封阀；4. 进气管；5. 出气管；6. 底座

5.6.2　氮化后粉末的 XRD 分析

图 5.26 为在 500℃流动的氮气氛中氮化后的 XRD 图。其中图 5.26(a1) 为退火后合金，合金中只有两相，即 Sm$_2$Fe$_{17}$ 相与 α-Fe，经计算，α-Fe 的体积百分比为 4.1%。氮化 4h 后（图 5.26(a2)），仍旧只有两种物相，其中 Sm$_2$Fe$_{17}$ 型相的衍射峰位置向小角度方向明显移动，峰形没有变化，衍射峰位置基本与 Sm$_2$Fe$_{17}$N$_3$ 相的峰位相对应。另一个显著的现象是 α-Fe 相 110 衍射峰的强度增高，经计算，α-Fe 的体积百分比达到 15.7%。而在氮化 6h（图 5.26(a3)）后，氮化相 Sm$_2$Fe$_{17}$N$_y$ 的衍射峰继续向小角度方向偏移，其峰位已经超过 Sm$_2$Fe$_{17}$N$_3$ 相的位置，说明其中的 N 含量 y 已经大于 3，但其中 α-Fe 的含量与氮化 4h 相比又降低到体积百分比

8.2%。氮化 12h 与氮化 6h 相比，$Sm_2Fe_{17}N_y$ 相的衍射峰没有再向小角度方向明显的移动，但其 α-Fe 的体积百分含量继续减少到 5.3%，接近退火后含量。用称重法测量氮化前后粉末的重量得到氮化 2h、4h、6h、10h 后粉末中氮的重量百分比分别为 2.76wt%、3.05wt%、3.45wt% 与 3.49wt%。与在封闭氮气氛中氮化时 α-Fe 的 110 衍射峰没有明显移动（图 5.10～图 5.12）不同的是，图 5.26(b) 中 α-Fe 的 110 衍射峰在氮化 4h、6h 与 12h 之后也向小角度方向偏移，尤其氮化 6h 与 12h 的偏移更明显，说明在流动的氮气氛条件下 Sm-Fe 合金的氮化更彻底。

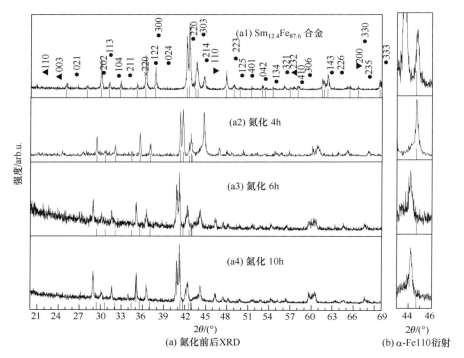

图 5.26　$Sm_{12.4}Fe_{87.6}$ 合金在流动氮气氛中氮化的 XRD 图

(a1)合金退火后，下部示出 Sm_2Fe_{17} 的衍射峰位；(a2)～(a4)分别为氮化 4h、6h、10h，
下部示出 $Sm_2Fe_{17}N_3$ 的衍射峰位

对图 5.26 的低角衍射与高角衍射分开仔细分析如图 5.27 所示，所有的衍射峰均清晰并为单峰，没有发现文献[100]中所描述的衍射峰会劈裂成两个衍射峰（即已氮化相与未氮化相或饱和氮化相与贫氮相），说明在 X 射线所能达到的粉末颗粒深度范围内，粉末已充分氮化。

图 5.28 为对图 5.26 中 $Sm_{12.4}Fe_{87.6}$ 合金氮化不同时间后粉末中 $Sm_2Fe_{17}N_y$ 相的衍射峰向小角度方向偏移幅度的统计。由图 5.28 可见，退火后合金中 $Sm_2Fe_{17}N_y$ 相的衍射峰在 20°～70° 范围内基本没有偏移，但氮化 4h、6h 与 12h 的衍射峰明显地向小角度方向发生了偏移，而且均随着 2θ 角度的增加，偏移量 Δ2θ 增大，偏移的

幅度以氮化 4h 与退火后合金相隔最大,氮化 6h 与氮化 4h 次之,而氮化 10h 与氮化 6h 比相差不大。由图 5.26 已经知道,在氮化 4h 后氮化相的衍射峰已接近 $Sm_2Fe_{17}N_3$ 相的特征值,而氮化超过 6h 后,$Sm_2Fe_{17}N_y$ 相中的 y 值已大于 3,说明 N 不仅占据 Sm_2Fe_{17} 晶格中的 9e 晶位,而且会占据四面体的 18g 晶位,使每分子式中氮含量超过 3,而由氮化 12h 后偏移量相对氮化 6h 不增加又说明,N 不会全部占据晶胞中的全部 6 个 18g 晶位(每 Sm_2Fe_{17} 分子式中 2 个)而达到 $Sm_2Fe_{17}N_5$(N 的重量百分比为 5.30wt%),因此在氮化 12h 后偏移量已基本不再增加。

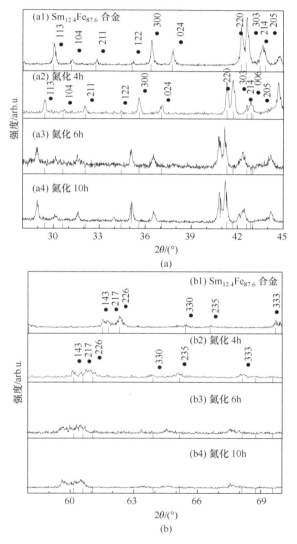

图 5.27　$Sm_{12.4}Fe_{87.6}$ 合金的 X 射线低角衍射图(a)与高角衍射图(b)

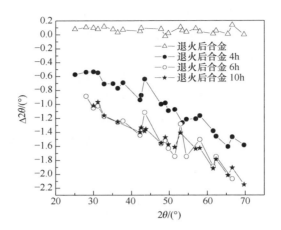

图 5.28　$Sm_{12.4}Fe_{87.6}$ 合金氮化不同时间后 $Sm_2Fe_{17}N_y$ 相衍射峰位的偏移量

Cabra 等[121]指出,在超过 600℃后 $Sm_2Fe_{17}N_y$ 会按式(5.13)分解,而 SmN 的最强衍射(111)和(200)的峰位 2θ 应当在 30.643°与 35.537°,但在图 5.26 中始终没有发现 SmN 相,因此这不应是氮化 12h 后偏移量不增加的原因。

对于相同的试样,氮化前 $\Delta 2\theta$ 随着 2θ 的增大基本为一平线,而氮化后试样的 $\Delta 2\theta$ 随着 2θ 的变化则近直线下降,氮化 10h 的试样在 $2\theta=70°$的 $\Delta 2\theta$ 已超过 2°,这是由于 N 进入 Sm_2Fe_{17} 晶格后使面间距 d 发生变化,从而引起 θ 角的变化,从布拉格方程 $2d\sin\theta=\lambda$ 可以推导出 $\Delta\theta$ 与 Δd 的关系为

$$\Delta\theta = -\tan\theta \frac{\Delta d}{d} = -\frac{1}{\lambda}\sin\theta \cdot \tan\theta \cdot \Delta d \qquad (5.16)$$

当 θ 增大时,Sm_2Fe_{17} 相的衍射面指数值变大,面间距 d 变小,Δd 逐渐减小,$\Delta d/d$ 也减小,最终使 $\Delta\theta$ 也减小。

表 5.6 给出 $Sm_{12.4}Fe_{87.6}$ 合金中氮化前后 $Sm_2Fe_{17}N_y$ 相的点阵常数变化。由表可见,随着氮化时间的延长,点阵常数 a 与 c 均增加,在氮化,6h 与 10h 后达到最大值,a 与 c 分别增加 3.56% 和 2.6%,单胞体积增加达 10%,而 c/a 变化不大,基本在 1.45 附近,说明在氮化过程中基本是均匀膨胀的。需要特别指出的是,氮化 6h 与氮化 12h 的点阵常数值非常相近,得到的 $a=8.827$Å,$c=12.83$Å,$V=866$Å³,$c/a=1.45$,这可能意味着在氮化 6h 后晶格中 N 已饱和,这可能是 N 能溶入 Sm_2Fe_{17} 晶格中的极限值。

表 5.6　$Sm_{12.4}Fe_{87.6}$ 合金中氮化前后 $Sm_2Fe_{17}N_y$ 相的点阵常数变化

技术	a/Å	c/Å	V/Å³	c/a	$\frac{\Delta a}{a}$/%	$\frac{\Delta c}{c}$/%	$\frac{\Delta V}{V}$/%
退火态	8.52387	12.50398	786.78	1.46694	0	0	0

续表

技术	$a/\text{Å}$	$c/\text{Å}$	$V/\text{Å}^3$	c/a	$\dfrac{\Delta a}{a}/\%$	$\dfrac{\Delta c}{c}/\%$	$\dfrac{\Delta V}{V}/\%$
氮化 4h	8.73209	12.65799	835.86	1.44959	2.44	1.23	6.24
氮化 6h	8.82766	12.83243	866.02	1.45366	3.56	2.63	10.07
氮化 10h	8.82729	12.83165	865.90	1.45363	3.56	2.62	10.06

5.6.3　流动氮气中氮化机制

由以上分析可见,在流动氮气氛中的氮化机制与在封闭氮气氛中的氮化机制基本是相同的,不同点在于流动的氮气可能有助于新鲜 N 原子在粉末表面的吸附而最终使粉末中的氮含量相对封闭气氛中的值较高,而晶格膨胀量也较大,单胞体积膨胀达到 10%。每分子式中的氮原子数已超过 3 个。超过 3 个的氮原子可能占据四面体间隙 18g 晶位的六角和六方体的中心 3b 晶位,会减小哑铃距离,使居里温度减小。

5.6.4　流动氮气中氮化后的磁性能

图 5.29 为 $Sm_{12.4}Fe_{87.6}$ 合金氮化粉末在流动氮气氛中氮化的磁性能,由图可见,在氮化 2~10h 范围内,饱和磁化强度 σ_s、剩磁 σ_r 与矫顽力 H_c 均在氮化 4h 有极大值,再增加氮化时间,磁性能反而下降。由表 5.6 及图 5.26 可知,$Sm_{12.4}Fe_{87.6}$ 合金在氮化 4h 后,其中的氮含量已达到每分子式 $Sm_2Fe_{17}N_y$ 中 $y=3.05$,这是 N 原子完全占据 Sm_2Fe_{17} 间隙 9e 晶位的最大量,再增加 N 含量,N 原子会进入 18g 小间隙晶位,反而会恶化磁性能,与文献[31]的结论一致;另外,氮化超过 4h 后,单胞体积膨胀达到约 10%,这远超过了 $Sm_2Fe_{17}N_3$ 相对 Sm_2Fe_{17} 单胞体积膨胀 6% 的

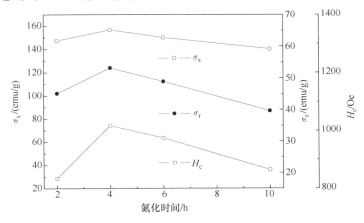

图 5.29　$Sm_{12.4}Fe_{87.6}$ 合金氮化粉末在流动氮气氛中氮化的磁性能

值,说明氮化超过 4h 后,晶格内应力非常大,这也会影响 $Sm_2Fe_{17}N_y$ 的原子间的间距,改变晶场系数,甚至会改变 Tn_2Zn_{17} 的易轴磁结构,从而破坏硬磁性能,因此 $Sm_{12.4}Fe_{87.6}$ 合金在流动氮气氛中氮化时,氮化时间应以 4h 为最佳,其磁性能为: σ_s =156.8emu/g, σ_r =53.2emu/g, H_c =1017.47Oe。

5.6.5　使用流通氮气氮化存在的问题

由上面的分析可以看出,使用流动氮气氮化合金中氮含量较高,晶胞膨胀大,但使用该工艺最大的问题在于工艺控制较难。①因为粉末在 500℃氮化后,保温时间要几小时(在本试验中最长采用 10h),这么长的时间间隔一直有氮气流动,氮气的消耗量非常大;②图 5.25 所示设备有些简单,不适于企业生产,因采用该设备做试验必须要使试样从 500℃冷却到低于 50℃后才可以从氮化炉中取出,这段冷却时间约需要 8h,消耗的氮气量大,另外在冷却期间氮化过程实际仍在继续,因此上面计算的氮化时间实际远小于真正的氮化时间;③针对上面情况,可以在图 5.25 的设备进气口与出气口,即加热管的两端加两个真空阀,在氮化完成后降温期间关闭真空阀,这样可以节约氮气,但工艺控制性仍旧不强(如气体压力、加热速度与冷却速度等),因此又设计制作了真空加热炉,可以方便地采用封闭氮气氛氮化,并能较好地控制加热速度、冷却速度、气氛、真空度等试验条件。

5.7　关于 $SmFe_7$ 相、XRD 谱及磁性能测试的问题

5.7.1　Sm_2Fe_{17} 相与 $SmFe_7$ 相

$SmFe_7$ 相与 Sm_2Fe_{17} 相具有相同的菱方晶体结构、相同的空间群($R\bar{3}m$),相近的点阵常数值,对于 Sm_2Fe_{17}, $a=8.5521$Å, $c=12.4401$Å;对于 $SmFe_7$, $a=8.554$Å, $c=12.441$Å。三者具有相近的 X 射线衍射峰位,如图 5.30 所示。仔细

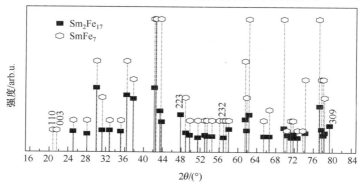

图 5.30　Sm_2Fe_{17} 与 $SmFe_7$ 的区别

分析对比图 5.30 中两相的峰位及强度会发现,SmFe$_7$ 相的(110)、(003)和(232)与 Sm$_2$Fe$_{17}$ 的(223)、(309)衍射峰位没有重叠,其余峰位基本重叠。另一个区分标准则是相对强度,SmFe$_7$ 相在 $60°\sim80°$ 区间的衍射峰强度较高,而 Sm$_2$Fe$_{17}$ 峰只在 $42°$ 附近有最强峰。利用上述分析方法,作者分析了上面所有试样,没有发现 SmFe$_7$ 相而只有 Sm$_2$Fe$_{17}$ 相。

5.7.2　关于 X 射线衍射仪测试中的问题

在本节中采用的飞利浦 X'pert MPD 型 X 射线衍射仪分析试样物相中存在的主要问题是衍射图形的细小起伏多,其影响因素主要有三个:计数率仪的时间常数过小(大)、扫描速度过快、衍射强度弱,前两个因素都可以通过改变试验参数来改善,而第三个因素则主要取决于试样成分。

查表可知,Sm 对 CuK$_\alpha$ 射线的质量吸收系数为 $397 \text{cm}^2/\text{g}$,Fe 为 $308 \text{cm}^2/\text{g}$,N 为 $7.52 \text{cm}^2/\text{g}$,因此对 Sm$_2Fe_{17}$ 相,其质量吸收系数为

$$
\begin{aligned}
\mu_m &= \sum \mu_{m_i} w_i \\
&= 397 \times (150.36 \times 2)/(150.36 \times 2 + 55.847 \times 17) \\
&\quad + 308 \times (55.847 \times 17)/(150.36 \times 2 + 55.847 \times 17) \\
&= 99.50 + 233.91 = 333.41 (\text{cm}^2/\text{g})
\end{aligned} \tag{5.17}
$$

其线吸收系数为

$$
\mu_l = \rho \mu_m = 333.41 \times 7.904 = 2635.27 (\text{cm}^{-1}) \tag{5.18}
$$

而 X 射线的衍射强度与线吸收系数成反比,因此用铜靶得到的含有稀土 Sm 与 Fe 的衍射谱在 X 射线仪功率不高时细小的峰较多。

另外,如果吸收系数较大,贡献于 X 射线衍射的试样的厚度将减薄,对衍射有贡献的晶粒数目将减少,同样造成衍射强度的降低,细小杂峰增多。

靶材一定的 X 射线能进入试样的厚度 x 与试样对 X 射线的吸收有很大关系。设试样厚度为 x 的衍射强度和无限厚时的衍射强度之比为 Gx,则有

$$
Gx = \frac{\int_0^x \mathrm{d}I}{\int_0^\infty \mathrm{d}I} = 1 - \exp\left(\frac{-2\mu x}{\sin\theta}\right)
$$

所以

$$
x = \frac{-\ln(1-Gx)\sin\theta}{2\mu}
$$

如令 $Kx = -\ln(1-Gx)$,则

$$
x = \frac{Kx}{2\mu}\sin\theta \tag{5.19}
$$

当 $Gx=90\%$ 时，$Kx=2.30$；当 $Gx=99.9\%$ 时，$Kx=6.91$。

因此对 Sm_2Fe_{17} 相，当试样吸收 10% 的 X 射线强度（即 90% 的 X 射线衍射强度对衍射图谱有贡献），$\sin\theta=1$ 时，对 X 射线衍射有贡献的试样的最大的厚度为

$$x=2.30/(2\mu)=2.30/(2\times333.41)=0.034mm=34\mu m$$

而当 $Gx=99.9\%$ 时，$Kx=6.91$，当试样吸收 0.1% 的 X 射线衍射强度，$\sin\theta=1$ 时，对 X 射线衍射有贡献的试样的最大的厚度为

$$x=6.91/(2\mu)=6.91/(2\times333.41)=0.104(mm)=104(\mu m)$$

而 $34\mu m$ 值与破碎后粉末的粒径相当，理论上粉末中所有满足布拉格条件与衍射仪条件的晶面将会参与对衍射强度的贡献，但单位体积中对衍射强度有贡献的粉末数目会减少，造成衍射强度杂峰较多，但对物相的峰位及相对强度没有大的影响。

5.7.3 磁性能测试中的问题

在国家标准（GB3217—1982）中规定了永磁（硬磁）材料磁性试验方法[291,292]，但标准只规定了闭合磁路中测量永磁材料的退磁曲线和回复线的有关试验方法。目前关于永磁材料的磁性能测试方法主要有两种：一种是闭合磁路的永磁仪测量法，另一种是开磁路的 VSM 等测量法。两种方法各有优缺点。前者一般可使除具有高矫顽力的 Sm-Co 磁体外其他稀土永磁材料如 Sm-Fe 基、Nd-Fe 基达到饱和磁化而得到内禀磁性能值，但其缺点是必须要使电磁极头与磁体紧密接触，试样表面光洁度不低于▽6，试样不应有缺口、掉边、裂纹、砂眼、气孔等缺陷，关键是由于极头距离的调整是靠螺纹旋转移动，所以在加磁场时，会使两极头相吸而对磁体施加很大的载荷，从而会使黏结的磁体破碎，另外，其试样必须是块体，标准样品是 $\phi10mm\times10mm$，这样需要约 4g 磁粉，增加粉末的制备量。而用开路的 VSM 测量，只需要少量的粉末（测块体一般小于 0.4g，如只测粉末则一般只需要小于 0.1g）即可。但由于目前的电磁铁可以达到的最大磁场小于 3T，所以又不易使永磁材料饱和，而得不到材料真正的本征磁性能值，只能得到一定磁场下的磁化强度值。而且用 VSM 测量磁性能时就存在外磁场越大，磁性能越高的现象。例如，图 5.31 中为四个样品在三种不同磁场（6500Oe、15000Oe 和 50000Oe）下的磁滞回线对比。从图 5.31 可以看出外磁场强度越大，矫顽力与剩磁值越大，如图 5.31(d) 中样品在 15000Oe 下得到的剩磁为 30.66emu/g，矫顽力为 2071Oe，而在 50000Oe 下得到的剩磁为 47.7emu/g，矫顽力为 5817.2Oe，外磁场增加约 3 倍时，矫顽力也增加约 3 倍。因此用 VSM 测量粉末与磁体时，必须对其预先饱和充磁。文献[238]认为矫顽力与最大外加磁场的关系主要取决于晶粒混排的临界场的大小。外加磁场需要克服每个晶粒的临界场。因此，临界场的大小反映了各向异性阻碍的大小及晶粒边角离散场的大小和晶界的交换耦合作用。2T 的磁场或许可

以克服那些外加磁场与错排晶粒的 c 轴成大角度的一些晶粒的临界场的阻力,这些错排晶粒的饱和磁化在外磁场强度低时很难达到。剩磁会随外加磁场的增加而增大,在大约 3T 后增加缓慢并逐渐达到其饱和值。

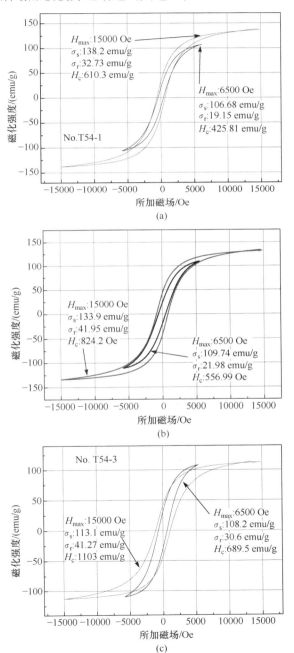

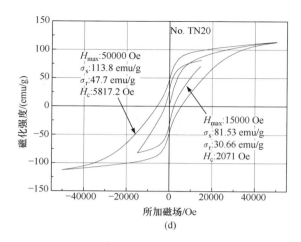

图 5.31　不同外磁场下测试的磁性能对比

5.8　本 章 小 结

本章通过对不同组成的 Sm-Fe 合金采用在封闭氮气氛及流动氮气氛中氮化的组织、结构、磁性能及制备工艺的研究得到以下结论：

（1）不同组成的 Sm-Fe 合金铸态由白色晶界相 $SmFe_2$ 与 $SmFe_3$、黑色晶内相 α-Fe 与灰色基体相 Sm_2Fe_{17} 组成，退火后富钐的晶界相 $SmFe_2$ 与 $SmFe_3$ 消失，α-Fe 含量减少。

（2）真空退火 24h 后，富钐的 $SmFe_2$ 与 $SmFe_3$ 相已基本消失，长于 48h 退火，残留 α-Fe 含量变化不大，从退火效果与经济性角度考虑，退火 48h 为较佳退火周期。

（3）多补偿 25wt％Sm（$Sm_{12.8}Fe_{87.2}$ 合金）可以使 Sm_2Fe_{17} 型合金退火后的 α-Fe 体积百分比小于 2％，再多补偿 Sm 到 40wt％（$Sm_{14.2}Fe_{85.8}$ 合金）对减少退火后合金中 α-Fe 含量作用已不明显。

（4）Sm_2Fe_{17} 型合金的主相在快冷或慢冷后均表现为菱方 Th_2Zn_{17} 型结构，并产生晶格膨胀，特征峰向小角度方向移动，冷却速度越快，偏移量越大，而且快冷时优先沿$\{300\}$和$\{220\}$面长大，$\{214\}$方向长大较慢。

（5）随着氮化时间的延长，粉末中的氮含量增加，而且细粉（过 400 目）的氮化速度快于粗粉（60～80 目）。$Sm_{10.5}Fe_{89.5}$ 合金氮化速度最慢，$Sm_{14.2}Fe_{85.8}$ 合金相对较快。

（6）$Sm_{10.5}Fe_{89.5}$、$Sm_{12.8}Fe_{87.2}$、$Sm_{14.2}Fe_{85.8}$ 合金在氮化 1～20h 范围内氮含量与氮化时间的关系满足函数 $y = a\left[1+(d-1)e^{-k(x-XC)}\right]^{\frac{1}{1-d}}$，在氮化 0～20h 范围

内,满足 $y = V_{max}\dfrac{x^n}{k^n + x^n}$。

(7) 氮化后 Sm_2Fe_{17} 相的晶格膨胀形成 $Sm_2Fe_{17}N_y$ 相,所有衍射特征峰均向小角度方向偏移,而 α-Fe 的特征峰未见明显的相应移动。在氮化 1h 时有较大的晶胞膨胀,之后随氮化时间的延长,晶格常数 a、c、单胞体积 V 均线性增大,在氮化 20h 后又达到峰值。多补偿 40wt%Sm 的 $Sm_{14.2}Fe_{85.8}$ 合金具有相对较小的晶胞膨胀,而多补偿 25%Sm 的 $Sm_{12.8}Fe_{87.2}$ 合金具有相对较大的晶胞膨胀,氮化 20h 的最大单胞体积膨胀为 8.36%。$Sm_{12.8}Fe_{87.2}N_y$ 合金的点阵常数 c 氮化 6h 后增大趋势明显,沿 c 轴异向性较大。$Sm_{10.5}Fe_{89.5}N_y$ 和 $Sm_{14.2}Fe_{85.8}N_y$ 的 c/a 值大都分布在 1.45 ± 0.005 范围内。粉末氮化后晶格膨胀产生的应力有助于粉末进一步破碎成几微米的小颗粒。

(8) 氮化后合金中的 α-Fe 含量增加,且 α-Fe 含量递减顺序为 $Sm_{10.5}Fe_{89.5}N_y >$ $Sm_{12.8}Fe_{87.2}N_y > Sm_{14.2}Fe_{85.8}N_y$,多补偿 Sm 可以减少氮化物中的 α-Fe 含量。

(9) $Sm_{14.2}Fe_{85.8}N_y$ 的剩磁与矫顽力较高,剩磁最高值为 59.5emu/g,$Sm_{10.5}Fe_{89.5}N_y$ 的较低,而最高场下磁化强度值在氮化 10h 后 $Sm_{10.5}Fe_{89.5}N_y$ 较高,最高值为 193.6emu/g,$Sm_{14.2}Fe_{85.8}N_y$ 的低。$Sm_{12.8}Fe_{87.2}N_y$ 合金的所有值基本分布在 $Sm_{14.2}Fe_{85.8}N_y$ 和 $Sm_{10.5}Fe_{89.5}N_y$ 的值中间。三种成分合金的矫顽力均在氮化 9h 最高,$Sm_{14.2}Fe_{85.8}N_y$ 最高值为 1269Oe,氮化后 $Sm_{12.8}Fe_{87.2}N_y$ 合金粉末的居里温度在 $450 \sim 470$℃。磁体的矫顽力以 $Sm_{14.2}Fe_{85.8}N_y$ 氮化 4h 表现出最高值 1228Oe,而磁体的磁化强度与剩磁值均比对应磁粉的低。

(10) Sm-Fe 合金在封闭气氛与流动气氛中的氮化机制相同,在氮化初期,以氮的扩散、固溶方式进行的"化学反应"速度非常快,在该阶段,扩散过程是制约氮化速度的控制因素。在超过很短的一段时间(小于 1h)后,是氮的均匀化及饱和化过程,这一过程纯粹由体扩散控制,这时 N_2 与 Sm_2Fe_{17} 的反应速度减慢,成为氮化的控制因素。

(11) 利用流动的氮气氛氮化可使合金中的氮化相 $Sm_2Fe_{17}N_y$ 的晶格常数达到 $a = 8.827\text{Å}$,$c = 12.83\text{Å}$,$V = 866\text{Å}^3$,$c/a = 1.45$,单胞体积膨胀达到 10%。$Sm_{12.4}Fe_{87.6}$ 合金在流动氮气氛中氮化时,以氮化 4h 的磁性能最佳,为 $\sigma_s = 156.8\text{emu/g}$,$\sigma_r = 53.2\text{emu/g}$,$H_c = 1017.47\text{Oe}$。

第6章　$Sm_2Fe_{17-x}Ti_x$ 合金及其氮化物的研究

6.1　引　　言

由第 5 章的研究发现,在 Sm_2Fe_{17} 合金中多添加补偿 25wt％Sm 可以使退火后合金中的 α-Fe 含量减少到较低的水平。另外,添加少量的ⅣB、ⅤB、ⅥB 族元素会降低铸态、退火后及氮化前后的 α-Fe 量,适量的过渡金属会稳定某种类型的稀土-过渡金属化合物[97,207-214]。本章除在公称比为 Sm_2Fe_{17} 合金中多补偿添加 25wt％Sm 外,又用部分 Ti 替代 Fe,研究了 $Sm_2Fe_{17-x}Ti_x(x=0.25\sim4)$ 合金及其氮化物的组织、物相结构、氮化过程、磁性能等,并仍旧对比了部分合金在封闭氮气氛和流动氮气氛中氮化的不同效果。

合金的冶炼仍旧采用电弧炉,工艺与 Sm-Fe 合金相同。铸态合金采用不同的冷却速度,以比较不同冷却方向的冷却特性。铸态合金均在 1000℃ 真空退火 48h 后快冷(对在封闭氮气氛中氮化用合金)与炉冷(对流动氮气氛中氮化用合金)。合金初破碎到小于 $38\mu m$ 后,封闭气氛氮化工艺在作者设计改造的真空炉(图 6.1)中进行。该炉的特点是:①可以使加热炉中的真空度小于 2×10^{-3} Pa;②可以在加热炉中充入不大于 2atm 的气氛;③加热速度与冷却速度可以通过控制加热器的功率、加热器与加热炉的结合和分离时间来控制,甚至在冷却阶段可以对加热炉施加吹风冷却等方法,从而使设计工艺更具有科学性与准确性,也使数据的可重复性、稳定性提高。在氮化时先使加热器 1 到达设定温度 500℃,加热炉 2 抽真空、洗炉并充氮气 1.3atm 后,把加热器推入与加热炉 2 结合,使加热炉中粉末快速加热,减少加热过程对保温时间数据的影响并提高效率。氮化结束后使加热器与加热炉脱离,使加热炉 2 快速冷却,以减小冷却阶段对氮化数据的影响。氮化后的粉末进行 1～2h 的研磨后在 VSM 上进行磁性能测试。

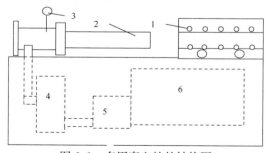

图 6.1　多用真空炉的结构图

1. 加热器;2. 加热炉;3. 气压表;4. 扩散泵;5. 旋片泵;6. 控制柜

6.2　Sm-Fe-Ti 合金铸态与退火态组织形貌和物相分析

6.2.1　Sm-Fe-Ti 三元相图

图 6.2 示出 Sm-Fe-Ti 三元系的液相面[292]，由图看出在不同的相区可以形成不同的初晶。其中 $Sm(Fe,Ti)_{12}$ 在大约 1300℃由 α-Fe 和液相包晶形成。实际上，并不是在快速冷却过程中图 6.2 给出了可能的所有相。实际在铸态 $Sm(Fe,Ti)_{12}$ 是由 Fe_2Ti 和 $Sm(Fe,Ti)_2$ 包围着形成的，Fe_2Ti 和 $Sm(Fe,Ti)_2$ 都是铁磁性相。在 1000℃时，$Sm(Fe,Ti)_{12}$ 存在的成分范围是从 $SmFe_{11.3}Ti_{0.7}$ 到 $SmFe_{10.9}Ti_{1.1}$，并与 α-Fe、Fe_2Ti、$Sm(Fe,Ti)_9$、$Sm_2(Fe,Ti)_{17}$ 平衡存在，它们也都是铁磁性相。另外还有 $Sm(Fe,Ti)_{11}$ 非铁磁性相，化学式为 $SmFe_{9.5}Ti_{1.5}$，这是一个高温相。$Sm(Fe,Ti)_9$ 与 Fe_2Ti 平衡存在，但当 Ti 在 Sm_2Fe_{17} 中的溶解度超过 5at% 时，不会存在 $Sm(Fe,Ti)_9$ 相。而且 $Sm(Fe,Ti)_9$ 与 Sm_2Fe_{17} 的区别是前者为轴各向异性，后者为面各向异性。在 1000℃时，Ti 在 Sm_2Fe_{17} 中的最大溶解度是 3.7at%。而在 $Sm(Fe,Ti)_9$ 为 5.7at%。$Sm(Fe,Ti)_9$（又有人写为 $Sm(Fe,Ti)_7$，它们都属于 $TbCu_7$ 型结构）在 800℃以上消失，如果慢冷，$Sm(Fe,Ti)_9$ 在一直冷却到室温后仍存在，Fe_2Ti 此时变为与 $Sm_2(Fe,Ti)_{17}$ 平衡存在。$Sm_5(Fe,Ti)_{17}$ 具有高各向异性场，但其磁化强度低。Sm-Fe-Ti 三元合金的室温组织因试验条件而异，尚无一致的结论。

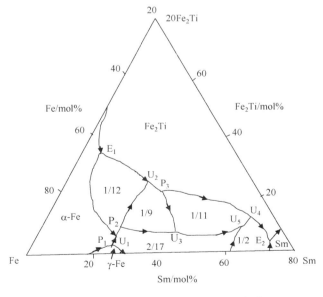

图 6.2　Sm-Fe-Ti 三元系的液相面[292]

6.2.2　铸态与退火态的 BSE 像

图 6.3 为 $Sm_2Fe_{17-x}Ti_x(x=0.25,0.5,0.75,1.0,1.5,2.0,3.0,4.0)$ 合金的铸态与退火态组织的 BSE 像。从总体看，随着 Ti 含量的增加，合金中物相的组成有较大的、复杂的变化。在铸态组织中，图 6.3(a) 的 $Sm_2Fe_{16.75}Ti_{0.25}$ 合金、图 6.3(c) 的 $Sm_2Fe_{16.5}Ti_{0.5}$ 合金与图 6.3(e) 的 $Sm_2Fe_{16.25}Ti_{0.75}$ 合金 BSE 像中物相组成比较相似，均包含三种衬度的物相，即白色的晶界相、黑色的晶内相与灰色的基体主相。结合能谱(不再给出原图，只给出元素的原子比结果)与 XRD(图 6.4)可知，白色相为 $SmFe_2$ 或 $SmFe_3$(能谱分析原子比范围为 Sm：Fe=1：1.96～1：2.22)，灰色相为 $Sm_2(Fe,Ti)_{17}$(例如，能谱分析 $Sm_2Fe_{16.5}Ti_{0.5}$ 合金原子比范围为 Sm：Fe：Ti=2：15.5：0.55～2：16.7：0.47)，黑色相为 α-Fe(Ti)(能谱分析原子比范围为 Fe：Ti=32：1～25.5：1)或 Fe_2Ti(能谱分析原子比范围为 Fe：Ti=2.17：1～2.5：1)。退火后 $Sm_2Fe_{16.75}Ti_{0.25}$ 合金(图 6.3(b))中白色相与黑色相均减少，已看不到由白色相构成的晶界形貌，但没有完全消除白色相。黑色相由连续状变为断续状或小颗粒状。而图 6.3(d) 的 $Sm_2Fe_{16.5}Ti_{0.5}$ 合金与图 6.3(f) 的 $Sm_2Fe_{16.25}Ti_{0.75}$ 合金退火后则基本为均匀的灰色单相 $Sm_2(Fe,Ti)_{17}$，只有极少量的黑色 α-Fe。说明添加适量的 Ti 可以直接起到减少退火后 Sm-Fe 合金中 α-Fe 的作用。图 6.3(d) 与图 6.3(f) 中白色亮点是由于退火时采用的是原铸态观察过的试样，退火后又是快速水冷，只进行了抛光处理，并先进行了 XRD 分析，再进行 SEM 分析时表面富钐微区氧化形成了 SmO(能谱分析原子比为 Sm：O=1：1)，而不是稳定的氧化物 Sm_2O_3，同时说明钐合金比较容易氧化，在制备过程中要采取得力的防氧化措施。

图 6.3(g) 为铸态 $Sm_2Fe_{16}Ti_1$ 合金的 BSE 像，其物相组成明显不同于 Ti 含量 x 小于 1.0 的合金。结合能谱与图 6.5 的 XRD 分析后发现，铸态物相由 $Sm_3(Fe,Ti)_{29}$、$SmFe_{11}Ti$、$Sm(Fe,Ti)_2$ 或 $SmFe_2$、少量 α-Fe(Ti) 组成，由 BSE 像的衬度原理与能谱分析可知，衬度最亮的为 $Sm(Fe,Ti)_2$ 或 $SmFe_2$ 相，衬度稍暗的灰色相为 $Sm_3(Fe,Ti)_{29}$，其次为黑色的 $SmFe_{11}Ti$，最暗的为少量 α-Fe(Ti)(与 $SmFe_{11}Ti$ 不易区分)。退火后(图 6.3(h))合金由三相($Sm_3(Fe,Ti)_{29}$、$Sm_2(Fe,Ti)_{17}$、$Fe_{9.5}SmTi_{1.5}$(1：11 型相))组成，由衬度原理可知灰色基体为 $Sm_2(Fe,Ti)_{17}$，暗色块状为 $Sm_3(Fe,Ti)_{29}$+少量 $Fe_{9.5}SmTi_{1.5}$，而这两种相在 BSE 中从衬度上不易区分开。白色亮点也为未保护好而出现的 SmO。

图 6.3(i) 为铸态 $Sm_2Fe_{15.5}Ti_{1.5}$ 合金，基体主相为 $Sm_2(Fe,Ti)_{17}$，还有白亮的晶界相 $SmFe_2$ 与 $SmFe_3$，另外在晶界上还有黑色的小块状，这是未熔化的 Ti，说明在熔炼时操作者未能把金属 Ti 先熔清，致使合金中实际 Ti 含量 x 小于 1.5。$Sm_2Fe_{15.5}Ti_{1.5}$ 合金退火后得到的组织如图 6.3(j)所示，组织仍旧不均匀，由 XRD

分析结果(图 6.9(f))可知组成物相为 $Sm_2(Fe,Ti)_{17}$(灰色区)$+(Fe_{9.5}SmTi_{1.5}+$ $Sm_3(Fe,Ti)_{29}+$微量 $SmFe_{11}Ti$,灰暗色区)$+Fe_2Ti$(黑色颗粒状)。

　　图 6.3(k)为铸态 $Sm_2Fe_{15}Ti_2$ 合金,由能谱及 XRD 分析结果(图 6.6)可知,物相组成为$(Sm_3(Fe,Ti)_{29}+SmFe_{11}Ti$,灰色区)$+Fe_2Ti$(黑色区)$+Sm(Fe,Ti)_2$(白色区)。退火后(图 6.3(l))物相为$(Fe_{9.5}SmTi_{1.5}+$少量 $SmFe_{11}Ti$,深灰色)$+$ $(Sm_2(Fe,Ti)_{17}+Sm_3(Fe,Ti)_{29}$,浅灰色)$+Fe_2Ti$(黑色)。

　　图 6.3(m)为铸态 $Sm_2Fe_{14}Ti_3$ 合金,由能谱及 XRD 分析结果(图 6.7)可知,物相为$(SmFe_{11}Ti$ 相 $+$ 较少的 $Sm_3(Fe,Ti)_{29}$ 相、$Fe_{9.5}SmTi_{1.5}$ 相,灰色基体)$+$ $Sm(Fe,Ti)_2$相(包括无 Ti 的纯 $SmFe_2$ 相,晶界周围的白色区)$+Fe_2Ti$ 相(黑色块状)。退火后(图 6.3(n)),物相变为$(Fe_{9.5}SmTi_{1.5}+$少量 $Sm_3(Fe,Ti)_{29}$ 相,灰色基体)$+SmFe_2$相(白色)$+Fe_2Ti$(黑色)。$SmFe_{11}Ti$ 相、$Sm(Fe,Ti)_2$ 相则基本消失。

　　图 6.3(o)为铸态 $Sm_2Fe_{13}Ti_4$ 合金,由能谱及 XRD 分析结果(图 6.8)可知,主相由较多的 Fe_2Ti 相(黑色块状)、$Sm(Fe,Ti)_2$ 相(包括无 Ti 的 $SmFe_2$ 相,白色)和少量的$(Sm_3(Fe,Ti)_{29}+SmFe_{11}Ti+Fe_{9.5}SmTi_{1.5}$,灰色)组成。退火后(图 6.3(p)),物相变为$(Fe_{9.5}SmTi_{1.5}+$少量 $Sm_3(Fe,Ti)_{29}$ 相,灰色基体)$+Fe_2Ti$(黑色)$+SmFe_2$ 相(白色)。$SmFe_{11}Ti$ 相、$Sm(Fe,Ti)_2$ 相则基本消失。

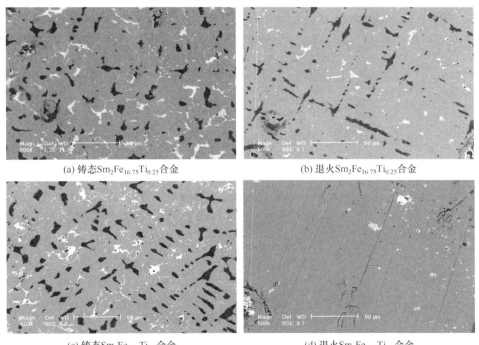

(a) 铸态$Sm_2Fe_{16.75}Ti_{0.25}$合金　　　　　(b) 退火$Sm_2Fe_{16.75}Ti_{0.25}$合金

(c) 铸态$Sm_2Fe_{16.5}Ti_{0.5}$合金　　　　　(d) 退火$Sm_2Fe_{16.5}Ti_{0.5}$合金

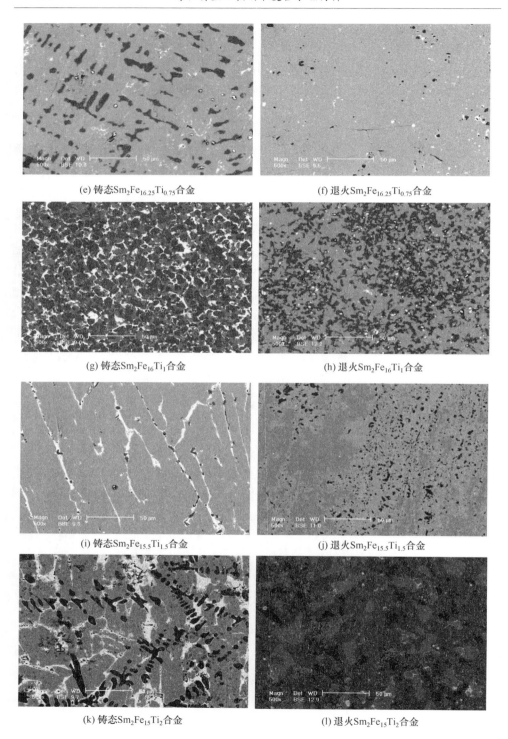

(e) 铸态$Sm_2Fe_{16.25}Ti_{0.75}$合金　　　　　　　(f) 退火$Sm_2Fe_{16.25}Ti_{0.75}$合金

(g) 铸态$Sm_2Fe_{16}Ti_1$合金　　　　　　　　(h) 退火$Sm_2Fe_{16}Ti_1$合金

(i) 铸态$Sm_2Fe_{15.5}Ti_{1.5}$合金　　　　　　　(j) 退火$Sm_2Fe_{15.5}Ti_{1.5}$合金

(k) 铸态$Sm_2Fe_{15}Ti_2$合金　　　　　　　　(l) 退火$Sm_2Fe_{15}Ti_2$合金

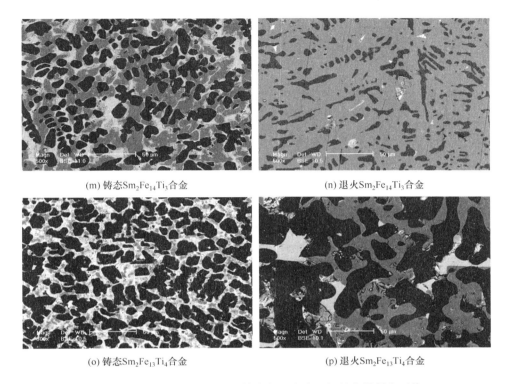

(m) 铸态Sm$_2$Fe$_{14}$Ti$_3$合金　　　　　　　　　(n) 退火Sm$_2$Fe$_{14}$Ti$_3$合金

(o) 铸态Sm$_2$Fe$_{13}$Ti$_4$合金　　　　　　　　　(p) 退火Sm$_2$Fe$_{13}$Ti$_4$合金

图 6.3　Sm$_2$Fe$_{17-x}$Ti$_x$合金的铸态与退火态组织的背散射电子像

6.2.3　退火前后物相变化

用 SEM 上能谱对退火后合金的平均成分进行分析发现,Sm$_2$Fe$_{16.5}$Ti$_{0.5}$合金平均成分的原子比为 Sm:Fe:Ti=2:16.7:0.47;Sm$_2$Fe$_{16}$Ti$_1$合金平均成分的原子比为 Sm:Fe:Ti=2:16.24:1.14;Sm$_2$Fe$_{15}$Ti$_2$合金平均成分的原子比为 Sm:Fe:Ti=2:15.5:2.25;Sm$_2$Fe$_{14}$Ti$_3$合金平均成分的原子比为 Sm:Fe:Ti=2:15.81:3.35;Sm$_2$Fe$_{13}$Ti$_4$合金平均成分的原子比为 Sm:Fe:Ti=2:14.99:4.47。但为了叙述方便,在本节中仍按设计配方写成化学式表示。

图 6.4 为 Sm$_2$Fe$_{16.5}$Ti$_{0.5}$退火前后 XRD,其中图 6.4(a)为垂直于快冷方向平面的 XRD,可见快冷后 Sm$_2$Fe$_{17}$型相的 214 衍射增强,303、220、113 衍射变弱,这与图 5.6～图 5.7 中快冷时 Sm-Fe 合金中 Sm$_2$Fe$_{17}$相的 300、220 衍射增强,214 衍射变弱的规律不同。另外,在图 6.4(a)中快冷时 SmFe$_3$相的含量较高,SmFe$_2$含量较低,没有发现 Sm(Fe,Ti)$_2$相、Sm$_3$(Fe,Ti)$_{29}$相与纯 α-Fe 相,但有一定含量的 Fe$_2$Ti,出现这种现象的原因在于,当快冷时,先初晶形成的 Fe-Ti 结晶形成 Fe$_2$Ti,随后包晶反应形成部分 Sm$_2$Fe$_{17}$相后,合金液中的 Fe 与 Ti 含量降低,部分快冷的

富钐液相随后包晶反应形成 $SmFe_3$ 与 $SmFe_2$。合金在铸态熔炼后,通过控制电弧极头与合金液的距离及减小电弧电流使合金液慢冷可得到图 6.4(b)。在图 6.4(b)中,Sm_2Fe_{17} 相的 303、113、300、024 衍射都较强,Fe_2Ti、$SmFe_2$、$SmFe_3$ 含量也较低。在退火后(图 6.4(c)),合金中已基本为主相 Sm_2Fe_{17},另外只有少量的 α-Fe,而 Ti 可能已部分替代 Sm_2Fe_{17} 中的 Fe 形成 $Sm_2(Fe,Ti)_{17}$ 相,但与图 6.4(c)下部给出的 Sm_2Fe_{17} 相的衍射峰位相比,图 6.4(c)中 $Sm_2(Fe,Ti)_{17}$ 相的晶格膨胀不明显,可能是 Ti 含量较少的缘故。另外,部分 Ti 可替换 Fe 形成 α-Fe(Ti)。富钐的 $SmFe_2$ 与 $SmFe_3$ 相衍射峰已不明显,含量已明显降低,经计算残留的 α-Fe(Ti) 的体积百分比只有 0.6%。

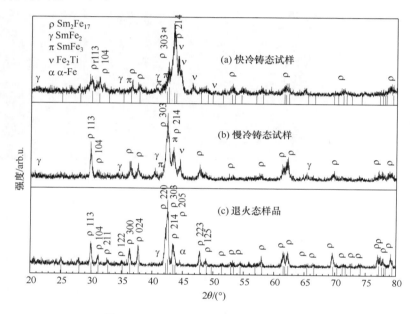

图 6.4　$Sm_2Fe_{16.5}Ti_{0.5}$ 退火前后 XRD 图

图 6.5 为 $Sm_2Fe_{16}Ti_1$ 合金退火前后 XRD 图,其中图 6.5(a)与(b)分别为垂直于冷却方向快冷与慢冷的 XRD。分析后发现两种不同冷速合金的物相组成基本相同,均由 $Sm_3(Fe,Ti)_{29}$(3∶29 型,属于 $Nd_3(Fe,Ti)_{29}$ 型)、$SmFe_{11}Ti$(1∶12 型相,属于 $ThMn_{12}$ 型)、$Sm(Fe,Ti)_2$ 与极少量 α-Fe(Ti)组成。图 6.5(c)与(d)分别为平行于冷却方向快冷与慢冷的 XRD,这两种不同冷却速度的物相组成也基本相同,由 $Sm_3(Fe,Ti)_{29}$、$SmFe_{11}Ti$、$SmFe_2$、少量 α-Fe(Ti)组成,与图 6.5(a)与(b)不同的是,该冷却方向的 $Sm_3(Fe,Ti)_{29}$ 相较多,富钐相不是 $Sm(Fe,Ti)_2$ 而是 $SmFe_2$(也没有 $SmFe_3$ 峰)。$Sm_2Fe_{16}Ti_1$ 合金退火后(图 6.5(e)),则由 $Sm_3(Fe,Ti)_{29}$、$Sm_2(Fe,Ti)_{17}$、$Fe_{9.5}SmTi_{1.5}$(1∶11 型相)组成,其中 $Sm_3(Fe,Ti)_{29}$ 相含量最高,另

两相较少,富钐相与 α-Fe 消失。说明在退火过程中有物相的变化,即元素在 $SmFe_{11}Ti$ 相、$SmFe_2$、$Sm(Fe,Ti)_2$ 与 α-Fe 中重新分配形成了 $Sm_3(Fe,Ti)_{29}$ 与 $Sm_2(Fe,Ti)_{17}$、$Fe_{9.5}SmTi_{1.5}$,反应应为

$$SmFe_{11}Ti + SmFe_2(或 Sm(Fe,Ti)_2) + \alpha\text{-}Fe \longrightarrow Sm_3(Fe,Ti)_{29}$$
$$+ Sm_2(Fe,Ti)_{17} + Fe_{9.5}SmTi_{1.5} \tag{6.1}$$

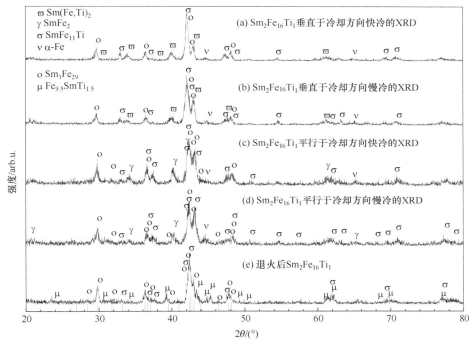

图 6.5 　 $Sm_2Fe_{16}Ti_1$ 退火前后 XRD 图

(e)下部竖线指出 $Sm_3(Fe,Ti)_{29}$ 衍射峰位

一般认为 3:29 型相为介稳相[226],其结构的形成可表示为 $Sm_3(Fe,Ti)_{29}=$ $Sm_2(Fe,Ti)_{17} + SmFe_{11}Ti$,$Th_2Zn_{17}$ 型相间隙位为 9e 晶位,$Nd_3(Fe,Ti)_{29}$ 型相的间隙位为 $4e_1(1/5,1/2,2/5)$、$4e_2(1/2,1/4,/1/4)$ 和 $ThMn_{12}$ 型的 2b 晶位,因此在每分子式中最大的 N 原子含量为 2:17 型 3 个,3:29 型 5 个,1:12 型 1 个。

在图 6.5 中,Sm_2Fe_{17} 的衍射峰强度明显减弱,说明当 Sm_2Fe_{17} 型合金中 Ti 替代 Fe 的含量达到每分子式中 1 个原子时,Sm_2Fe_{17} 相已不能稳定存在,而变为 3:29 型与 2:17 型、1:11 型的混合组织。

图 6.6 为 $Sm_2Fe_{15}Ti_2$ 合金退火前后的 XRD 图,其中图 6.6(a)为垂直于冷却方向快冷的 XRD,图 6.6(b)为平行于冷却方向快冷的 XRD。分析后发现,无论冷却方向如何,图 6.6(a)与(b)中组成物相基本相同,主相为 $Sm_3(Fe,Ti)_{29}$、$SmFe_{11}Ti$、Fe_2Ti、$Sm(Fe,Ti)_2$,还有极少量的 $Fe_{9.5}SmTi_{1.5}$ 相,其中 $Sm_3(Fe,Ti)_{29}$ 相与 $SmFe_{11}Ti$ 相

含量最多。在退火后(图 6.6(c)),含量最多的相为 $Fe_{9.5}SmTi_{1.5}$,另外还有较多的 $Sm_3(Fe,Ti)_{29}$ 与 $Sm_2(Fe,Ti)_{17}$、$SmFe_{11}Ti$,以及较少的 Fe_2Ti 相,富钐的 $Sm(Fe,Ti)_2$ 相消失,$Sm_3(Fe,Ti)_{29}$、$SmFe_{11}Ti$ 和 Fe_2Ti 相含量减少,说明在退火过程中通过元素扩散与物相重构发生了如下反应:

$$Sm(Fe,Ti)_2 + Sm_3(Fe,Ti)_{29} + SmFe_{11}Ti + Fe_2Ti \longrightarrow Fe_{9.5}SmTi_{1.5} \quad (6.2)$$

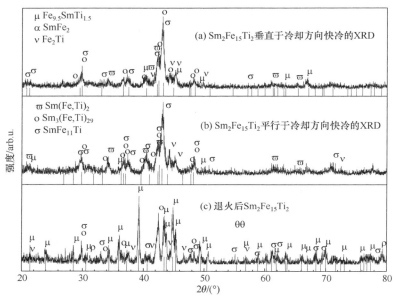

图 6.6　$Sm_2Fe_{15}Ti_2$ 退火前后 XRD 图

(a)～(c)下部竖线分别示出 $SmFe_{11}Ti$、$Sm_3(Fe,Ti)_{29}$、$Fe_{9.5}SmTi_{1.5}$ 相的衍射峰位置

图 6.7 为 $Sm_2Fe_{14}Ti_3$ 合金退火前后 XRD 图,其中图 6.7(a)与(b)分别为合金熔化后平行和垂直于冷却方向快冷的 XRD,分析后发现,两种快冷方式所得到的物相的组成均是相同的,含量较多的为 $SmFe_{11}Ti$ 相、$Sm(Fe,Ti)_2$ 相(包括无 Ti 的纯 $SmFe_2$ 相)、Fe_2Ti 相,含量较少的为 $Sm_3(Fe,Ti)_{29}$ 相、$Fe_{9.5}SmTi_{1.5}$ 相。两种方式冷却后物相的相对含量区别较小,只是图 6.7(b)中垂直于冷却方向快冷的合金中 $Sm_3(Fe,Ti)_{29}$ 相较多。退火后(图 6.7(c)),主相变为 $Fe_{9.5}SmTi_{1.5}$,而 $SmFe_{11}Ti$ 相、$Sm(Fe,Ti)_2$ 相则基本消失,$Sm_3(Fe,Ti)_{29}$ 相、$SmFe_2$ 相大量减少,Fe_2Ti 相也相对减少,说明同样存在式(6.2)的反应。

图 6.8 为 $Sm_2Fe_{13}Ti_4$ 合金退火前后 XRD 图,其中图 6.8(a)与(b)分别为平行和垂直于冷却方向快冷的 XRD,两个不同冷却方向的 XRD 中物相的组成相似,均为较多的 Fe_2Ti 相、$Sm(Fe,Ti)_2$ 相(包括无 Ti 的 $SmFe_2$ 相)和少量的 $Sm_3(Fe,Ti)_{29}$ 相、$SmFe_{11}Ti$ 相、$Fe_{9.5}SmTi_{1.5}$ 相。相比之下,图 6.8(b)中的富钐相含量较多。退火后(图 6.8(c))主相为 $Fe_{9.5}SmTi_{1.5}$ 相与 Fe_2Ti 相,而 $Sm_3(Fe,Ti)_{29}$ 相、

$SmFe_2$ 相明显减少，$SmFe_{11}Ti$ 相、$Sm(Fe,Ti)_2$ 相基本消失，说明同样存在式（6.2）的反应。

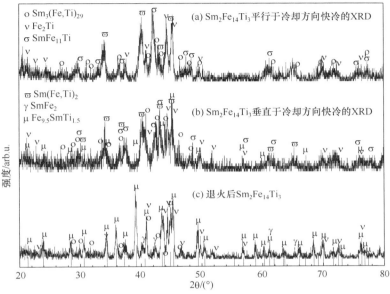

图 6.7　$Sm_2Fe_{14}Ti_3$ 退火前后 XRD 图

（c）下部示出 $Fe_{9.5}SmTi_{1.5}$ 的衍射位置

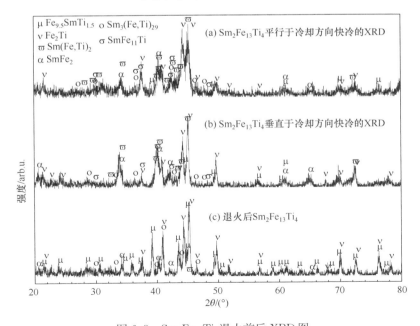

图 6.8　$Sm_2Fe_{13}Ti_4$ 退火前后 XRD 图

通过分析 $Sm_2Fe_{17-x}Ti_x$ 合金铸态 XRD 的积分强度,可以对合金中的物相含量进行定性分析,结果见表 6.1。从表 6.1 中可以看出,$Sm_2(Fe,Ti)_{17}$ 相主要在 Ti 的添加量 $x<1.0$ 时能稳定存在;$Sm_3(Fe,Ti)_{29}$ 相在 $x=1.0$ 时含量最多,再增加 Ti 替代量到 $x>2.0$ 后 3:29 相明显减少;$Fe_{9.5}SmTi_{1.5}$ 当 $x=1.0$ 时开始形成,随着 x 值增大,在铸态合金中含量始终较少;$SmFe_{11}Ti$ 相在 $x=1.0$ 时就已形成,在 $x=2.0\sim3.0$ 时含量较多,但到 $x=4.0$ 又减少;Fe_2Ti 相在 $x=0.5$ 时就可能存在,随着 x 的增大,其含量逐渐增多。α-Fe 在 $x\leqslant1.0$ 时存在但含量较低,$x>1.0$ 后逐渐被 Fe_2Ti 取代;$Sm(Fe,Ti)_2$ 在 Ti 含量 $x\geqslant2.0$ 后逐渐增多;$SmFe_3$ 在 $x=0.5$ 时有一定的含量,但增加 Ti 含量后含量减少,到 $x=2.0$ 后基本消失;而 $SmFe_2$ 相似乎比较稳定,在所有合金中均存在,而且 Ti 含量增加后其含量也增加。

表 6.1　$Sm_2Fe_{17-x}Ti_x$ 合金铸态物相组成及相对含量(用"主相、较多、多、少、较少、无"表示)

x	Sm_2 $(Fe,Ti)_{17}$	Sm_3 $(Fe,Ti)_{29}$	$Fe_{9.5}$ $SmTi_{1.5}$	$SmFe_{11}Ti$	Fe_2Ti	α-Fe	$Sm(Fe,Ti)_2$	$SmFe_3$	$SmFe_2$
0.5	主相	无	无	无	少	较少	无	多	少
1.0	无	主相	无	多	无	少	无	少	多
2.0	无	较多	较少	较多	多	无	多	无	少
3.0	无	少	较少	较多	较多	无	较多	无	多
4.0	无	少	较少	少	较多	无	较多	无	多

6.2.4　退火合金物相组成对比

图 6.9 为 $Sm_2Fe_{17-x}Ti_x$($x=0\sim4$)合金退火后的 XRD 图,其中图 6.9(a)为无 Ti 母合金退火后的 XRD,图中只有两种物相,即 Sm_2Fe_{17} 相与 α-Fe 相,Sm_2Fe_{17} 相的衍射位置与图 6.9(a)中下部所示 JCPDS 卡片中 Sm_2Fe_{17} 相的衍射峰位完全正对,经计算其晶格常数为 $a=8.55523\text{Å}$,$c=12.42222\text{Å}$,$V=787.40\text{Å}^3$。

图 6.9(b)为 $Sm_2Fe_{16.75}Ti_{0.25}$ 合金退火后的 XRD,由图 6.9(a)和(b)中下部所示 Sm_2Fe_{17} 的衍射峰位对比可以看出,Sm_2Fe_{17} 相的峰形基本没有变化,但所有 Sm_2Fe_{17} 型相的衍射峰向小角度方向偏移,这是由于 Ti 的原子半径 2Å,共价半径 1.32Å,大于 Fe 的原子半径 1.72Å,共价半径 1.17Å,当 Ti 替代部分 Fe 时使单胞体积膨胀,同时也说明形成了 $Sm_2(Fe,Ti)_{17}$ 相,仍保持 Th_2Zn_{17} 型菱方结构,计算得到 $Sm_2(Fe,Ti)_{17}$ 相的点阵参数为 $a=8.55658\text{Å}$,$c=12.46212\text{Å}$,$V=790.17\text{Å}^3$,α-Fe 体积百分比为 3.0%。

由图 6.4(c)的分析结果可知,当合金中 Ti 的替代加入量达到每分子式 0.5 个 Ti 原子时,主相仍为 Th_2Zn_{17} 结构的 $Sm_2(Fe,Ti)_{17}$,与图 6.4(c)中下部 Sm_2Fe_{17} 的衍射峰位相比也向小角度方向发生了偏移,计算后其晶格常数为 $a=8.56546\text{Å}$,

$c=12.47419$Å，$V=792.58$Å^3，同时 α-Fe 体积百分比降低至 0.6%。

图 6.9(d)为 Sm$_2$Fe$_{16.25}$Ti$_{0.75}$合金退火后的 XRD，合金中主相仍为 Sm$_2$(Fe，Ti)$_{17}$，其衍射峰位继续向小角度方向偏移，计算后其晶格常数为 $a=8.57179$Å，$c=12.49860$Å，$V=795.31$Å^3。另外还有少量的 α-Fe 与极少量的 SmFe$_{11}$Ti（图 6.9(d)中标出了未与 Sm$_2$(Fe，Ti)$_{17}$重叠的峰），没有发现 Sm$_3$(Fe，Ti)$_{29}$的衍射。不考虑 SmFe$_{11}$Ti 相计算后得到的 α-Fe 的体积百分比为 1.0%。

由图 6.5 的分析结果可知，当合金中 Ti 的替代加入量达到每分子式 1 个 Ti 原子时，退火后主相由较多的 Sm$_3$(Fe，Ti)$_{29}$与较少的 Sm$_2$(Fe，Ti)$_{17}$、Fe$_{9.5}$SmTi$_{1.5}$（1∶11 型）相组成。Sm$_2$(Fe，Ti)$_{17}$相的衍射已减弱且数量少，无法进行精确的晶格常数计算，说明含量较低。

图 6.9(f)为 Sm$_2$Fe$_{15.5}$Ti$_{1.5}$合金退火后的 XRD 图，分析后可见，主相又形成了 Sm$_2$(Fe，Ti)$_{17}$相，另外还有 Sm$_3$(Fe，Ti)$_{29}$相与 SmFe$_{11}$Ti 相、Fe$_{9.5}$SmTi$_{1.5}$相。出现这种现象的原因可能是合金冶炼及退火后组织仍不均匀，所分析区域的实际 Ti 含量较低。分析其中 Sm$_2$(Fe，Ti)$_{17}$相的晶格参数得到 $a=8.57877$Å，$c=12.52433$Å，$V=798.24$Å^3。

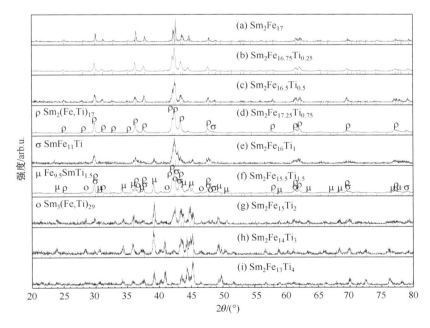

图 6.9　Sm$_2$Fe$_{17-x}$Ti$_x$退火后 XRD 图

(a)、(b)、(c)、(f)下方示出 Sm$_2$Fe$_{17}$相特征峰的位置；(d)、(e)、(g)、(h)下方

分别示出 SmTe$_{11}$Ti、Sm$_3$(Fe，Ti)$_{29}$、Fe$_{9.5}$SmTi$_{1.5}$、Fe$_2$Ti 衍射峰的位置

由图 6.6～图 6.8 已知,退火后的 $Sm_2Fe_{15}Ti_2$ 合金由 $Fe_{9.5}SmTi_{1.5}$ ＋ $Sm_3(Fe,Ti)_{29}$ ＋ $Sm_2(Fe,Ti)_{17}$ ＋ Fe_2Ti 组成; $Sm_2Fe_{14}Ti_3$ 合金由 $Fe_{9.5}SmTi_{1.5}$ ＋ Fe_2Ti ＋ $Sm_3(Fe,Ti)_{29}$ ＋SmFe₂组成; $Sm_2Fe_{13}Ti_4$ 合金由 $Fe_{9.5}SmTi_{1.5}$ ＋ Fe_2Ti ＋$Sm_3(Fe,Ti)_{29}$ ＋SmFe₂组成。

通过分析 $Sm_2Fe_{17-x}Ti_x$ 合金退火后 XRD 的积分强度,也可以对合金中的物相含量进行定性分析,结果见表 6.2。从表 6.2 中可以看出, $Sm_2(Fe,Ti)_{17}$ 相主要在 Ti 的添加量 $x<1.0$ 时能稳定存在,但随着 x 增大,其含量有减小的趋势; $Sm_3(Fe,Ti)_{29}$ 相在 $x=1.0$ 时含量最多,再增加 Ti 替代量后 3:29 相减少; $Fe_{9.5}SmTi_{1.5}$ 当 $x=1.0$ 时开始形成,随着 x 值增大,其含量增加,在 $x>2.0$ 后成为主相;SmFe₁₁Ti 相在 $x=0.75$ 时就已形成,在 $x=1.0$ 时含量较多,但直到 $x\leqslant4.0$ 始终没有成为主相存在; Fe_2Ti 相在 $x>1.5$ 后开始形成,随着 x 的增大,其含量逐渐增多。α-Fe 在 $x<1.0$ 时存在, $x>0.75$ 后逐渐被 Fe_2Ti 取代;SmFe₂在退火后合金中一般不存在,但在 Ti 含量增加到 $x\geqslant3.0$ 后,反而又出现。

表 6.2　$Sm_2Fe_{17-x}Ti_x$ 合金退火后物相组成及相对含量(用"主相、较多、多、少、较少、无"表示)

x	$Sm_2(Fe,Ti)_{17}$	$Sm_3(Fe,Ti)_{29}$	$Fe_{9.5}SmTi_{1.5}$	SmFe₁₁Ti	Fe_2Ti	α-Fe	SmFe₂
0.25	主相	无	无	无	无	较少	无
0.5	主相	无	无	无	无	较少	无
0.75	主相	无	无	较少	无	较少	无
1.0	少	主相	少	较少	无	无	无
1.5	较多	少	多	较少	无	无	无
2.0	较少	多	较多	较少	少	无	无
3.0	无	少	主相	较少	多	无	少
4.0	无	少	主相	较少	较多	无	少

6.3　$Sm_2Fe_{17-x}Ti_x$ 合金在封闭氮气氛中氮化的研究

6.3.1　引言

所有铸态 $Sm_2Fe_{17-x}Ti_x$ 合金在 1000℃ 真空退火 48h 快冷后,初破碎到小于 $38\mu m$ 后在图 6.1 真空炉中进行 500℃下氮化 1～20h 的处理,封闭氮气氛初始压力为 1.3atm。为了分析粉末氮化机制,另外选取粒度为 60～80 目(泰勒标准筛)(0.246～0.175mm)的粉末用相同的工艺氮化处理。用精度为 0.0001g 的数字天平分析氮化前后粉末的重量以计算氮化后粉末中的氮含量。氮化后对小于 $38\mu m$ 的粉末进行 XRD 与 SEM 分析,研究粉末中物相与形貌及成分的变化。

6.3.2　不同粒度粉末氮含量的对比

图 6.10 为分别氮化 2h、6h、9h、12h 后 $Sm_2Fe_{17-x}Ti_xN_y$（$x=0.5,1.0,2.0,$ 3.0,4.0）两种粒度粉末（细粉 FP，粒度为 +325 目，符号编写为 FP+钛替代含量 x 的值，如 FP0.5 表示 $Sm_2Fe_{16.5}Ti_{0.5}$ 合金的细粉，FP0 表示 Sm_2Fe_{17} 合金的细粉）与粗粉（CP，粒度为 +60~−80 目，符号编写为 CP+钛替代含量 x 的值，如 CP0.5 表示 $Sm_2Fe_{16.5}Ti_{0.5}$ 合金的粗粉，FP0 表示 Sm_2Fe_{17} 合金的粗粉））对化合物中氮质量百分比的影响曲线。由图可见：①由合金中的氮含量在不同氮化时间下均高于 FP0、CP0 合金中氮含量表明，部分 Ti 替代部分 Fe 后，增加合金中的氮含量，其原因为 Ti 的原子和共价半径及与 N 的亲合力均大于 Fe 的对应值。②对于粗粉，随着氮化时间的增加，氮含量近线性增加；对于细粉，氮含量在氮化 6h 前增幅较明显，之后增幅减小，对 $x=3.0$ 与 4.0 的合金氮化 6h 后的氮含量反而随着氮化时间的增加而减小。这首先说明细粉在氮化 6h 后已接近氮含量饱和，而粗粉直到氮化 12h 后其氮含量甚至远低于对应细粉氮化 2h 的值；当 $x \geqslant 3.0$ 时，在氮化 6h 后氮含量反而减小可能与该合金中的物相变化（Fe_2Ti 为主）有关。③在成分相同、氮化时间相同的条件下，粗粉中的氮含量远低于细粉中的氮含量，差值在 1.5wt%~3wt% 范围内，显然粗粉不利于氮原子的扩散，这是粉末的粒度效应，粉末越细，表面积越大，氮的扩散路程越短，在相同氮化时间内氮含量越高。④在相同氮化时间下，随着合金中 Ti 含量的增加，氮含量基本也是增加的，但细粉 $x=4.0$ 中的氮含量反而低于 $x=2.0$ 与 3.0 的氮含量。

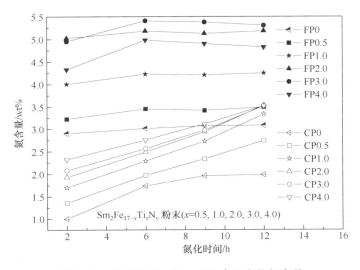

图 6.10　粗细粉 $Sm_2Fe_{17-x}Ti_x$ 合金中的氮含量

为了研究细粉的氮化规律,接着对细粉在 500℃下进行氮化 1～20h 的详细研究,氮化后合金粉末中的增含量与氮化时间的关系曲线如图 6.11 所示,其中图 6.11(a)为氮化 1～20h 氮含量与氮化时间的关系,从总体看,除 $x=3.0$ 和 $x=4.0$ 两种合金外,其他合金的氮含量均随着氮化时间的增加而增加,尤其在氮化 6h前增加幅度较大,氮化 6h 后增加幅度减小,而 $x=3.0$ 和 $x=4.0$ 两种合金则氮含量降低。在相同氮化时间下,在 $0<x<3$ 的范围内,氮含量随着 x 的增大而增加,加 Ti 的合金中的氮含量均高于无 Ti 的 FP0(成分为 Sm_2Fe_{17} 合金)的值;但对于不同的合金,除 $x \geqslant 3$ 的两种合金与其他成分合金有交叉点外,其他合金的最高氮含量均发生在氮化时间最长的 20h,并且相互之间均没有交叉点,说明每种确定 Ti含量的合金均存在最大的不同氮含量值。由图 6.9 分析知道,Ti 含量 $x \leqslant 0.75$ 的合金中主相为 $Sm_2(Fe,Ti)_{17}$,还有极少量的 α-Fe,因此合金中增加的氮含量可以简单地认为是 $Sm_2(Fe,Ti)_{17}N_y$ 中的 y 值,计算后得到图 6.11(b),可见,对 Ti 含量 $x=0.5$ 的合金,在氮化 1h 后氮含量就达到 $y=2.7$,氮化 4h 的氮含量就已达到 $y>3$,在氮化 20h 后达到 $y=3.2$;而 $Sm_2Fe_{16.25}Ti_{0.75}$ 合金在氮化 1h 的氮含量为 $y=2.9$,氮化 20h 后达到 $y=3.7$。

把初始条件氮化 0h,氮含量为 0 考虑在内得到图 6.11(c)。从图 6.11(c)可以非常明显地看出,只氮化短短的 1h,氮含量就已超过 2.5wt%,说明氮化初期的氮化速度非常快。对 0～20h 范围内氮含量数据进行数学拟合发现其基本满足反曲函数的 logistic 公式(6.3):

$$y = \frac{A_1 - A_2}{1 + \left(\dfrac{x}{x_0}\right)^p} + A_2 \tag{6.3}$$

利用式(6.3)对三种合金进行拟合的结果如图 6.11(c)右下角所示,相关参数见表 6.3。

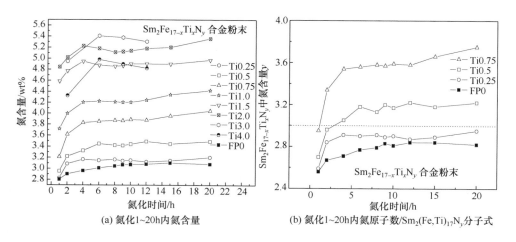

(a) 氮化 1~20h 内氮含量　　　　　　(b) 氮化 1~20h 内氮原子数/$Sm_2(Fe,Ti)_{17}N_y$ 分子式

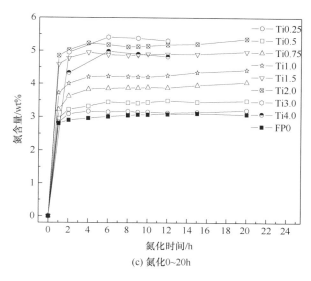

(c) 氮化 0~20h

图 6.11　$Sm_2Fe_{17-x}Ti_x$（x＝0～4）合金不同氮化时间后的氮含量

表 6.3　0～20h 内 $Sm_2Fe_{17-x}Ti_xN_y$ 合金的氮含量与氮化时间的关系曲线拟合结果

$Sm_2Fe_{17-x}Ti_xN_y$	$y=\dfrac{A_1-A_2}{1+\left(\dfrac{x}{x_0}\right)^p}+A_2$			
	A_1	A_2	x_0	p
$x=0$	2.2809×10^{-6}	3.38168	0.0051	0.29936
$x=0.25$	3.3664×10^{-6}	3.1577	0.41697	2.45612
$x=0.5$	-0.1×10^{-6}	3.51327	0.1885	1.00076
$x=0.75$	-1.5×10^{-4}	3.98544	0.2787	1.12925
$x=1.0$	-0.9×10^{-6}	4.43238	0.09087	0.70075
$x=1.5$	1.7017×10^{-6}	4.91642	0.1723	1.49537
$x=2.0$	-0.2×10^{-6}	5.27843	0.03968	0.75661

另外，不同氮化时间下 $Sm_2Fe_{17-x}Ti_xN_y$ 中氮的质量百分比与 Ti 替代含量 x 的关系表现出相似的规律，如图 6.12 所示。可见随着 $Sm_2Fe_{17-x}Ti_xN_y$ 中 Ti 含量 x 从 0 增加到小于 2.0，化合物中氮含量是渐增的，而且在 x 小于 0.5 时增幅较小，之后直到 x＝2.0 斜率较大，在 Ti 的替代含量 x 超过 2.0～3.0 时，氮化 6h、12h 的曲线仍是增加的，而氮化 2h 与 9h 的曲线却是递减的，在 Ti 含量 x 超过 3 后，所有化合物中的氮含量均随 Ti 替代含量的增加而明显降低。这说明，在适当的 Ti 替代含量范围内（$x<2$），在氮化时间小于 20h 的所有时间段内，Ti 替代 Fe 均会促进 N 的扩散，从而增加 $Sm_2Fe_{17-x}Ti_xN_y$ 化合物中的氮含量。而在 Ti 替代含量

$x>3.0$ 后,又会降低化合物中氮的含量,即会减慢氮在化合物中的扩散,但直到 Ti 替代含量 $x\leqslant4.0$ 时,不同氮化时间下替代后的化合物中氮含量仍高于未替代的 $x=0$ 化合物中的氮含量。对图 6.12 中 $x\leqslant4.0$ 的所有数据进行数学拟合没有成功,但对 $x\leqslant2.0$ 曲线上升阶段的数据进行拟合后发现与式(6.3)仍吻合得比较好,拟合的结果见表 6.4。

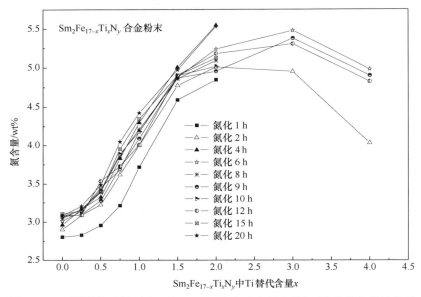

图 6.12 不同氮化时间下 $Sm_2Fe_{17-x}Ti_xN_y$ 合金中氮含量与 Ti 替代含量的关系

表 6.4 1～20h 内 $Sm_2Fe_{17-x}Ti_xN_y$ 合金的氮含量与 Ti 含量的关系曲线拟合结果

氮化时间/h	$y=\dfrac{A_1-A_2}{1+\left(\dfrac{x}{x_0}\right)^p}+A_2$			
	A_1	A_2	x_0	p
1	2.82962	5.01969	1.08762	4.15776
2	2.97192	5.4168	1.08787	2.8004
4	2.99333	6.58283	1.32091	2.14171
6	3.04177	6.04899	1.25718	2.22487
8	3.06459	5.49224	1.01725	2.47689
9	3.08039	5.16152	0.97503	3.46604
10	3.085	5.33824	0.9639	2.68162
12	3.07533	6.22699	1.38841	4.10627
15	3.09355	5.30864	0.90091	2.94688
20	3.0611	6.56909	1.29819	1.88675

6.3.3　不同氮化时间对物相的影响

图 6.13 为 $Sm_2Fe_{16.5}Ti_{0.5}$ 合金氮化前后 XRD 图,其中图 6.13(a)为退火后的 XRD,由对图 6.9 的分析已知,其中主相为 $Sm_2(Fe,Ti)_{17}$,还有少量的 α-Fe。图 6.13(b)为 $Sm_2Fe_{16.5}Ti_{0.5}$ 合金在 500℃、1.3atm 下氮化 1h 的 XRD,分析后发现,所有退火态中 $Sm_2(Fe,Ti)_{17}$ 相的衍射峰均向小角度方向偏移,说明有 N 进入 $Sm_2(Fe,Ti)_{17}$ 相的晶格中形成了 $Sm_2(Fe,Ti)_{17}N_y$ 相,晶格膨胀,甚至其衍射峰的位置还在图 6.13(b)下部竖线所对应的 $Sm_2Fe_{17}N_3$ 衍射位置的小角度方向,说明晶格膨胀的效果已经超过了 3 个 N 原子在 Sm_2Fe_{17} 晶格中的膨胀,但这是由 Ti 替代 Fe 及 N 的渗入两个因素共同作用的结果。计算后得到 $Sm_2(Fe,Ti)_{17}N_y$ 相的晶格参数,见表 6.5。$Sm_2(Fe,Ti)_{17}$ 相与未添加 Ti 的母合金中的 Sm_2Fe_{17} 相对比,其 a 轴膨胀 0.02%,c 轴膨胀 0.32%,单胞体积膨胀 0.35%,而氮化 1h 后(以 N1h 符号表示),a 轴膨胀 2.50 %,c 轴膨胀 2.43 %,单胞体积膨胀 7.61 %,计算后合金中 α-Fe 体积百分比为 1.2 %,比未氮化相中含量略高。

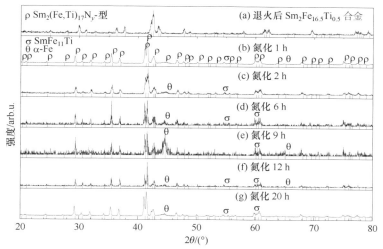

图 6.13　$Sm_2Fe_{16.5}Ti_{0.5}$ 合金氮化前后 XRD 图

(a)下部竖线指出 Sm_2Fe_{17} 的衍射峰位,(b)~(g)下部竖线指出 $Sm_2Fe_{17}N_3$ 的衍射峰位

表 6.5　退火后 $Sm_2Fe_{16.5}Ti_{0.5}$ 合金及其氮化物中 $Sm_2(Fe,Ti)_{17}N_y$ 相的晶格参数 a、c,单胞体积 V,以及合金中 α-Fe 体积百分比

成分	a/Å	c/Å	V/Å³	$\frac{c}{a}$/%	$\frac{\Delta a}{a}$/%	$\frac{\Delta c}{c}$/%	$\frac{\Delta V}{V}$/%	α-Fe/%
Sm_2Fe_{17}	8.55523	12.42222	787.40	1.452	0	0	0	3.0
$Sm_2Fe_{16.5}Ti_{0.5}$	8.55658	12.46212	790.17	1.456	0.02	0.32	0.35	0.6

成分	$a/\text{Å}$	$c/\text{Å}$	$V/\text{Å}^3$	$\frac{c}{a}/\%$	$\frac{\Delta a}{a}/\%$	$\frac{\Delta c}{c}/\%$	$\frac{\Delta V}{V}/\%$	$\alpha\text{-Fe}/\%$
氮化 1h	8.76920	12.72359	847.34	1.451	2.50	2.43	7.61	1.2
氮化 2h	8.74961	12.60342	835.60	1.440	2.27	1.46	6.12	1.9
氮化 6h	8.75272	12.65171	839.39	1.445	2.31	1.85	6.60	4.1
氮化 9h	8.77376	12.61006	840.66	1.437	2.55	1.51	6.76	13.2
氮化 12h	8.74934	12.64286	838.16	1.445	2.27	1.78	6.45	1.1
氮化 20h	8.76827	12.73575	847.97	1.452	2.49	2.52	7.69	1.7

氮化 2h、6h、9h、12h、20h 的 XRD(分别对应图 6.13(c)～(g))峰形与图 6.13 (b)氮化 1h 的相同,即氮化时间的长短没有改变氮化后的物相结构,不同点在于: 氮化后的 $Sm_2(Fe,Ti)_{17}N_y$ 相与图 6.13(b)未氮化的 $Sm_2(Fe,Ti)_{17}$ 相或图 6.13 (c)～(g)中下部竖线所对应的 $Sm_2Fe_{17}N_3$ 的衍射峰位相比向小角度偏移的幅度不同,偏移量的大小反映在晶格参数的变化上,计算后的结果见表 6.5,可见,氮化 2h 后的 a、c、V 的膨胀量均小于氮化 1h 的对应值,氮化 6h 的膨胀量又高于氮化 2h 的值但仍小于氮化 1h 的值。合金中的 α-Fe 含量随着氮化时间的延长而增加,到氮化 9h 后 α-Fe 含量达到最高值 13.2%,而单胞体积增加到 6.76%,仍低于氮化 1h 的值,另外 a 轴膨胀是增加的,但 c 轴膨胀是减小的,总的单胞体积膨胀仍增加,说明在氮化 9h 有不均匀膨胀现象。氮化 12h 后 a 轴与 c 轴膨胀量均小于氮化 6h 的值,单胞体积膨胀也小于氮化 6h 的值。氮化 20h 与氮化 6h 值相比,a 轴膨胀减小,但 c 轴突增到 2.52%,总单胞体积膨胀达到 7.69%,高于氮化 1h 的值。而且氮化 12h 与氮化 20h 的 α-Fe 含量都比较低,小于 2%。总体看 c/a 的值,只有氮化 9h 的值偏小,其余均分布在 1.440～1.456,这可能是由氮化 9h 有较多的 α-Fe 从 $Sm_2(Fe,Ti)_{17}$ 相中分解及 N 进入晶格间隙的不均匀造成的。需要强调指出的是,相同合金的单胞体积膨胀量与 α-Fe 含量的高低实际决定了合金中的氮含量。$Sm_2Fe_{16.5}Ti_{0.5}$ 合金在氮化 9h 后 α-Fe 含量最高,单胞体积膨胀为 6.76%,而 N 在 α-Fe 中的溶解度较低,因此该合金在氮化 9h 的氮含量较低,这与图 6.11 中在氮化 9h 氮含量出现一个小低谷是吻合的。

图 6.14 为 $Sm_2Fe_{16}Ti_1$ 合金氮化前后 XRD 图,其中图 6.14(a)为退火后的 XRD,由对图 6.9 的分析已知,其中主相为 $Sm_3(Fe,Ti)_{29}$,还有 $Sm_2(Fe,Ti)_{17}$、$Fe_{9.5}SmTi_{1.5}$,没有 α-Fe 相,但氮化后的物相有较大的变化。图 6.14(b)为 $Sm_2Fe_{16}Ti_1$ 合金在 500℃、1.3atm 下氮化 1h 的 XRD,分析后可以发现,氮化 1h 后主相变为了 α-Fe,而其他所有物相的含量均特别低;氮化 2h 到氮化 12h 的衍射峰形与图 6.14(a)相同。

　　总体看，$Sm_2Fe_{16}Ti_1$ 合金氮化后最大的特点是 α-Fe 含量增多，尤其氮化 1h、6h 与 20h 的值。但图 6.11 中 $Sm_2Fe_{16}Ti_1$ 合金的氮含量随着氮化时间的延长总体趋势是逐渐增加的，尤其是氮化 1h、2h、6h、9h、12h、20h 后的氮量相对比，只氮化 9h 的值略低。在氮化 1h 后，主相基本全部为 α-Fe（即使有 Ti 含量也极低，因为峰位没有左移，也没有宽化），其他副相由于衍射峰位太少，强度太低，不易准确鉴别，但与氮化 2h 的对比看，另一相可能为 $Sm_3(Fe,Ti)_{29}N_y$ 相，衍射峰的强度非常低，而从图 6.14(b) 中又找不到其他的含 Sm 相，如 SmN、$Sm(Fe,Ti)_2$、$SmFe_2$ 等，说明氮化 1h 后主相 $Sm_3(Fe,Ti)_{29}$、$Sm_2(Fe,Ti)_{17}$、$Fe_{9.5}SmTi_{1.5}$ 已发生了变化。研究者普遍认为[226]，只有当氮化时间很长时，氮原子才会破坏 Sm_2Fe_{17} 结构，而发生如下反应：$Sm_2Fe_{17}N_3 + N_2 \longrightarrow SmN + \alpha\text{-Fe}$，但分解的产物从图 6.14(b) 中得不到答案。另外的可能是由于在氮化 1h 后晶格畸变应力很大，破坏了主相的 3∶29 及 2∶17 型结构，使其变为非晶相存在而显示不出衍射峰，这与文献[86] 中的结果相似。奇怪的是，氮化 2h、6h、9h、12h 的衍射峰形与退火后的衍射峰形仍对应，只不过所有 $Sm_3(Fe,Ti)_{29}$ 型相的衍射峰均向小角度方向发生了偏移，说明形成了 $Sm_3(Fe,Ti)_{29}N_y$ 相，且氮含量得到均匀化，晶格中的应力减小，保持了 3∶29 型主相结构。文献[31] 中提到 $Sm_3(Fe,Ti)_{29}$ 相结构中有两个大的八面体间隙晶位可以容纳 N 原子，得到最大每个分子式中 4 个 N 原子，即 $Sm_3(Fe,Ti)_{29}N_4$，并导致大多数 Fe—Fe 键长增大，少部分减小，综合作用效果是获得正的交换作用，提高了居里温度及磁性能值。文献[226] 中认为 3∶29 相中可以容纳每分子式中 5 个 N 原子。Cao 等[211] 利用晶格反演计算软件计算了 Sm_3Fe_{29} 的晶格参数值的范围为 $a = 10.579 \sim 10.582\text{Å}$，$b = 8.487 \sim 8.488\text{Å}$，$c = 9.724 \sim 9.725\text{Å}$，$\alpha = 90°$，$\beta = 97.06° \sim 97.08°$，$\gamma = 90°$，但到目前为止，未查到 JCPDS 中关于该相的确切值。氮化 20h 后（图 6.14(g)）出现以下现象：第一，α-Fe 相也明显增多，成为主相，而 $Sm_3(Fe,Ti)_{29}N_y$ 相的含量则非常少。第二，氮化后 $Fe_{9.5}SmTi_{1.5}$ 发生分解并消失。第三，氮化 2～12h 的衍射中除 $Sm_3(Fe,Ti)_{29}N_y$ 相外，还有少量的 $Sm_2(Fe,Ti)_{17}N_y$ 相。第四，氮化 6h 后合金中的 α-Fe 含量较高，说明退火 6h 后晶格膨胀可能也较大，Sm-Fe-Ti-N 相分解或结构破坏比较严重，但程度不如氮化 1h 与氮化 20h 严重。氮化 20h（图 6.14(g)）合金中 α-Fe 也为主相，但另外还有较多的 Fe_2Ti 相与较少的 $Sm_3(Fe,Ti)_{29}N_y$ 相。

　　$Sm_2Fe_{16}Ti_1$ 合金氮化后的物相与退火后相比发生了较大变化，其中 $Fe_{9.5}SmTi_{1.5}$ 相消失，α-Fe 增多是主要特征，而这种现象在氮化 1h（较短时间）、6h（氮化中等程度时间）与 20h（较长时间）较剧烈，由表 6.5 的规律看，这三个时间应是单胞体积膨胀较大的时间间隔，尤其氮化 1h 与 20h 单胞体积膨胀最大，也即，是氮化过程中 N 进入 Sm-Fe-Ti 合金的间隙产生较大的应力与应变，促进了部分不太稳定相 $SmFe_{11}TiN_y$、$Fe_{9.5}SmTi_{1.5}N_y$、$Sm_3(Fe,Ti)_{29}N_y$ 的先后分解或使其结构破坏成非晶，分解的原因缺少证据，即没有发现确切的、对应的分解产物，因此结构破坏可能

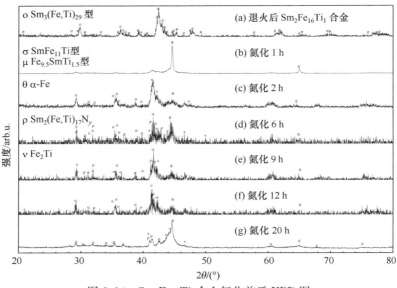

图 6.14　$Sm_2Fe_{16}Ti_1$ 合金氮化前后 XRD 图

(c)下部竖线指出 $Sm_3(Fe,Ti)_{29}$ 的衍射峰位

是主因。支持这一理论假设的一个实验证据是氮化后的氮含量随着氮化时间是增加的,如果氮化相已分解成 α-Fe,而由于 α-Fe 中可溶入的氮含量很低,因此不可能达到较高的氮含量值。另外,氮化 20h 后 α-Fe 的 110 衍射峰对称宽化,说明晶格畸变较大及晶粒细化。

图 6.15 为 $Sm_2Fe_{15}Ti_2$ 合金氮化前后的 XRD。由图 6.9 的分析结果已知,图 6.15(a)中 $Sm_2Fe_{15}Ti_2$ 合金退火后的物相由 $Fe_{9.5}SmTi_{1.5}$ ＋ $Sm_3(Fe,Ti)_{29}$ ＋ $Sm_2(Fe,Ti)_{17}$ ＋ Fe_2Ti 组成,$Fe_{9.5}SmTi_{1.5}$ 相含量最多,但在氮化 1h(图 6.15(b))后也出现了与图 6.14 相似的现象,α-Fe 含量增多,而且在图 6.15 中所有氮化合金(氮化 1h、2h(图 6.15(c))、6h(图 6.15(d))、9h(图 6.15(e))、12h(图 6.15(f))、20h(图 6.15(g)),均存在此现象。其中氮化 1h 后 α-Fe 成为绝对主相,其次含量较多的为 Fe_2Ti,其他的小衍射峰可能为 $Sm_2(Fe,Ti)_{17}N_y$ 与极少量的 $Sm_3(Fe,Ti)_{29}N_y$,没有发现 $Fe_{9.5}SmTi_{1.5}$ 的氮化相。氮化 2h 后,α-Fe 仍为绝对主相,另外还有少量的 $Sm_2(Fe,Ti)_{17}N_y$ 与 $Sm_3(Fe,Ti)_{29}N_y$,与氮化 1h 的不同点在于:α-Fe 的 110 衍射峰对称宽化,Sm-Fe-Ti-N 相含量有所增加。α-Fe 峰的宽化应是氮含量增加,点阵畸变增加与晶粒细化的结果。氮化 6h 与 9h 的结果更为相似,α-Fe 的 110 衍射峰没有宽化现象,与氮化 2h 相比,可能意味着增加氮化时间后可以减小点阵畸变,因此可以推测氮化过程的开始阶段主要是氮的过饱和渗入,超过 2h 后氮的均匀扩散成为主要因素,氮化 6h 到氮化 9h 是均匀扩散的阶段,另外氮化 9h 后,α-Fe 含量相对减少,而其他 Sm-Fe-N 相又相对增加;氮化 12h 是氮化 9h

过程的延续,除有一定含量的 α-Fe 与 Fe_2Ti 外,其他 Sm-Fe-N 相(如 3:29 型、1:11型)的衍射峰也明显增加。氮化 20h 的峰形与氮化 1h 的又基本相似,由大量的 α-Fe 与 Fe_2Ti 组成,只有少量的 Sm-Fe-N 相。通过以上分析发现,$Sm_2Fe_{15}Ti_2$ 合金的氮化过程可能存在一个循环,可表示为图 6.16。另外,对比氮化 1h、2h、20h 的衍射峰发现,Fe 衍射峰的宽化及其他 Sm-Fe-Ti-N 衍射的非尖锐化均表明这可能是一种应力造成的 3:29 及 2:17 型结构破坏成非晶的迹象。

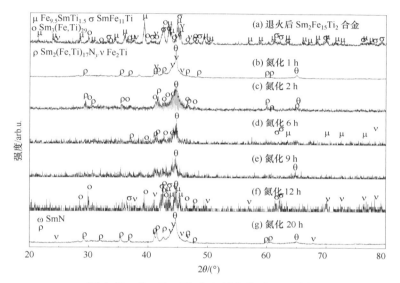

图 6.15　$Sm_2Fe_{15}Ti_2$ 合金氮化前后 XRD 图

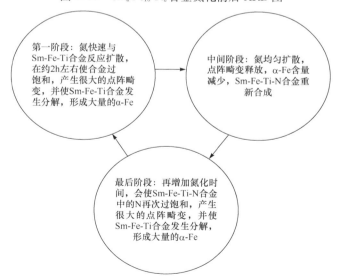

图 6.16　$Sm_2Fe_{15}Ti_2$ 合金氮化过程中物相的变化

图 6.17 为 $Sm_2Fe_{14}Ti_3$ 合金氮化前后的 XRD 图，其中图 6.17(a) 为 $Sm_2Fe_{14}Ti_3$ 合金退火后的 XRD，由图 6.9 的分析结果已知，其物相由 $Fe_{9.5}SmTi_{1.5}$ ＋ Fe_2Ti ＋ $Sm_3(Fe,Ti)_{29}$ ＋ $SmFe_2$ 组成。氮化 2h 后物相发生了很大的变化，$Fe_{9.5}SmTi_{1.5}$ 型相明显减少，α-Fe 大量形成，Fe_2Ti 含量仍较多，$Sm_3(Fe,Ti)_{29}$ 型相也基本消失。氮化 6h(图 6.17(c))、9h(图 6.17(d))、12h(图 6.17(e)) 的衍射图形基本相同，主相为 α-Fe 与 Fe_2Ti，不同点在于两主相的相对含量有变化，如氮化 9h 后 α-Fe 含量较低，氮化 6h 与 12h 的 α-Fe 含量较高。在氮化 2～12h 范围内，始终没有发现清晰的、尖锐的、强度较高的 Sm-Fe-Ti 相或 Sm-Fe-Ti-N 相的衍射峰，说明在 500℃ 下氮化时，$Sm_2Fe_{14}Ti_3$ 合金中的这些相均是不稳定的，但不清楚的是，图 6.11 合金中的氮含量是非常高的，而图 6.18 中没有出现 Sm-Fe-Ti-N 相的非晶峰也没有任何的其他氮化物与钐化物，这意味着这些物相在 XRD 中产生的丘包状非晶衍射峰强度也非常低。

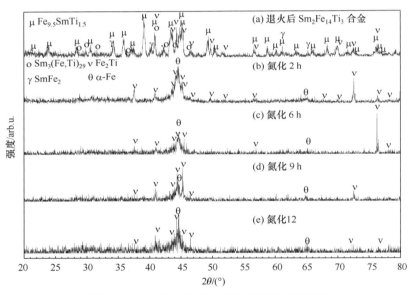

图 6.17　$Sm_2Fe_{14}Ti_3$ 合金氮化前后的 XRD 图

图 6.18 为 $Sm_2Fe_{13}Ti_4$ 合金氮化前后的 XRD 图，其中图 6.18(a) 为 $Sm_2Fe_{13}Ti_4$ 合金退火后的 XRD，由图 6.9 的分析结果已知，其物相由 $Fe_{9.5}SmTi_{1.5}$ ＋ Fe_2Ti ＋ $Sm_3(Fe,Ti)_{29}$ ＋ $SmFe_2$ 组成。氮化 2h 后物相发生了很大的变化，有少量 α-Fe 形成，Fe_2Ti 含量增多成为主相，而 $Fe_{9.5}SmTi_{1.5}$ 型相、$Sm_3(Fe,Ti)_{29}$ 型相和 $SmFe_2$ 基本消失。氮化 6h、9h、12h 后的物相变化与氮化 2h 后的基本相同，主相均为 Fe_2Ti，有少量 α-Fe，其他 Sm-Fe-Ti 型相及 Sm-Fe-Ti-N 型相的衍射均不明朗，不能确切地辨认，其他富 Sm 相或二元含 N 相(如 Fe-N、Sm-N 相)也没有强度较高的衍射，也不能肯定存在。

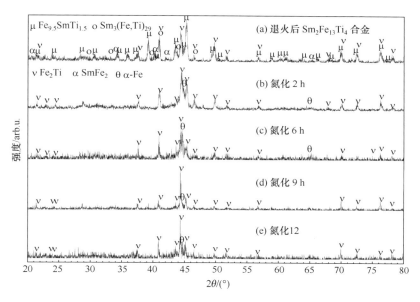

图 6.18　$Sm_2Fe_{13}Ti_4$ 合金氮化前后的 XRD 图

　　纵观图 6.13~图 6.18 可以发现,当 Ti 在 $Sm_2Fe_{17-x}Ti_xN_y$ 中的含量为 $x =$ 0.5 时,退火后的主相为 $Sm_2(Fe,Ti)_{17}$,氮化后只改变晶格常数与性能,晶体结构不变,除氮化 9h 的 α-Fe 含量较高外,其余均较低;而当 $x = 1.0$ 时,主相变为 3∶29 型,氮化后的 1h、6h 与 20h 的 α-Fe 含量较高,其余氮化时间段仍能得到较多的 3∶29 型主相结构;当 $x = 2.0$ 时,所有时间段的氮化相均有较高含量的 α-Fe,尤其氮化 1h 与 20hα-Fe 变为主相,但随着氮化时间从 2h 增加到 12h 后,仍能得到部分 Sm-Fe-Ti-N 相;当 $x = 3.0$ 与 $x = 4.0$ 时,退火后的主相为 1∶11 型 $Fe_{9.5}SmTi_{1.5}$ 相,氮化后这种结构基本消失,而相对在 $x = 3.0$ 的合金中,α-Fe 含量较多,在 $x =$ 4.0 时,合金中的主相则变为 Fe_2Ti。可见在 $0.5 \leqslant x \leqslant 4.0$ 范围内,氮化后物相均有不同程度的“分解”现象,分解的原因可能是当晶格膨胀到一定程度时,会使 Sm-Fe-Ti-N 相的结构改变,并可能以非晶形式存在;另外,在氮化过程中可能存在氮化合成与分解的平衡过程。可以说随着 Ti 替代含量的增加,“分解”程度加重,当 $x \geqslant 2.0$ 后,硬磁性的 Sm-Fe-Ti-N 已很难获得并保持,当 $x \geqslant 3.0$ 后,氮化后已基本没有硬磁性的 Sm-Fe-Ti-N 相而变为 Fe_2Ti 与 α-Fe 的主相。但遗憾的是,这种物相的变化过程及变化后的产物不能从 XRD 中分析得到,如有分解存在,分解产物除 Fe_2Ti 与 α-Fe 外,其他物相的衍射均不明显。所有合金氮化后均存在 α-Fe 峰的宽化,应是晶格畸变增加与氮化后粉末细化两方面的因素共同作用的结果。

6.3.4 $Sm_2Fe_{17-x}Ti_xN_y$合金的热分析

在 TA 热分析仪上对 Sm-Fe-Ti-N 合金在氮气氛与氩气氛中作了差示扫描量热分析(DSC)、热重(TG)、差热分析(DTA)三种方法的热分析,采用的升温速度为 10℃/min,保护气氛流速为 50mL/min。图 6.19 为 $Sm_2Fe_{16.75}Ti_{0.25}$ 合金的热分析结果,其中图 6.19(a)为退火后的合金在氮气氛中的 DSC 分析结果,可见该氮化物在 318.9℃之前变化不大,有轻微的吸热与放热现象,这可能是点阵应力松弛的结果;而高于 318.9℃附近温度吸收少量的热量后有较大的放热现象,由于保护气氛为流动的氮气,这是 N_2 继续与合金氮化物反应形成氮化物的结果,另外说明氮化可能所需的激活能较小。直到 465.8℃,合金又开始突然吸热,是由于 $Sm_2(Fe,Ti)_{17}N_y$ 相的原子磁矩由磁有序(铁磁性)转变为磁无序(顺磁性)吸收热量,所以 $Sm_2Fe_{16.75}Ti_{0.25}$ 氮化物的居里温度应当在 465.8~484.8℃。

为了分析氮保护气氛对合金粉末的影响,在同样试验条件下采用氩保护气氛得到 $Sm_2Fe_{16.75}Ti_{0.25}$ 氮化 1h 后的 DSC 结果如图 6.19(b)所示。在图 6.16(b)中没有出现像图 6.19(a)中大的放热峰,而是随着温度的升高,合金粉末一直处于均匀的、连续的吸热状态,直到在 455℃出现一个小的吸热谷,这应该也是对应该合金氮化物的居里点,但该值比图 6.16(a)中的值偏低,可能是由于氮气氛对氮化物中的氮浓度相对而言提供的是正压力。从另一个角度说明图 6.19(a)中的大放热现象只与氮气氛有关,是 N_2 与 Sm-Fe-Ti 合金作用的结果。

图 6.19(c)为合金在氩气氛中的 TG 分析,可见 $Sm_2Fe_{16.75}Ti_{0.25}$ 氮化物在氩气氛中的重量不是一直减小,而是在 350℃后连续增加。氩气的原子半径为 0.88Å,比 N 的原子半径 0.75Å 略大,但从图 6.19(c)看,在温度高于 350℃后,氩气也可以进入粉末中增加粉末的重量,但没有任何突起的变化,说明只是没有反应发生。与图 6.19(c)试样对应的 DTA 结果如图 6.19(d)所示(图中下方为对应的 DD-TA),从该图可以看出,随着温度的升高,试样基本是吸热状态,在 431℃附近有一个小的放热现象,总体看在 450℃前变化不大,这与图 6.19(b)中的 DSC 结果基本是吻合的。在 569~627℃还有一个平台,之后继续放热,这可能是对应着 2:17型氮化物的分解温度,即

$$Sm_2(Fe,Ti)_{17}N_y \longrightarrow SmN + Fe_4N + \alpha-Fe(Ti) \quad 或$$

$$Sm_2(Fe,Ti)_{17}N_y \longrightarrow SmN + N_2\uparrow + \alpha-Fe(Ti) \quad (6.4)$$

图 6.20 为对 $Sm_2Fe_{16.5}Ti_{0.5}$ 合金氮化 12h(图 6.20(a))、$Sm_2Fe_{16}Ti_1$ 合金氮化 9h(图 6.20(b))、退火 $Sm_2Fe_{15}Ti_2$ 合金(图 6.20(c))的 DSC 分析,可见氮化 12h 的 $Sm_2Fe_{16.5}Ti_{0.5}$ 合金在 306~450℃、氮化 9h 的 $Sm_2Fe_{16}Ti_1$ 合金在 350~400℃、退火 $Sm_2Fe_{15}Ti_2$ 合金在 300~450℃有大的放热,并在 400~480℃出现峰值。结合图 6.19(a),还会发现氮化后的 $Sm_2Fe_{16.75}Ti_{0.25}$ 合金与 $Sm_2Fe_{16.5}Ti_{0.5}$ 合金到 500℃

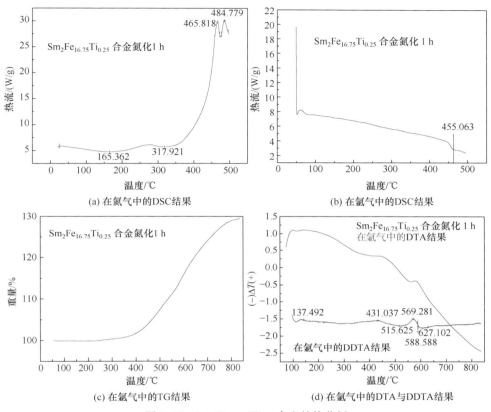

图 6.19　$Sm_2Fe_{16.75}Ti_{0.25}$ 合金的热分析

还没有再出现更高的放热现象,而 $Sm_2Fe_{16}Ti_1$ 合金与 $Sm_2Fe_{15}Ti_2$ 合金则分别在 435℃、475℃后又产生吸热放热现象,这是氮化物开始分解的标志,可能意味着 Ti 含量大于 1 个原子/$Sm_2Fe_{17-x}Ti_x$ 分子式的合金应当在 400~450℃低一些的温度区间氮化。

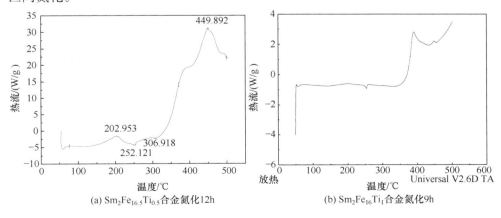

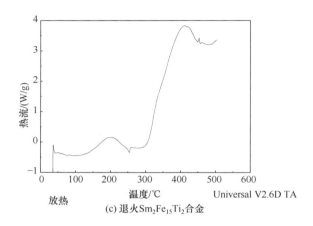

(c) 退火$Sm_2Fe_{15}Ti_2$合金

图 6.20　$Sm_2Fe_{17-x}Ti_x$合金在氮气氛中的 DSC 分析

6.3.5　$Sm_2Fe_{17-x}Ti_xN_y$氮化合金粉末的形貌

$Sm_2Fe_{17-x}Ti_x(x=0.5,1.0,2.0,3.0,4.0)$合金粉末氮化不同时间后的形貌相差不大,在此只给出氮化 6h 的形貌,如图 6.21 所示,可以看出,随着 Ti 含量的增加,氮化相同时间后粉末的形貌似乎相差不明显,共同的特点是:颗粒呈三、四边形的块状、片状、细小颗粒状,大颗粒表面平整,表现为脆性断裂的断面,小颗粒在大颗粒表面吸附及小颗粒聚集。但实际上,细微的区别主要有两点:

(1) 高 Ti 含量的合金破碎比较容易,因此细粉末相对较多些,但不是特别明显。

(2) 较高 Ti 含量的合金氮化后会形成图 6.21(f)中的纳米杆,而且好像是从小颗粒或大颗粒的表面定向长大的结果,其原因可能是:①随着 Ti 含量的增加,氮化后合金中析出的 α-Fe 与 Fe_2Ti 定向长大;②氮化后的合金具有易轴磁性,小颗粒长大时受磁性的作用长大。

(a) $Sm_2Fe_{16.5}Ti_{0.5}$合金　　　(b) $Sm_2Fe_{16}Ti_1$合金　　　(c) $Sm_2Fe_{15}Ti_2$合金

(d) $Sm_2Fe_{14}Ti_3$合金　　　　　　(e) $Sm_2Fe_{13}Ti_4$合金　　　　　　(f) $Sm_2Fe_{13}Ti_4$合金

图 6.21　$Sm_2Fe_{17-x}Ti_x$($x=0.5,1.0,2.0,3.0,4.0$)合金粉末氮化 6h 的形貌

6.3.6　$Sm_2Fe_{17-x}Ti_x$合金氮化机制

$Sm_2Fe_{17-x}Ti_x$($x=0.5,1.0,2.0,3.0,4.0$)合金的氮化机制与 Sm_2Fe_{17} 合金的氮化机制基本相同,也是由氮与 Sm-Fe 合金的反应扩散及氮在合金中的均匀扩散组成。但含 Ti 量较高的合金在氮化后物相发生较大的变化,氮化后合金粉末中的氮含量增加,氮化速度加快,但硬磁性 Sm-Fe-Ti-N 相含量不是成正比地增加,而是 Ti 含量越高,软性相 α-Fe 及 Fe_2Ti 增加。与无 Ti 合金相比,含 Ti 的 Sm-Fe 合金中的氮含量增加,可能是由于:①Ti 与 N 的亲合力较 Fe 强;②Ti 的原子半径比铁的大,增大了晶格间隙。

6.3.7　$Sm_2Fe_{17-x}Ti_xN_y$氮化合金的磁性能

图 6.22 为 $Sm_2Fe_{17-x}Ti_x$($x=0.5,1.0,2.0,3.0,4.0$)合金粉末氮化后的磁性能(测量磁场为 15000Oe),不同合金表现出不同的特点。$Sm_2Fe_{17-x}Ti_x$($x\leqslant1.0$)合金的矫顽力(图 6.22(a))在氮化 20h 内始终高于不含钛的 $Sm_{12.8}Fe_{87.2}N_y$合金的值,在氮化 12h 前基本是随着氮化时间的增加而增加,而且前 6h 增幅较大,在氮化 9h 附近有一低谷,在 12h 又达到峰值,再增加氮化时间 $Sm_2Fe_{17-x}Ti_x$($x\leqslant0.75$)合金的矫顽力反而有所减小后,又在氮化 20h 达到较高值。而 $Sm_2Fe_{16}Ti_1$ 合金的矫顽力在氮化超过 12h 后,反而一直随着氮化时间的增加而减小。以上规律与氮化机制及氮化后合金中的物相的变化有直接的关系,在氮化短时间内,N 与 Sm-Fe-Ti 是"反应式"地扩散形成氮化相,而且由于 Ti 的替代,已提前增大了晶格间隙,使 N 原子的进入比较容易,形成了硬磁性易轴相,磁性能自然增加较快,但在氮化 6h 后合金间隙中的 N 量已接近饱和,N 只能在不同间隙间扩散均匀化。而由于在 500℃氮化,由热分析结果知,又可能存在氮化相的分解或破坏过程,所以在氮化 9h 附近容易出现过量的 α-Fe 等软磁性相使矫顽力降低。在氮化 12h 后合金中的氮化相可能再一次达到较好的、稳定的饱和状态而使矫顽力再次达到极值,但再延长氮化时间,饱和的氮化相仍会再次分解或破坏而降低矫顽力。因此,在氮化过程

中应当同时存在着分解或破坏过程,在氮化短时间内以形成氮化相为主,而在晶格膨胀到一定程度后,则存在破坏或分解过程,只有达到合成与破坏及分解的平衡时,才能得到最佳的磁性能值。$Sm_2Fe_{16}Ti_1$ 合金在氮化 1h 与氮化 15h、20h 的值比较低应主要与其晶格膨胀量大,α-Fe 含量较高有关系。四种合金的矫顽力在氮化 12h 内由高到低的顺序为 $Sm_2Fe_{16.5}Ti_{0.5} > Sm_2Fe_{16.75}Ti_{0.25} > Sm_2Fe_{16}Ti_1 \geqslant Sm_2Fe_{16.25}Ti_{0.75}$,$Sm_2Fe_{16.5}Ti_{0.5}$ 合金氮化 12h 的最高矫顽力为 1710Oe。当 Ti 含量 $x \geqslant 1.5$ 后,由物相的分析知,退火后的合金中有许多非磁性相 $Fe_{9.5}SmTi_{1.5}$,而且 Ti 含量越高,该非磁性相含量也越高,因此其矫顽力很低。而在氮化相中则以 α-Fe、Fe_2Ti 等相为主,也使氮化后的矫顽力降低,在氮化 20h 内已低于不含钛的 $Sm_{12.8}Fe_{87.2}N_y$ 合金的值。$Sm_2Fe_{15.5}Ti_{1.5}$ 的矫顽力在氮化 1h 达到较高值后随着氮化时间的增加而减小并稳定在较低值;而 Ti 含量 $x \geqslant 2$ 的合金在氮化后的矫顽力低于未氮化的矫顽力,并维持在很低的值,这是由于氮化后主相 α-Fe、Fe_2Ti 的矫顽力非常低,而且软磁性相是反磁化容易形核的地方。

总体看图 6.22(b),$x \leqslant 2$ 的 $Sm_2Fe_{17-x}Ti_x$ 合金的饱和磁化强度 σ_s(最大测量场为 1.5T)较高,随着氮化时间的增加而增大,氮化短时间内增加幅度大,有些合金的磁化强度甚至达到很高值,之后增加减慢并出现波动,在氮化 9h 左右又达到极值,可能这也是由于对应软磁性、高饱和磁化强度相 α-Fe 含量较多的时间段。在氮化 12hσ_s略有降低后又随氮化时间增加而增大。在氮化 1~20h 范围内,$x \leqslant 2$ 的$Sm_2Fe_{17-x}Ti_x$合金的 σ_s 值分布于 140~180emu/g;而 $x=3$ 与 $x=4$ 的 $Sm_2Fe_{17-x}Ti_x$ 合金在氮化 2h 达到较高值后也是随着氮化时间的增加而减小,这与其中Fe_2Ti含量为主有关。与 $Sm_{12.8}Fe_{87.2}N_y$ 合金相比发现,只有 $Sm_2Fe_{16.75}Ti_{0.25}$ 合金氮化 10h 内的值较高,其他合金在氮化 20h 内的磁化强度值均低于 $Sm_{12.8}Fe_{87.2}N_y$ 合金的对应值,这是由于 Ti 为顺磁性金属稀释了合金的磁化强度值。

$Sm_2Fe_{17-x}Ti_x$($x=0.5,1.0,2.0,3.0,4.0$)合金的剩磁值(图 6.22(c))也是 $x \leqslant 1$ 合金的值相对较高,在氮化 2~20h 范围内维持在 40~60emu/g,在氮化 2h 内增加幅度较大,在 2~10h 内变化不大,而在 10~15h 内为波动下降区,在 15~20h 又是增长期。与 $Sm_{12.8}Fe_{87.2}$ 合金相比,在小于 10h 内五种合金的剩磁值由高到低为 $Sm_2Fe_{16.5}Ti_{0.5} \geqslant Sm_2Fe_{16.75}Ti_{0.25} \geqslant Sm_2Fe_{16.25}Ti_{0.75} > Sm_{12.8}Fe_{87.2} > Sm_2Fe_{16}Ti_1$,最高值为 $Sm_2Fe_{16.5}Ti_{0.5}$ 合金氮化 4h 的 57.6emu/g,另外 $Sm_2Fe_{16.25}Ti_{0.75}$ 合金氮化 20h 的最高值为 62.47emu/g。$Sm_2Fe_{15.5}Ti_{1.5}$ 合金的剩磁在氮化 2h 达到较高值后,随着氮化时间的增加而连续下降。$x \geqslant 2$ 的 $Sm_2Fe_{17-x}Ti_x$ 合金氮化相剩磁值与未氮化相基本不同,一直维持在很低值。

用 VSM 测试了 $Sm_2Fe_{16.5}Ti_{0.5}$ 合金氮化 12h 后的热磁曲线,如图 6.22 的所示,可见随着温度的提高,磁化强度连续降低,但在 400℃ 前降低幅度相对较小,超过该温度降低幅度加大,居里点在 450～473℃ 范围内。之后,磁化强度值又随着温度的升高而增加,并在 600℃ 达到峰值后又开始降低,该峰为氮化相分解产生较多 α-Fe 的标志。

对相同氮化时间下合金的磁性能随 Ti 含量的变化规律总结在图 6.22(e)(矫顽力)与图 6.22(f)(剩磁)中。可见不同氮化时间下合金的矫顽力与剩磁随 Ti 含量的增加有相似的变化规律,均随着 Ti 含量的增加而波动着减小,在 $x<2$ 内,$Sm_2Fe_{17-x}Ti_x$ 合金的氮化相性能明显优于未氮化相,而 $x>2$ 后矫顽力反而低于未氮化相的,剩磁与未氮化合金相持平,可见 Ti 的替代含量 x 必须要小于 1.5,这与合金中 Ti 含量不同合金中的主相由 2∶17 型变为 3∶29 型又变为 1∶11 型是对应的。

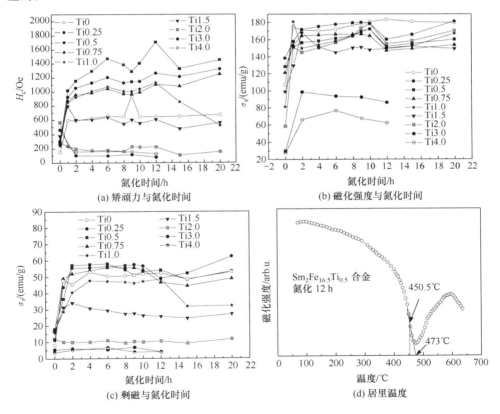

(a) 矫顽力与氮化时间

(b) 磁化强度与氮化时间

(c) 剩磁与氮化时间

(d) 居里温度

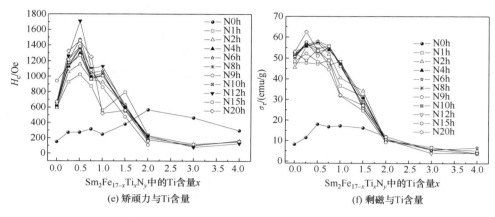

(e) 矫顽力与Ti含量　　　　　　　　　(f) 剩磁与Ti含量

图 6.22　$Sm_2Fe_{17-x}Ti_x(x=0.5,1.0,2.0,3.0,4.0)$合金粉末氮化后的磁性能

总体看 Ti 对磁性能的影响可归结为以下几点：①Ti 优先进入 2：17 型结构中的 6c 晶位，取代 Fe 原先的位置(有很短的 Fe—Fe 健长)，减小了负的相互作用。Ti 取代不改变易面，尽管其影响各向异性值，但不改变易磁化方向。Ti 强烈地减小 Sm 的平面各向异性，而稍微增加 Fe 的平面各向异性，Ti 的取代似乎影响二级以及更高的晶场参数。②Ti 含量不同改变了合金中的物相组成。③由于 Ti 原子半径大于 Fe 原子半径，主相的点阵参数随 Ti 含量的不同有不同的变化，最终使合金的各向异性场改变，改变磁性能。④Ti 是非磁性原子，不能提高饱和磁化强度而最终使剩磁提高不大。⑤氮化后由于 Ti 与 N 及 Fe 与 N 的亲合力不同，合金氮化后的物相有较大的变化。

6.3.8　$Sm_2Fe_{17-x}Ti_xN_y$黏结磁体的磁性能

由于 Ti 含量 $x>2$ 的粉末的性能已很低，所以只对 $x\leqslant2$ 的粉末制成黏结磁体进行了磁性能的研究。图 6.23 为 $Sm_2Fe_{17-x}Ti_x(x=0.25,0.5,0.75,1.0,1.5,2.0)$合金粉末氮化后加 3wt% 环氧树脂并取向固化后黏结磁体的磁性能，由图 6.23(a)矫顽力随氮化时间的变化看，每种成分合金平行于磁场方向的矫顽力(在图中以符号"Ti+x 值+参数标记+PX"表示)要高于垂直于磁场方向的值(在图中以符号"Ti+x 值+性能标记+CZ"表示)，说明得到了各向异性黏结磁体，而且二者的值随氮化时间的变化规律相同；其中 Ti 含量为 $x=0.25$ 和 $x=0.75$ 的值较高，其最高值分别出现在氮化 6h(1233Oe)与氮化 2h 段(1210Oe)，之后随着氮化时间延长，矫顽力下低。而 $Sm_2Fe_{16.5}Ti_{0.5}N_y$ 合金与 $Sm_2Fe_{16}Ti_1N_y$ 合金的矫顽力表现出相似的规律，随着氮化时间的增加呈"M"形变化，分别在氮化 4h、15h 和 4h、12h 出现峰值，且均在氮化 9h 出现谷底，并且 $Sm_2Fe_{16.5}Ti_{0.5}N_y$ 合金的值较高。而 $Sm_2Fe_{15.5}Ti_{1.5}N_y$ 合金与 $Sm_2Fe_{15}Ti_2N_y$ 的矫顽力值已较低，而且基本没有各向异性现象。与粉末的性能(图 6.22)对比看,黏结磁体的矫顽力低于对应粉末的矫顽力值,而且黏结磁体的两头高中间低的现象更明显。另外,粉末与黏结磁体的矫顽力没有完全正对的比例关系,氮化后的粉末中 Sm$_2$Fe$_{16.5}$Ti$_{0.5}$N$_y$ 的矫顽力最高,但黏结磁体中是 $x=0.25$ 和 $x=0.75$ 的值最高,而且最高值出现的时间段也不是完全对应,看来,粉末取向后表现出了与未取向粉末相异的矫顽力规律。由式(5.14)及磁滞回线可知,加 Ti 合金的矫顽力也应是形核与钉扎机制共存,磁性能随磁场的增加而增大。之所以黏结磁体的矫顽力较低,是与环氧树脂的磁稀释有关。

图 6.23(b)为磁体的饱和磁化强度与氮化时间的关系。总体看,合金的饱和磁化强度变化大多呈"W"形,在氮化 6～9h 出现极大值,而在氮化 2h 与 15h 出现极小值,这似乎又是一种循环现象,这是由于在氮化初期(1h)N 的快速"反应"使晶格出现晶格应力过大现象,会破坏硬磁性相的结构而使软磁相变为主相,氮化 6～9h 期间 N 在晶格中均匀化比较好;氮化 15～20h 则是又一个晶格膨胀较大区间而使性能降低。另外,从总体平均看,饱和磁化强度值 σ_s 主要分布在 70～130emu/g,由高到低的顺序为 Sm$_2$Fe$_{15}$Ti$_2$N$_y$ ≥ Sm$_2$Fe$_{15.5}$Ti$_{1.5}$N$_y$ ≥ Sm$_2$Fe$_{16}$Ti$_1$N$_y$ ≥ Sm$_2$Fe$_{16.25}$Ti$_{0.75}$N$_y$ ≥ Sm$_2$Fe$_{16.5}$Ti$_{0.5}$N$_y$ ≥ Sm$_2$Fe$_{16.75}$Ti$_{0.25}$N$_y$。与图 6.22(b)粉末的磁化强度值相比,磁体的 σ_s 值明显偏低,在氮化 20h 内,虽然变化规律相似,但黏结磁体变化的幅度增大。在磁粉中加入了质量百分比为 3wt% 的环氧树脂与 3wt% 的固化剂,就使 σ_s 值降低约 40emu/g,因此要使黏结磁体的磁性能再提高,必须再减小树脂与固化剂含量。

图 6.23(c)为磁体的剩磁与氮化时间的关系,每种合金平行于磁场方向与垂直于磁场方向的相差已不是很大,且均低于磁粉的剩磁值(图 6.22),这主要是因为剩磁值已较低。剩磁值由高到低的顺序(主要以平行于磁场方向的平均值为依据)为 Sm$_2$Fe$_{16.25}$Ti$_{0.75}$N$_y$ ≥ Sm$_2$Fe$_{16.75}$Ti$_{0.25}$N$_y$ ≥ Sm$_2$Fe$_{16.5}$Ti$_{0.5}$N$_y$ ≥ Sm$_2$Fe$_{16}$Ti$_1$N$_y$ ≥ Sm$_2$Fe$_{15.5}$Ti$_{1.5}$N$_y$ ≥ Sm$_2$Fe$_{15}$Ti$_2$N$_y$。树脂黏结或金属黏结磁体的剩余磁化强度主要取决于磁体中主相的饱和极化强度 J_s、压缩率 P_v、颗粒的排列 f_a、其他化合物的体积分数 f_v,可描述如下[237]:$J_r=J_sP_vf_a(1-f_v)$。黏结磁体的密度强烈地依赖于合金粉末颗粒尺寸的分布。颗粒越大,压制后的实际密度与理论密度差越大。粗粉与细粉结合可以提高磁体的密度,小的粉末颗粒或许会占据大粉末颗粒的间隙,因此可增加硬磁合金粉末的致密度,然而粗粉氮化不均匀会使氮含量不均匀。作者在试验中没有刻意搭配粗细粉含量,只是在氮化后进行了研磨,以获得更多的细粉,得到的磁体密度为 4.8～5.0g/cm^3,但合金中的物相组成较为复杂,因此得到的磁性能曲线也不是直线性的就比较容易理解了。

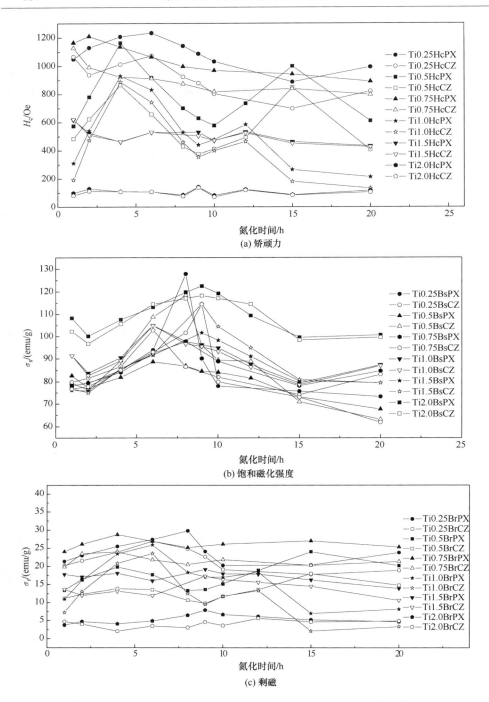

图 6.23　　$Sm_2Fe_{17-x}Ti_x(x=0.25,0.5,0.75,1.0,1.5,2.0)$合金粉末
氮化后环氧树脂黏结磁体的磁性能

6.4　Sm₂Fe₁₇₋ₓTiₓ合金在流动氮气氛中的氮化

6.4.1　试验条件

对用电弧炉冶炼(补偿钐含量为 20wt%,对应不含 Ti 的合金成分为 $Sm_{12.4}Fe_{87.6}$)的 Sm-Fe-Ti 合金按成分 $Sm_2Fe_{17-x}Ti_x(x=0,0.5,1.0,2.0)$配料,在电弧炉中反复熔炼 4 次,真空封管后在图 5.22 所示的设备中 1000℃下退火 48h 后在炉内慢冷。合金破碎成小于 $38\mu m$ 后在图 5.22 所示的设备中,采用流量为 3L/min 的流动纯氮气氛,氮化温度仍为 500℃,保温 2h、4h、6h、10h 氮化后,继续通氮气直到炉内温度接近室温取出粉末完成氮化过程。

6.4.2　退火后合金的 BSE 像

图 6.24 为 $Sm_2Fe_{17-x}Ti_x$合金退火后炉冷的 BSE 像,可见三种合金中均只有两种物相,即灰色的基体相 $Sm_2(Fe,Ti)_{17}$,黑色相 α-Fe(Ti)。可见在 Ti 含量为 $x=0.5$时有最少的 α-Fe(Ti),这与图 6.3(d)相近,但图 6.24(a)中仍存在α-Fe(Ti)可能是由于 Sm 补偿含量偏低(20wt%)。

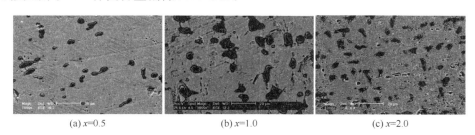

　　(a)$x=0.5$　　　　　　　　(b)$x=1.0$　　　　　　　　(c)$x=2.0$

图 6.24　$Sm_2Fe_{17-x}Ti_x$合金退火后炉冷的 BSE 像

6.4.3　退火后合金 XRD

图 6.25 为 $Sm_2Fe_{17-x}Ti_x(x=0,0.5,1.0,2.0)$合金退火后慢冷的 XRD 图,其中图 6.25(a1)为 $Sm_{12.4}Fe_{87.6}$,其主相与图中 Sm_2Fe_{17}的衍射位置正对。当 Ti 的替代含量 $x=0.5$(图 6.25(a2)),1.0(图 6.25(a3)),2.0(图 6.25(a4))时,合金退火后慢冷得到的物相均只有两种,即 2:17 型相与 α-Fe。这与前面退火后(图 6.9)快冷得到的物相组成明显不同。可见退火后的冷却速度成为控制物相类型的主要因素。另外,在图 6.25 中,随着 Ti 替代含量的增加,所有 2:17 型相的衍射峰向小角度偏移,而且 Ti 含量越高偏移量越大,说明 Ti 溶入了 Sm_2Fe_{17}中使晶格最大限度地膨胀。另外,由图 6.25(b)放大的 α-Fe 的 110 衍射可见,α-Fe 的晶格也明显随 Ti 含量的增加而膨胀,说明 Ti 也溶入了 α-Fe 中(应为置换固溶)形成了

α-Fe(Ti)。经计算得到的晶格常数及 α-Fe 含量见表 6.6。当 Ti 含量分别为 $x=$ 0.5,1.0,2.0 时,退火炉冷后合金中 $Sm_2(Fe,Ti)_{17}$ 相晶格单胞体积膨胀分别已经达到了 0.09%、3.66%、4.05%,残留的 α-Fe 含量略有增加,分别达到 3.5%、4.5%、6.0%。$Sm_2Fe_{17-x}Ti_x$ 合金中 $Sm_2(Fe,Ti)_{17}$ 相的衍射位置与 JCPDS 卡片中 Sm_2Fe_{17} 相衍射位置对比如图 6.26 所示,可见 Ti 含量 $x=0.5$ 时,偏移量较小,而当 $x=1.0,2.0$ 时,偏移量较大,而且随着 2θ 角度的增大,偏移量略有增大。

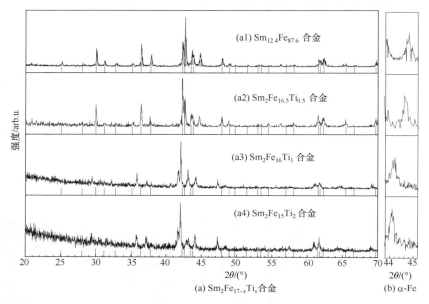

图 6.25　$Sm_2Fe_{17-x}Ti_x(x=0,0.5,1.0,2.0)$ 合金退火后慢冷的 XRD 图

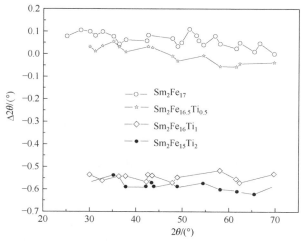

图 6.26　$Sm_2Fe_{17-x}Ti_x$ 合金中 $Sm_2(Fe,Ti)_{17}$ 相的衍射位置与 JCPDS 卡片中 Sm_2Fe_{17} 相衍射位置对比

6.4.4　氮化后粉末的物相分析

图 6.27 为 $Sm_2Fe_{16.5}Ti_{0.5}$ 合金在流动氮气氛中氮化前后的 X 射线衍射图,由图可见,氮化后,合金粉末中仍只有两种物相,即 2:17 型相与 α-Fe。但 2:17 型相与退火后相比,又向小角度方向发生了移动,说明形成了 $Sm_2(Fe,Ti)_{17}N_y$ 相,其移动的幅度可由 2:17 型相的特征峰与 Sm_2Fe_{17} 相的衍射方向位置的对比得到,如图 6.28 所示,随着氮化时间的延长,偏移幅度增大,其中氮化 2h 与氮化 4h 的幅度相近,氮化 6h 与氮化 10h 的相近,这可能意味着这种移动有最大极限,即晶格膨胀有最大值。从图 6.27(a)中氮化 2h、4h、6h、10h 的 2:17 型相与图中下部竖线对应的 $Sm_2Fe_{17}N_3$ 相的衍射对比会发现,只氮化 2h 与 4h 的衍射峰位已与 $Sm_2Fe_{17}N_3$ 的峰位正对,说明氮化 2h 后 $Sm_2(Fe,Ti)_{17}$ 晶格的膨胀效果已与 $Sm_2Fe_{17}N_3$ 的相当,也就是说,氮化 2h 后的氮含量 y 已接近于 3,因为还有 Ti 的膨胀效果,所以应该略小于 3。但氮化 6h 与 10h 后,2:17 型相的衍射峰位已经远超过 $Sm_2Fe_{17}N_3$ 的衍射位置了,说明其中的氮含量 y 超过 3 了。另一规律是,氮化后的所有 $Sm_2(Fe,Ti)_{17}N_y$ 相的衍射峰向小角度偏移的幅度随着 2θ 角度的增大而增大,在 $2\theta=70°$ 的最大偏移角度已超过 2°。另外,从放大的图 6.27(b)中 α-Fe 的 110 衍射也可以看出,α-Fe 的晶格也随着氮化时间的延长而增大,说明形成了 Fe(Ti)-N 相。对氮化后合金中的 $Sm_2(Fe,Ti)_{17}N_y$ 相的晶格常数及 α-Fe 含量的计算见表 6.6。由表 6.6 可见,当氮化 2h、4h、6h、10h 后,$Sm_2(Fe,Ti)_{17}N_y$ 相单胞体积膨胀分别达到了 5.74%、6.24%、10.35%、10.45%,残留的 α-Fe 体积百分比分别为 2.1%、3.6%、5.5%、5.3%。氮化后的最高单胞体积百分比 10.45% 远大于表 6.5 的 7.69%,说明用流动的氮气氛氮化可以获得更高的氮含量和更大的单胞膨胀。而氮化后 α-Fe 含量分布于 2.1%~5.5% 范围内,没有明显的增加现象,说明在氮化过程中 $Sm_2(Fe,Ti)_{17}N_y$ 相的"分解"不明显。

图 6.29 为 $Sm_2Fe_{16}Ti_1$ 合金在流动氮气氛中氮化前后的 XRD 图,分析后发现,氮化后仍与退火后相同,只有两相,即 2:17 型相与 α-Fe。氮化后 2:17 型相向小角度偏移规律与图 6.27 相似,氮化 2h、4h 偏移幅度相近,氮化 6h、10h 相近,其偏移量如图 6.30 所示,氮化超过 6h 后在 $2\theta=70°$ 的最大偏移量达到约 2.2°。与图 6.27 不同点在于,图 6.27(b)中 α-Fe 的 110 衍射在氮化 2h 与 4h 后反而向大角度方向偏移,氮化 6h 与 10h 后又向大角度方向偏移,这可能意味着在未氮化前,合金退火过程中 Ti 主要溶入了 Sm_2Fe_{17} 晶格与 α-Fe 晶格中,但氮化后原来在 α-Fe 晶格中的 Ti 有可能也溶入了 Sm_2Fe_{17} 晶格中,而且 N 也优先进入 Sm_2Fe_{17} 晶格中。对比图 6.29(a)中 $Sm_2(Fe,Ti)_{17}N_y$ 的衍射与图中下部竖线对应的 $Sm_2Fe_{17}N_3$ 衍射位置可发现,氮化 2h、4h 的衍射位置已与 $Sm_2Fe_{17}N_3$ 的相当,而氮化超过 6h 后则偏向 $Sm_2Fe_{17}N_3$ 的小角度方向。计算后得到合金中 $Sm_2(Fe,Ti)_{17}N_y$ 相的晶格参数与 α-Fe 体积百分比见表 6.6。由表 6.6 可见,当氮化 2h、4h、6h、10h 后,

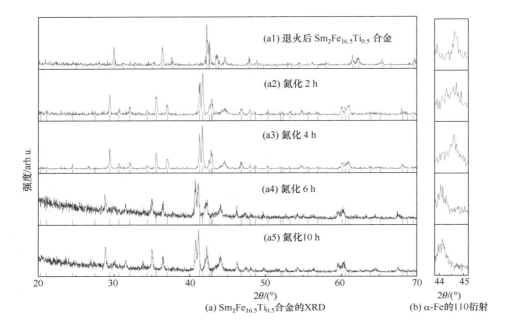

图 6.27　$Sm_2Fe_{16.5}Ti_{0.5}$ 合金在流动氮气氛中氮化前后的 XRD 图

（a1）下部示出 Sm_2Fe_{17} 的衍射位置；（a2）～（a5）下部示出 $Sm_2Fe_{17}N_3$ 的衍射位置

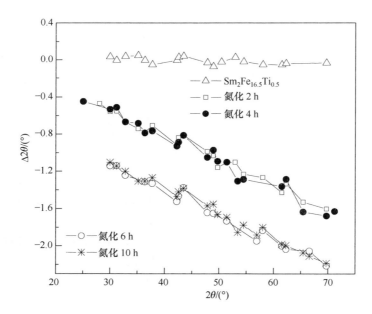

图 6.28　$Sm_2Fe_{16.5}Ti_{0.5}$ 合金中 $Sm_2(Fe,Ti)_{17}$ 相的衍射

位置与 Sm_2Fe_{17} 相衍射位置对比

Sm$_2$(Fe,Ti)$_{17}$N$_y$相单胞体积膨胀分别达到了 5.74%、6.24%、10.35%、10.45%，残留的 α-Fe 体积百分比分别为 2.1%、3.6%、5.5%、5.3%，没有明显的增加现象，说明在氮化过程中 Sm$_2$(Fe,Ti)$_{17}$N$_y$相的分解也不明显。

表 6.6　Sm$_2$Fe$_{17-x}$Ti$_x$($x=0,0.5,1.0,2.0$)合金氮化前后 2:17 型
相的晶格参数 a、c，单胞体积 V，以及体积膨胀 $\Delta V/V$ 与 α-Fe 体积百分比

技术	晶格参数				$\Delta V/V$ /%	α-Fe/%
	$a/\text{Å}$	$c/\text{Å}$	$V/\text{Å}^3$	c/a		
Sm$_2$Fe$_{17}$	8.52387	12.50398	786.78	1.467	0	4.1
退火后 Sm$_2$Fe$_{16.5}$Ti$_{0.5}$	8.54817	12.44352	787.45	1.456	0.09	3.5
氮化 2h	8.71318	12.65443	832.01	1.452	5.75	2.1
氮化 4h	8.73793	12.64127	835.87	1.447	6.24	3.6
氮化 6h	8.82106	12.88425	868.22	1.461	10.35	5.5
氮化 10h	8.83576	12.85256	868.98	1.455	10.45	5.3
退火后 Sm$_2$Fe$_{16}$Ti$_1$	8.65213	12.58003	815.56	1.454	3.66	4.5
氮化 2h	8.73752	12.61925	834.33	1.444	6.04	5.3
氮化 4h	8.73764	12.68745	838.87	1.452	6.62	5.2
氮化 6h	8.83106	12.84324	867.42	1.454	10.25	4.4
氮化 10h	8.83076	12.85246	867.98	1.455	10.32	5.7
退火后 Sm$_2$Fe$_{15}$Ti$_2$	8.66076	12.60286	818.68	1.455	4.05	6.0
氮化 2h	8.81251	12.80934	861.50	1.454	9.50	3.9
氮化 4h	8.81689	12.82857	863.65	1.455	9.77	4.8
氮化 6h	8.8341	12.85735	868.97	1.455	10.45	3.8
氮化 10h	8.84235	12.84006	869.43	1.452	10.50	13.3

图 6.31 为 Sm$_2$Fe$_{15}$Ti$_2$合金在流动氮气氛中氮化前后的 XRD 图，分析后发现氮化后仍能保持两种物相，即 Sm$_2$(Fe,Ti)$_{17}$N$_y$ 与 α-Fe。其中 Sm$_2$(Fe,Ti)$_{17}$N$_y$相的衍射峰在氮化 2h(图 6.31(a2))后已偏向 Sm$_2$Fe$_{17}$N$_3$ 相(图中下部竖线)的小角度方向，氮化 4h、6h、10h 的偏移比氮化 2h 的增幅不大，如图 6.32 所示，与图 6.28 和图 6.30 相比，说明 Ti 的替代加快了氮化速度，同时对于 Sm$_2$Fe$_{15}$Ti$_2$合金，氮化 2h 后已接近合金的饱和状态。另外，从图 6.31(b)中 α-Fe 的 110 衍射可以看出，氮化后的峰位与退火后的峰位相差不大，说明 Ti 替代确实增加了 α-Fe 的晶格间隙，而 N 只是进入扩大了的间隙而不再大幅增大晶格的膨胀量，这与 N 进入 Sm$_2$(Fe,Ti)$_{17}$晶格后继续增大晶格的单胞体积不同。对合金中的 Sm$_2$(Fe,Ti)$_{17}$N$_y$相的晶格参数与 α-Fe 含量的计算见表 6.6，氮化后 Sm$_2$(Fe,Ti)$_{17}$N$_y$

相的单胞体积增大9.5%～10.5%,这应该是 $Sm_2(Fe,Ti)_{17}N_y$ 相的最大单胞体积膨胀量。而在氮化10h达到最大单胞体积膨胀量10.5%的同时,α-Fe含量也达到最高值13.3%,这可能说明当 $Sm_2(Fe,Ti)_{17}N_y$ 相的晶胞膨胀造成的应力达到很高值时,同样存在分解的可能性,造成α-Fe含量增加。

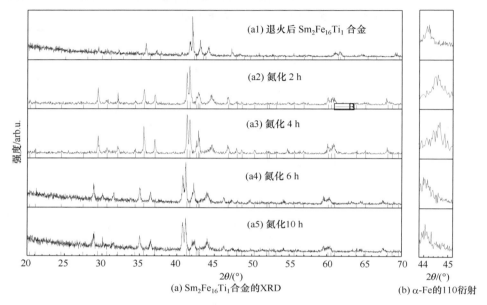

图 6.29　$Sm_2Fe_{16}Ti_1$ 合金在流动氮气氛中氮化前后的 XRD 图

(a1)下部示出 Sm_2Fe_{17} 的衍射位置;(a2)～(a5)下部示出 $Sm_2Fe_{17}N_3$ 的衍射位置

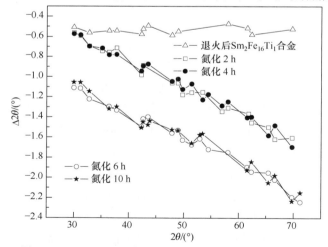

图 6.30　$Sm_2Fe_{16}Ti_1$ 合金中 $Sm_2(Fe,Ti)_{17}$ 相的衍射位置

与 Sm_2Fe_{17} 相衍射位置对比

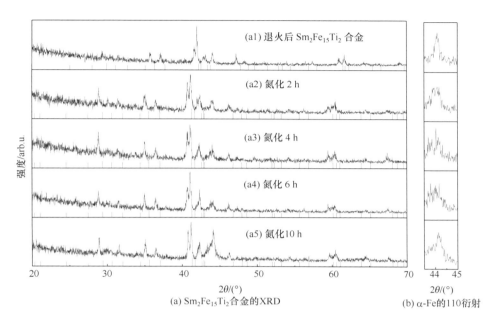

(a) Sm₂Fe₁₅Ti₂合金的XRD　　　　(b) α-Fe的110衍射

图 6.31　Sm₂Fe₁₅Ti₂合金在流动氮气氛中氮化前后的 XRD 图

（a1）下部示出 Sm₂Fe₁₇ 的衍射位置；（a2）～（a5）下部示出 Sm₂Fe₁₇N₃ 的衍射位置

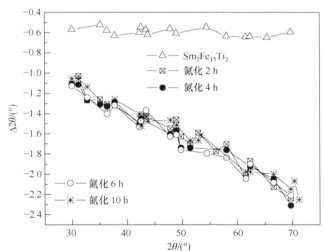

图 6.32　Sm₂Fe₁₅Ti₂ 合金中 Sm₂(Fe,Ti)₁₇ 相的衍射位置
与 Sm₂Fe₁₇ 相衍射位置对比

最后从总体看，所有合金氮化前后的 c/a 均分布在 1.45 附近，说明氮化后晶轴的变化是均匀的，没有明显的各向异性膨胀现象。

6.4.5 流动氮气氛中氮化机制

与在封密氮气氛中氮化的相同点在于,增加 Ti 含量均加快了氮化速度,氮化也是由氮与 Sm-Fe-Ti 相的反应及氮的均匀化过程组成。区别在于:①在流动氮气氛中氮化后的最终晶格膨胀量大;②在 Ti 替代含量 $x \leqslant 2$ 的合金氮化后均没有改变 2:17 型主相结构,氮化后除 $Sm_2Fe_{15}Ti_2$ 在氮化 10h 后有 α-Fe 含量明显增加现象外,其余合金均没有出现明显的 2:17 型氮化相分解或结构破坏的迹象。

6.4.6 氮化后的磁性能

图 6.33 为 $Sm_2Fe_{17-x}Ti_x(x=0,0.5,1.0,2.0)$ 合金氮化后的磁性能。由图可见,所有合金均在氮化 4h 或 6h 后矫顽力 H_c、饱和磁化强度 σ_s 有最大值,而剩磁则在氮化 2h 或 4h 后有最大值,这可能是由于在氮化 2h 后,部分合金中的氮含量未接近 2:17 型结构中 9e 晶位能容纳的饱和氮,硬磁性能偏低,而氮化 4h 或 6h 后,9e 晶位接近饱和,硬磁性能达到最高。再增加氮化时间后,晶格单胞体积膨胀都达到最高值,约 10%,又会恶化磁性能,使矫顽力、饱和磁化强度、剩磁均降低。从这四种成分合金对比看,矫顽力由高到低为 $Sm_2Fe_{16}Ti_1N_y \geqslant Sm_2Fe_{15}Ti_2N_y \geqslant Sm_2Fe_{16.5}Ti_{0.5}N_y > Sm_2Fe_{17}N_y$,而饱和磁化强度的顺序为 $Sm_2Fe_{16.5}Ti_{0.5}N_y \geqslant Sm_2Fe_{17}N_y \geqslant Sm_2Fe_{16}Ti_1N_y \geqslant Sm_2Fe_{15}Ti_2N_y$;剩磁的顺序为 $Sm_2Fe_{16}Ti_1N_y \geqslant Sm_2Fe_{16.5}Ti_{0.5}N_y \geqslant Sm_2Fe_{15}Ti_2N_y \geqslant Sm_2Fe_{17}N_y$。可见添加部分 Ti 提高了合金磁粉的矫顽力,但饱和磁化强度与剩磁没有明显提高,变化规律与密封氮气氛中的规律不同,$Sm_2Fe_{16.5}Ti_{0.5}N_y$ 反而表现出较低的矫顽力,在 $Sm_2Fe_{16}Ti_1N_y$、$Sm_2Fe_{15}Ti_2N_y$ 合金中得到的最高矫顽力也略低于图 6.22(a) 中 $Sm_2Fe_{16.5}Ti_{0.5}N_y$ 的最高值,但高于对应 $Sm_2Fe_{16}Ti_1N_y$、$Sm_2Fe_{15}Ti_2N_y$ 合金的值。最高磁化强度值与最高剩磁值相近。

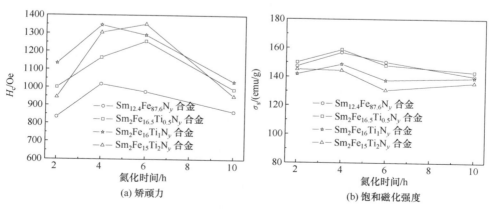

(a) 矫顽力　　　　　　　　　　(b) 饱和磁化强度

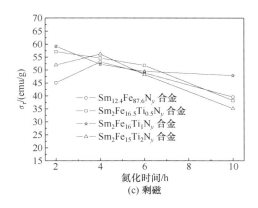

图 6.33　Sm₂Fe₁₇₋ₓTiₓ（x＝0,0.5,1.0,2.0）合金氮化后的磁性能

6.5　本 章 小 结

本章通过对不同组成的 Sm-Fe-Ti 合金采用在封闭氮气氛及流动氮气氛中氮化的组织、结构、磁性能及制备工艺的研究得到以下结论：

（1）Sm₂Fe₁₇₋ₓTiₓ合金在铸态以不同速度冷却后，可以得到不同的物相，其规律是：Sm₂(Fe,Ti)₁₇相主要在 Ti 的添加量 x＜1.0 时能稳定存在，再增加 Ti 含量会大幅减少；Sm₃(Fe,Ti)₂₉相在 x＝1.0 时含量最多，再增加 Ti 替代量到 x＞2.0后明显减少；Fe₉.₅SmTi₁.₅相在 x＝1.0 时开始形成，随着 x 值增大，在铸态合金中含量始终较少；SmFe₁₁Ti 相在 x＝1.0 时就已形成，在 x＝2.0 与 3.0 时含量较多，但到 x＝4.0 又减少；Fe₂Ti 相在 x＝0.5 时就可能存在，随着 x 的增大，其含量逐渐增多；α-Fe 在 x≤1.0 时存在但含量较低，x＞1.0 后逐渐被 Fe₂Ti 取代；Sm(Fe, Ti)₂在 Ti 含量 x≥2.0 后逐渐增多；SmFe₃在 x＝0.5 时有一定的含量，但增加 Ti 含量后其含量减少，到 x＝2.0 后基本消失；而 SmFe₂相似乎比较稳定，在所有合金中均存在，而且 Ti 含量增加后其含量也增加。

（2）Sm₂Fe₁₇₋ₓTiₓ合金在 1000℃退火 48h 后快冷，铸态物相发生较大变化，其规律是：Sm₂(Fe,Ti)₁₇相主要在 Ti 的添加量 x＜1.0 时能稳定存在，但随着 x 增大，其含量有减小的趋势；Sm₃(Fe,Ti)₂₉相在 x＝1.0 时含量最多，再增加 Ti 替代量后减少；Fe₉.₅SmTi₁.₅当 x＝1.0 时开始形成，随着 x 增大，其含量增加，在 x＞2.0 后成为主相；SmFe₁₁Ti 相在 x＝0.75 时就已形成，在 x＝1.0 时含量较多，但直到 x≤4.0 始终没有成为主相存在；Fe₂Ti 相在 x＞1.5 后开始形成，随着 x 的增大，其含量逐渐增多。α-Fe 在 x＜1.0 时存在，x＞0.75 后逐渐被 Fe₂Ti 取代；SmFe₂在退火后合金中一般不存在，但在 Ti 含量增加到 x≥3.0 后，反而又出现。

在退火过程中可能存在 $SmFe_{11}Ti + SmFe_2$（或 $Sm(Fe,Ti)_2$）$+ \alpha\text{-}Fe \longrightarrow$ $Sm_3(Fe,Ti)_{29} + Sm_2(Fe,Ti)_{17} + Fe_{9.5}SmTi_{1.5}$ 或 $Sm(Fe,Ti)_2 + Sm_3(Fe,Ti)_{29} +$ $SmFe_{11}Ti + Fe_2Ti \longrightarrow Fe_{9.5}SmTi_{1.5}$ 的物相转换。

（3）退火后的 $Sm_2Fe_{17-x}Ti_x$ 合金在封闭的氮气氛中、500℃下氮化不同时间后物相有很大变化,其规律是:当 Ti 在 $Sm_2Fe_{17-x}Ti_xN_y$ 中的含量为 $x=0.5$ 时,氮化后只改变晶格常数与性能,不改变退火后的菱方结构,主相变为 $Sm_2(Fe,Ti)_{17}N_y$,除氮化9h 的 $\alpha\text{-}Fe$ 含量较高外,其余均较低;当 $x=1.0$ 时,退火后主相为 $Sm_3(Fe,Ti)_{29}$型,氮化 1h、6h 与 20h 的 $\alpha\text{-}Fe$ 含量较高,其余氮化时间段仍能得到较多的 3:29型主相结构;当 $x=2.0$ 时,所有时间段的氮化相均有较高含量的 $\alpha\text{-}Fe$,尤其氮化1h 与氮化 20h 后 $\alpha\text{-}Fe$ 变为主相,但随着氮化时间从 2h 增加到 12h 后,仍能得到部分 Sm-Fe-Ti-N 相;当 $x=3.0$ 与 $x=4.0$ 时,退火后的主相为 1:11 型（$Fe_{9.5}SmTi_{1.5}$）,氮化后这种结构基本消失,而相对在 $x=3.0$ 的合金中,$\alpha\text{-}Fe$ 含量较多,在 $x=4.0$ 时,合金中的主相则变为 Fe_2Ti。可见在 Ti 含量 $0.5 \leqslant x \leqslant 4.0$ 范围内,氮化后物相均有不同程度的“分解”现象,这种分解的主要原因在于:氮化及 Ti替代使退火后合金中晶格膨胀量增大时,会破坏退火后 Sm-Fe-Ti 相晶格的结构。

（4）部分钛替代部分 Fe 后,增加合金中的氮含量及氮化速度。粗粉中的氮含量远低于细粉中的氮含量。氮化 $0 \sim 20h$ 范围内氮含量与氮化时间及 Ti 含量（$x<3$）的关系满足反曲函数的 logistic 公式 $y = \dfrac{A_1 - A_2}{1 + \left(\dfrac{x}{x_0}\right)^p} + A_2$。

（5）当 $Sm_2Fe_{17-x}Ti_x$ 合金中 Ti 含量为 $x \leqslant 1$ 时,会提高 Sm_2Fe_{17} 型合金粉末的矫顽力及剩磁,饱和磁化强度提高不明显,甚至会降低。$x \leqslant 2$ 合金 $Sm_2Fe_{17-x}Ti_x$ 的σ_s 值分布于 $140 \sim 180$emu/g;$Sm_2Fe_{16.5}Ti_{0.5}$ 合金氮化 12h 的最高矫顽力为 1710 Oe,氮化 4h 后的最高剩磁值为 57.6emu/g;$Sm_2Fe_{16.25}Ti_{0.75}$ 合金的剩磁最高值为氮化20h 的 62.47emu/g。

（6）Ti 含量 $x \leqslant 1$ 的 $Sm_2Fe_{17-x}Ti_xN_y$ 环氧树脂黏结磁体具有明显的各向异性,再增加 Ti 含量,磁性能低,各向异性不明显。矫顽力值由高到低顺序为$Sm_2Fe_{16.25}Ti_{0.75}N_y \geqslant Sm_2Fe_{16.75}Ti_{0.25}N_y \geqslant Sm_2Fe_{16.5}Ti_{0.5}N_y \geqslant Sm_2Fe_{16}Ti_1N_y \geqslant$ $Sm_2Fe_{15.5}Ti_{1.5}N_y \geqslant Sm_2Fe_{15}Ti_2N_y$。饱和磁化强度值 σ_s 由高到低的顺序为$Sm_2Fe_{15}Ti_2N_y \geqslant Sm_2Fe_{15.5}Ti_{1.5}N_y \geqslant Sm_2Fe_{16}Ti_1N_y \geqslant Sm_2Fe_{16.25}Ti_{0.75}N_y \geqslant$ $Sm_2Fe_{16.5}Ti_{0.5}N_y \geqslant Sm_2Fe_{16.75}Ti_{0.25}N_y$。剩磁值由高到低的顺序为$Sm_2Fe_{16.25}Ti_{0.75}N_y \geqslant Sm_2Fe_{16.75}Ti_{0.25}N_y \geqslant Sm_2Fe_{16.5}Ti_{0.5}N_y \geqslant Sm_2Fe_{16}Ti_1N_y \geqslant$ $Sm_2Fe_{15.5}Ti_{1.5}N_y \geqslant Sm_2Fe_{15}Ti_2N_y$。

（7）$Sm_2Fe_{17-x}Ti_x$（$x=0,0.5,1.0,2.0$）合金退火后炉冷得到的合金中主相均为 2:17 型,在流动氮气氛中氮化也不改变 2:17 型主相结构。单胞体积膨胀量最高为 10.5%,远大于在封闭气氛中氮化的单胞体积膨胀。所有合金均在氮化 4h 或 6h 后的矫顽力 H_c、饱和磁化强度 σ_s 有最大值,最大值低于在封闭气氛中 $Sm_2Fe_{16.5}Ti_{0.5}N_y$ 的值。而剩磁则在氮化 2h 或 4h 后有最大值,并与在封闭气氛中 $Sm_2Fe_{16.5}Ti_{0.5}N_y$ 的值相当。

(8) Ti 在 $Sm_2Fe_{17-x}Ti_x$ 合金及其氮化物中的作用可总结为:①在 Ti 含量为 $x=0.5$ 与 $x=0.75$ 时,可以明显减少退火后合金中的 α-Fe 含量。②Ti 优先进入 2:17 型结构中的 6c 晶位,取代 Fe 原先的位置(有很短的 Fe—Fe 键长),减小了负的相互作用。Ti 取代不改变易面性,尽管其影响各向异性值,但不改变易磁化方向。③不同 Ti 含量改变了合金中的物相组成。④由于 Ti 原子半径大于 Fe 原子半径,主相的点阵参数随 Ti 含量的变化有不同的规律,最终使合金的各向异性场改变,改变磁性能。⑤Ti 是非磁性原子,不能提高饱和磁化强度而最终使剩磁提高不大,但提高合金的矫顽力。⑥氮化后由于 Ti 与 N 及 Fe 与 N 的亲合力不同,合金氮化后的物相有较大的变化。

第7章 $Sm_2Fe_{17-x}Nb_x$ 合金及其氮化物的研究

7.1 引 言

在本章,对公称比为 Sm_2Fe_{17} 合金中仍多补偿 25wt%Sm 外,用部分 Nb 替代 Fe,研究了 $Sm_2Fe_{17-x}Nb_x$ ($x=0.25\sim4$)合金及其氮化物的组织、物相结构、氮化过程、磁性能等。

仍旧采用电弧炉冶炼合金,工艺与 Sm-Fe 及 Sm-Fe-Ti 合金相同。铸态合金采用不同的冷却速度,以比较不同冷却方向的冷却特性。所有铸态合金均在 1000℃ 真空退火 48h 后快冷。合金初破碎到小于 $38\mu m$ 后,在图 6.1 所示的真空炉中氮化处理。氮化后的粉末进行 $1\sim2h$ 的研磨后在 VSM 上进行磁性能测试。

7.2 Sm-Fe-Nb 合金铸态与退火态组织形貌和物相结构分析

7.2.1 铸态与退火态合金组织形貌和物相

图 7.1 为 $Sm_2Fe_{17-x}Nb_x$ ($x=0.25,0.5,1.0,2.0,3.0,4.0$)合金铸态与退火态的 BSE 像。

其中图 7.1(a)为 $Sm_2Fe_{16.75}Nb_{0.25}$ 合金铸态的 BSE 像,与图 7.1(c)中 $Sm_2Fe_{16.5}Nb_{0.5}$ 合金铸态的 BSE 像的构成相似,共有三种衬度的物相,即灰色主相、白色晶界相与黑色晶内相。经对 $Sm_2Fe_{16.5}Nb_{0.5}$ 合金进行能谱与 XRD 分析(图 7.2)后确认,灰色相为 $Sm_2(Fe,Nb)_{17}$ 相(能谱分析原子比为 Sm:Fe:Nb=2:16.63:0.6),白色相为 $SmFe_2$ 与 $SmFe_3$ 相(能谱分析原子比为 Sm:Fe=1:2.10),黑色相为 $NbFe_2$ (能谱分析原子比为 Nb:Fe=1:2.57)与 α-Fe(Nb)(能谱分析原子比为 Nb:Fe= 1.56:98.44)。退火后 $Sm_2Fe_{16.75}Nb_{0.25}$ 合金(图 7.1(b))与 $Sm_2Fe_{16.5}Nb_{0.5}$ 合金(图 7.1(d))中只剩下两种衬度的物相,基体为灰色的 $Sm_2(Fe,Nb)_{17}$ 相,$Sm_2Fe_{16.75}Nb_{0.25}$ 合金中还有较多灰黑色 $NbFe_2$ 相与 α-Fe(Nb)相,而 $Sm_2Fe_{16.5}Nb_{0.5}$ 合金中的灰黑色相已很少。根据能谱结果得到,退火后 $Sm_2Fe_{16.75}Nb_{0.25}$ 合金平均成分的原子比为 Sm:Fe:Nb=2:16.62:0.21;$Sm_2Fe_{16.5}Nb_{0.5}$ 合金平均成分的原子比为 Sm:Fe:Nb=2:16.59:0.56,另外得到的 $Sm_2Fe_{16.25}Nb_{0.75}$ 合金平均成分的原子比为 Sm:Fe:Nb=2:16.48:0.81;$Sm_2Fe_{16}Nb_1$ 合金平均成分的原子比为 Sm:Fe:Nb=2:16.46:1.18;$Sm_2Fe_{15.75}Nb_{1.25}$ 合金平均成分的原子比为 Sm:Fe:Nb=2:16.35:1.32;$Sm_2Fe_{15.5}Nb_{1.5}$ 合金平均成分的原子比为 Sm:Fe:Nb=

2：16.02：1.72；$Sm_2Fe_{15}Nb_2$ 合金平均成分的原子比为 Sm：Fe：Nb＝2：15.72：2.35；$Sm_2Fe_{14}Nb_3$ 合金平均成分的原子比为 Sm：Fe：Nb＝2：15.35：3.3；$Sm_2Fe_{13}Nb_4$ 合金平均成分的原子比为 Sm：Fe：Nb＝2：15.05：4.43。从能谱的比例看,似乎在冶炼过程中,Nb 含量越高,钐的挥发量有增大趋势。但在本节中为了叙述方便,仍以原材料的配比来描述,其他物相的能谱的具体值也不再给出。

图 7.1(e)为铸态 $Sm_2Fe_{16}Nb_1$ 合金的 BSE 像,可见,图中只有极少量的灰黑色相和极少量的若隐若现的断续的白色点状晶界相,其余全部为灰色的基体相,由能谱与 XRD 结果(图 7.3)可知,该成分合金的铸态与退火态的主相均为 $Sm_2(Fe,Nb)_{17}$ 相,黑色相为 Fe_2Nb,白亮点为 $SmFe_2$ 与 $SmFe_3$,退火后白亮点彻底消失,黑色相明显减少,其衬度已与基体相很难区分,因此图 7.1(f)退火的 BSE 像是最干净的组织。

图 7.1(g)和(h)分别为铸态与退火态 $Sm_2Fe_{15}Nb_2$ 合金的 BSE 像,二者的物相组成是相同的,由能谱分析及 XRD 分析(图 7.4)可知,均由灰色的基体相 $Sm_2(Fe,Nb)_{17}$ 及白亮的 $SmFe_2$ 相(有的 $SmFe_2$ 中也有一些 Nb)、灰黑色的 Fe_2Nb 相(另有部分 Fe_5Nb_3 相)、黑色的 α-Fe(Nb) 相组成,但区别点在于:①铸态的富钐相是分散的多点状分布在晶界上的,而退火后反而集中分布在晶界上,从 XRD 看,退火后含量降低;②退火后,黑色的 α-Fe(Nb) 呈点状分布得更明显;③退火后灰黑色的 Fe_2Nb 未见明显含量减少与颗粒减小。

图 7.1(i)和(j)分别为铸态与退火态 $Sm_2Fe_{14}Nb_3$ 合金的 BSE 像,二者的物相组成是相同的,由能谱分析及 XRD 分析(图 7.4)可知,均由灰色相 $Sm_2(Fe,Nb)_{17}$ 及白亮的 $SmFe_2$ 相(有的 $SmFe_2$ 中也有一些 Nb,如能谱成分原子比为 Sm：Fe：Nb＝1：2.04：0.05)、灰黑色的 Fe_2Nb 相及 Fe_5Nb_3 相、黑色的 α-Fe(Nb) 相组成。退火前后的区别点在于:①退火后灰黑色相颗粒变小、变圆;②富钐相由铸态的断续分布在晶界周围变为连续地分布,含量也增加;③与图 7.1(h)相比,灰黑色的 Fe_2Nb 及 Fe_5Nb_3 相与富钐的 $SmFe_2$ 相增多,其中 Fe_5Nb_3 相对 Fe_2Nb 增加更多,因此灰色的基体相 $Sm_2(Fe,Nb)_{17}$ 相对减少。

图 7.1(k)和(l)分别为铸态与退火态 $Sm_2Fe_{13}Nb_4$ 合金的 BSE 像,二者的物相组成是相同的,由能谱分析及 XRD 分析(图 7.4)可知,均由灰色相 $Sm_2(Fe,Nb)_{17}$ 及白亮的 $SmFe_2$ 相(有的 $SmFe_2$ 中也有一些 Nb)、灰黑色的 Fe_5Nb_3 相及少量的 Fe_2Nb 相、黑色的 α-Fe(Nb) 相组成。退火前后的区别点在于:①退火后富钐的白色 $SmFe_2$ 相减少;②灰色相 $Sm_2(Fe,Nb)_{17}$ 增多;③灰黑色的 Fe-Nb 相呈条块状,颗粒没有明显减小,甚至有部分区域连成大块状,并已成为主相。

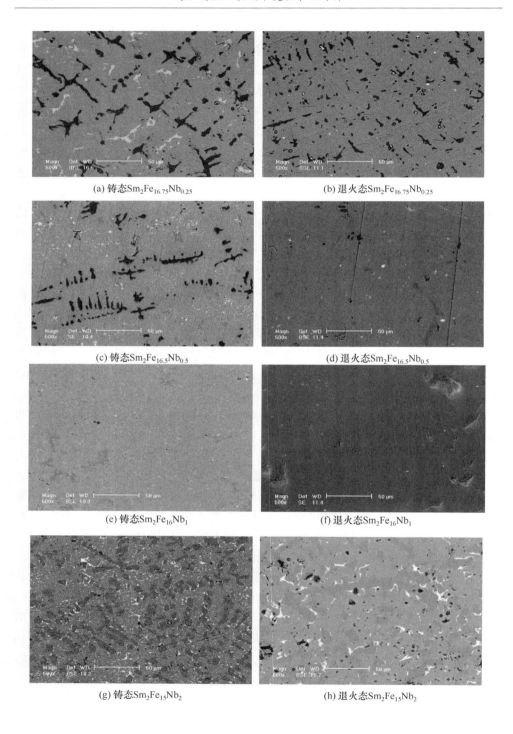

(a) 铸态$Sm_2Fe_{16.75}Nb_{0.25}$　　　　　　　　　(b) 退火态$Sm_2Fe_{16.75}Nb_{0.25}$

(c) 铸态$Sm_2Fe_{16.5}Nb_{0.5}$　　　　　　　　　(d) 退火态$Sm_2Fe_{16.5}Nb_{0.5}$

(e) 铸态$Sm_2Fe_{16}Nb_1$　　　　　　　　　(f) 退火态$Sm_2Fe_{16}Nb_1$

(g) 铸态$Sm_2Fe_{15}Nb_2$　　　　　　　　　(h) 退火态$Sm_2Fe_{15}Nb_2$

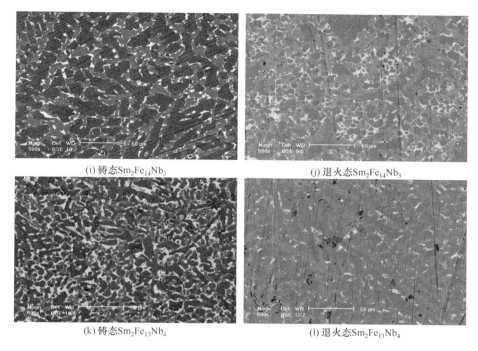

(i) 铸态Sm₂Fe₁₄Nb₃　　　　　　　　　　(j) 退火态Sm₂Fe₁₄Nb₃

(k) 铸态Sm₂Fe₁₃Nb₄　　　　　　　　　　(l) 退火态Sm₂Fe₁₃Nb₄

图 7.1　Sm₂Fe₁₇₋ₓNbₓ($x=0.25,0.5,1.0,2.0,3.0,4.0$)合金铸态与退火态的 BSE 像

7.2.2　铸态与退火态物相变化

图 7.2 为 Sm₂Fe₁₆.₅Nb₀.₅合金退火前后的 XRD 图,分析后发现,由于在电弧炉中冶炼后采用了快冷的方法,结果得到了图 7.2(a)主相为 SmFe₁₂ 的结构,另外还有 NdFe₂顺磁性相、富钐的 SmFe₂ 与 SmFe₃ 及少量的 α-Fe。两种富钐相中根据衍射峰的强度推断,SmFe₂ 相的含量要多些,NdFe₂同样要比 α-Fe 的含量多些。退火后(图 7.2(b))的主相则与铸态有根本的差别,主相变为了具有 Th₂Zn₁₇菱方结构的 Sm₂Fe₁₇ 相,另外还有少量的 Fe₂Nb 与极少量的 α-Fe。经计算,退火后合金中 Sm₂Fe₁₇物相的晶格参数为 $a=8.568589\text{Å}$,$c=12.495682\text{Å}$,$V=794.53\text{Å}^3$,残留的 α-Fe 体积百分比为 1.2%。

图 7.3 为 Sm₂Fe₁₆Nb₁合金退火前后的 XRD 图。对比铸态(图 7.2(a))与退火后(图 7.2(b))发现,它们的峰形变化不大,主相均为具有 Th₂Zn₁₇结构的 Sm₂Fe₁₇型相,区别在于铸态的 Sm₂Fe₁₇型相衍射峰位相对 Sm₂Fe₁₇相的衍射峰(图中下部竖线所对位置)一致性地向小角度方向发生了偏移,这可能是由铸态非平衡冷却应力较大及 Nb 部分置换 Sm₂Fe₁₇晶格中的 Fe 造成的,因为 Nb 的原子半径2.08Å、共价半径 1.34Å 大于 Fe 的原子半径 1.72Å、共价半径 1.17Å。另外,铸态

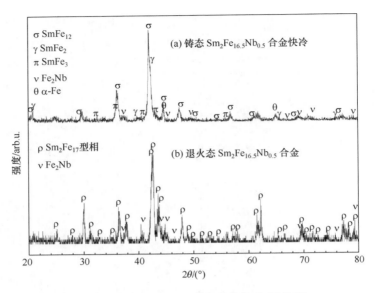

图 7.2　$Sm_2Fe_{16.5}Nb_{0.5}$ 合金退火前后 XRD 图

合金中还有 Fe_2Nb 及少量的 $SmFe_2$（$SmFe_3$ 含量极低）。而退火后，Fe_2Nb 含量明显减少，$SmFe_2$ 相消失，在铸态与退火态的合金中均未发现 α-Fe，可能是由于 Nb 含量增加使多余的 Fe 较多地形成了 Fe_2Nb。经计算，退火后合金中 Sm_2Fe_{17} 型物相的晶格参数为 $a=8.577126\text{Å}$，$c=12.510879\text{Å}$，$V=797.08\text{Å}^3$。

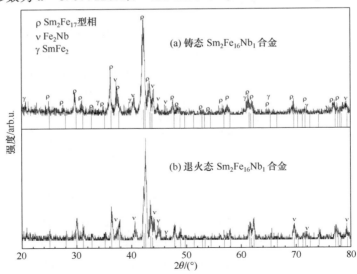

图 7.3　$Sm_2Fe_{16}Nb_1$ 合金退火前后 XRD 图

(a)与(b)下部竖线指出 Sm_2Fe_{17} 相的衍射峰位

　　当 Nb 的替代含量 $x > 1.0$ 后,铸态与退火态的区别主要在于相对含量的变化,主相结构已不再发生变化,故不再给出铸态的 XRD,而由退火后的 XRD 来描述。

7.2.3　退火态合金的物相构成

　　图 7.4 为 $Sm_2Fe_{17-x}Nb_x$($x = 0, 0.25, 0.5, 0.75, 1.0, 1.25, 1.5, 2.0, 3.0, 4.0$) 合金退火后的 XRD 图。纵观全图,可以看出,从 Nb 含量 $x = 0$ 到 $x = 4.0$,所有的合金退火后均有 Th_2Zn_{17} 菱方结构的 $Sm_2(Fe,Nb)_{17}$ 结构相存在,但其衍射强度是逐渐减弱的,这是由于其他相增加,尤其是 $x = 4.0$ 时,其衍射峰强度降到最低;另一个特点是,随着 Nb 含量的增加,所有 $Sm_2(Fe,Nb)_{17}$ 相的衍射峰与图中下部指出的 Sm_2Fe_{17} 相的特征峰位相比,一致地偏向小角度方向,尤其在 Nb 含量 $x \geqslant 2$ 后更明显,说明 Nb 确实替代了部分 Fe 的晶位。α-Fe 含量也是有起伏变化的,当 Nb 含量 $x = 0 \sim 0.25$ 时,α-Fe 是含量非常低的唯一的第二相,但当 Nb 替代含量达到 $x = 0.5$ 后,除 α-Fe 外,又多出了 Fe_2Nb 相;当 Nb 含量为 $x = 1.0$ 时,Fe_2Nb 相含量较多,α-Fe 减少,但又多出了 Fe_5Nb_3 相,某些 Fe_2Nb 相与 Fe_5Nb_3 相的衍射峰有重叠,不易准确区分开。从 Nb 含量 $x \geqslant 1.25$ 后,Fe_5Nb_3 相与 Fe_2Nb 相、α-Fe 含量在明显增多,其中 Fe_2Nb 相在 Nb 含量 $x = 3.0$ 时含量最多,而 α-Fe(Nb) 在 Nb 含量 $x = 4.0$ 时含量最多。$SmFe_2$ 相在 Nb 含量 $x \leqslant 1$ 时基本是不存在的;$x \geqslant 1.25$ 后,反而又出现了富钐相,直到 $x = 4.0$ 时仍存在。说明随着 Nb 含量的增加,$Sm_2(Fe,Nb)_{17}$ 中可容纳的 Nb 含量不是成线性递增的,反而使 $Sm_2(Fe,Nb)_{17}$ 相不稳定从而在退火后有

$$Sm_2(Fe,Nb)_{17} \longrightarrow SmFe_2 + Fe_5Nb_3 + Fe_2Nb \tag{7.1}$$

另外的可能是,当 Nb 含量较高时,均匀化退火困难,如图 7.1(j) 中,大多晶粒变小而圆时,在右上角部位却有一块非常大的灰黑块,由钢的相关知识知道,当钢中合金元素多时,其扩散也是非常缓慢的,因此可能在 1000℃ 下 48h 退火对 Nb 替代含量 $x \geqslant 1.25$ 的合金是不够的,应当再提高退火温度或延长退火时间。Fe-Nb 合金是顺磁性相,含量多时对磁性能是不利的,因此在 Sm_2Fe_{17} 型合金中添加替代 Nb 含量时从物相角度考虑应当控制在 $x \leqslant 1$。对所有合金中的 $Sm_2(Fe,Nb)_{17}$ 相的晶格常数进行了计算,综合在表 7.1 中。由表可见,$Sm_2(Fe,Nb)_{17}$ 相的晶格随着 Nb 含量的增加而膨胀,a 轴膨胀 $0.136\% \sim 0.882\%$,c 轴膨胀 $0.539\% \sim 0.946\%$,但 $c/a = 1.4509 \sim 1.4611$,变化幅度不大,说明 Nb 进入 2:17 型相晶格中是均匀膨胀的;单胞体积膨胀 $\Delta V/V = 0.813\% \sim 2.734\%$,再仔细分析还会发现,Nb 含量 $x < 0.75$ 时,单胞体积膨胀 $\Delta V/V < 1\%$,而当 $0.75 \leqslant x \leqslant 1.5$ 时,$1\% < \Delta V/V < 1.2\%$;当 $3 \leqslant x \leqslant 4$ 时,$2\% < \Delta V/V < 2.734\%$。

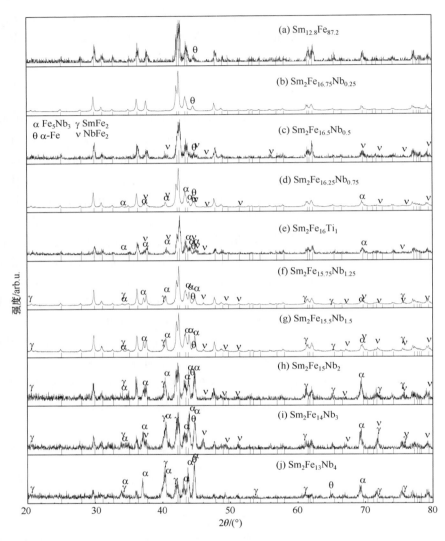

图 7.4　$Sm_2Fe_{17-x}Nb_x$($x=0.25,0.5,0.75,1.0,1.25,1.5,2.0,3.0,4.0$)合金退火后的 XRD 图
(a)～(j)衍射图的下方指出了 Sm_2Fe_{17} 相的标准衍射峰位置

表 7.1　退火后 $Sm_2Fe_{17-x}Nb_x$ 合金中 $Sm_2(Fe,Nb)_{17}$ 相的晶格参数 a、c，单胞体积 V 及其膨胀值

成分	a/Å	c/Å	V/Å³	c/a/%	$\Delta a/a$/%	$\Delta c/c$/%	$\Delta V/V$/%
Sm_2Fe_{17}	8.55523	12.42222	787.39	1.4520	0	0	0
$Sm_2Fe_{16.75}Nb_{0.25}$	8.566897	12.489146	793.80	1.4578	0.136	0.539	0.813
$Sm_2Fe_{16.5}Nb_{0.5}$	8.568589	12.495682	794.53	1.4583	0.156	0.591	0.906
$Sm_2Fe_{16.25}Nb_{0.75}$	8.57183	12.502219	795.55	1.4585	0.194	0.644	1.035

续表

成分	$a/\text{Å}$	$c/\text{Å}$	$V/\text{Å}^3$	$c/a/\%$	$\Delta a/a/\%$	$\Delta c/c/\%$	$\Delta V/V/\%$
Sm$_2$Fe$_{16}$Nb$_1$	8.577126	12.510879	797.08	1.4586	0.256	0.714	1.230
Sm$_2$Fe$_{15.75}$Nb$_{1.25}$	8.56858	12.519241	796.02	1.4611	0.156	0.781	1.096
Sm$_2$Fe$_{15.5}$Nb$_{1.5}$	8.576165	12.510165	796.86	1.4587	0.245	0.708	1.201
Sm$_2$Fe$_{15}$Nb$_2$	8.611205	12.507363	803.20	1.4525	0.654	0.685	2.007
Sm$_2$Fe$_{14}$Nb$_3$	8.621319	12.508697	805.17	1.4509	0.772	0.696	2.258
Sm$_2$Fe$_{13}$Nb$_4$	8.630673	12.539700	808.92	1.4529	0.882	0.946	2.734

7.3　Sm-Fe-Nb 合金在封闭氮气氛中的氮化

7.3.1　试验条件

Sm-Fe-Nb 合金在封闭氮气氛中的氮化的试验条件与 6.3.1 节内容相同。

7.3.2　不同粒度粉末氮含量的对比

图 7.5 为分别氮化 2h、6h、9h、12h 后 Sm$_2$Fe$_{17-x}$Nb$_x$N$_y$（$x=0.5,1.0,2.0,3.0,4.0$）两种粒度粉末（细粉（FP，粒度为 +325 目，符号编写为"Nb 替代含量的值 x+FP"）与粗粉（CP，粒度为 +60～−80 目，符号编写为"Nb 替代含量的值 x+CP"）对化合物中氮质量百分比的影响曲线。由图可见：①对于粗粉，随着氮化时间的增加，氮含量近线性增加；对于细粉，Nb 含量 $x\leqslant1$ 的合金氮含量在氮化 6h 前增幅较明显，之后增幅减小，对 $x=3.0$ 与 4.0 的合金氮化 2h 后的氮含量反而低于氮化 2h 的值。这首先说明细粉在氮化 2h 后高 Nb 含量合金中已接近氮含量饱和，而粗粉直到氮化 12h 后其氮含量甚至远低于对应合金细粉氮化 2h 的值；当 $x\geqslant3.0$ 后在氮化 2h 后氮含量反而减小可能与该合金中的物相变化（Fe-Nb 相为主）及氮的均匀化有关。②在成分相同、氮化时间相同的条件下，粗粉中的氮含量远低于细粉中的氮含量，显然粗粉不利于氮原子的扩散，这是由于粉末越细，表面积越大，氮的扩散路程越短，在相同氮化时间内氮含量越高。③在相同氮化时间下，随着合金中 Nb 含量的增加，粗细粉中的氮含量是增加的。

同样为了研究细粉的氮化规律，接着对细粉在 500℃下进行氮化 1～20h 的详细研究，氮化后合金粉末中的氮含量与氮化时间及 Nb 含量的关系曲线如图 7.6 所示，其中图 7.6(a)为氮化 1～20h 氮含量与氮化时间的关系，从总体看，氮化 2h 的氮含量在 Nb 含量 $x<1.5$ 时反而小于氮化 1h 的氮含量，$x\geqslant1.5$ 后，氮化 2h 的氮含量高于氮化 1h 的，而且仔细观察还会发现，从 Nb 含量 $x=0.25$ 增加到 $x=2.0$，这种变化似乎还是逐渐过渡的，这可能是由于 Nb 进入 2∶17 型相的晶格中

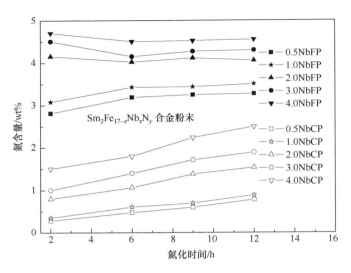

图 7.5 粗细粉 $Sm_2Fe_{17-x}Nb_x$ 合金中的氮含量

造成晶格膨胀后,较多的 Nb 含量促使氮化刚开始的 1h 内渗氮速度与渗氮含量非常高,再延长氮化时间到 2h,这种渗氮过程似乎存在逆过程,即可能存在渗氮的反过程,在晶格中过饱和的氮会释放出来与外部环境达到新的平衡而使含氮量降低。而高 Nb 含量的合金在未氮化时晶格膨胀量已较大(表 7.1),氮刚开始进入更容易,因此氮化 1h 含量更高,但氮化 1h 内没有达到合金的最大饱和氮量,需要氮化 2h 后才达到过饱和,因此出现图 7.6(a)中 Nb 含量 $x=2.0\sim4.0$ 的合金在氮化 2h 后才出现下降趋势直到氮化 6h,而其他合金的氮含量则在氮化 2~4h 增幅最大,在这段时间内应是氮的均匀扩散期,因此在氮化 4h 后达到一个较稳定的值,之后再增加氮化时间,氮含量则在波动中略有增加,在氮化 20h 后达到最大值。Nb 含量 $x \geqslant 2$ 的合金则在 4h 或 6h 达到一个极低值后,也随着氮化时间的再增加而使合金中氮含量增加。如果再把未氮化合金考虑在内,则得到图 7.6(b),可见在氮化 1h 内,氮含量的增加是非常迅速的,因此有 Nb 替代的合金在氮化刚开始时也是"反应"式的,之后再进入氮的均匀的"漫长"的扩散期。

与不加 Nb 的 $Sm_{12.8}Fe_{87.2}N_y$ 合金在相同工艺下的氮含量相比(图 7.6(a)和(b))可见,Nb 含量 $x=0.25$ 的合金中的氮含量略低于 $Sm_{12.8}Fe_{87.2}N_y$ 合金的对应值,但 Nb 含量 $x \geqslant 0.5$ 的所有合金中的氮含量均大于 $Sm_{12.8}Fe_{87.2}N_y$ 合金的值,而且图 7.6(c)中氮含量与 Nb 替代含量的关系可以更清楚地看到,随着 Nb 替代含量的增加,合金中的氮含量增加是非常明显的。

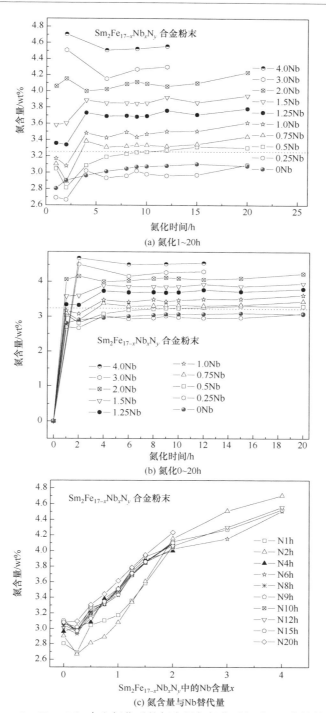

图 7.6 $Sm_2Fe_{17-x}Nb_x$ 合金氮化后的氮含量与氮化时间及 Nb 含量的关系

　　氮化后得到了 $Sm_2(Fe,Nb)_{17}N_y$ 相,而 Nb 的原子量为 92.9064,大于 Fe 的 55.847,但发现,当 Nb 替代含量较低时,一则合金中的 α-Fe 含量非常低;二则在 $Sm_2(Fe,Nb)_{17}N_y$ 相中 Sm:Fe:Nb 的原子比并不是正好满足 2:U:V(其中,U+V=17),而是 U+V 略低于 17,因此可以近似地认为 $Sm_2(Fe,Nb)_{17}N_y$ 的原子量与 $Sm_2Fe_{17}N_y$ 的相同,这样就可以对 y 进行计算。在 $Sm_2Fe_{17}N_3$ 中,N 的质量百分比为 3.25wt%,该值在图 7.6(a) 和 (b) 中以点划横线表示。可见,对 Nb 含量 $x \geqslant$ 0.75 的合金,在氮化 4h 后氮含量已达到 y>3,而对 $Sm_2Fe_{16.5}Nb_{0.5}$ 合金则在氮化 12h 后氮含量才 y>3。

7.3.3　氮化后物相分析

　　图 7.7 为 $Sm_2Fe_{16.5}Nb_{0.5}$ 合金氮化前后的 XRD 图。分析后发现,氮化后的物相与退火后相同,只有两种,即菱方结构的 2:17 型相与少量 α-Fe,但氮化后对应的 Sm_2Fe_{17} 相的衍射峰均一致地偏向小角度方向,如图 7.7(a1) 退火后的 2:17 型相与 Sm_2Fe_{17} 相的特征峰(图 7.7(a1) 中下部竖线)相对,而氮化 1h 后的 2:17 型相则与 $Sm_2Fe_{17}N_3$ 的特征峰(图 7.7(a2) 中下部竖线)对应,且略偏向 $Sm_2Fe_{17}N_3$ 特征峰的小角度方向,说明已形成了 $Sm_2(Fe,Nb)_{17}N_y$ 相,氮化 2h、6h、9h、12h、20h 的衍射峰形也与 $Sm_2Fe_{17}N_3$ 的特征峰对应,但氮化 2h 后 2:17 型相的衍射峰反而又位于 $Sm_2Fe_{17}N_3$ 的特征峰的右边,这是其中氮含量降低,晶格膨胀减小的标志。另外,氮化后合金粉末中的 α-Fe 含量也有较大的变化,对合金中的 $Sm_2(Fe,Nb)_{17}N_y$ 相的晶格常数与单胞体积膨胀(在本节中均与 $Sm_{12.8}Fe_{87.2}$ 合金相比)及合金中的 α-Fe 体积百分比进行了计算,结果如图 7.12 所示。由图 7.12 可见,氮化 1h 后, $Sm_2(Fe,Nb)_{17}$ 相的单胞体积膨胀为 7.58%,比退火后的 0.90% 大 6.68% 左右,而氮化 2h 后单胞膨胀减小到 6.96%,之后随氮化时间增加波动变化,在氮化 20h 后又达到 7.47%,呈现两头高中间低的规律。而 α-Fe 含量在退火后只有 1.2%,但氮化 1h 达到 6.7%,而氮化 6h 后又降到 2.2%,氮化 20h 后达到 7.9%,也呈现两头高中间低的规律。从图 7.7(b) 中 α-Fe 的 110 衍射(图中强度有的已放大)可以看出,氮化前后 α-Fe 中的 110 衍射峰位置没有明显左移,说明 N 与 Nb 在 α-Fe 中的含量很低。

　　图 7.8 为 $Sm_2Fe_{16}Nb_1$ 合金氮化前后的 XRD 图,分析后发现,氮化后的物相与退火后有所不同,退火前有少量的 Fe_5Nb_3 相、$NbFe_2$ 相,而 α-Fe 含量较低,但氮化后基本只有菱方结构的 2:17 型相与少量 α-Fe,氮化后 2:17 型相的衍射峰均一致地偏向小角度方向,说明已形成了 $Sm_2(Fe,Nb)_{17}N_y$ 相,不同氮化时间下的偏移程度不同。另外,氮化后合金中的 α-Fe 含量也有较大的变化。对合金中的 $Sm_2(Fe,Nb)_{17}N_y$ 相的晶格常数与单胞体积膨胀及合金中的 α-Fe 体积百分比进行了计算,结果如图 7.12 所示。由图 7.12 可见,氮化 1h 后,$Sm_2(Fe,Nb)_{17}$ 相的单胞体积膨胀为 7.65%,比退火后的 1.23% 大 5.42% 左右,而氮化 2h 后单胞膨胀减小到 6.88%,之后随氮化时间增加波动变化,在氮化 20h 后又达到 7.43%,呈现

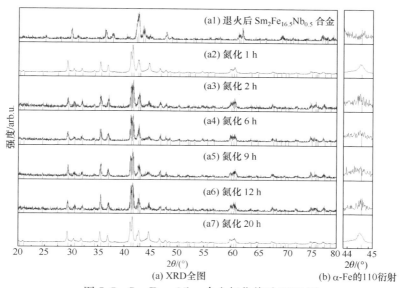

图 7.7　$Sm_2Fe_{16.5}Nb_{0.5}$ 合金氮化前后 XRD 图

(a1)及(a2)~(a7)下部分别示出 Sm_2Fe_{17} 相及 $Sm_2Fe_{17}N_3$ 相的衍射特征峰位置

两头高中间低的规律。为了进行计算，把与 α-Fe 的 110 衍射峰重叠的所有 Fe-Nb 相均计作 α-Fe 的含量进行计算（下面的计算也采用此假设），退火后 α-Fe 含量只有 2.2%，但氮化 1h 达到 8.3%，而氮化 6h 后又达到低值 2.9%，氮化 9h 达到 8.0%，氮化 20h 后更达到 11.6%，也呈现两头高中间低的规律。由图 7.8(b)也可以看出 α-Fe 中的 N 与 Nb 含量很低。

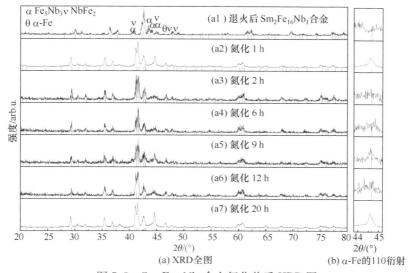

图 7.8　$Sm_2Fe_{16}Nb_1$ 合金氮化前后 XRD 图

(a1)及(a2)~(a7)下部分别示出 Sm_2Fe_{17} 相及 $Sm_2Fe_{17}N_3$ 相的衍射特征峰位置

图 7.9 为 $Sm_2Fe_{15}Nb_2$ 合金氮化前后的 XRD 图, 分析后发现, 氮化后的物相与退火后有所不同, 退火前有较多的 Fe_5Nb_3 相、$NbFe_2$ 相, 而 α-Fe 含量较低, 另外还有少量的 $SmFe_2$ 相, 但氮化后基本只有菱方结构的 2:17 型相与 α-Fe(而其他 Fe-Nb 含量很低, 且有的衍射峰与 α-Fe 的 110 部分重叠, 在计算时, 可以简单地认为只有 α-Fe 副相。同样, 氮化后 2:17 型相的衍射峰均一致地偏向小角度方向, 说明已形成了 $Sm_2(Fe,Nb)_{17}N_y$ 相, 只是不同氮化时间下的偏移程度不同。另外, 氮化后合金中的 α-Fe 含量也有较大的变化。对合金中的 $Sm_2(Fe,Nb)_{17}N_y$ 相的晶格常数与单胞体积膨胀及合金中的 α-Fe 体积百分比进行了计算, 结果如图 7.12 所示。由图 7.12 可见, 氮化 1h 后, $Sm_2(Fe,Nb)_{17}$ 相的单胞体积膨胀为 7.57%, 比退火后的 2.01% 大 5.56%, 而氮化 2h 后单胞膨胀继续增加到 7.66%, 之后随氮化时间增加波动变化, 在氮化 12h 达到 6.62% 的低值后, 又在氮化 20h 后达到 7.17%, 总体呈现两头高中间低的规律。合金退火后 α-Fe 含量(包括其他 Fe-Nb 相)大于 13.6%, 但氮化 1h 降低, 在氮化 9h 后达到低值 3.4%, 但氮化 20h 后更达到 15.0%, 也呈现两头高中间低的规律。由图 7.9(b) 也可以看出 α-Fe 中的 N 与 Nb 含量很低。

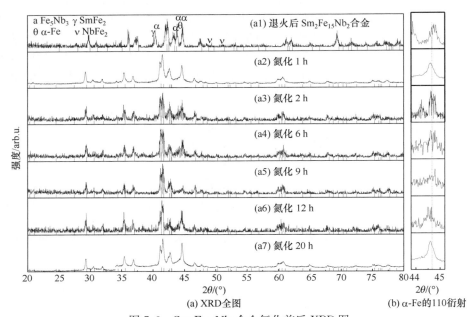

图 7.9 $Sm_2Fe_{15}Nb_2$ 合金氮化前后 XRD 图

(a1)及(a2)~(a7)下部分别示出 Sm_2Fe_{17} 相及 $Sm_2Fe_{17}N_3$ 相的衍射特征峰位置

图 7.10 为 $Sm_2Fe_{14}Nb_3$ 合金氮化前后的 XRD 图, 分析后发现, 氮化后的物相与退火后有所不同, 退火前有较多的 Fe_5Nb_3 相、$NbFe_2$ 相, 而 α-Fe 含量较低, 另外还有少量的 $SmFe_2$ 相, 但氮化后仍有较多菱方结构的 $Sm_2(Fe,Nb)_{17}N_y$ 相, 但 α-Fe

与 Fe_2Nb 含量增多，Fe_5Nb_3 相明显减少，另外在氮化后出现了纯 Nb 相，而且在氮化 12h 达到较高的含量。同样，氮化后 2∶17 型相的衍射峰均一致地偏向小角度方向，形成了 $Sm_2(Fe,Nb)_{17}N_y$ 相。对合金中的 $Sm_2(Fe,Nb)_{17}N_y$ 相的晶格常数与单胞体积膨胀及合金中的 α-Fe 体积百分比（假定只有两相，即 2∶17 型相与 α-Fe，但因为与 α-Fe 的 110 峰重叠的还有 Fe_2Nb 相，另外还有 Nb 相没有计算，所以得到的 α-Fe(Nb) 含量只是估算）进行了计算，结果如图 7.12 所示。由图 7.12 可见，氮化 2h 后，$Sm_2(Fe,Nb)_{17}$ 相的单胞体积膨胀为 7.81%，比退火后的 2.26% 相比大 5.55%，而氮化 9h 后单胞膨胀减小到 6.95%，之后在在氮化 12h 后又提高到 7.05%。合金退火后 α-Fe 含量（包括其他 Fe-Nb 相）大于 18.1%，但氮化 2h 降低到低值 14.5%，氮化 12h 后又达到 18.1% 的高值。由图 7.10(b) 也可以看出 α-Fe 中的 N 与 Nb 含量很低。

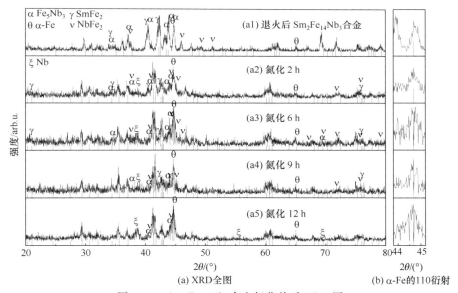

图 7.10　$Sm_2Fe_{14}Nb_3$ 合金氮化前后 XRD 图

(a1) 及 (a2)～(a5) 下部分别示出 Sm_2Fe_{17} 相及 $Sm_2Fe_{17}N_3$ 相的衍射特征峰位置

图 7.11 为 $Sm_2Fe_{13}Nb_4$ 合金氮化前后 XRD 图，其物相的变化与 $Sm_2Fe_{14}Nb_3$ 合金基本相同，氮化后 Fe_5Nb_3 相减少，α-Fe 与 Fe_2Nb 增加，形成 Nb 单质。主要区别在于，$Sm_2Fe_{13}Nb_4$ 合金从退火到氮化后的物相中 $Sm_2(Fe,Nb)_{17}N_y$ 相含量已非常低，而 α-Fe 与 Fe_2Nb 含量非常高，因此其磁性能必然非常低。由图 7.11(b) 也可以看出 α-Fe 中的 N 与 Nb 含量很低。

图 7.12(a) 中还给出了 $Sm_2Fe_{17-x}Nb_x$ 合金中 $Sm_2(Fe,Nb)_{17}N_y$ 相的晶格常数比 c/a，由图可见，在不同的氮化时间下其变化是波动的，但总在 1.45 的左右变

化,基本可以认为 N 及 Nb 使 Sm_2Fe_{17} 合金沿 a 轴与 c 轴是均匀膨胀的。另外,对比图 7.12(b)中不同合金中的 Fe(-Nb)含量会发现,随着合金中 Nb 含量的增加,合金中的 Fe(-Nb)含量也是增加的,其中 $Sm_2Fe_{16.5}Nb_{0.5}$ 合金与 $Sm_2Fe_{16}Nb_1$ 合金中含量较低。

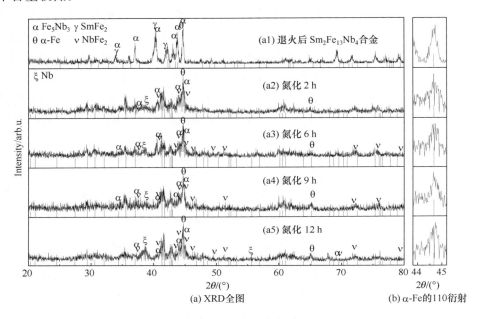

(a) XRD全图   (b) α-Fe的110衍射

图 7.11 $Sm_2Fe_{13}Nb_4$ 合金氮化前后 XRD 图

(a1)及(a2)~(a5)下部分别示出 Sm_2Fe_{17} 相及 $Sm_2Fe_{17}N_3$ 相的衍射特征峰位置

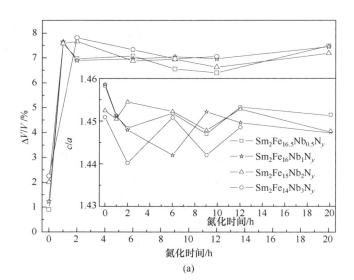

(a)

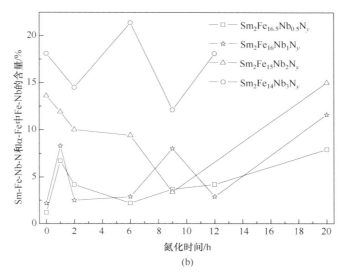

图 7.12　$Sm_2Fe_{17-x}Nb_x$ 合金氮化后 $Sm_2(Fe,Nb)_{17}N_y$ 相的
单胞体积膨胀 $\Delta V/V$(a)及晶格常数比 c/a((a)中右下部)与合金中 α-Fe 体积百分比(b)

由以上分析可见,氮化后 $Sm_2Fe_{17-x}Nb_x$ 合金在 $x=0.5\sim4.0$ 的范围内,始终有 $Sm_2(Fe,Nb)_{17}N_y$ 相存在,但在 Nb 含量 $x\geqslant2$ 后,含量明显减少。退火后能稳定存在的 $SmFe_2$、Fe_5Nb_3 相,也在氮化后消失或减弱,而 α-Fe 与 Fe_2Nb 相在氮化后含量增加。当 Nb 含量 $x\geqslant3$ 后,合金中会形成 Nb 单相,说明在氮化过程中可能存在式(7.2)的物相变化:

$$Fe_5Nb_3 \longrightarrow Fe_2Nb + Nb + \alpha\text{-}Fe \qquad (7.2)$$

而在氮化前后,α-Fe 中的 Nb 与 N 含量均不高。合金中 $Sm_2(Fe,Nb)_{17}N_y$ 相的单胞体积在氮化刚开始(氮化 $1\sim2h$)及氮化较长时间(20h)的膨胀量较大,而在 $6\sim12h$ 有极低值,呈现两头高中间低的变化规律,合金中 α-Fe 的含量也有类似的两头高中间低的规律,但存在波动。说明用 Nb 替代部分 Fe 的 $Sm_2Fe_{17-x}Nb_x$ 合金的氮化机制也与不含合金元素及含 Ti 的合金相同,也是在短时间内是"反应"式的氮化,氮含量会迅速提高,再延长氮化时间,氮含量也会提高,但有波动,是氮在合金中均匀扩散及应力的集中与松弛结果。但在含 Nb 的合金中未出现像含 Ti 合金中氮化后硬磁性主相基本消失的现象,在退火态及氮化合金中也没有出现 1:12 型相、3:29 型相、1:11 型相。

7.3.4　合金的热分析

在热分析仪上对 $Sm_2Fe_{16}Nb_1$ 合金及其氮化物在氩气氛中作了 TG、DTA 方法的

热分析,如图 7.13 所示,采用的升温速度为 10℃/min,保护气氛流速为 50mL/min。图 7.13(a)和(b)分别为退火后合金的 TG 与 DTA 结果,而图 7.13(c)和(d)分别为 $Sm_2Fe_{16}Nb_1$ 合金氮化 20h 后的 TG 与 DTA 结果,对比后发现,退火后 $Sm_2Fe_{16}Nb_1$ 合金在不到 200℃就有增重现象,说明在此温度下就开始有氩气进入,而到 310℃ 后,增幅提高,开始有较多的气体进入粉末中,之后只有明显的重量提高而没有相变的迹象,这说明 $Sm_2Fe_{16}Nb_1$ 合金即使吸收氩气,但合金还是比较稳定的,直到 800℃没有发生明显分解;而氮化后的 $Sm_2Fe_{16}Nb_1$ 合金在 194.76℃ 开始有增重,也没有出现图 7.13(a)中吸氩气前的小台阶,但图 7.13(c)中氮化物在 673℃有明显的台阶,这是 $Sm_2Fe_{16}Nb_1N_y$ 分解减重最严重的标志。对比 DTA 结果会发现, $Sm_2Fe_{16}Nb_1$ 合金在 297℃附近有吸热现象,在 325℃附近放热,这与图 7.13(a)中的 310℃对应,进一步证实在 310℃附近温度氩气就开始较大量地进入合金,而氮化后的合金没有明显的变化,只连续地吸热而没有明显的分解现象,这可能意味着,即使氮化物相有分解,也是连续地缓慢地分解的,分解时放出的热量很小。

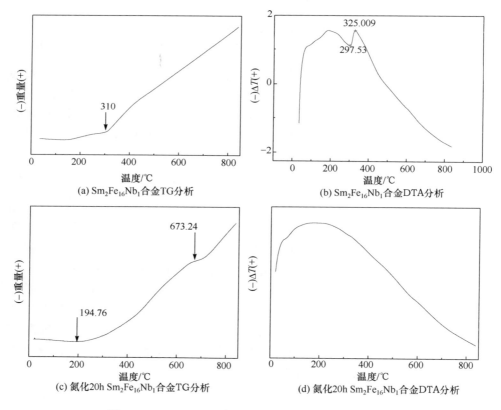

图 7.13　$Sm_2Fe_{16}Nb_1$ 合金氮化前后的 TG 与 DTA 分析

7.3.5　$Sm_2Fe_{17-x}Nb_xN_y$ 粉末的形貌

图 7.14 为 $Sm_2Fe_{17-x}Nb_x$ 合金氮化 2h 后粉末的 SE 像,可见整体形貌相差不大,只是随着 Nb 替代含量的增加,细小粉末的堆集有些增加。氮化后接近 $38\mu m$ 的颗粒已很难发现,说明氮化后粉末颗粒有减小的趋势,另外大颗粒的尖棱尖角现象大量减少,大颗粒表面有阶梯状剥离、破碎痕迹。

(a) x=0.5　　　　　(b) x=1.0　　　　　(c) x=2.0

(d) x=3.0　　　　　(e) x=4.0

图 7.14　$Sm_2Fe_{17-x}Nb_x$ 合金氮化 2h 后粉末的 SE 像

7.3.6　$Sm_2Fe_{17-x}Nb_xN_y$ 粉末的磁性能

图 7.15 为 $Sm_2Fe_{17-x}Nb_x$ 合金氮化 0~20h 后粉末的磁性能,其中图 7.15(a)为合金的矫顽力与氮化时间的关系,总体看,氮化合金矫顽力与氮化时间呈"W"形,两头高,中间 9~12h 还有一个高点。与 $Sm_2Fe_{17}N_y$ 合金相比,当 Nb 含量 $x\leqslant1.5$ 时,$Sm_2Fe_{17-x}Nb_xN_y$ 合金的矫顽力较高,而且从高到低的顺序为 $Sm_2Fe_{16.5}Nb_{0.5}N_y \geqslant$ $Sm_2Fe_{16}Nb_1N_y \geqslant Sm_2Fe_{16.25}Nb_{0.75}N_y \geqslant Sm_2Fe_{16.75}Nb_{0.25}N_y \geqslant Sm_2Fe_{15.75}Nb_{1.25}N_y \geqslant$ $Sm_2Fe_{15.5}Nb_{1.5}N_y$,最高值为 $Sm_2Fe_{16.5}Nb_{0.5}$ 氮化 12h 的 1288Oe,可见添加适量的 Nb 可以提高 Sm-Fe-N 合金的矫顽力。这首先是由于添加 Nb 后保证在氮化后得到了较多的 2∶17 型硬磁性相,另外在氮化适当时间后还可以减少氮化粉末中的 α-Fe 量,从而增加了 2∶17 型硬磁性相含量。这与图 7.12(b)中的 α-Fe 量在氮化 6~12h 有最低含量是对应的。之所以出现"W"形,跟氮化机制中氮含量的波动及晶胞膨胀的波动和应力的增加与松弛有关。另外,$Sm_2Fe_{16.5}Nb_{0.5}N_y$ 与 $Sm_2Fe_{16}Nb_1N_y$ 的矫顽力最高与图 7.1(d)和图 7.1(f)中组织纯净也是对应的。Nb 含量 $x\geqslant2$,尤其是 $x\geqslant3$ 后矫顽力低于未添加替代 Nb 的合金,主要原因是在

Nb 含量较高时，氮化后的合金中 α-Fe 及 Fe_2Nb 含量增加，甚至出现 Nb 单相，而相对 2∶17 型硬磁性相减少是主因。另外，矫顽力最高值低于对应 $Sm_2Fe_{16.5}Ti_{0.5}N_y$ 的值。

图 7.15(b) 为饱和磁化强度（在最高场 1.5T 下测试）σ_s 与氮化时间的关系，可见，添加 Nb 后合金的磁化强度值有所降低，其随氮化时间的变化也是呈现波动的非直线性规律，不同添加 Nb 含量的合金间有较多的交叉点。当 Nb 含量 $x \geqslant 3$ 后，合金的饱和磁化强度值也非常低，其他合金的值均分布在 $130 \sim 180emu/g$，氮化后的值均高于非氮化合金值约 $30emu/g$。

图 7.15(c) 为剩磁 σ_r 与氮化时间的关系，与没有 Nb 的合金相比，只有含 Nb 量为 $x \leqslant 1.5$ 的合金在某个氮化时间下超过其剩磁值，而其他时间段则低于不加 Nb 的合金，$x \geqslant 2$ 的合金的剩磁则在所有氮化时间下均低于不添加 Nb 的合金的值。这主要是由于 Nb 为顺磁性相，加入后降低了合金的磁化强度值（简称磁稀释），但又由于加 Nb 后合金的矫顽力值提高，从而使加 Nb 的合金只在某个氮化时间段下的剩磁具有高值。总体看，对于 $x \leqslant 2$ 的 $Sm_2Fe_{17-x}Nb_xN_y$ 合金，其剩磁值主要分布在 $40 \sim 70emu/g$，最高值为 $Sm_2Fe_{16.5}Nb_{0.5}$ 氮化 8h 后的 $65.3emu/g$。

图 7.15(d) 为合金矫顽力值随 Nb 添加量的关系，可见，随着 Nb 含量的增加，矫顽力是先在 $x=0.5$ 时升高到极高值，之后，随着 Nb 含量的增加而降低，氮化后合金的矫顽力在 $x \leqslant 2$ 时与未氮化合金相比增幅明显，而 $x \geqslant 3$ 后，氮化对增加合金的矫顽力已没有多大作用。

图 7.15(e) 为合金的剩磁随 Nb 添加含量的关系，可见，氮化后合金的剩磁值在 $x \leqslant 2$ 时是波动变化的，在 $x=0.5$ 附近有最大值。总体趋势也是随着 Nb 含量的增加而降低，在 $x \geqslant 3$ 后，剩磁值已与未氮化合金的相差不大。

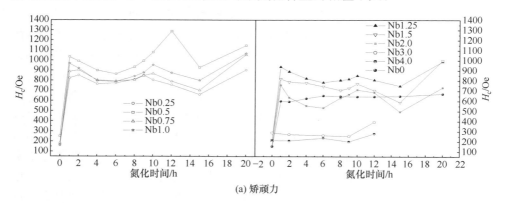

(a) 矫顽力

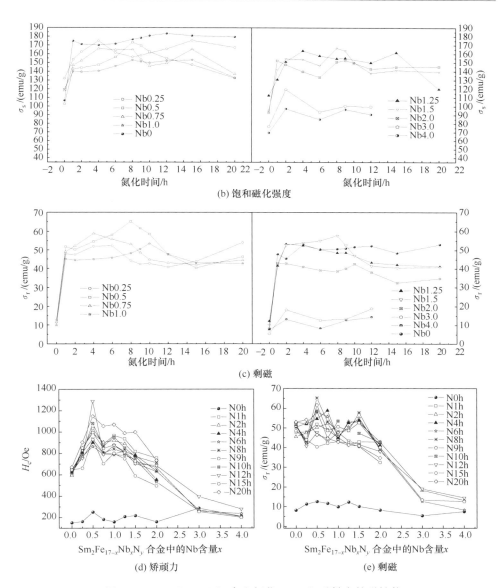

图 7.15　$\mathrm{Sm_2Fe_{17-x}Nb_x}$ 合金氮化 0～20h 后粉末的磁性能

由以上分析可见,在 $\mathrm{Sm_2Fe_{17-x}Nb_xN_y}$ 合金中添加不同含量的 Nb,在 $x\leqslant1.5$ 时可以提高 Sm-Fe-N 合金的矫顽力,而当 $x\geqslant2$ 后反而降低;添加不同含量 Nb 会降低合金的饱和磁化强度值,由于 Nb 的顺磁性,合金的剩磁值只在某个氮化时间下有剩磁增加,而其他氮化时间下则低于 Sm-Fe-N 合金。总体看,在 Nb 含量 $x＝0.5$ 时的合金有最佳性能值。

7.3.7　$Sm_2Fe_{17-x}Nb_xN_y$ 树脂黏结磁体的磁性能

由于 $x>2$ 后 $Sm_2Fe_{17-x}Nb_xN_y$ 合金粉末的磁性能较低，所以只对 $x\leqslant2$ 的合金的树脂黏结磁体的磁性能进行了测试，如图 7.16 所示。由图 7.16(a) 矫顽力随氮化时间的变化看，每种成分合金平行于磁场方向的矫顽力（在图中以符号"//"表示）要高于垂直于磁场方向的值（在图中以符号"⊥"表示），说明得到了各向异性黏结磁体，而且两不同取向的值随氮化时间的变化规律相同，其中 Nb 含量为 $x=$ 0.5 和 $x=0.75$ 的值较高，其最高值分别出现在氮化 10h(1279Oe) 与氮化 2h 段(1029Oe)，之后随着氮化时间延长在氮化 15h 矫顽力降低后又在氮化 20h 升高，整体也呈现"W"形变化规律，这与图 7.15(a) 中对应粉末的规律不同，而且平行方向的矫顽力也与粉末的矫顽力值相当。

图 7.16(b) 为磁体的饱和磁化强度与氮化时间的关系。总体看，合金的饱和磁化强度波动变化大，在氮化 1～20h 内总有一个或两个高点，与图 7.15(b) 对应粉末随氮化时间的变化规律相似，但磁化强度值明显低于粉末的值，另外部分磁体在氮化 20h 出现磁化强度继续升高的现象。从总体平均看，饱和磁化强度值 σ_s 主要分布在 50～120emu/g，平行与垂直方向的磁化强度值相差不大，但 Nb 含量增加，磁化强度降低。

图 7.16(c) 为磁体的剩磁与氮化时间的关系，每种合金平行于磁场方向与垂直于磁场方向的相差明显，但均低于磁粉的剩磁值（图 6.22），这主要是因为剩磁值已较低。剩磁值随着氮化时间的变化规律与矫顽力的变化规律更相近，这是由于磁体的磁化强度 σ_s 值较低。

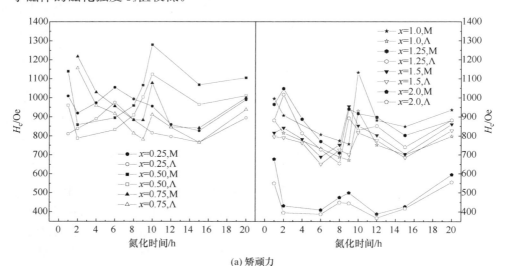

(a) 矫顽力

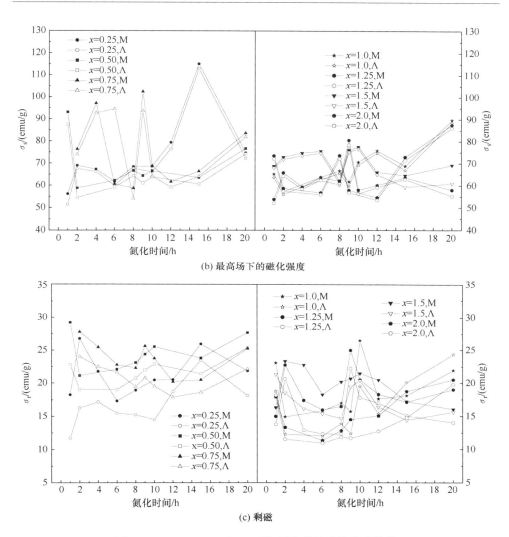

图 7.16　$Sm_2Fe_{17-x}Nb_xN_y$ 环氧树脂黏结磁体的磁性能

7.4　本章小结

本章通过对不同组成的 Sm-Fe-Nb 合金采用在封闭氮气氛中氮化的组织、结构、磁性能及制备工艺的研究得到以下结论：

（1）$Sm_2Fe_{17-x}Nb_x$ 合金在铸态以不同速度冷却后，当 $x=0.5$ 时铸态合金中可以得到 $SmFe_{12}$ 相，其他成分合金铸态均得到主相为 $Sm_2(Fe,Nb)_{17}$ 相，另外还有 $SmFe_2$（有少量 Nb）的晶界相及 α-Fe(Nb) 相与 Fe_5Nb_3 和 Fe_2Nb 富铁相。

（2）$Sm_2Fe_{17-x}Nb_x$ 合金在 1000℃ 退火 48h 后快冷，在所有合金中均有 $Sm_2(Fe,Nb)_{17}$ 相存在，但其含量在 $x \geqslant 1.25$ 后降低较多，Fe_5Nb_3 相与 Fe_2Nb 相、α-Fe 含量增多，其中 Fe_2Nb 相在 Nb 含量 $x=3.0$ 时含量最多，而 α-Fe(Nb) 在 Nb 含量 $x=4.0$ 时含量最多。$SmFe_2$ 相在 Nb 含量 $x \leqslant 1$ 时基本不存在；而 $x \geqslant 1.25$ 后，反而又出现了富钐相，直到 $x=4.0$ 仍存在。

（3）退火后的 $Sm_2Fe_{17-x}Nb_x$ 合金在封闭的氮气氛中、500℃ 下氮化不同时间后物相有很大变化，氮化后 $Sm_2Fe_{17-x}Nb_x$ 合金在 $x=0.5 \sim 4.0$ 的范围内，始终有 $Sm_2(Fe,Nb)_{17}N_y$ 相存在，但在 Nb 含量 $x>2$ 后，含量明显减少。氮化后 $SmFe_2$、Fe_5Nb_3 相消失或减弱，而 α-Fe 与 Fe_2Nb 相在氮化后含量增加。当 Nb 含量 $x \geqslant 3$ 后，合金中会形成 Nb 单相，说明在氮化过程中可能存在 $Fe_5Nb_3 \longrightarrow Fe_2Nb + Nb + \alpha$-Fe 的物相变化。在氮化前后，$\alpha$-Fe 中的 Nb 与 N 含量均不高。合金中 $Sm_2(Fe,Nb)_{17}N_y$ 相的单胞体积在氮化刚开始（氮化 $1 \sim 2h$）及氮化较长时间（20h）的膨胀量较大，而在 $6 \sim 12h$ 有极低值，呈现两头高中间低的变化规律，其值分布在 $6.4\% \sim 7.8\%$。合金中 α-Fe 的含量也有类似的两头高中间低的规律，但存在波动。

（4）Nb 替代部分 Fe 的 $Sm_2Fe_{17-x}Nb_x$ 合金的氮化机制也与不含合金元素及含 Ti 的合金相同，短时间内是"反应"式的氮化，再延长氮化时间，N 会在合金中均匀扩散及存在应力的集中与松弛变化。

（5）在 $Sm_2Fe_{17-x}Nb_xN_y$ 合金中添加不同含量的 Nb，在 $x \leqslant 1.5$ 时可以提高 Sm-Fe-N 合金的矫顽力，而当 $x \geqslant 2$ 后反而降低；添加不同含量 Nb 会降低合金的饱和磁化强度值，由于 Nb 的顺磁性，合金的剩磁值只在某个氮化时间下有剩磁增加，而其他氮化时间下则低于不含 Nb 的 Sm-Fe-N 合金。总体看，在 Nb 含量 $x=0.5$ 时的合金有最佳性能值，最高矫顽力为 1288Oe，最高剩磁为 65.3emu/g。

（6）Nb 含量 $x \leqslant 2$ 的 $Sm_2Fe_{17-x}Nb_xN_y$ 环氧树脂黏结磁体均具有明显的各向异性，平行于取向方向矫顽力值与对应磁粉的值相当，最高值为 $Sm_2Fe_{16.75}Ti_{0.25}N_y$ 在氮化 10h 的 1279Oe，而磁体的磁化强度值 σ_s 与剩磁值均低于对应磁粉的值。

（7）Nb 在 $Sm_2Fe_{17-x}Nb_x$ 合金中的作用可总结为：①在 $Sm_2Fe_{17-x}Nb_x$ 合金中的 Nb 含量为 $x=0.5$ 与 $x=1.0$ 时，减少铸态及退火后的 α-Fe 含量，可使合金退火后得到近单相的 $Sm_2(Fe,Nb)_{17}$ 型组织；②Nb 替代 Fe，减小了负的交换相互作用，但不改变易面磁性；③Nb 含量可以稳定 2:17 型相结构，使合金氮化后始终有较高含量的 $Sm_2(Fe,Nb)_{17}N_y$ 型氮化相；④由于 Nb 原子半径大于 Fe 原子半径，主相的点阵参数随 Nb 含量的不同而变化，最终使合金的各向异性场改变，改变磁性能；⑤Nb 是非磁性原子，不能提高饱和磁化强度而最终使剩磁提高不大；⑥Nb 增加氮化速度，使氮化后合金中氮含量提高，但不改变氮化机制。

第8章 经 HDDR 处理的 Sm_2Fe_{17} 型合金及其氮化物的研究

8.1 引　　言

8.1.1 前言

　　1990 年，Coey 和 Sun[69] 成功地将氮作为间隙原子引入 Sm_2Fe_{17} 晶格形成 $Sm_2Fe_{17}N_\delta$ 型三元间隙化合物，并发现这种化合物具有比 $Nd_2Fe_{14}B$ 型高得多的居里温度（$T_c=470℃$）和磁各向异性（室温各向异性场约 14T），而饱和磁化强度与 $Nd_2Fe_{14}B$ 型化合物相当，在高温环境中应用可弥补 Nd-Fe-B 的不足，它也因此成为国内外磁性材料学界的研究热点之一。另外，高汝伟在文献[156]中指出，1988 年荷兰飞利浦公司研究所的 Coehoom 等用熔体快淬法制备出了 $Nd_4Fe_{77.5}B_{18.5}$ 非晶薄带，提出了双相复合型纳米晶永磁合金的全新概念。这种合金中至少含有两个磁性相：一是软磁相（如 α-Fe），一是硬磁相（如 $Nd_2Fe_{14}B$，$Sm_2Fe_{17}N_\delta$，$Sm_3Fe_{29}N_\delta$），且应具有纳米尺度微结构。硬磁相与软磁相通过磁交换弹性耦合而获得高剩磁和矫顽力。1993 年，Skomski 和 Coey[158] 指出取向排列的纳米双相复合磁体的理论磁能积可达 $1MJ/m^3$，比目前永磁性能最好的烧结 Nd-Fe-B 磁体的磁能积高一倍。为了最终能把这种材料推向市场，需要研究出合适的工艺方法。由第 1 章叙述已知，用于制备 Sm-Fe-N 型化合物粉末的方法有：传统的粉末冶金法（PM）、机械合金化法（MA）、快淬法（RQ）和氢破碎法，而后三种是目前制备纳米双相复合永磁体的主要方法，其中快淬法制备纳米 $Nd_2Fe_{14}B$ 型复合材料已应用于工业化规模生产，机械合金化法和氢破碎法尚处于实验室研究阶段[156]。尤其是 Sm-Fe-N 型纳米材料由于 Sm 的低熔点、易挥发性及高温（高于 $500\sim600℃$）易分解的特点，制备工艺尤为复杂。总体来看，高性能稀土永磁体中由于稀土总量少，要求制备过程中严格控制氧含量，要求磁粉粒度分布致密均匀，这就需要制粉过程中颗粒均匀。氢破碎工艺恰能满足此要求。氢破碎法是把合金破碎成粗粉，在真空炉中加热到一定的温度，通入氢气，合金吸氢并发生歧化反应，再将氢气抽出使硬磁相再复合为具有纳米晶粒结构粉末的工艺。氢破碎法又可细分为低温氢处理（氢化-爆破，简称氢爆，HD）和高温氢处理（氢化-歧化-解吸-再复合，HDDR），但如何控制 HD 或 HDDR 的工艺条件，使处理后磁体中的物相与颗粒尺寸满足设计要求是氢破碎工艺的核心。尤其 HDDR 用于研究细化 Sm-Fe-N 型粉末晶粒的文献[125,134,196,209,221-230]中没有系统地研究不同温度下单独进行氢气处理不抽真空时物相的变化，不同 HDDR 循环次数的影响，以及实际装炉量较大时氢气压力与温度及时间的关系。本章利用图 6.1 自制设备,研究了不同温度下的 HD 和 HDDR 工艺及真空脱氢不同程度后 Sm_2Fe_{17} 型合金的相变过程、晶格常数、物相含量和颗粒形貌的变化,并重点研究加入不同的补偿钐(重量百分比分别为 0wt%,25wt% 与 40wt%)对 HDDR 处理后的 Sm_2Fe_{17} 型合金及其氮化物的粉末形貌、晶格常数、物相含量、磁性能的影响。

8.1.2 试验方法

母合金的成分及制备同第 5 章中 $Sm_{10.5}Fe_{89.5}$(补偿 0wt%Sm)、$Sm_{12.8}Fe_{87.2}$(补偿 25wt%Sm)、$Sm_{14.2}Fe_{85.8}$(补偿 40wt%Sm)。为了研究不同温度下 HD 和 HDDR 过程,将 1000℃ 下退火 48h 后的钮扣锭子轻破碎成 2~8mm 的块料,放入图 6.1 所示的设备中,抽真空到小于 $3\times10^{-3}Pa$,洗炉两次后充入氢气 1.25atm。首先使加热器加热到设计温度后再推入加热炉(图 6.1 中 2)使试样快速加热,在不同的 HD 或 HDDR 温度保温适当时间后再推出加热器使试样较快速冷却,以尽量减少升温与降温过程的影响。对完整的 HDDR 工艺同样充入 1.25atm 氢气,但是以一定的加热速度(400℃/h)从室温开始加热,到 800℃ 保温 2h 后,开始抽出炉内氢气 2h,再推开加热器,使加热管在降温到室温的过程中继续抽真空直到炉内压力低于 $4\times10^{-3}Pa$ 完成一个循环。对 HD 后和 HDDR 后的试样在扫描电镜上进行形貌的观察,用 XRD 仪和 Cu 靶对不同工艺后的试样进行物相的定性与定量分析。氢气处理后的粉末接着在密封氮气氛条件下进行 500℃ 不同时间的氮化处理并在 VSM(测试磁场 1.5 T)上测试磁性能。

8.2　Sm-H 与 Fe-H 相图

图 8.1 为在 1atm 下得到的 Sm-H 系(图 8.1(a))与 Fe-H 系(图 8.1(b))相图[197]。由图 8.1(a)的 Sm-H 相图可见,图中有七种化合物,它们分别是:

(1) α-Sm:是 H 在菱方结构 α-Sm 的间隙中随机分布形成的固溶相,H 的分布含量最大约 8at%。

(2) β-Sm 与 γ-Sm:是 H 在密排六方结构的 β-Sm 及体心立方结构的 γ-Sm 的间隙中随机分布的固溶相,H 在 γ-Sm 中的最高含量为约 30at%。

(3) $SmH_{2\pm x}$:是非固定化学配比的面心立方氟石型结构的 Sm 的二氢化物。在 $2-x\approx1.8$ 到 $2+x\approx2.5$ 的范围内 $SmH_{2\pm x}$ 是稳定的。

(4) SmH_{3-y}:是非固定化学配比的三氢化物,可能有两种六方结构,一种为 HoH_3 型,空间群为 $P3c1$;另一种为 $LaFe3$ 型,空间群为 $P63/mmc$。在 $y=0\sim0.1$,SmH_{3-y} 相能稳定存在。

(5) 液相:是含有超过 30at%H 的固溶相,加 H 后 Sm 的熔化温度不降低。

（6）气相：分子 H_2 或 H 及 Sm 原子。

图 8.1(b)为 Fe-H 系相图，图中有气相、液相、α、γ、δ 五种相，H 在固相中的溶解度都比较低，在液相中的最大溶解度为约 2at%。

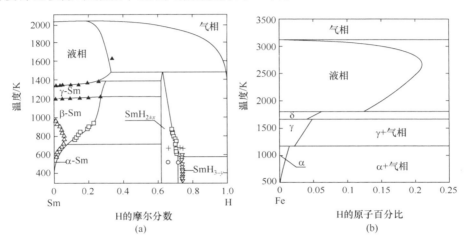

图 8.1　计算的 Sm-H(a)与 Fe-H(b)相图（气压 $p=1$atm）[197]

下面首先以 $Sm_{12.8}Fe_{87.2}$ 合金为例对 HD 与 HDDR 工艺进行详细研究。

8.3　$Sm_{12.8}Fe_{87.2}$ 合金 HD 与 HDDR 工艺研究

8.3.1　不同温度氢气处理后 XRD 分析

图 8.2 是退火后的 $Sm_{12.8}Fe_{87.2}$ 合金接着在不同温度下（100～900℃）进行氢气处理（hydrogen treatment，HT）得到的 XRD 图，其中图 8.2(a)是 $Sm_{12.8}Fe_{87.2}$ 合金在 1000℃经 48h 真空退火后的 XRD 图，图中只有两种物相，主相是 Sm_2Fe_{17} 相，另外还有少量的 α-Fe。在 100℃（编号 1HT，图 8.2(b)）、200℃（编号 2HT，图 8.2(c)）、300℃（编号 3HT，图 8.2(d)）、400℃（编号 4HT，图 8.2(e)）、500℃（编号 5HT，图 8.2(f)）及 550℃（编号 55HT，图 8.2(g)）分别保温 2h HT 后的 XRD 图中始终有 Sm_2Fe_{17} 主相存在，但其晶格参数、晶胞体积、晶粒尺寸及体积百分比均有较大变化。计算的不同状态下这些参数的变化见表 8.1。随着 HT 温度从 100℃升高到 550℃，所有 Sm_2Fe_{17} 主相的衍射峰均向小衍射角度方向发生了偏移，其中 Sm_2Fe_{17} 型相 303 衍射和 α-Fe 相 110 衍射的 2θ 角的变化如表 8.2 所示，说明在低于 550℃时，有氢进入 Sm_2Fe_{17} 主相的晶格间隙中。具有 Th_2Zn_{17} 菱方结构的 Sm_2Fe_{17} 相中存在两个较大的间隙位置，一个是八面体间隙 9e 晶位，每分子式中有 3 个；另一个是四面体间隙 18g 晶位，每分子式中有 2 个。H 原子半径为 0.79 nm，共价半径为 0.32 nm，可能占据这两个间隙位置[6,197]，形成 $Sm_2Fe_{17}H_y$（最大

得到 $x=5$)化合物,其形成过程必然是 $Sm_2Fe_{17}+H_2 \longrightarrow Sm_2Fe_{17}H_y$。氢的进入使得 Sm_2Fe_{17} 晶格膨胀,晶格参数 a 和 c 发生变化。1HT 处理后的单胞体积膨胀了 0.16%,随着温度的升高,体积膨胀的幅度增大,说明在 100℃ HT 时就可以氢化,只是速度较慢,而温度升高,HT 的速度加快,图 8.2 中衍射峰在 400℃时有最大偏移量,晶格常数也由退火后的 $a=8.55523$Å,$c=12.42222$Å 增大到 400℃ HT 时的 $a=8.66725$Å,$c=12.51302$Å,而对应的单位晶胞体积 $V_{胞}$ 由 0.7874nm³ 增大到 0.8141nm³,达到最大值,单胞体积增大了 3.38%,即在 400℃进行 HT 时氢化的速度是最快的。而在 500℃和 550℃ HT 时,衍射峰位置的偏移量反而减小,其原因在于从 500℃处理开始,有 SmH_y 开始形成。由于 $SmH_{2\pm x}$ 和 SmH_{3-y} 没有固定的成分比,也没有对应的 JCPDS 卡片,但发现其衍射位置与图 8.2 中(f)和(g)的下方 Sm_3H_7 相的位置标注对应。同时需要注意试样中 Sm_2Fe_{17} 相和 α-Fe 相相对含量的变化。通过计算 Sm_2Fe_{17} 相的 303 衍射和 α-Fe 相的 110 衍射的积分强度,得到这两种物相在低于 550℃处理时的体积百分比的变化,见表 8.1。从表 8.1 可以看出,两相相对含量的变化是非线性的,在 100℃ HT 处理后 α-Fe 相只有 1.77 %,比退火后的 1.87% 还有所减少,而在 200℃处理时,α-Fe 相增加到 8.43 %,再提高温度到 400℃时,α-Fe 相又减少到 2.87%。

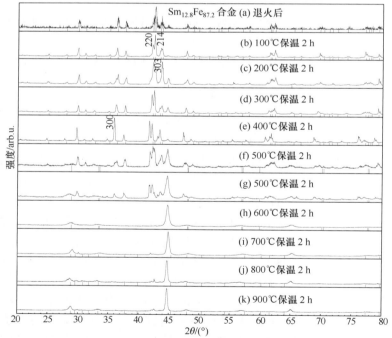

图 8.2　名义成分为 $Sm_{12.8}Fe_{87.2}$ 合金在不同温度进行氢气处理后的 XRD 图
其中,(a)、(b)、(d)、(e)下给出 Sm_2Fe_{17} 相的标准衍射峰位,(c)下给出 α-Fe 的标准衍射峰位,(f)~(h)下给出 Sm_3H_7 相的标准衍射峰位,(i)~(k)下给出纯 Sm 的标准衍射峰位

表 8.1　不同温度下氢气处理 $Sm_{12.8}Fe_{87.2}$ 合金的晶格参数、晶胞体积、晶粒尺寸及物相组成

| 工艺 | Sm_2Fe_{17} 相的点阵参数 a、c，单胞体积 V，晶粒尺寸 D_{217} 和体积百分比 f_{217} | | | | | α-Fe 相晶粒尺寸 D_α 及体积百分比 f_α | | | |
	a	c	c/a	V/nm³	$\frac{\Delta V}{V}$/%	D_{217}/nm	f_{217}/%	D_α/nm	f_α/%
退火	8.55523	12.42222	1.452	0.7874	—	—	98.13	—	1.87
1HT	8.55153	12.45254	1.456	0.7886	0.16	26.3	98.23	22.7	1.77
2HT	8.55376	12.45292	1.456	0.7891	0.21	26.5	91.57	22.7	8.43
3HT	8.59417	12.42863	1.446	0.7950	0.96	26.3	93.94	22.7	6.06
4HT	8.66725	12.51302	1.444	0.8141	3.38	52.5	97.13	45.4	2.87
5HT	8.63260	12.58955	1.458	0.8125	3.19	45.1	82.39	45.4	17.61
55HT	8.65652	12.47414	1.441	0.8095	2.81	26.3	73.82	11.3	26.18
6HT	—	—	—	—	—	32.0		14.4	
7HT	—	—	—	—	—			15.9	
8HT	—	—	—	—	—			24.5	
9HT	—	—	—	—	—			28.9	

表 8.2　不同温度氢气处理过程中 Sm_2Fe_{17} 相 303 衍射与 α-Fe 相 110 衍射的峰位

工艺	退火	1HT	2HT	3HT	4HT	5HT	55HT	6HT	7HT	8HT	9HT
$2\theta/(°)(303_{217})$	42.60	42.55	42.52	42.44	42.06	42.52	42.16	42.68	42.63	42.6	42.56
$2\theta/(°)(110_\alpha)$	44.65	44.64	44.67	44.64	44.66	44.68	44.64	44.72	44.84	44.64	44.64

从图 8.2(b)～(g)还可注意到，300、220、303、214 衍射的相对强度在 100～400℃时有较大变化，如在 300℃处理时，300 衍射明显增强，这可能是由于 H 进入 Sm_2Fe_{17} 相的晶格中改变了 Sm_2Fe_{17} 相的原子散射因子及结构振幅，这同样会引起物相相对含量变化的无规律性。而且在 100～400℃的衍射谱中没有发现 SmH_y 的特征峰，不会有 $Sm_2Fe_{17}+H_2\longrightarrow SmH_y+\alpha$-Fe 反应发生，即低于 400℃不会有歧化反应发生，也不会引起 α-Fe 含量的变化。而在 500℃和 550℃时，α-Fe 相的含量猛增到 17.61% 和 26.18%，致使 $Sm_2Fe_{17}H_y$ 的含量减少，另外又有 SmH_y（Sm_3H_7）物相形成，说明在温度超过 500℃时，即有 $Sm_2Fe_{17}H_x+H_2\longrightarrow SmH_y$（为 Sm_3H_7）+ α-Fe 发生，并且反应迅速，已进入歧化反应阶段。因此低温 HD 处理的温度应当低于 500℃。另外在 100～550℃范围内，c/a 变化不大，分布在 1.441～1.458 的范围内。

在 600℃（编号为 6HT）、700℃（编号为 7HT）、800℃（编号为 8HT）、900℃（编号为 9HT）分别保温 2h 后的 XRD 图谱明显地与低于 600℃的谱形有很大的差异，在 600℃处理时，Sm_2Fe_{17} 相基本上消失，而主要为另外两种相：SmH_y（为 Sm_3H_7）和大量的 α-Fe 相，说明在 600℃时，会有 $Sm_2Fe_{17}+H_2\longrightarrow Sm_3H_7+Fe$ 或 $Sm_2Fe_{17}+H_2\longrightarrow Sm_2Fe_{17}H_x+H_2\longrightarrow Sm_3H_7+Fe$ 歧化反应继续发生，而且反应

较 5HT 和 55HT 更彻底。但在 7HT、8HT 和 9HT 中除了 SmH_y 和大量的 α-Fe 相外,还有少量的 Sm_2Fe_{17} 相,而非 $Sm_2Fe_{17}H_y$(因为表 8.2 中的 303 衍射峰位置基本与退火态的相当),说明没有 H 的渗入。文献[184]和[185]认为在高于 750℃ 会有 $SmH_y \longrightarrow Sm$(单质)$+H_2$ 解吸反应及 $Sm+\alpha$-Fe $\longrightarrow Sm_2Fe_{17}$ 再复合反应发生,但在 700~900℃ HT 处理中始终未发现对应 Sm 的衍射峰(图 8.2(i)~(k)下方),说明在有恒定初始氢气压的气氛环境中,很难有 $SmH_y \longrightarrow Sm$(单质)$+H_2$ 及 $Sm+\alpha$-Fe $\longrightarrow Sm_2Fe_{17}$ 发生,但解吸与再复合过程有可能是 SmH_y 与 α-Fe 直接通过 $SmH_y+\alpha$-Fe $\longrightarrow Sm_2Fe_{17}+H_2$ 反应进行,这种反应在氢气压不降低时,应当达到一种平衡状态,会有 Sm_2Fe_{17} 存在,这与观察的结果吻合。可见,在超过 600℃ HT 后试样中 $Sm_2Fe_{17}H_y$ 物相不能稳定存在。歧化阶段在 500℃ 就已开始,直到 900℃ 仍存在,而解吸与再复合过程在超过 700℃ 可能存在,应该以与歧化反应平衡的逆反应 $SmH_y+\alpha$-Fe $\longrightarrow Sm_2Fe_{17}+H_2$ 方式进行。

α-Fe 体心晶格中也有间隙位置存在,但从表 8.2 中可以看出,α-Fe 的 110 衍射的峰位在 100~900℃ 中只有轻微的变化,说明 H 进入 α-Fe 体心晶格间隙中的含量非常低,而且在图 8.2 中也没有发现 Fe-H 化合物的衍射。

利用谢乐公式计算了试样经 HT 处理后 Sm_2Fe_{17} 相 303 衍射和 α-Fe 相 110 衍射的晶粒尺寸,如表 8.1 示,可以看出,HT 处理后 Sm_2Fe_{17} 相的晶粒尺寸在 26.3~52.5nm 范围内,在 4HT 和 5HT 处理后晶粒最大;而 α-Fe 相的晶粒始终比 Sm_2Fe_{17} 相的晶粒小,其分布在 11.3~45.4nm 范围内,同样在 4HT 和 5HT 处理后晶粒最大,而在 55HT 处理后最小达到 11.3nm。试样升温到超过 800~900℃ 后 α-Fe 相晶粒变大,可能与温度较高有关。可见经氢气处理后,Sm_2Fe_{17} 相及 α-Fe 相的晶粒已小于 100nm,而且最小的 α-Fe 晶粒只有 11.3nm,而 Sm_2Fe_{17} 相的晶粒比 α-Fe 晶粒的略大,意味着可以形成 $Sm_2Fe_{17}N_y/\alpha$-Fe 双相纳米磁性材料。

8.3.2 抽真空、粉末粒度及循环次数对 HDDR 效果的影响

在 HT 处理过程中采用的是块状试样,为了研究粉末粒度对 HDDR 过程中 DR 过程的影响,把经 800℃ 氢处理后的部分块状试样破碎到小于 $38\mu m$ 范围内,再与部分原块状试样分别放入图 6.1 的设备中抽真空,而且先快速加热到 800℃ 抽真空 2h,再降温继续抽真空直到炉内气压小于 3×10^{-3} Pa。图 8.3 分别给出 800℃ HT、800℃ HT 后破碎粉末再抽真空和 800℃ HT 后原块状试样抽真空后的 XRD 花样。可以看出,破碎后的粉末与原块状试样抽真空后均有 Sm_2Fe_{17} 相复合生成,但经破碎后粉末的复合是很不完全的,计算后得到其中 α-Fe 的体积百分比为 43.1%,而原块状试样经复合后的 α-Fe 的含量为 14.0%,残留的 α-Fe 含量高于退火后图 8.3(a)中的 1.87%。

为了研究 HDDR 循环次数对残留的 α-Fe 含量的影响,又分别对块状试样进行了完整的 2 次循环、3 次循环与 4 次循环处理。为了使测到的氢气压力更敏感,

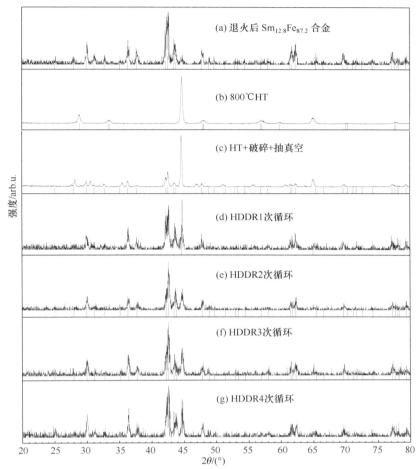

图 8.3　Sm₁₂.₈Fe₈₇.₂合金粉末退火(a)、氢化(b)、氢化＋破碎＋抽
真空处理(c)、不同循环次数(d)～(g)处理后的 XRD 图

(a)、(c)、(e)、(f)下给出 Sm₂Fe₁₇相标准衍射峰位置,(b)下给出 Sm₃H₇相标
准衍射峰位置,(d)下给出 α-Fe 的两个衍射峰位

在容积为 5026cm³ 的加热炉中一次放入 2000g 块状试样。高压力状态(0～2atm)用图 6.1 设备上的压力表探测,低于 20Pa 的压力用数字真空计测量。图 8.4 为进行两次循环处理工艺过程中加热温度、加热时间与氢气压力的关系曲线。在两个循环 HDDR 的过程中(图 8.4(a)和(c)),随着温度的升高、时间的延长,氢气压力从 1.25atm 开始逐渐降低,并且在 400℃附近有最低点,之后反而升高,并在 500～550℃达到最高值。这与图 8.2 中 XRD 在 400℃ HT 处理时有最大的单胞体积膨胀的结果是吻合的,而氢气压力的升高是由于气体本身的热膨胀超过了试样的吸氢速度,同时也说明在超过 400℃ HT 处理时,吸氢的速度反而减慢,这与图 8.2 中

在 500℃ 与 550℃ HT 处理时衍射峰反而右移,单胞体积减小是一致的。超过 550℃ 之后氢气压力又开始连续大幅下降,在 800℃、250min 时,HDDR 第一次循环压力降到 0.67atm,第二次循环在 800℃、240min 降到 0.52atm,说明第二个循环中吸氢的程度增大了。两个循环中在 800℃ 保温过程中压力基本没有变化,说明在 HDDR 过程中的吸氢、歧化都在升温的过程中即已完成,而 DR 过程在保温时应该达到一种平衡,即 $SmH_y + \alpha\text{-}Fe \longleftrightarrow Sm_2Fe_{17} + H_2$,此时只有少量的 Sm_2Fe_{17} 相存在就理所当然了。

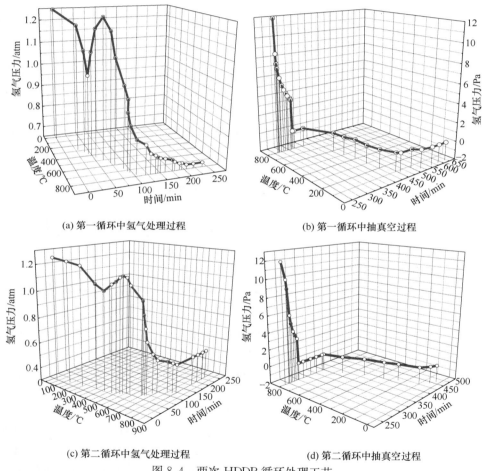

(a) 第一循环中氢气处理过程

(b) 第一循环中抽真空过程

(c) 第二循环中氢气处理过程

(d) 第二循环中抽真空过程

图 8.4　两次 HDDR 循环处理工艺

在 800℃ 保温 2h 后,开始在 800℃ 用旋片泵抽低真空,在用数字真空计测量之前需要连续抽真空至少 20~30min 后才会使炉内压力低于 20Pa。当在 800℃ 保温抽真空时,由图 8.4(b) 和图 8.4(d) 可以看出,在 20min 后两个循环中的氢气压力都降低到 12Pa,并且随着时间的延长氢气压力仍连续地降低直到室温下炉内压力达到 0.003Pa 后停止。另外,图 8.4 中压力在 3Pa 附近有一个突变点,这是开始用扩散泵抽高真空的标志,这时炉内压力会有一个很快的减小。比较两个循环所用的时间会发现,第二个循环的抽真空时间(224min)要少于第一个循环的 380min,说明第二个循环中氢气解吸的速度与 Sm_2Fe_{17} 相复合的速度加快了。随着循环次数的再增加,氢气解吸速度与 Sm_2Fe_{17} 相复合的速度还会加快,但幅度减小。HD-DR 第二个循环处理后的 XRD 花样如图 8.3(e)所示,其中残留 α-Fe 的含量为 8.4%,而第三个循环(图 8.3(f))后为 9.1%,第四个循环(图 8.3(g))后为 10.8%。这首先说明 HDDR 过程只有抽真空才会使反应 $SmH_y + \alpha$-Fe $\longleftrightarrow$ $Sm_2Fe_{17} + H_2$ 向右进行,抽真空是解吸过程与 Sm_2Fe_{17} 再复合过程的驱动力。

所有 HDDR 处理后的试样中 α-Fe 的含量均高于退火后的含量,而 Sm_2Fe_{17} 物相中又没有氢原子(图 8.3(e)、(f)与标准 Sm_2Fe_{17} 物相完全对应,无峰位的偏移,也没有 SmH_y 的衍射),因此 HDDR 中的 Sm_2Fe_{17} 的再复合过程 $SmH_y + \alpha$-Fe $\longleftrightarrow$ $Sm_2Fe_{17} + H_2$ 可能是不彻底的,或者有新的 α-Fe 残留,是由于没有足够的 Sm 供应,说明在 HDDR 过程中有 Sm 的挥发,HDDR 循环次数越多,Sm 的挥发也就越严重,残留的 α-Fe 含量会越多。

8.3.3　不同 HDDR 处理工艺对磁性能的影响

研究发现,Sm-Fe 合金在 HDDR 后仍表现为面各向异性,磁性能与退火后合金相当,因此经 HDDR 处理后的 Sm-Fe 合金粉末必须再经过氮化才表现为轴各向异性而具有较高的磁性能。图 8.5 为经 HDDR 处理后的 $Sm_{12.8}Fe_{87.2}$ 合金直接氮化(图 8.5(b))与 HD 后破碎后的粉末再抽真空处理后氮化(图 8.5(a))的磁滞回线对比,可见中间破碎过程使粉末的磁性能严重恶化,因此在后面进行的 HD-DR 工艺过程中,无论进行几次循环也不将粉末取出而在炉内连续进行。

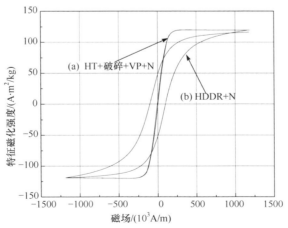

图 8.5　颗粒破碎氮化后磁性能的影响

8.4　经 HDDR 处理的不同钐补偿含量 Sm_2Fe_{17} 型合金及其氮化物的研究

8.4.1　引言

　　由前面的研究已知,磁性材料中物相的组成比,尤其是 α-Fe 的含量,成为决定材料性能的重要因素。Sm-Fe-N 型材料中 Sm 的低沸点(2073K,略高于 Fe 的熔点 1808.2K)、低熔点(1345.2K)、易挥发性及氮化物高温(>600℃)易分解的特点使得控制 α-Fe 含量的工艺尤为重要。在 $Sm_2Fe_{17}N_y$ 型磁性材料中为了减少 α-Fe 的含量往往采用在冶炼时多加入钐来补偿烧损的方法,其补偿的含量在 $10wt\%$ ~ $30wt\%$ 范围内[101,218,226,230],而文献[279]提出双相纳米复合材料 $Nd_2Fe_{14}B/\alpha$-Fe 的理想组织应是有 $40wt\%$ 的 α-Fe 分布在硬磁晶粒 $Nd_2Fe_{14}B$ 间,这就意味着双相纳米磁性 $Sm_2Fe_{17}N_y/\alpha$-Fe 材料中需要不补偿钐或多加 Fe 来获得理想的组织。另外,所有的文献[72-126,159-163,190]中都没有同时比较不同的钐含量对 Sm_2Fe_{17} 型合金及其氮化物的影响,本节通过加入不同的补偿钐对 HDDR 处理后的 Sm_2Fe_{17} 型合金及其氮化物的粉末形貌、晶格常数、物相含量、磁性能作了较为详细的研究。

　　按名义成分 $Sm_{10.5}Fe_{89.5}$、$Sm_{12.8}Fe_{87.2}$、$Sm_{14.2}Fe_{85.8}$ 配料,钮扣铸锭在真空炉中 1000℃均匀化退火 48h 后快冷。退火后的锭子轻破碎成 3~8mm 的块料,放入真空炉中进行 2 个和 4 个循环的 HDDR 处理。HDDR 处理后的颗粒轻破碎成过 400 目和 60~80 目两种粉末,共同放入真空炉中,在 1.3atm 氮气下,在 500℃氮化 2~12h,氮化前后用电子天平(精度 0.1mg)称粉末重量的变化决定粉末中的氮含量,并用 XRD、SEM、VSM 分析粉末及黏结磁体的性能。

　　$Sm_{10.5}Fe_{89.5}$、$Sm_{12.8}Fe_{87.2}$、$Sm_{14.2}Fe_{85.8}$ 的冶炼与退火工艺、铸态组织及退火后物相均同第 5 章中相同成分合金,在此不再赘述。

8.4.2　HDDR 循环次数的影响

　　图 8.6 为 $Sm_{10.5}Fe_{89.5}$、$Sm_{12.8}Fe_{87.2}$、$Sm_{14.2}Fe_{85.8}$ 三种成分合金分别进行 2 次和 4 次 HDDR 循环处理的 XRD 图,分析后发现,三种成分合金在 2 次和 4 次 HDDR 循环处理后的主相均表现为与退火后(图 8.6(a1)、(b1)、(c1))相同的菱方 Th_2Zn_{17} 型 Sm_2Fe_{17} 相结构,另一相为 α-Fe,而且 HDDR 后衍射峰的位置与退火后的相比没有明显的偏移。但 HDDR 前后最大的区别在于 α-Fe 的 110 衍射峰的高低,即其中 α-Fe 的含量明显不同。三种成分合金在 HDDR 后 α-Fe 的含量都有所增加,尤其 $Sm_{12.8}Fe_{87.2}$ 和 $Sm_{14.2}Fe_{85.8}$ 合金的增幅较大。定量地计算 HDDR 前后晶胞参数与 α-Fe 的体积百分比变化及测试的磁性能见表 8.3,由表中数据可见,三种成分合金的晶格常数 a、c 及单胞体积 V 在 HDDR 前后变化均不大,单胞体积膨胀 $\Delta V/V<0.35$,

$Sm_{12.8}Fe_{87.2}$ 的膨胀量稍大，$Sm_{14.2}Fe_{85.8}$ 合金的膨胀量最小，说明在 HDDR 后可能仍有未解吸的 H 存在，但含量已极少，且 2 次 HDDR 循环处理与 4 次循环后的膨胀量相差不大，晶格常数比率 c/a 值在 HDDR 处理前后也变化不大。$Sm_{10.5}Fe_{89.5}$ 合金中的 α-Fe 含量在 HDDR 处理后提高了 $0.27\%\sim3.02\%$，幅度较小；$Sm_{12.8}Fe_{87.2}$ 合金中的 α-Fe 含量由退火后的 1.75 ％提高到 HDDR 处理后的 $9.21\%\sim10.82\%$；$Sm_{14.2}Fe_{85.8}$ 合金中的 α-Fe 的含量则由退火后的 2.52％提高到 HDDR 处理后的 $8.38\%\sim14.01\%$。对 $Sm_{10.5}Fe_{89.5}$ 和 $Sm_{14.2}Fe_{85.8}$ 合金进行 2 次 HDDR 处理后 α-Fe 的含量高于 4 次循环的含量，而 $Sm_{12.8}Fe_{87.2}$ 则是 2 次 HDDR 处理后的 α-Fe 含量相对较低。总的来看，2 次与 4 次 HDDR 循环处理后的解吸与再复合过程可能是不完整的，有 α-Fe 的残留，但在图 8.6 的所有衍射中没有发现除 Sm_2Fe_{17} 和 α-Fe 外的第三相。因此，由于 HDDR 处理时在 800℃ 下保温 4h 造成了部分 Sm 的挥发，原 Sm-Fe 之间配比发生了变化，从而使得合金中析出 α-Fe。因此，可以认为 Sm 的挥发是 α-Fe 析出的重要原因之一，但这也不应是主要原因，因为 $Sm_{14.2}Fe_{85.8}$ 合金比 $Sm_{12.8}Fe_{87.2}$ 中的 Sm 含量相对较高，但其 2 次 HDDR 后的 α-Fe 含量居然达到了 14.01％，而 4 次循环后的 α-Fe 含量反倒较低。

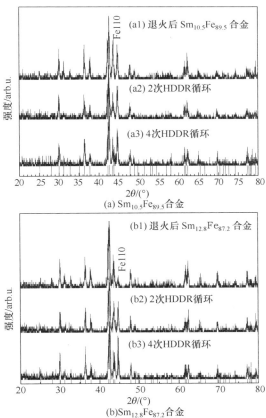

(a) $Sm_{10.5}Fe_{89.5}$ 合金

(b) $Sm_{12.8}Fe_{87.2}$ 合金

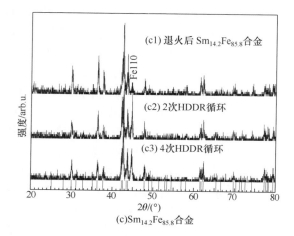

(c)Sm$_{14.2}$Fe$_{85.8}$合金

图 8.6　三种成分合金分别进行 2 次与 4 次 HDDR 处理的 XRD 图谱
（(a3)、(b3)、(c3)下部为 Sm$_2$Fe$_{17}$ 相 JCPDS 卡片中衍射峰位置）

表 8.3　不同 HDDR 循环次数对 Sm$_2$Fe$_{17}$ 型合金晶胞参数 *a*、*c*，单胞体积 *V*
与单胞体积膨胀 Δ*V*/*V* 和 α-Fe 体积百分比及磁性能的影响

技术	*a*	*c*	*c*/*a*	*V*	$\frac{\Delta V}{V}$ /%	α-Fe /%	磁性能/(15000Oe)		
							σ_r/(emu/g)	σ_s/(emu/g)	H_c/Oe
退火后 Sm$_{10.5}$Fe$_{89.5}$	8.5216	12.5361	1.471	788.38	0	8.80	8.074	127	128.9
HDDR2 次 Sm$_{10.5}$Fe$_{89.5}$	8.5328	12.5308	1.469	790.12	0.22	11.82	9.055	119.4	112.9
HDDR4 次 Sm$_{10.5}$Fe$_{89.5}$	8.5339	12.5312	1.468	790.34	0.25	9.07	13.65	147.1	152.6
退火后 Sm$_{12.8}$Fe$_{87.2}$	8.5586	12.3706	1.445	784.74	0	1.75	8.126	106.8	150.3
HDDR2 次 Sm$_{12.8}$Fe$_{87.2}$	8.5623	12.3954	1.448	787.00	0.29	9.21	7.809	126.6	125.7
HDDR4 次 Sm$_{12.8}$Fe$_{87.2}$	8.5531	12.4296	1.453	787.46	0.35	10.82	11.52	127.4	145.9
退火后 Sm$_{14.2}$Fe$_{85.8}$	8.5552	12.4222	1.452	787.40	0	2.52	6.128	107	127.9
HDDR2 次 Sm$_{14.2}$Fe$_{85.8}$	8.5441	12.4565	1.458	787.52	0.02	14.01	8.489	113.3	137.1
HDDR4 次 Sm$_{14.2}$Fe$_{85.8}$	8.5405	12.4606	1.459	787.11	−0.04	8.38	9.253	127.3	126.4

　　从表 8.3 中的磁性能数据可以看出，无论退火后还是 HDDR 后，三种成分合金的剩磁(σ_r)与矫顽力值(H_c)均偏低，这说明 HDDR 后的合金仍与退火后的合金一样，表现为易面磁化，但 HDDR 处理后三种成分合金的剩磁都略有提高，而且 4 次循环处理后的剩磁值更高些。最高场下的磁化强度值(为方便也称为饱和强度值,σ_s)除 Sm$_{10.5}$Fe$_{89.5}$ 2 次循环处理后的值略低外，其余的值也是 HDDR 处理后的值高于退火后的值，而且也是 4 次循环处理的值更高些。矫顽力值在 HDDR 后或

高于或低于退火后的值,如 $Sm_{10.5}Fe_{89.5}$ 和 $Sm_{12.8}Fe_{87.2}$ 2 次 HDDR 后的值低于退火后值,而 4 次循环后的值较高;$Sm_{14.2}Fe_{85.8}$ 则是 HDDR 后的值均高于退火后值,而且 2 次处理后的值更高些。三种成分相比,$Sm_{10.5}Fe_{89.5}$ 的剩磁与饱和磁化强度值略高,$Sm_{12.8}Fe_{87.2}$ 的矫顽力略高。

8.4.3 HDDR 处理后的颗粒形貌

由前面的研究已知,在 HT 过程中 Sm_2Fe_{17} 的单胞体积可以膨胀 3.38%,造成晶格内有很大的应力,而且有 H 的渗入与解吸的反复过程,因此会在颗粒中产生裂纹,想得到用于观察颗粒整体形貌的整块已很困难。另外,不同钐补偿含量合金的颗粒形貌比较相同,汇总在图 8.7。一般情况下,磁粉的表面裂纹产生原因有两个:一是在粉末的破碎过程中,二是起源于 HDDR 过程中。由于用作 HDDR 处理的试样均为较大块试样,没有粉末的破碎过程,而在 HDDR 处理后,不需要大的压力合金块就容易破碎,所以可以排除第一种原因。

Sm_2Fe_{17} 型合金块状颗粒经 HDDR 处理后颗粒表面有许多裂纹,极易破碎,其中图 8.7(a)为退火后未经 HDDR 处理直接破碎的粉末形貌,图 8.7(b)~(f)为经 HDDR 处理再轻破碎的粉末形貌。对比图 8.7(b)与图 8.7(a)发现,未经 HDDR 处理的粉末表面光滑,无任何孔洞及细小颗粒。而经 HDDR 处理后的粉末颗粒表面明显不光滑,有树枝状分叉的裂纹,如图 8.7(c)所示;裂纹已使大颗粒自然破碎成小颗粒,如图 8.7(d)所示;另外,表面有许多蜂窝状孔洞,如图 8.7(e)所示;小颗粒密堆积表面,如图 8.7(f)所示,细小颗粒直径大多已小于 200nm,最小的达到几十纳米,这种小颗粒好像是从大颗粒表面"长出"的结果,因此这可能是在 HDDR 过程中由物相的歧化与解吸及再复合过程形成的,是 HDDR 细化颗粒的表现,这种小颗粒已小于 $Sm_2Fe_{17}N_\delta$ 单畴颗粒(约 300nm)的临界尺寸,但观察的颗粒尺寸仍大于表 8.1 中的计算值,说明图 8.7 中的小颗粒可能是由几十纳米的小晶粒组成的。HDDR 处理后的不光滑孔洞表面形貌对粉末的进一步细化及氮化应该有利。

(a) 退火后粉末　　　　　　(b) 经 HDDR 处理后　　　　　　(c) 裂纹

| (d) 放大后裂纹 | (e) 蜂窝状颗粒表面 | (f) 大颗粒表面的小颗粒 |

图 8.7　经 HDDR 处理后 Sm_2Fe_{17} 型合金粉末的形貌

为了使 HDDR 后的 Sm_2Fe_{17} 型合金的粉末具有好的磁性能,还必须对合金粉末进行氮化处理。

8.4.4　氮化后的物相变化

图 8.8 是 $Sm_{10.5}Fe_{89.5}$、$Sm_{12.8}Fe_{87.2}$、$Sm_{14.2}Fe_{85.8}$ 三种成分合金在 500℃ 分别氮化 2h、6h、9h、12h 的 XRD 图,分析后发现,氮化后三种成分的合金仍保持 Th_2Zn_{17} 型菱方结构的 Sm_2Fe_{17} 相,与经两次 HDDR 循环处理后的衍射峰相比,氮化后的所有 Sm_2Fe_{17} 型相衍射峰均向小角度方向移动,说明晶格发生了膨胀,N 进入了 Sm_2Fe_{17} 相的间隙中形成了 $Sm_2Fe_{17}N_y$ 氮化相,并与图 8.8 中下部竖线 $Sm_2Fe_{17}N_3$ 相的衍射位置基本对应,说明 y 值已接近 3。而 α-Fe 的 110 衍射峰却未见相应移动,说明在氮化时间小于 12h 内,N 进入 α-Fe 相间隙的含量很低。三种成分合金的最大区别仍表现为 α-Fe 相 110 衍射峰高低不同的变化上。计算了氮化前后的晶胞参数及 α-Fe 体积百分比的变化如图 8.9 所示。由图 8.9 可见,氮化 2h 与 HDDR 后未氮化相比,晶格常数 a(图 8.9(a))、c(图 8.9(b)),单胞体积 V(图 8.9(d))及单胞体积膨胀 $\Delta V/V$(图 8.9(c))均有较大的增大,但在氮化 2h 后,增幅已明显减小,而基本规律仍是随着氮化时间的延长上述参数值增大,唯有 $Sm_{10.5}Fe_{89.5}N_y$ 合金的 c 值是递减的。对比三种成分合金,$Sm_{14.2}Fe_{85.8}N_y$ 合金有较小的 a 值(最小值 8.6945Å),较大的 c 值(最大值 12.6816Å),较小的 V(最小值 826.71Å³)和 $\Delta V/V$(最小值 4.98%)。$Sm_{12.8}Fe_{87.2}N_y$ 有相对较大的 a 值(最大值 8.7555Å)、V 值(最大值 836.11Å³)及 $\Delta V/V$(最大值 6.24%)和较小的 c 值(最小值 12.5558Å)。

图 8.9(c)中 c/a 的值在氮化 2h 后是减小的,$Sm_{10.5}Fe_{89.5}N_y$ 的 c/a 值随着时间的延长继续减小,而 $Sm_{14.2}Fe_{85.8}N_y$ 合金的 c/a 值在平稳中有所减小,$Sm_{12.8}Fe_{87.2}N_y$ 的 c/a 值在氮化 6h 达到谷底后反而又升高,说明 N 原子进入 $Sm_{12.8}Fe_{87.2}$ 中对 c 轴和 a 轴的膨胀是不均匀的,总体看三种成分的合金氮化后沿 a 轴的膨胀要大于沿 c 轴的膨胀,这可能是残留 H 的影响。

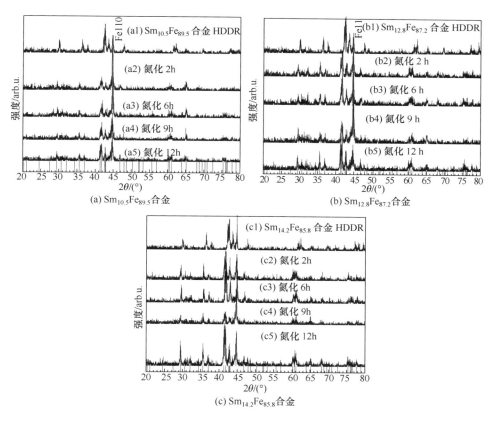

图 8.8　三种成分合金经 2 次 HDDR 循环处理后氮化不同时间的 XRD 图谱

图中下部示出 Sm$_2$Fe$_{17}$N$_3$ 相的衍射峰位置

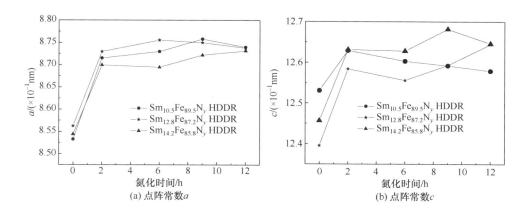

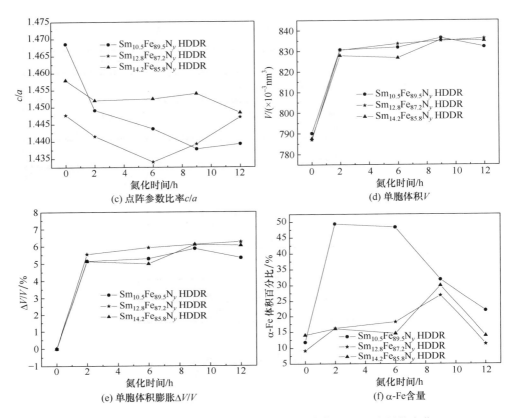

图 8.9　三种成分合金不同氮化时间下晶胞参数及 α-Fe 含量的变化

图 8.9(f) 为三种成分合金的 α-Fe 含量氮化前后的比较,由图可见,氮化后有增加 α-Fe 含量的倾向,其中 $Sm_{10.5}Fe_{89.5}N_y$ 在氮化 2h 和 6h 后的 α-Fe 含量超过 45% 达到最高,再增加氮化时间 α-Fe 含量降低,如 9h 降到 31.9%,12h 更降到 21.9%;$Sm_{12.8}Fe_{87.2}N_y$ 在氮化 9h 达到最高 α-Fe 含量 26.9%,12h 即降到 11.3%;$Sm_{14.2}Fe_{85.8}N_y$ 在同样在氮化 9h 有最高 α-Fe 含量 29.9%,12h 即降到 13.9%。总体来看,$Sm_{10.5}Fe_{89.5}N_y$ 中的 α-Fe 含量明显高于补偿 Sm 的另两种合金,尤其在氮化时间短时差值更大,随着氮化时间延长,差值减小,说明增加氮化时间对增加单胞晶格常数幅度不大,但对减少 α-Fe 含量作用明显。

8.4.5　粉末粒度对氮化后氮含量的影响

图 8.10 为 $Sm_{10.5}Fe_{89.5}$、$Sm_{12.8}Fe_{87.2}$、$Sm_{14.2}Fe_{85.8}$ 合金两种粉末粒度(细粉, +400 目,FP;粗粉,+60～-80 目,CP)在不同氮化时间(2h,6h,9h,12h)下化合物中氮质量百分比的关系曲线。由图 8.10 可以看出:第一,不管粉末粒度如

何,随氮化时间的延长,粉末中的氮含量近似呈直线增加;第二,相同成分、相同氮化时间下细粉的氮含量高于粗粉的氮含量,二者的差值随氮化时间的延长而减小,粗粉在氮化 12h 后的氮含量仍远低于同种成分细粉氮化 2h 的氮含量,说明只通过延长氮化时间来增加粉末中氮含量的方法对 Sm-Fe 合金效率较低,应当减小粉末的尺寸;第三,不同钐含量对粉末中氮含量也有一定的影响。无论细粉还是粗粉,补偿添加 $25wt\%$ Sm 的 $Sm_{12.8}Fe_{87.2}N_y$ 合金的氮含量在氮化时间小于 12h 内较高,而 $Sm_{10.5}Fe_{89.5}N_y$ 细粉在氮化 6h 与 9h 氮含量最低,多添加 $25wt\%$ Sm 的合金细粉氮化速度最快。这与图 8.9(f) 中 α-Fe 含量变化规律有相似之处。其原因在于,$Sm_{10.5}Fe_{89.5}$ 合金中 α-Fe 含量最多,Sm_2Fe_{17} 相的含量相对最少,而 $Sm_{12.8}Fe_{87.2}$、$Sm_{14.2}Fe_{85.8}$ 成分的合金中由于补偿了钐的损失,退火及氮化后的合金中 Sm_2Fe_{17} 相增多,氮比较容易进入 Sm_2Fe_{17} 相的八面体间隙 9e 或 18g 晶位中,而不容易进入 α-Fe 的间隙位中。

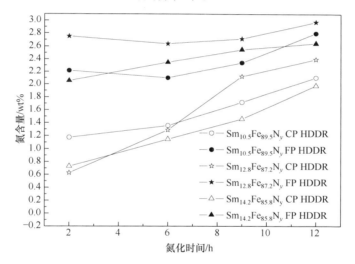

图 8.10　不同钐补偿含量及粉末粒度对不同氮化时间下
Sm_2Fe_{17} 型化合物中氮含量的影响

对 $Sm_{10.5}Fe_{89.5}$、$Sm_{12.8}Fe_{87.2}$、$Sm_{14.2}Fe_{85.8}$ 未经 HDDR 处理与经 HDDR 处理后的合金的氮化粉末在相同工艺下的氮含量进行对比,如图 8.11 所示,经 HDDR 处理后的细粉中的氮含量低于未经 HDDR 处理的对应值,而粗粉的规律是氮化时间小于 9h 时,未经 HDDR 处理的粉末中氮含量高,而长于 9h 后,HDDR 处理的粉末中的氮含量较高。出现这种现象的原因可能是 HDDR 后,晶胞已膨胀,但在部分间隙中仍有未解吸的 H 残留,所以细粉及粗粉氮化短时间内的氮含量低于未经 HDDR 处理的,但由于粗粉中的氮含量在氮化 9h 后尚未达到饱和,而粗粉的氮含量增加斜率大,所以在增加氮化时间到 9h 后超过了未经 HDDR 处理的氮含量,显示出 HDDR 有助于加快氮化速度的作用。图 8.11 与图 5.14(c)相比会发现,HD-DR 处理后的粉末氮化后的单胞体积与未经 HDDR 处理的相当,说明 HDDR 后间隙中确实可能存在未完全解吸的 H 使新的 N 原子不容易进去。

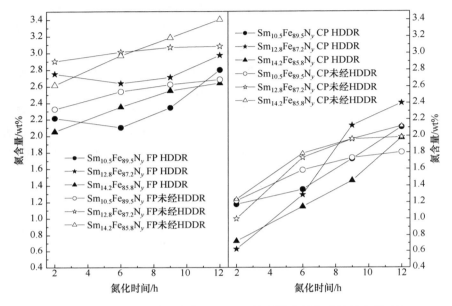

图 8.11　经 HDDR 处理及未经 HDDR 处理粉末氮化后的氮含量对比

8.4.6　氮化后粉末形貌

图 8.12 为 $Sm_{10.5}Fe_{89.5}$、$Sm_{12.8}Fe_{87.2}$、$Sm_{14.2}Fe_{85.8}$ 合金经 HDDR 处理后又进行氮化的 SE 像。与图 8.7 相比,图 8.12(a)的宏观整体形貌变化不大,但放大后又会出现一些新的小变化,这就是每个颗粒表面有两种表现:一种是蜂窝状表面,如图 8.12(b)所示,突出的颗粒及孔洞直径在几百纳米到 $2\mu m$。另一种是有不同形状的更小的颗粒在大颗粒表面堆积,主要有三种,第一种似乎是从粉末颗粒表面长出的小颗粒,如图 8.12(c)所示,与图 8.7(f)相似,但似乎长得更大更高些了;第二种是颗粒在表面的密堆积,如图 8.12(d)所示;第三种是有均匀的 $100\sim200nm$ 的小颗粒在表面弥散分布,如图 8.12(e)所示。这些表现都是经 HDDR 处理后的粉末特有的形貌,说明是在 HDDR 过程中 H 的作用使 Sm_2Fe_{17} 型相在经过歧化与再复合过程的反复后,新得到的细化晶粒,另外在氮化过程中,由于有 N 的渗入,晶格会重新膨胀,粉末颗粒应力增大,使小颗粒及孔洞表现更突出。

(a) 整体形貌　　　　　　(b) 蜂窝状表面

(c) 长出的颗粒　　　　(d) 密堆颗粒　　　　(e) 弥散小颗粒

图 8.12　经 HDDR 处理的 Sm_2Fe_{17} 型合金氮化后的二次电子像

8.4.7　热分析

图 8.13 为 $Sm_{12.8}Fe_{87.2}$ 合金经 HDDR 处理后氮化 2h 及 12h 的 DSC 分析（升温速度为 10℃/min，保护气体为氩气，流速为 50mL/min），其中图 8.13(a) 与(b) 分别为氮化 2h 与 12h 的 DSC，可见，二者在低于 550℃ 范围内规律相似，均随着温度的升高而降低，并分别在 451℃ 与 450℃ 有拐折，该点对应的是氮化后合金的居里点。另外说明氮化后的合金在低于 550℃ 内是稳定的，没有任何相变。

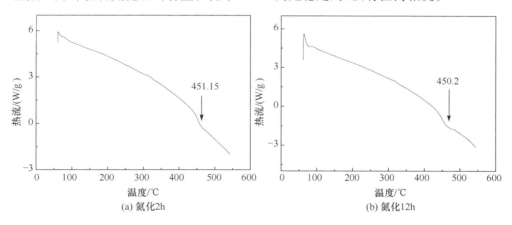

(a) 氮化2h　　　　　　　　(b) 氮化12h

图 8.13　$Sm_{12.8}Fe_{87.2}$ 合金经 HDDR 处理后氮化 2h 及 12h 的 DSC 分析

8.4.8　氮化机制

由图 8.10 氮含量与氮化时间的关系可见,粗细粉的氮含量在每个氮化时间下是不同的,也是刚开始短时间内氮含量增加较快,之后随着氮化时间的增加,氮化速度减慢,因此也是刚开始以 N 与 Sm-Fe 合金的"反应"为主,之后是 N 的均匀扩散。另外,"反应"与粉末的粒径有关系,颗粒增大时"反应"速度也减慢,在低于550℃内氮化物是稳定。

8.4.9　粉末的磁性能

图 8.14 为不同补偿钐含量 Sm_2Fe_{17} 型合金在不同氮化时间下的磁性能值(测量磁场为 15000Oe):矫顽力 H_c(图 8.14(a))、磁化强度 σ_s(图 8.14(b))、剩磁 σ_r(图 8.14(c))与居里温度 T_c(图 8.14(d))。由图可见,氮化后的合金粉末的磁性能高于氮化前的二元合金值。首先,三种合金磁粉的矫顽力表现为基本相同的规律,在氮化 12h 内,$Sm_{10.5}Fe_{89.5}N_y$ 和 $Sm_{14.2}Fe_{85.8}N_y$ 合金随着氮化时间的延长,H_c 值在波动中上升,在 12h 达到最高值,分别为 535.2Oe 和 1099Oe。而 $Sm_{12.8}Fe_{87.2}N_y$ 则在氮化 2h 有一峰值(1065Oe)后,在氮化 9h 又降低到最低值(861.0Oe),在氮化12h 才又达到最高值(1216Oe)。与未经HDDR处理的相同成分合金(图 5.19(a))相比,除氮化 9h 未经 HDDR 处理的合金矫顽力异常高外,经 HDDR 处理的$Sm_{12.8}Fe_{87.2}N_y$ 与 $Sm_{14.2}Fe_{85.8}N_y$ 合金要高于未经 HDDR 处理的对应值,这是经HDDR 后粉末晶粒得到细化的结果,但 $Sm_{10.5}Fe_{89.5}N_y$ 的矫顽力较低,是由于其中的 α-Fe 含量太高。

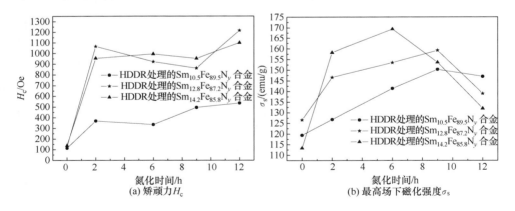

(a) 矫顽力 H_c　　　　　　　　(b) 最高场下磁化强度 σ_s

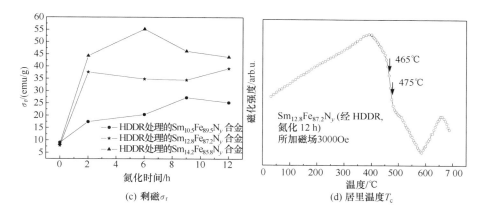

图 8.14　三种成分合金不同氮化时间下的磁性能

三种合金磁粉在 15000Oe 外场下的饱和磁化强度值（图 8.14(b)）都在氮化某一时间达到一个峰值，如 $Sm_{10.5}Fe_{89.5}N_y$ 在 9h 达到 150.3emu/g、$Sm_{12.8}Fe_{87.2}N_y$ 在 9h 达到 159.2emu/g，$Sm_{14.2}Fe_{85.8}N_y$ 在 6h 达到 169.3emu/g，再随着氮化时间的延长又减小。三种成分合金的 σ_s 值相比，$Sm_{14.2}Fe_{85.8}N_y$ 在氮化 9h 前较高，$Sm_{10.5}Fe_{89.5}N_y$ 的值较低，在氮化 12h 后规律相反。这种规律与合金中 α-Fe 含量及变化规律（图 8.9(f)）有关，但又不是完全对应，应该还与晶格的微观变化等因素有关。与未经 HDDR 处理的合金粉末（图 5.19(b)）相比，除两种工艺处理的 $Sm_{14.2}Fe_{85.8}N_y$ 合金的值相当外，另两种合金经 HDDR 处理后的值较低。总的来看，经 HDDR 处理后合金的饱和磁化强度值要降低。

就剩磁而言，在氮化时间小于 12h 内三种成分合金的值由大到小依次为 $Sm_{14.2}Fe_{85.8}N_y>Sm_{12.8}Fe_{87.2}N_y>Sm_{10.5}Fe_{89.5}N_y$，而且幅度相差较大，$Sm_{14.2}Fe_{85.8}N_y$ 的剩磁最高达到 55.2emu/g（氮化 6h 时），但再随着氮化时间提高到 9h、12h 时，剩磁值反而减小；$Sm_{10.5}Fe_{89.5}N_y$ 最低值仅 17.4emu/g（在氮化 2h），随着氮化时间延长，剩磁值增大；$Sm_{12.8}Fe_{87.2}N_y$ 剩磁值在氮化 2h 有较高值（37.64emu/g）后，反而 6h 和 9h 又有所减小，在 12h 又达到最高值（39.17emu/g）。可见，随着氮化时间延长到 12h，三种成分合金的剩磁差值趋向减小。与未经 HDDR 处理的对应合金（图 5.19(c)）相比，除 $Sm_{14.2}Fe_{85.8}N_y$ 合金的值相当外，另两种合金经 HDDR 处理后的剩磁值也较低。

总体来看，延长氮化时间到 12h 对提高三种成分合金的矫顽力值均有利，但过长时间却又降低剩磁与磁化强度值。在氮化 12h 内，$Sm_{10.5}Fe_{89.5}N_y$ 的磁性能值均较低，而 $Sm_{14.2}Fe_{85.8}N_y$ 的剩磁与磁化强度有较高值，$Sm_{12.8}Fe_{87.2}N_y$ 的矫顽力与 $Sm_{14.2}Fe_{85.8}N_y$ 相当，其他值大多位于 $Sm_{10.5}Fe_{89.5}N_y$ 和 $Sm_{14.2}Fe_{85.8}N_y$ 值之间，显然这应该与三种成分中的钐含量有关，或者说与氮化后的 α-Fe 含量（图 8.9(f)）有关。可见补偿足够的钐对提高剩磁与矫顽力及磁化强度均有利,从提高矫顽力角度看,多添加 25wt%Sm 与 40wt%Sm 相差不大,但从提高剩磁角度看,多添加钐到 40wt%更好。

与未经 HDDR 的合金相比,矫顽力提高的根本原因在于其磁化与反磁化机制有变化,未经 HDDR 处理的磁粉的磁化与反磁化主要包括畴壁移动和磁畴的转动过程及形核机制,但经 HDDR 处理后,合金中的颗粒已小于 $Sm_2Fe_{17}N_y$ 型相单畴颗粒的尺寸(约 300nm),因此畴壁的移动与畴转已不是主要机制,而变为单畴颗粒磁矩的转动,磁矩的不可逆转动决定的矫顽力要比不可逆壁移决定的矫顽力大,典型的磁滞回线为图 8.15,主要包括磁矩的可逆转动与不可逆转动两个阶段。粉末颗粒集合体的矫顽力大小[155]为

$$H_c = H_{cm}(0) - 1.7pM_s \tag{8.1}$$

其中,$H_{cm}(0)$ 为不考虑粒子之间的静磁相互作用时粉末集合体的矫顽力;p 为粉末体的堆积密度,为颗粒集合体的密度与微粉在形成集合体前的密度的比值;M_s 为饱和磁化强度,当 M_s 低时,矫顽力高,与图 8.14 是对应的。图 8.16 给出 $Sm_{14.2}Fe_{85.8}$ 氮化 6h 的磁滞回线,从回线形状看,合金中还是存在着畴壁移动的过程,因此 HDDR 处理后的 Sm-Fe-N 合金的矫顽力机制应当是畴壁的移动与畴转、单畴颗粒的磁矩转动及形核机制共存。

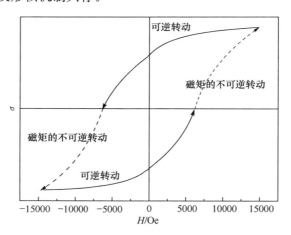

图 8.15　磁矩的转动决定的磁滞回线

在 VSM(外场 3000Oe)下测试的 $Sm_{12.8}Fe_{87.2}N_y$ 氮化 12h 后的粉末的热磁曲线如图 8.14(d)所示。通常情况下,磁化强度值应当随温度的提高而降低,但 $Sm_{12.8}Fe_{87.2}N_y$ 却表现为反常的升高且在 400℃ 达到峰值,并在居里温度范围 465～475℃ 降低最快,在 585℃ 降到最低值后又开始升高,在 655℃ 达到小峰值后又开始降低,其原因在于样品远没有达到饱和磁化。根据铁磁性理论,材料的磁化

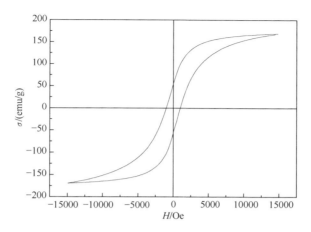

图 8.16　Sm$_{14.2}$Fe$_{85.8}$氮化 6h 的磁滞回线

率正比于饱和磁化强度的平方 M_s^2,而反比于材料各向异性常数 K_1,即 $\chi \propto M_s^2/K_1$,当温度从 T 上升到 T_c 的过程中,M_s 和 K_1 均要下降,但 K_1 比 M_s^2 下降得更快,于是在 T_c 附近反而表现出一个峰值,这就是所谓的 Hopkinson 效应的表现[229]。后一个峰值对应 Sm$_{12.8}$Fe$_{87.2}$N$_y$ 的分解温度。用热磁法测定的居里温度要高于图 8.13(b)热分析中的表现,说明热分析测试的结果偏低。接着测试了 400℃下的磁滞回线,如图 8.17 所示,可见在 400℃、10000Oe 外场下,磁化不能饱和,最高磁场下的磁化强度值只达到 94.2emu/g。

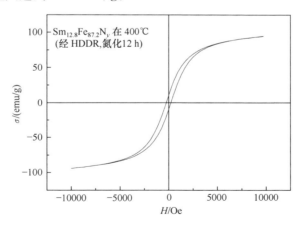

图 8.17　Sm$_{12.8}$Fe$_{87.2}$N$_y$在 400℃与 10000Oe 磁场下的磁滞回线

8.4.10　各向异性环氧树脂黏结磁体的磁性能

图 8.18 为 Sm$_{10.5}$Fe$_{89.5}$N$_y$、Sm$_{12.8}$Fe$_{87.2}$N$_y$、Sm$_{14.2}$Fe$_{85.8}$N$_y$三种合金环氧树脂黏

结磁体的磁性能(测量场为 15000Oe),由图可见,不同成分磁体平行于取向方向(∥)的磁性能要高于垂直于取向方向(⊥)的值,说明用本节的制备工艺得到了各向异性的黏结磁体,在图 8.18(a)矫顽力与氮化时间的关系中,这种各向异性表现得更突出。三种成分磁体的矫顽力与氮化时间的关系与对应磁粉随氮化时间的变化规律(图 8.14(a))相似,在氮化 12h 内呈现两头高(氮化 2h 与 12h)中间低(氮化 9h)的关系,但磁体平行方向的矫顽力仍略低于对应磁粉的值。

　　图 8.18(b)为磁体最高测量磁场下的磁化强度值,随着氮化时间的增加,磁化强度也表现为两头高中间低的规律,与对应磁粉(图 8.14(b))表现为相反的变化,但磁化强度值远低于对应磁粉的值。图 8.18(c)中磁体剩磁随氮化时间的增加也表现为两头高中间低的规律,与磁体矫顽力的变化规律相同,与对应磁粉(图 8.14(c))剩磁的变化规律相反,而且磁体的剩磁值远低于磁粉的值。形成这种相反规律的主要原因是磁体中加入的环氧树脂与黏结剂(各 3wt%)偏多,使磁体的磁化强度值降低较多,从而剩磁的变化主要决定于矫顽力而不再是磁化强度。

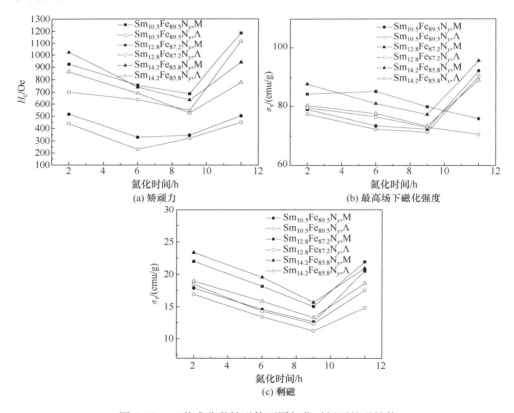

图 8.18　三种成分黏结磁体不同氮化时间下的磁性能

8.5　本章小结

本章以 $Sm_{12.8}Fe_{87.2}$ 为例研究了不同温度下 HD 及 HDDR 的表现,并对 $Sm_{10.5}$ $Fe_{89.5}$、$Sm_{12.8}Fe_{87.2}$、$Sm_{14.2}Fe_{85.8}$ 合金经 HDDR 处理后合金的氮化过程及相关性能进行了较详细的研究,并得到以下结论:

(1) 利用 XRD 详细研究了不同温度下氢气与 $Sm_{12.8}Fe_{87.2}$ 合金的相互作用,得到不同温度 HD 或 HDDR 处理时的工艺过程可描述为:①氢化 $Sm_2Fe_{17} + H_2 \longrightarrow$ $Sm_2Fe_{17}H_y$ 从 100℃ 就可开始,并随着温度升高速度加快,在 400℃ 达到最大值,单胞体积膨胀 3.38%。超过 500℃ 时歧化阶段 $Sm_2Fe_{17}H_x + H_2 \longrightarrow SmH_y$(为 Sm_3 H_7)$+ Fe$ 开始发生,直到 900℃ 仍存在。HD 温度应低于 500℃,而解吸与再复合过程在超过 700℃ 时可能存在,但在炉内初始氢气压恒定的气氛条件下,其解吸与再复合过程应以歧化反应平衡的逆反应 $SmH_y + \alpha\text{-}Fe \longrightarrow Sm_2Fe_{17} + H_2$ 方式进行。②在连续的不同循环的 HDDR 处理过程中,吸氢-歧化在升温(400℃/h 的升温速度)的过程中即可完成,而 DR 过程在保温过程中达到平衡,即 $SmH_y + \alpha\text{-}Fe$ $\longleftrightarrow Sm_2Fe_{17} + H_2$,抽真空是使该反应向右进行完成解吸-再复合过程的主要驱动力。随着循环次数的增加,抽真空所用时间减少。③在 HDDR 过程中破坏试样的原颗粒尺寸会恶化粉末的磁性能。2 次循环处理后具有较大的矫顽力。

(2) $Sm_{10.5}Fe_{89.5}$、$Sm_{12.8}Fe_{87.2}$、$Sm_{14.2}Fe_{85.8}$ 合金经 2 次和 4 次 HDDR 循环处理后的主相均表现为与退火后相同的 Sm_2Fe_{17} 相结构及易面磁化,HDDR 后 $\alpha\text{-}Fe$ 的含量都有所增加,单胞体积膨胀 $\Delta V/V < 0.35\%$,剩磁、最高场下的磁化强度值略有提高。三种成分相比,$Sm_{10.5}Fe_{89.5}$ 的剩磁与饱和磁化强度值略高,$Sm_{12.8}Fe_{87.2}$ 的矫顽力略高。

(3) HDDR 处理后试样颗粒会产生裂纹,再复合后的 Sm_2Fe_{17} 颗粒细小均匀,小粉末颗粒尺寸分布在几十纳米到 200nm,小于 $Sm_2Fe_{17}N_\delta$ 单畴临界尺寸。经 HDDR 处理及氮化后的粉末颗粒表面不光滑,由孔洞表面、蜂窝状表面、小颗粒密堆积表面及细小颗粒分布表面组成。

(4) 随着氮化时间的延长,粉末中的氮含量增加,而且细粉(过 400 目)的氮化速度快于粗粉(60~80 目),细粉 $Sm_{12.8}Fe_{87.2}$ 合金氮化速度最快。

(5) 氮化后三种成分合金晶格膨胀形成 $Sm_2Fe_{17}N_y$ 主相,而 $\alpha\text{-}Fe$ 相未见明显的相应膨胀。氮化增加 $\alpha\text{-}Fe$ 含量,多补偿 Sm 和增加氮化时间对减少 $\alpha\text{-}Fe$ 含量有利。$Sm_{12.8}Fe_{87.2}$ 和 $Sm_{14.2}Fe_{85.8}$ 合金在氮化超过 9h 后单胞体积膨胀大于 6%。

(6) 延长氮化时间到 12h 对提高三种成分合金粉末的矫顽力值均有利,但又降低剩磁与磁化强度值。在氮化 12h 内,$Sm_{10.5}Fe_{89.5}N_y$ 的磁性能值均较低,而 $Sm_{14.2}Fe_{85.8}N_y$ 的剩磁(最高值 55.2emu/g)与磁化强度(最高值 169.3emu/g)有较高值。补偿足够的钐对提高剩磁与矫顽力及磁化强度均有利,从提高矫顽力角度看,多添加 25wt％Sm 与 40wt％Sm 相差不大(最高值 1216Oe),但从提高剩磁角度看,多添加钐到 40wt％更好。氮化后 $Sm_{12.8}Fe_{87.2}$ 合金粉末的居里温度在 $465\sim475℃$,氮化物在低于 $550℃$ 是稳定的。HDDR 处理后的 Sm-Fe-N 合金的矫顽力机制应当是畴壁的移动与畴转、单畴颗粒的磁矩转动及形核机制共存。

(7) HDDR 处理的环氧树脂黏结 Sm-Fe-N 磁体表现为磁各向异性,平行于取向方向的磁性能优于垂直于取向方向的对应值,但平行于取向方向黏结磁体的磁性能略低于对应磁粉的值。

第9章 经 HDDR 处理的 $Sm_2Fe_{17-x}Ti_x$ 合金及其氮化物的研究

在第 6 章已详细研究了 $Sm_2Fe_{17-x}Ti_x$($x=0.25\sim4$)合金及其氮化物的组织、物相结构、氮化过程、磁性能等,在本章将采用与第 8 章相同的完整的 HDDR 工艺对 $Sm_2Fe_{17-x}Ti_x$($x=0.5,1.0,2.0,3.0,4.0$)合金进行研究。本章使用的 $Sm_2Fe_{17-x}Ti_x$($x=0.5,1.0,2.0,3.0,4.0$)合金的成分、铸态、退火态工艺及组织与物相构成均与 6.2 节中内容相同,在此不再赘述。HDDR 后的合金粉末在 1.3atm 氮气下,在 500℃封闭氮气氛中氮化 $2\sim12$h,氮化前后用电子天平(精度 0.1mg)称粉末重量的变化决定粉末中的氮含量,并用 XRD、SEM、VSM 分析粉末及黏结磁体的性能。

9.1 HDDR 循环次数的影响

9.1.1 $Sm_2Fe_{16.5}Ti_{0.5}$ 合金 HDDR

图 9.1 为 $Sm_2Fe_{16.5}Ti_{0.5}$ 合金 2 次与 4 次 HDDR 循环的 XRD 图,可以看出,与退火后合金的 XRD(图 9.1(a))相比,HDDR 后合金均表现为与退火合金相同的 Th_2Zn_{17} 型菱方结构主相 $Sm_2(Fe,Ti)_{17}$,与图中下部竖线指出的 Sm_2Fe_{17} 相衍射位置相比,未见明显向左移动,说明该相中的 Ti 含量较低;与退火后合金的不同点在于 α-Fe 的 110 衍射强度很高,说明 HDDR 后 α-Fe 含量较高,经计算,2 次循环 HDDR 后的 α-Fe 体积百分比约 11.6%,略低于 4 次 HDDR 后含量(约 11.9%),但均高于退火的合金中的 0.6%。

9.1.2 $Sm_2Fe_{16}Ti_1$ 合金 HDDR

图 9.2 为 $Sm_2Fe_{16}Ti_1$ 合金 2 次与 4 次 HDDR 的 XRD 图。由图 6.9 已知,$Sm_2Fe_{16}Ti_1$ 合金退火后(图 9.2(a))由较多的 $Sm_3(Fe,Ti)_{29}$ 与较少的 $Sm_2(Fe,Ti)_{17}$、$Fe_{9.5}SmTi_{1.5}$(1∶11 型相)组成。而经 2 次 HDDR 处理后(图 9.2(b)),衍射峰形发生了变化,与图 9.2(b)下部 Sm_2Fe_{17} 的衍射位置相比,主相已变为 Sm_2Fe_{17} 型相,且没有明显向小角度方向偏移,说明该相中的 Ti 含量也不高;4 次 HDDR 循环处理后,峰形与 2 次 HDDR 处理的相同,主相也变为 Sm_2Fe_{17} 型,与图中下部 Sm_2Fe_{17} 相的衍射位置相比,衍射峰也未明显向小角度方向偏移。经 HDDR 处理后,另外还出现了 α-Fe,说明 H 破坏了 $Sm_3(Fe,Ti)_{29}$、$SmFe_{11}Ti$、$Fe_{9.5}SmTi_{1.5}$ 相的结构,在解吸与复合过程中形成了 Sm_2Fe_{17} 型相,并得到多余的 α-Fe,即存在式(9.1)~式(9.3):

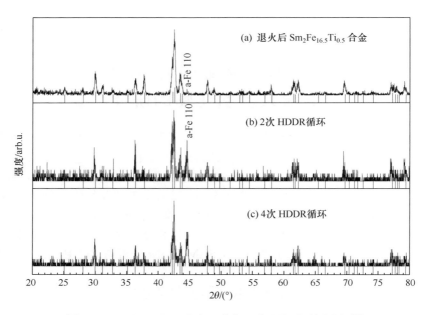

图 9.1　$Sm_2Fe_{16.5}Ti_{0.5}$ 合金 2 次与 4 次 HDDR 的 XRD 图

（a）～（c）下部示出 Sm_2Fe_{17} 的衍射位置

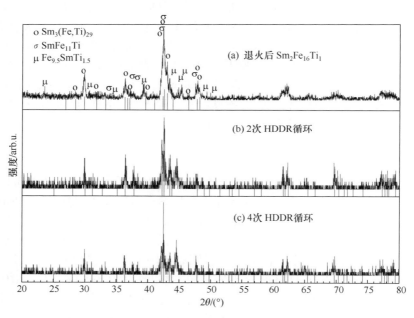

图 9.2　$Sm_2Fe_{16}Ti_1$ 合金 2 次与 4 次 HDDR 的 XRD 图

（a）下部示出 $Sm_3(Fe,Ti)_{29}$ 的衍射位置；（b）～（c）下部示出 Sm_2Fe_{17} 的衍射位置

$$Sm_3(Fe,Ti)_{29} \longrightarrow Sm_2(Fe,Ti)_{17} + \alpha\text{-}Fe(Ti) \tag{9.1}$$

$$SmFe_{11}Ti \longrightarrow Sm_2(Fe,Ti)_{17} + \alpha\text{-}Fe(Ti) \tag{9.2}$$

$$Fe_{9.5}SmTi_{1.5} \longrightarrow Sm_2(Fe,Ti)_{17} + \alpha\text{-}Fe(Ti) \tag{9.3}$$

经计算估计，2 次 HDDR 后 α-Fe 体积百分比为 4.9%，4 次后为 6.6%，较高。

9.1.3　$Sm_2Fe_{15}Ti_2$ 合金 HDDR

图 9.3 为 $Sm_2Fe_{15}Ti_2$ 合金 2 次与 4 次 HDDR 的 XRD 图。由图 6.9 已知，退火后的 $Sm_2Fe_{15}Ti_2$ 合金（图 9.3(a)）由 $Fe_{9.5}SmTi_{1.5}$、$Sm_3(Fe,Ti)_{29}$、$Sm_2(Fe,Ti)_{17}$、Fe_2Ti 组成；而经 2 次（图 9.3(b)）与 4 次（图 9.3(c)）HDDR 处理后，衍射峰形的组成变化不明显，但相对含量已变化，HDDR 后 Sm_2Fe_{17} 型相的含量增加，但与图 9.3(b) 下部示出的 Sm_2Fe_{17} 衍射位置相比，该相并未明显向小角度方向偏移，说明该相中的 Ti 含量也不高；另一明显变化是 $Fe_{9.5}SmTi_{1.5}$ 相含量减少，因此 $Sm_2Fe_{15}Ti_2$ 合金 HDDR 处理后也存在类似式（9.3）的变化，即

$$Fe_{9.5}SmTi_{1.5} \longrightarrow Sm_2(Fe,Ti)_{17} + Fe_2Ti（及 \alpha\text{-}Fe） \tag{9.4}$$

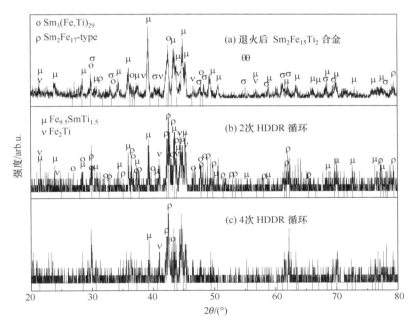

图 9.3　$Sm_2Fe_{15}Ti_2$ 合金 2 次与 4 次 HDDR 的 XRD 图

（a）下部示出 $Sm_3(Fe,Ti)_{29}$ 的衍射位置；（b）下部示出 Sm_2Fe_{17} 的衍射位置；

（c）下部示 $Fe_{9.5}SmTi_{1.5}$ 的衍射位置

9.1.4　$Sm_2Fe_{14}Ti_3$ 合金 HDDR

图 9.4 为 $Sm_2Fe_{14}Ti_3$ 合金 2 次与 4 次 HDDR 的 XRD 图,由图 6.9 已知,图 9.4(a)中退火 $Sm_2Fe_{14}Ti_3$ 合金由 $Fe_{9.5}SmTi_{1.5}$ + Fe_2Ti + $Sm_3(Fe,Ti)_{29}$ + $SmFe_2$ 组成。而经 2 次(图 9.4(b))与 4 次(图 9.4(c))HDDR 处理后,衍射峰形的组成变化不明显,但相对含量已变化,HDDR 后 Sm_2Fe_{17} 型相的含量增加,但与图 9.4(b)和(c)下部示出的 Sm_2Fe_{17} 衍射位置相比,该相并未明显向小角度方向偏移,说明该相中的 Ti 含量也不高;另一明显变化是 $Fe_{9.5}SmTi_{1.5}$ 相、$Sm_3(Fe,Ti)_{29}$ 相含量减少,而富钐相也很难发现,因此 $Sm_2Fe_{15}Ti_2$ 合金 HDDR 处理后也存在式(9.4)的变化,另外还有

$$Sm_3(Fe,Ti)_{29} \longrightarrow Sm_2Fe_{17} + Fe_2Ti(及\ \alpha\text{-}Fe) \tag{9.5}$$

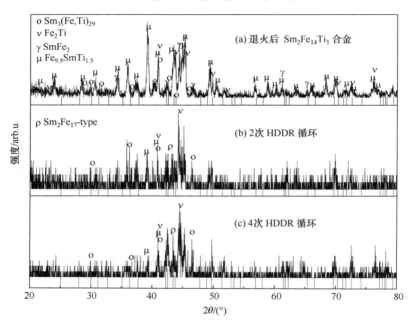

图 9.4　$Sm_2Fe_{14}Ti_3$ 合金 2 次与 4 次 HDDR 的 XRD 图

(a)~(c)下部示出 Sm_2Fe_{17} 的衍射位置

图 9.5 为 $Sm_2Fe_{13}Ti_4$ 合金 2 次与 4 次 HDDR 的 XRD 图,由图 6.9 已知,图 9.5(a)中退火 $Sm_2Fe_{13}Ti_4$ 合金由 $Fe_{9.5}SmTi_{1.5}$ + Fe_2Ti + $Sm_3(Fe,Ti)_{29}$ + $SmFe_2$ 组成。而经 2 次(图 9.5(b))与 4 次(图 9.5(c))HDDR 处理后,衍射峰形的组成变化不明显,但相对含量已变化,HDDR 后 Sm_2Fe_{17} 型相的含量增加,但与图 9.5(b)下部示出的 Sm_2Fe_{17} 衍射位置相比,该相并未明显向小角度方向偏移,说明该相中的 Ti 含量也不高;另一明显变化是 $Fe_{9.5}SmTi_{1.5}$ 相、$Sm_3(Fe,Ti)_{29}$ 相含量

减少,因此 $Sm_2Fe_{15}Ti_2$ 合金 HDDR 处理后也存在式(9.4)和式(9.5)的变化。另外,经 4 次 HDDR 处理后的图 9.5(c)中 Fe_2Ti 的含量非常高,明显高于图 9.5(b)。

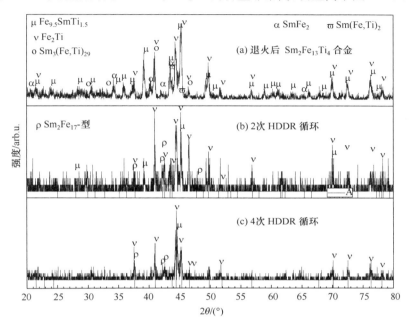

图 9.5　$Sm_2Fe_{13}Ti_4$ 合金 2 次与 4 次 HDDR 的 XRD 图

(b)、(c)下部分别示出 Sm_2Fe_{17}、Fe_2Ti 的衍射位置

由以上分析可见,$Sm_2Fe_{17-x}Ti_x(x=0.5、1.0、2.0、3.0、4.0)$合金经 HDDR 处理后可以形成与退火合金相同或相似的物相,说明 HDDR 工艺的四个阶段过程可以完成,但与退火合金相比,$Sm_3(Fe,Ti)_{29}$、$SmFe_{11}Ti$、$Fe_{9.5}SmTi_{1.5}$ 相基本消失,HDDR 处理后合金中的 $Sm_2(Fe,Ti)_{17}$ 相增加,同时增加 α-Fe 或 $Fe_2Ti(x\geqslant2)$ 含量。而且 4 次 HDDR 处理后的 α-Fe 或 Fe_2Ti 含量高于经 2 次处理的合金,其原因可能是经多次处理后 HDDR 过程中的复合过程仍不彻底,另外可能在 HDDR 过程中存在金属钐的挥发,因此在对 $Sm_2Fe_{17-x}Ti_x$ 合金氮化处理时采用经 2 次 HDDR 处理的合金粉末。

9.2　HDDR 处理后合金粉末的形貌

图 9.6 为 $Sm_2Fe_{17-x}Ti_x$ 合金经 HDDR 后粉末的扫描二次电子像,从粉末的整体形貌(图 9.6(a))中可以观察到,粉末颗粒仍呈多边形,但颗粒上有许多裂纹,颗粒表面上有许多孔洞。在合金块经 HDDR 后,对粉末进行破碎时发现,含 Ti 的合金破碎要比不含 Ti 的 Sm-Fe 合金更易破碎,只轻轻碰撞即可,这与颗粒表面有许

多裂纹有关。在表面平坦的大颗粒表面还发现了图 9.6(b)中的颗粒界裂纹,可以看到这些裂纹把大颗粒分为了大小比较均匀的直径小于 $2\mu m$ 的小颗粒。在粉末颗粒的表面上还附着许多更小的颗粒,如图 9.6(c)所示,形成了颗粒的蜂窝状表面形貌,如图 9.6(d)所示,在某些颗粒上还有弥散分布的直径只有 $100\sim300nm$ 的更小颗粒,如图 9.6(e)所示,这些小颗粒已经小于 $Sm_2(Fe,Ti)_{17}N_y$ 的单畴临界尺寸 $(<0.3mm)$。

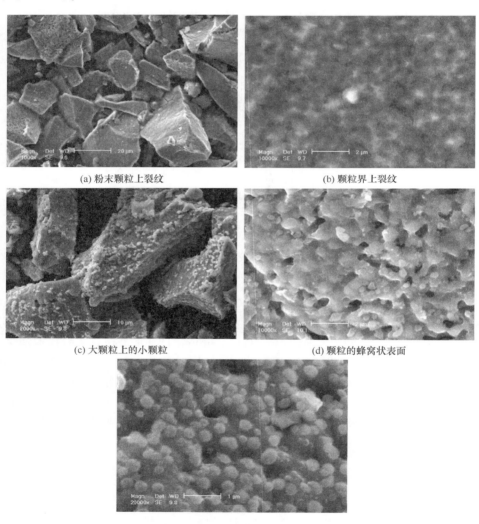

(a) 粉末颗粒上裂纹　　　　　　　　　　　(b) 颗粒界上裂纹

(c) 大颗粒上的小颗粒　　　　　　　　　　(d) 颗粒的蜂窝状表面

(e) 弥散的小颗粒

图 9.6　$Sm_2Fe_{17-x}Ti_x$ 合金经 HDDR 后粉末的扫描二次电子像

9.3　氮化后物相变化

9.3.1　$Sm_2Fe_{16.5}Ti_{0.5}$ 的氮化 XRD

图 9.7 为 $Sm_2Fe_{16.5}Ti_{0.5}$ 合金氮化 0h、2h、6h、9h、12h 后的 XRD 图。纵观全图发现,氮化后合金的主相仍与 HDDR 后相似,为菱方 Th_2Zn_{17} 型结构的 Sm_2Fe_{17} 型相,但与 HDDR 后的不同点在于,氮化后的 Sm_2Fe_{17} 型相的衍射峰与 Sm_2Fe_{17} 相的衍射位置(图 9.7(a1)下部竖线)相比,向小角度方向发生了移动,与 $Sm_2Fe_{17}N_3$ 相的衍射位置(图 9.7(a2)~(a5)下部竖线)接近,说明形成了氮化相 $Sm_2(Fe,Ti)_{17}N_y$,经计算得到氮化 2h 该相的晶格参数为 $a=8.723372\text{Å}$,$c=12.706272\text{Å}$,$V=837.37\text{Å}^3$,与 $Sm_2Fe_{17}N_3$ 的晶格参数 $a=8.74\text{Å}$,$c=12.66\text{Å}$,$V=837.50\text{Å}^3$ 相比,a 轴膨胀略大,c 轴膨胀偏小,单胞体积膨胀略小,说明该相中的氮含量尚未达到 $y=3$,但已十分接近。氮化 12h 后,晶格参数为 $a=8.753984\text{Å}$,$c=12.653319\text{Å}$,$V=839.74\text{Å}^3$,与 $Sm_2Fe_{17}N_3$ 的晶格参数相比,a 轴略大,c 轴略小,总单胞体积略大,说明其中的氮含量已与 $Sm_2Fe_{17}N_3$ 相当。可见在氮化 2h 后,仍有氮进入 $Sm_2(Fe,Ti)_{17}$ 型相的晶格中,但相对前 2h 的氮化速度已十分缓慢,这应当也是氮的均匀扩散在起主导作用。图 9.7(b)为 α-Fe 的 110 衍射位置放大,可以看出,氮

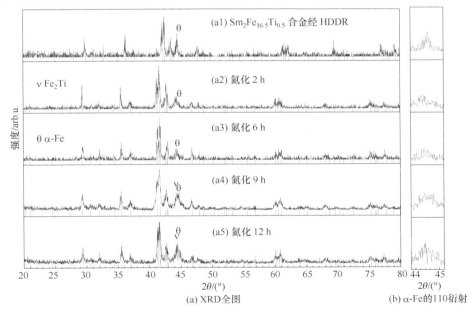

(a) XRD 全图　　　　　　　　　　(b) α-Fe 的 110 衍射

图 9.7　$Sm_2Fe_{16.5}Ti_{0.5}$ 合金氮化 0h、2h、6h、9h、12h 后的 XRD 图

(a1)与(a2)~(a5)下部分别示出 Sm_2Fe_{17} 与 $Sm_2Fe_{17}N_3$ 的衍射位置

化前后 α-Fe 相的衍射位置变化不大,说明其中的氮含量非常低,另外还会发现,α-Fe 的 110 衍射峰已对称宽化,说明晶粒得到细化,按照谢乐公式 $d=\lambda/(B\cos\theta)$ 进行计算后得到,氮化后晶粒尺寸在 10～40nm 范围内,而 $Sm_2(Fe,Ti)_{17}N_y$ 相的主峰 303 衍射对应的晶粒尺寸为 25～70nm。因此通过 HDDR 处理得到了晶粒尺寸在纳米范围内的 $Sm_2(Fe,Ti)_{17}N_y/\alpha$-Fe 的双相纳米材料,对氮化后合金中的 α-Fe 含量进行计算后得到,氮化 2h、6h、9h、12h 的值分别为 4.5%、5.2%、6.1%、7.4%,可见随着氮化时间的增加,合金中的 α-Fe 含量也是增加的。

9.3.2　$Sm_2Fe_{16}Ti_1$ 的氮化 XRD

图 9.8 为 $Sm_2Fe_{16}Ti_1$ 合金经 HDDR 后氮化 0h、2h、6h、9h、12h 后的 XRD 图。纵观全图发现,氮化后合金的主相仍与 HDDR 后相似,形成了菱方结构的氮化相 $Sm_2(Fe,Ti)_{17}N_y$,衍射峰位置与 $Sm_2Fe_{17}N_3$ 相的衍射位置(图 9.8(a2)～(a5) 下部竖线)接近,经计算得到氮化 2h 的 2:17 型相晶格参数为 $a=8.75000Å,c=12.640472Å,V=838.13Å^3$,与 $Sm_2Fe_{17}N_3$ 的晶格参数 $a=8.74Å,c=12.66Å,V=837.50Å^3$ 相比,a 轴膨胀略大,c 轴膨胀偏小,总单胞体积膨胀略大,考虑到 Ti 加入引起的膨胀,说明该相中的氮含量尚未达到 $y=3$,但已十分接近。氮化 12h 后,晶格参数为 $a=8.766343Å,c=12.754539Å,V=848.85Å^3$,与 $Sm_2Fe_{17}N_3$ 的晶格参数相比,单胞体积增大,说明其中的氮含量已与 $Sm_2Fe_{17}N_3$ 相当。可见在氮化 2h 后,仍有氮进入 $Sm_2(Fe,Ti)_{17}$ 型相的晶格中,但相对前 2h 的氮化速度已减慢,这应当也是氮的均匀扩散在起主导作用。图 9.8(b) 为 α-Fe(另有少量的 Fe_2Ti,但其主峰与 α-Fe 的 110 峰重叠,因此作为一相处理)的 110 衍射位置放大,可以看出,氮化前后 α-Fe 相的衍射位置变化不大,说明其中的氮含量非常低,另外还会发现,α-Fe 的 110 衍射峰也对称宽化,说明晶粒得到细化,按照谢乐公式计算后得到,氮化后晶粒尺寸也在 10～50nm 范围内,而 $Sm_2(Fe,Ti)_{17}N_y$ 相的主峰 303 衍射对应的晶粒尺寸为 20～70nm。因此通过 HDDR 处理在 $Sm_2Fe_{16}Ti_1$ 合金中也得到了晶粒尺寸在纳米范围内的 $Sm_2(Fe,Ti)_{17}N_y/\alpha$-Fe 的双相纳米材料,对氮化后合金中的 α-Fe 含量进行计算后得到,氮化 2h、6h、9h、12h 的含量分别为 5.3%、6.3%、9.6%、10.7%,可见随着氮化时间的增加,合金中的 α-Fe 含量也是增加的,并且均大于 $Sm_2Fe_{16.5}Ti_{0.5}$ 合金的对应值。

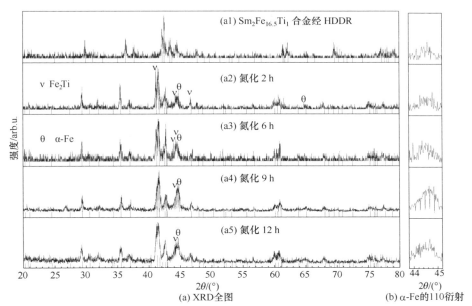

图 9.8 $Sm_2Fe_{16}Ti_1$ 合金经 HDDR 后氮化 0h、2h、6h、9h、12h 后的 XRD 图

(a1)与(a2)~(a5)下部分别示出 Sm_2Fe_{17} 与 $Sm_2Fe_{17}N_3$ 的衍射位置

9.3.3 $Sm_2Fe_{15}Ti_2$ 的氮化 XRD

图 9.9 为 $Sm_2Fe_{15}Ti_2$ 合金经 HDDR 后氮化 0h、2h、6h、9h、12h 后的 XRD 图。纵观全图发现,氮化后合金中的物相组成发生了变化,原 HDDR 后的 $Fe_{9.5}SmTi_{1.5}$、$Sm_3(Fe,Ti)_{29}$、$Sm_2(Fe,Ti)_{17}$、Fe_2Ti 相中的 $Fe_{9.5}SmTi_{1.5}$ 相、$Sm_3(Fe,Ti)_{29}$ 相基本消失,Fe_2Ti 相含量随着氮化时间的增加也减少,而 α-Fe 含量则随着氮化时间的延长而增加,因此氮化后的物相主要为 $Sm_2(Fe,Ti)_{17}N_y$ 相与富 Fe 的 Fe_2Ti 和 α-Fe。另一个变化是,随着氮化时间的延长,$Sm_2(Fe,Ti)_{17}N_y$ 相的含量也是减少的,在氮化 12h 后的衍射峰形状已与图 6.15 中未经 HDDR 合金氮化 20h 及 1h 的相近。

氮化后的 Sm_2Fe_{17} 型相的衍射峰与 $Sm_2Fe_{17}N_3$ 相的衍射位置(图 9.9(a2)~(a5)下部竖线)接近,说明形成了氮化相 $Sm_2(Fe,Ti)_{17}N_y$。经计算得到氮化 2h 的晶格参数为 $a=8.733105$Å,$c=12.702541$Å,$V=838.99$Å^3,与 $Sm_2Fe_{17}N_3$ 的晶格参数相比,a 轴膨胀略小,c 轴膨胀偏大,总单胞体积膨胀略大,考虑到 Ti 加入引起的膨胀,说明该相中的氮含量接近 $y=3$。再增加氮化时间,2:17 型氮化相的衍射峰减少,已不能准确计算晶格参数。但与图中对应下部的 $Sm_2Fe_{17}N_3$ 相比会明显看出,氮化 12h 后,$Sm_2(Fe,Ti)_{17}N_y$ 的衍射峰已偏向 $Sm_2Fe_{17}N_3$ 衍射位置的小角度方向。可见在氮化 2h 后,仍有氮进入 $Sm_2(Fe,Ti)_{17}$ 型相的晶格中,也是氮的均匀扩散在起主导作用。图 9.9(b)为 α-Fe 的 110 衍射位置放大,可以看出,氮化

前后 α-Fe 相的衍射位置变化不大,说明其中的氮含量非常低,另外还会发现,α-Fe 的 110 衍射峰不对称宽化,这是由于该峰中有 Fe_2Ti 的贡献,衍射峰在 α-Fe110 的左边,所以氮化 12h 后的峰顶向右偏,说明 α-Fe 含量增加,与未氮化的合金相比,同时说明 Fe_2Ti 含量减少。另外一个因素即 α-Fe 与 Fe_2Ti 的晶粒得到细化。把 α-Fe 与 Fe_2Ti 所对的衍射峰强度算作一相 α-Fe,对氮化后合金中的 α-Fe 含量进行计算后得到,氮化 2h、6h、9h、12h 的含量分别为 5.0%、20.5%、20.7%、27.5%,可见随着氮化 2h 后,合金中的 α-Fe 含量已超过 20%。

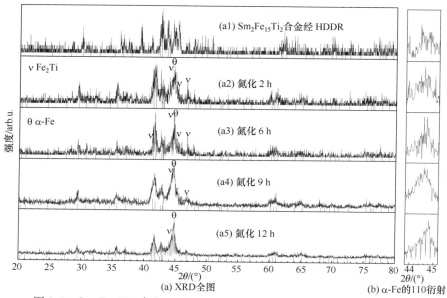

图 9.9　$Sm_2Fe_{15}Ti_2$ 合金经 HDDR 后氮化 0h、2h、6h、9h、12h 后的 XRD 图
(a)与(b)~(e)下部分别示出 Sm_2Fe_{17} 与 $Sm_2Fe_{17}N_3$ 的衍射位置

9.3.4　$Sm_2Fe_{14}Ti_3$ 合金与 $Sm_2Fe_{13}Ti_4$ 合金的氮化 XRD

图 9.10 和图 9.11 分别为 $Sm_2Fe_{14}Ti_3$ 合金与 $Sm_2Fe_{13}Ti_4$ 合金的氮化 XRD,两图有一个共同特点,即氮化后主相变为了 Fe_2Ti 与 α-Fe,而且 $Sm_2Fe_{13}Ti_4$ 合金氮化后的富 Fe 相含量高于 $Sm_2Fe_{14}Ti_3$ 合金的,对同一成分合金则是随着氮化时间的延长,α-Fe 含量逐渐增多,Fe_2Ti 含量减少,两种合金均在氮化 12h 后的 α-Fe 含量最高。对 $Sm_2(Fe,Ti)_{17}N_3$ 相,两种合金氮化后均存在,但含量均非常低,其中 $Sm_2Fe_{13}Ti_4$ 合金中的含量更低。从图 9.10(b)与图 9.11(b)放大的衍射峰可以看出两种富 Fe 相含量的上述变化,另外两相的衍射峰也宽化,说明在 HDDR 的晶粒再复合过程中晶粒已细化到小于 100nm。如把合金中的富铁相全部算作 α-Fe 进行计算得到,$Sm_2Fe_{14}Ti_3$ 合金氮化 2h 后的富 Fe 相含量约 41%,氮化 12h 后的含量约 70%,而 $Sm_2Fe_{13}Ti_4$ 合金氮化 2h 后的富铁相含量已大于 70%。

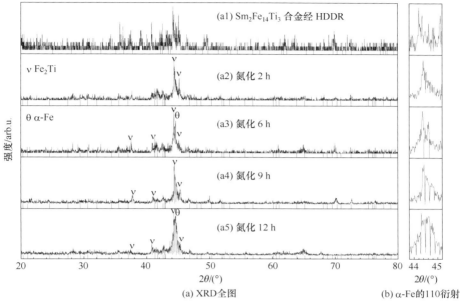

(a) XRD全图　　　　　　　　　　　　　(b) α-Fe的110衍射

图 9.10　$Sm_2Fe_{14}Ti_3$ 合金氮化 0h、2h、6h、9h、12h 后的 XRD 图

(a1)与(a2)~(a5)下部分别示出 Sm_2Fe_{17} 与 $Sm_2Fe_{17}N_3$ 的衍射位置

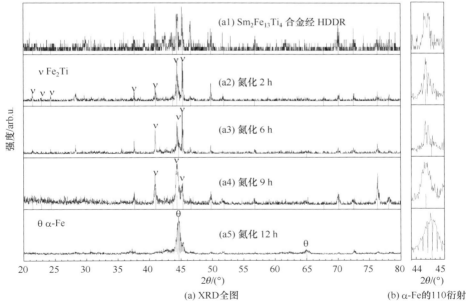

(a) XRD全图　　　　　　　　　　　　　(b) α-Fe的110衍射

图 9.11　$Sm_2Fe_{13}Ti_4$ 合金氮化 0h、2h、6h、9h、12h 后的 XRD 图

(a1)与(a2)~(a5)下部分别示出 Sm_2Fe_{17} 与 $Sm_2Fe_{17}N_3$ 的衍射位置

9.4　粉末粒度对氮化后氮含量的影响

图 9.12 为经 HDDR 处理后分别氮化 2h、6h、9h、12h 的 $Sm_2Fe_{17-x}Ti_xN_y$($x=$0.5，1.0，2.0，3.0，4.0)合金两种粒度粉末(细粉(FP，粒度为＋325 目)与粗粉(CP，粒度为＋60～－80 目))中氮含量与氮化时间的关系曲线。分析后可以发现：第一，不管粉末粒度如何，粉末中的氮含量均随氮化时间的增加而增加；第二，相同成分的粗粉与细粉中的氮含量增长规律相似；第三，粗粉中的氮含量明显低于细粉中的对应值。与图 6.10 未经 HDDR 处理的相同成分的合金相比，经 HDDR 处理后的粉末在氮化短时间(2h)内的氮化速度要小于未经 HDDR 处理的值，但氮化时间对经 HDDR 处理的合金更有作用，即经 HDDR 处理过的粉末的氮含量随着氮化时间的延长而增长斜率大，而未经 HDDR 粉末增长幅度则在 2h 后不明显；但两种工艺的细粉在氮化 12h 后的氮含量相当，粗粉的氮含量则在氮化 12h 后，经 HDDR 处理后的含量较高。如 Ti 含量为 $x \geqslant 2$ 的粉末在氮化 12h 后的氮含量已超过相同成分氮化 6h 的氮含量，说明 HDDR 处理对提高粗粉的氮化速度更有效。由于 Ti 的原子量与 Fe 的相当，所以 $Sm_2(Fe,Ti)_{17}N_y$ 中的氮含量 y 值也可以按 $Sm_2Fe_{17}N_y$ 进行计算，图中氮含量为 3.25％的虚线即相当于 $y=3$ 的氮含量，按此估计，当合金细粉氮化 6h 后，氮含量已基本接近 $y=3$ 了。

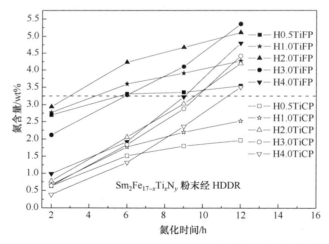

图 9.12　$Sm_2Fe_{17-x}Ti_xN_y$($x=$0.5，1.0，2.0，3.0，4.0)两种粒度粉末不同氮化时间的氮含量

图 9.13 为 $Sm_2Fe_{17-x}Ti_xN_y$($x=$0.5，1.0，2.0，3.0，4.0)合金两种粒度粉末氮含量与 Ti 替代量的关系曲线。第一，随着 Ti 替代量 x 的增加，在 $x<2.0$ 时，化合物中的氮含量基本上是增加的(只有 N9h，CP 例外)，而在 $x>2.0$ 后，除氮化 12h 的化合物随 x 增加到 3.0 时氮含量继续增加外，其余所有的氮含量均已随 Ti

替代量的增加而开始降低,直到 $x=4.0$。第二,在成分相同、氮化时间相同的条件下,粗粉中的氮含量要比细粉中的低,在相同成分、相同氮化时间的条件下,细粉中的氮含量大约高于粗粉中的 $1wt\%\sim2wt\%$。第三,在相同氮化时间下,粗粉与细粉的氮含量与 Ti 替代量 x 的关系曲线具有相似的变化规律。

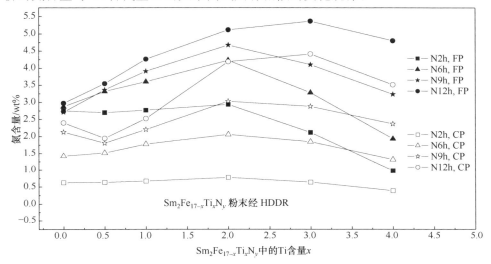

图 9.13　$Sm_2Fe_{17-x}Ti_xN_y$ 氮含量与 Ti 替代量的关系

9.5　氮化后粉末的形貌

$Sm_2Fe_{17-x}Ti_x$ 合金粉末氮化后除具有图 9.6 的形貌外,还出现了如图 9.14 所示的在粉末颗粒表面上细小颗粒定向长大的现象,长成的"细杆"直径在几十纳米到 300nm,这与图 6.21(f)中的形貌相似,因此这种现象与 Ti 的存在及氮化过程有关。可能的原因与图 6.21(f)相同。

(a)　　　　　　　　　　　　　　(b)

图 9.14　氮化后粉末颗粒表面上细小颗粒的定向长大

9.6　氮化后粉末的热分析

图 9.15 为 $Sm_2Fe_{16.5}Ti_{0.5}$ 合金与 $Sm_2Fe_{16}Ti_1$ 合金的热分析。其中图 9.15(a)
为 $Sm_2Fe_{16.5}Ti_{0.5}$ 合金氮化 9h 在 N_2 气氛中的 DSC,发现合金在超过 $250\sim300℃$
就有吸氮反应,在 $350\sim400℃$ 有一平台吸收少量热量后继续氮化,在 $450℃$ 附近有
一小吸热峰(对应居里点)后直到 $500℃$ 持续放热。图 9.15(b)为 $Sm_2Fe_{16}Ti_1$ 合金
氮化 6h 后在 N_2 气氛中的 DSC,发现该成分合金的 DSC 与图 9.15(a)相似,但发
生变化的温度不同,图 9.5(b)中的吸氮是在 $300\sim350℃$ 开始的,在 $450℃$ 附近有
一小吸热峰(对应居里点),在 $450\sim500℃$ 有较大吸热后继续氮化。

图 9.15(c)与图 9.15(a)成分和氮化工艺相同,但 DSC 测量是在 Ar 气氛中,
采用相同的升温速度($10℃/min$),相同的气体流量 $50mL/min$,在图 9.15(c)中合
金表现为持续吸热,在 $300℃$ 附近有一拐折,这应是吸 Ar 的表现,而另外在 $450℃$
居里点附近有一拐折。图 9.15(d)与图 9.15(b)成分和氮化工艺相同,但差热分析

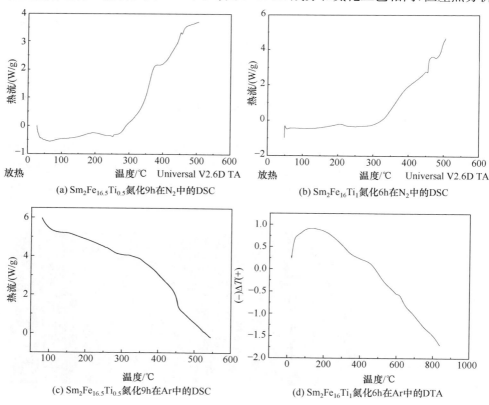

(a) $Sm_2Fe_{16.5}Ti_{0.5}$氮化9h在N_2中的DSC

(b) $Sm_2Fe_{16}Ti_1$氮化6h在N_2中的DSC

(c) $Sm_2Fe_{16.5}Ti_{0.5}$氮化9h在Ar中的DSC

(d) $Sm_2Fe_{16}Ti_1$氮化6h在Ar中的DTA

图 9.15　$Sm_2Fe_{16.5}Ti_{0.5}$ 合金与 $Sm_2Fe_{16}Ti_1$ 合金的热分析

是在 Ar 中进行的,也表现为连续吸热,但在 300～400℃与 600℃有拐折,前者对应吸 Ar,后者是氮化物开始分解的表现。因此可以说明,图 9.15(a)与 9.15(b)中的放热现象是由 N 与 Sm-Fe-Ti 合金独特的反应造成的。

9.7　氮化机制

由前面的分析可知,$Sm_2Fe_{17-x}Ti_x$ 合金经 HDDR 处理后的氮化与未经 HDDR 处理的粉末氮化机制的相同点,应当也是由两个阶段(初期的"反应式"阶段与中后期的均匀扩散阶段)控制;不同点主要表现为:经 HDDR 处理的合金刚开始的"反应"速度较慢,这可能是由于合金中有残留 H 的影响,但其扩散均匀化的速度较快,当氮化时间较长时,氮含量最终会饱和。

9.8　氮化粉末的磁性能

图 9.16 为 $Sm_2Fe_{17-x}Ti_x$(x=0.5,1.0,2.0,3.0,4.0)合金经 HDDR 处理后氮化 0h、2h、6h、9h、12h 磁粉的性能(在外场 15000Oe 下 VSM 测试),其中图 9.16(a)为矫顽力与氮化时间的关系,可见,随着 Ti 含量的增加,合金的矫顽力是降低的,尤其在 Ti 含量 $x \geqslant 2.0$ 后,矫顽力已低于 750Oe,而且 $Sm_2Fe_{15}Ti_2$、$Sm_2Fe_{14}Ti_3$ 的矫顽力在氮化 2h 达到最高值后随氮化时间增加而降低,而 $Sm_2Fe_{13}Ti_4$ 在氮化 2h 的值低于 HDDR 后及退火后(在图中以氮化时间的对应值给出)。$Sm_2Fe_{16.5}Ti_{0.5}$ 与 $Sm_2Fe_{16}Ti_1$ 合金的矫顽力值较高,并分别在氮化 2h 与氮化 6h 后有最高值 2071Oe 和 1859Oe,二者均又在氮化 9h 有极低值,再增加氮化时间到 12h 反而又略有提高,尤其是 $Sm_2Fe_{16}Ti_1$ 合金(1829Oe)。

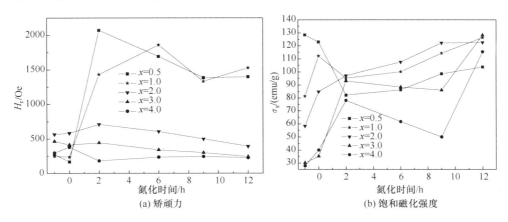

(a) 矫顽力　　　　　　　　　　(b) 饱和磁化强度

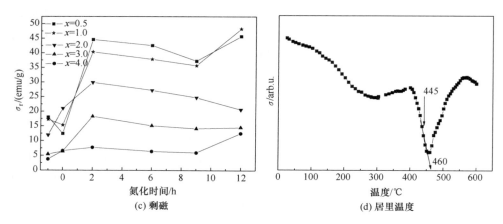

图 9.16　$Sm_2Fe_{17-x}Ti_x(x=0.5,1.0,2.0,3.0,4.0)$ 合金经 HDDR 处理后的氮化粉末的磁性能

与图 6.22(a)中未经 HDDR、氮化工艺相同、成分相同的合金对比,经 HDDR 处理后合金的矫顽力有明显的提高。图 9.17 为 $Sm_2Fe_{16.5}Ti_{0.5}$ 与 $Sm_2Fe_{16}Ti_1$ 分别氮化 2h 和 6h 后的磁滞回线,可见,在最大磁场强度为 15000Oe 下磁滞回线远没有饱和,而且回线的形状更多地表现为磁矩的转动机制,而磁畴的壁移与畴转变为次要机制。

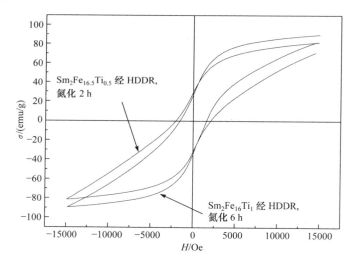

图 9.17　$Sm_2Fe_{16.5}Ti_{0.5}N_y$ 与 $Sm_2Fe_{16}Ti_1N_y$ 的磁滞回线

由式(5.15)矫顽力 H_c 与最小形核场 H_n^{min} 的关系,即 $H_c = \alpha H_n^{min} - N_{eff}M_s$ 知,微磁参数 α 提供的是晶粒表面缺陷的信息,而由于 HDDR 后再复合的晶粒已小于硬磁性相 $Sm_2(Fe,Ti)_{17}N_y$ 的单畴临界尺寸(0.3mm),所以每个晶粒会是比较均匀的、低密度的,因此 α 值较大;同时,由于晶粒比较细小呈球形,晶粒表面自然圆滑,

另外 HDDR 后尖棱尖角的小颗粒也很少，所以 N_{eff} 的值较小；每个晶粒比较难于形成反向核畴；另外在 $Sm_2Fe_{16.5}Ti_{0.5}$ 与 $Sm_2Fe_{16}Ti_1$ 合金中 α-Fe 含量较低，也不易从 α-Fe 首先形成反磁化核，从而使这两种合金的矫顽力得到提高。而在 Sm_2Fe_{15} Ti_2 的氮化粉末中，α-Fe 含量已高于 20%，在 $Sm_2Fe_{14}Ti_3$ 的氮化粉末中，α-Fe 含量已高于 40%，在 $Sm_2Fe_{13}Ti_4$ 的氮化粉末中，α-Fe 含量已高于 70%，得到了不同 α-Fe 含量的 $Sm_2(Fe,Ti)_{17}N_y/\alpha$-Fe($Fe_2Ti$) 磁性材料，但从图 9.16(a) 看，这三种合金的磁性能不高，其原因可能在于：按 Kneller 和 Hawing 提出的一维简化理论模型[157]，具有磁单轴各向异性的软磁性组元 m 和硬磁性组元 k，在反向外磁场的作用下，m 中部首先反转磁化，随反向磁场增强，反转磁化由 m 中部向两端扩展，最终穿过两组元边界进入 k，使 m、k 组元均产生反转磁化，即临界不可逆反转磁化场 H_{n0} 与软磁性组元宽度 b_m 有关，b_m 必须不大于某一临界值 b_{cm}，才能使内禀矫顽力值最大，而该值对 α-Fe 软磁性来说是 10nm，而得到的 Sm-Fe-Ti-N 合金中的 α-Fe 经计算后晶粒尺寸要大于该值；而且得到的晶粒尺寸计算后的值分布在一个范围内，是不均的，这应该也是矫顽力下降的一个原因。另外，按照计算的理论[156-158]，要得到理想的矫顽力，双相纳米材料还必须要求，硬磁性晶粒理想平行取向，晶粒形状规则，这也是制约矫顽力值的一个因素。

图 9.16(b) 为 $Sm_2Fe_{17-x}Ti_x$ 合金在 VSM 上外场只有 15000Oe 下测试的饱和磁化强度值，为了对比，引入退火后未经 HDDR 合金的值，在图中以氮化 $-1h$ 对应值给出，而 HDDR 后未氮化值以氮化 0h 对应值给出（下同）。由图 9.16(b) 可见，$Sm_2Fe_{16.5}Ti_{0.5}$ 合金 HDDR 后的 σ_s 值低于退火后的值，而氮化 2h 后的值更低，随着氮化时间增加，σ_s 值增加，但直到氮化 12h 后其值仍低于 HDDR 后的 σ_s 值。而 $Sm_2Fe_{16}Ti_1$ 合金 HDDR 后的 σ_s 值高于退火后的，氮化 2h 后又降低但仍高于退火后的值，随着氮化时间的增加，σ_s 值增加直到氮化 12h，其中氮化 9h 后的 σ_s 值已高于 HDDR 后的值。$Sm_2Fe_{15}Ti_2$ 合金的 σ_s 值表现为独特的变化规律，HDDR 后的值高于退火后的值，随着氮化时间的增加，σ_s 值增加直到氮化 9h 与 12h 的值相近。$Sm_2Fe_{14}Ti_3$ 与 $Sm_2Fe_{13}Ti_4$ 合金的 σ_s 值有相似的变化规律，HDDR 后的值高于退火后的值，氮化 2h 后的值又高于 HDDR 后的值，但再延长氮化时间，σ_s 值又降低，直到在氮化 9h 出现极低值，而在氮化 12h 后又突然升高。总体看，氮化后 σ_s 值由高到低的顺序为 $Sm_2Fe_{15}Ti_2 > Sm_2Fe_{16}Ti_1 > Sm_2Fe_{16.5}Ti_{0.5} > Sm_2Fe_{14}Ti_3 >$ $Sm_2Fe_{13}Ti_4$。这种变化规律主要与合金中物相的含量有关，α-Fe 含量越高，σ_s 值相对增高；Fe_2Ti 含量增加，σ_s 值会降低。与图 6.22(b) 相同成分及氮化工艺的未 HDDR 合金相比，经 HDDR 处理后合金的 σ_s 值偏低。

图 9.16(c) 为 $Sm_2Fe_{17-x}Ti_x$ 合金的剩磁随氮化时间的关系，其变化规律与图 9.16(a) 中矫顽力的变化相同，随着 Ti 含量的增加，剩磁值降低，其中 $Sm_2Fe_{16.5}Ti_{0.5}$ 合金在氮化 $2\sim9h$ 的剩磁值最高，而 $Sm_2Fe_{16}Ti_1$ 合金在氮化大于 9h 后又超过

$Sm_2Fe_{16.5}Ti_{0.5}$,在氮化 12h 后变为最高。与图 6.22(c)相同成分及氮化工艺的未 HDDR 合金相比,经 HDDR 处理后的合金中的剩磁值偏低,这主要是由于经 HD-DR 处理后的合金的 σ_s 值偏低。

图 9.16(d)为 $Sm_2Fe_{16}Ti_1$ 合金的磁化强度与温度的关系,由图可见,随着温度的升高,磁化强度降低,居里温度在 445～460℃,这与图 9.15 热分析中的测试结果相近。

9.9　$Sm_2Fe_{17-x}Ti_xN_y$ 各向异性黏结磁体的磁性能

由于 $x>2$ 的 $Sm_2Fe_{17-x}Ti_x$ 合金氮化后的磁性能值已很低,所以只对 $x \leqslant 2$ 的合金进行了黏结磁体性能的研究。加质量百分比为 3wt% 的环氧树脂与 3wt% 的 T-31 固化剂,并在 2T 磁场下取向后在 150℃ 固化得到的黏结磁体 $Sm_2Fe_{17-x}Ti_xN_y$ ($x=0.5,1.0,2.0$)的磁性能(在 VSM 测试,磁场 15000Oe)如图 9.18 所示。其中图 9.18(a)为矫顽力与氮化时间的关系,由图可见,$Sm_2Fe_{17-x}Ti_xN_y$($x=0.5,1.0,2.0$)合金具有较强的各向异性,尤其 $Sm_2Fe_{16.5}Ti_{0.5}N_y$ 与 $Sm_2Fe_{16}Ti_1N_y$ 磁体的各向异性表现得更强些,平行于取向方向($//$)的矫顽力均大于垂直于取向方向($\perp$)的值,而不是相等,这与以前所有文献[125,134,196,209,221-230] 经 HDDR 处理及氮化后只能得到各向同性磁体的结论是不同的。磁体的矫顽力值随着氮化时间的变化规律基本与图 9.16(a)中对应粉末的变化规律相同,不同点在于:① $Sm_2Fe_{16.5}Ti_{0.5}N_y$ 的矫顽力值在氮化 2～12h 范围内始终高于 $Sm_2Fe_{16}Ti_1N_y$ 磁体的值;② Sm_2Fe_{17-x} Ti_xN_y($x=0.5,1.0,2.0$)合金磁体的矫顽力值高于对应磁粉的值,最高值为 $x=0.5$ 合金氮化 2h 后的 2900Oe,这可能是由于磁粉没有经过取向,而磁体是经过取向的。但与图 6.23(a)中成分相同、未经 HDDR 处理但经相同取向工艺的黏结磁体的矫顽力相比,经 HDDR 处理的磁体的值明显较高。

图 9.18(b)为磁体的饱和磁化强度值与氮化时间的关系,可见,平行及垂直于磁场方向的磁体的 σ_s 值随着氮化时间的延长差距在变小,说明在氮化 9h 前的各向异性较强,但在氮化 9h 后明显减小。不同成分磁体的 σ_s 值随氮化时间的变化规律与图 9.16(b)对应粉末的基本相似,但最大的不同在于黏结磁体的 σ_s 值低于对应粉末的值,这是由于环氧树脂产生磁稀释,与图 6.23(b)中未经 HDDR 处理的值相比,也是经 HDDR 处理后的值低,这主要是经 HDDR 处理的粉末 σ_s 值就较低的缘故。

图 9.17(c)为 $Sm_2Fe_{17-x}Ti_xN_y$($x=0.5,1.0,2.0$)黏结磁体的剩磁值与氮化时间的关系,可见磁体的剩磁与氮化时间的关系同图 9.16(c)中对应粉末的变化规律相似,但黏结磁体的值偏低,与图 6.23(c)中未经 HDDR 处理的值相比要高。另外,在图 9.17(c)中,随 Ti 含量的增加,平行与垂直方向的剩磁值的差距增加,

但剩磁值降低得也越快。

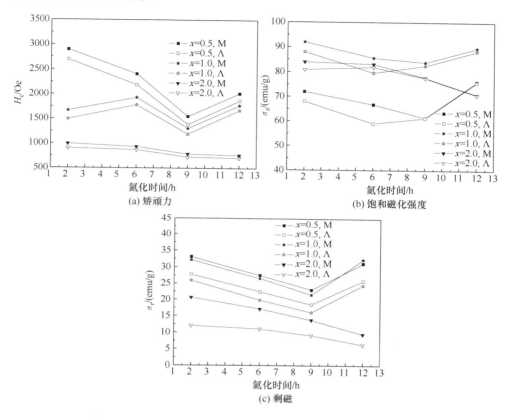

图 9.18　$Sm_2Fe_{17-x}Ti_xN_y$($x=0.5,1.0,2.0$)黏结磁体的磁性能

9.10　本章小结

本章对退火后的 $Sm_2Fe_{17-x}Ti_x$($x=0.5,1.0,2.0,3.0,4.0$)合金进行了不同循环的 HDDR 处理及氮化,对 HDDR 后合金及氮化物的物相、形貌、磁性能等进行了较为详细的研究,并得到以下结论:

(1) $Sm_2Fe_{17-x}Ti_x$($x=0.5,1.0,2.0,3.0,4.0$)合金经 HDDR 处理后可以形成与退火合金相同或相似的物相,但与退火合金相比,HDDR 处理后合金中的 $Sm_3(Fe,Ti)_{29}$、$SmFe_{11}Ti$、$Fe_{9.5}SmTi_{1.5}$ 相基本消失,$Sm_2(Fe,Ti)_{17}$ 相增加,同时增加 α-Fe 或 Fe_2Ti($x \geqslant 2$)含量,而且 4 次 HDDR 处理后的 α-Fe 或 Fe_2Ti 含量高于经 2 次处理的合金。

(2) 经 HDDR 处理后大尺寸粉末颗粒仍呈多边形,但颗粒上有较多的宏观裂纹及微观颗粒界裂纹,颗粒表面上有许多蜂窝状孔洞与弥散分布的直径只有100~300nm的小颗粒,氮化后部分小颗粒定向长大成直径为100~300nm的杆状。

(3) 经 HDDR 处理后的 $Sm_2Fe_{17-x}Ti_x$($x=0.5,1.0,2.0,3.0,4.0$)合金氮化后只有三种相,即 $Sm_2(Fe,Ti)_{17}N_y$、α-Fe 与 Fe_2Ti。不同成分合金的主要区别在于物相的相对含量不同,随合金中 Ti 含量的增加与氮化时间的增加,合金中的富Fe 相含量均增加,其中 α-Fe 随着氮化时间的增加而增加,而 Fe_2Ti 随着氮化时间的增加而减少。不同氮化合金中的富 Fe 相含量估计值:$x \leqslant 1.0$ 时低于 11%,$x=2.0$ 时达到 20%,$x=3.0$ 时达到 $40\% \sim 70\%$,$x=4.0$ 后超过 70%。

(4) 粉末中的氮含量均随氮化时间的增加而增加;相同成分的粗、细粉中的氮含量增长规律相似;粗粉中的氮含量明显低于细粉中的对应值;随着钛含量 x 的增加,在 $x<2.0$ 时,化合物中的氮含量是增加的,而 $x>2.0$ 时,氮含量基本随 Ti 替代含量的增加而降低。氮化机制也是由"反应式"阶段与氮的均匀扩散阶段组成,但"反应"速度慢于非 HDDR 处理的对应粉末。

(5) 氮化后经 HDDR 处理的合金具有比未处理的合金高的矫顽力,其中 $Sm_2Fe_{16.5}Ti_{0.5}$ 与 $Sm_2Fe_{16}Ti_1$ 合金分别在氮化 2h、6h 后具有极大值 2071Oe 与 1858Oe;矫顽力机制应以单畴颗粒磁矩的转动为主,畴壁的移动及畴转为辅,还有形核机制的贡献。但饱和磁化强度值及剩磁值低于未经 HDDR 处理的值。$Sm_2Fe_{17-x}Ti_xN_y$($x=0.5,1.0,2.0,3.0,4.0$)合金的磁性能值随着 Ti 替代量的增加而降低。$Sm_2Fe_{16}Ti_1N_y$ 合金的居里温度在 445~460℃。

(6) 经磁场取向固化后得到了各向异性环氧树脂黏结磁体,磁体的矫顽力高于对应磁粉的值,最高值为 $Sm_2Fe_{16.5}Ti_{0.5}$ 合金氮化 2h 后的 2900Oe;饱和磁化强度与剩磁值低于磁粉的值,但磁性能与氮化时间的关系同磁粉的规律是相似的。剩磁值高于未经 HDDR 处理的值,最大值是 $Sm_2Fe_{16.5}Ti_{0.5}$ 合金氮化 2h 后的33emu/g。

(7) 总体看,无论磁粉还是黏结磁体,$Sm_2Fe_{16.5}Ti_{0.5}$ 合金具有较佳的磁性能,其中以氮化 2h 的最高。

第 10 章　经 HDDR 处理的 $Sm_2Fe_{17-x}Nb_x$ 合金及其氮化物的研究

在第 7 章已详细研究了 $Sm_2Fe_{17-x}Nb_x$(x=0.25～4)合金及其氮化物的组织、物相结构、氮化过程、磁性能等,在本章将采用与第 8 章、第 9 章相同的完整的 HDDR 工艺对 $Sm_2Fe_{17-x}Nb_x$(x=0.5,1.0,2.0,3.0,4)合金进行研究。本章使用的 $Sm_2Fe_{17-x}Nb_x$(x=0.5,1.0,2.0,3.0,4.0)合金的成分、铸态、退火态工艺及组织与物相构成均与 7.2 节中内容相同,在此不再赘述。HDDR 后的合金粉末在 1.3atm 氮气下,在 500℃氮化 2～12h,氮化前后用电子天平(精度 0.1mg)称粉末重量的变化决定粉末中的氮含量,并用 XRD、SEM、VSM 分析粉末及黏结磁体的性能。

10.1　HDDR 循环次数的影响

10.1.1　$Sm_2Fe_{16.5}Nb_{0.5}$ 合金 HDDR

图 10.1 为 $Sm_2Fe_{16.5}Nb_{0.5}$ 合金 2 次与 4 次 HDDR 的 XRD 图,可以看出,与退火后合金的 XRD(图 10.1(a))相比,HDDR 后合金均表现为与退火合金相同的 Th_2Zn_{17} 型菱方结构主相 $Sm_2(Fe,Nb)_{17}$,与图中下部竖线指出的 Sm_2Fe_{17} 相衍射位置相比,未见明显向小角度移动,说明该相中的 Nb 含量较低;与退火后合金的不同点在于,α-Fe 的 110 衍射强度很高,说明 HDDR 后 α-Fe 含量较高,而 Fe_2Nb 的含量变化不大。经计算,2 次 HDDR 循环后的 α-Fe 体积百分比约 11.6%,高于 4 次 HDDR 循环后的含量(约 8.3%),但均高于退火合金中的 1.3%。

10.1.2　$Sm_2Fe_{16}Nb_1$ 合金 HDDR

图 10.2 为 $Sm_2Fe_{16}Nb_1$ 合金 2 次与 4 次 HDDR 的 XRD 图。由图 7.4 已知,$Sm_2Fe_{16}Nb_1$ 合金退火后(图 10.2(a))由主相 $Sm_2(Fe,Nb)_{17}$ 及少量富 Fe 相 α-Fe $+Fe_2Nb+Fe_5Nb_3$ 组成。而经 2 次 HDDR 处理后(图 10.2(b)),$Sm_2(Fe,Nb)_{17}$ 相的衍射峰与图 10.2(b)下部 Sm_2Fe_{17} 的衍射位置相比向小角度方向偏移,说明该相中的 Nb 含量较高;但 4 次 HDDR 循环处理后,主相 $Sm_2(Fe,Nb)_{17}$ 衍射峰却未明显向小角度方向偏移。经 HDDR 处理后,另外还出现了较多的 α-Fe、Fe_5Nb_3 及 Fe_2Nb。经计算估计,2 次 HDDR 后富 Fe 相的体积百分比为 12.3%,4 次后为 4.5%,均高于退火后的 2.2%。4 次 HDDR 处理后 $Sm_2(Fe,Nb)_{17}$ 相的晶格常数为 a=8.568520Å,c=12.420305Å,V=789.72Å^3。

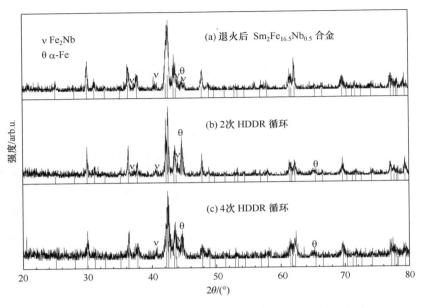

图 10.1　$Sm_2Fe_{16.5}Nb_{0.5}$ 合金 2 次与 4 次 HDDR 的 XRD 图

(a)～(c)下部示出 Sm_2Fe_{17} 的衍射位置

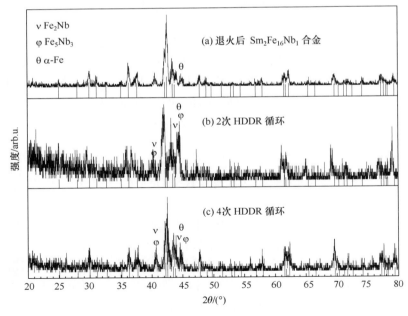

图 10.2　$Sm_2Fe_{16}Nb_1$ 合金 2 次与 4 次 HDDR 的 XRD 图

(a)～(c)下部示出 Sm_2Fe_{17} 的衍射位置

10.1.3　$Sm_2Fe_{15}Nb_2$ 合金 HDDR

图 10.3 为 $Sm_2Fe_{15}Nb_2$ 合金 2 次与 4 次 HDDR 的 XRD 图。由图 7.4 已知,
退火后的 $Sm_2Fe_{15}Nb_2$ 合金(图 10.3(a))由 $Sm_2(Fe,Nb)_{17}$、Fe_5Nb_3、α-Fe 及少量
的 Fe_2Nb 组成;而经 2 次(图 10.3(b))与 4 次(图 10.3(c))HDDR 处理后,衍射峰
形的组成变化不明显,但相对含量已变化,HDDR 后富 Fe 相 Fe_5Nb_3 的含量增加。
退火后 $Sm_2(Fe,Nb)_{17}$ 相的衍射峰与图 9.3(a)~(c)下部示出的 Sm_2Fe_{17} 衍射位置
相比,已向小角度方向偏移,但 HDDR 后已又减小,说明该相中的 Nb 含量也不
高,该相经 2 次处理后的晶格参数为 $a = 8.569192Å$,$c = 12.437227Å$,$V = 790.92Å^3$,经 4 次处理后的晶格参数为 $a = 8.573955Å$,$c = 12.412854Å$,$V = 790.25Å^3$。富 Fe 相含量也是经 2 次 HDDR 处理后的较高,大于 15%,高于退火
后的 14%。

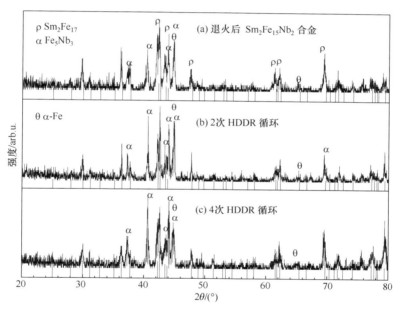

图 10.3　$Sm_2Fe_{15}Nb_2$ 合金 2 次与 4 次 HDDR 的 XRD 图
(a)~(c)下部示出 Sm_2Fe_{17} 的衍射位置

10.1.4　$Sm_2Fe_{14}Nb_3$ 合金 HDDR

图 10.4 为 $Sm_2Fe_{14}Nb_3$ 合金 2 次与 4 次 HDDR 的 XRD 图,由图 7.4 已知,
图 10.4(a)中退火 $Sm_2Fe_{14}Nb_3$ 合金由 $Sm_2(Fe,Nb)_{17}$、Fe_5Nb_3、α-Fe 及少量
Fe_2Nb 组成。而经 2 次(图 10.4(b))与 4 次(图 10.4(c))HDDR 处理后,$Sm_2(Fe,$

Nb)$_{17}$相对 Sm$_2$Fe$_{17}$ 的衍射位置偏向小角度方向,与退火后合金的变化是一致的。另外,富 Fe 相(Fe$_5$Nb$_3$、α-Fe)含量增加,Sm$_2$(Fe,Nb)$_{17}$ 含量减少。不同循环处理后的富 Fe 相含量均已高于 35%,高于退火后的 18%。

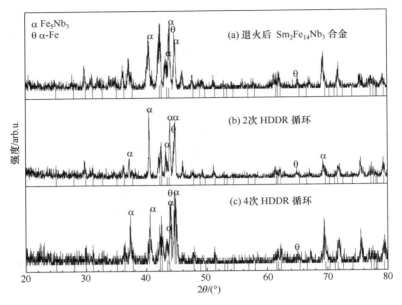

图 10.4　Sm$_2$Fe$_{14}$Nb$_3$ 合金 2 次与 4 次 HDDR 的 XRD 图

(a)~(c)下部示出 Sm$_2$Fe$_{17}$的衍射位置

图 10.5 为 Sm$_2$Fe$_{13}$Nb$_4$ 合金 2 次与 4 次 HDDR 的 XRD 图,由图 7.4 已知,图 10.5(a)中退火 Sm$_2$Fe$_{13}$Nb$_4$ 合金由 Sm$_2$(Fe,Nb)$_{17}$、Fe$_5$Nb$_3$、α-Fe 及少量 Fe$_2$Nb 组成。而经 2 次(图 10.5(b))与 4 次(图 10.5(c))HDDR 处理后,富 Fe 相(Fe$_5$Nb$_3$、α-Fe)的含量明显高于图 10.5(a),其体积百分比已远高于 40%,而 Sm$_2$(Fe,Nb)$_{17}$ 含量减少。

由以上分析可见,Sm$_2$Fe$_{17-x}$Nb$_x$($x=0.5,1.0,2.0,3.0,4.0$)合金经 HDDR 处理后形成了与退火合金相同的物相,说明 HDDR 工艺的四个阶段过程已完成,但与退火合金相比,Sm$_2$(Fe,Nb)$_{17}$ 型相减少,α-Fe、Fe$_5$Nb$_3$ 及 Fe$_2$Nb 含量增加,而且合金中的 Nb 含量越高,这种变化越明显。Nb 含量越高,合金中的 α-Fe、Fe$_5$Nb$_3$ 相越多,而 Fe$_2$Nb 相越少。在不同 HDDR 循环处理后的富 Fe 相含量相近,但经 4 次 HDDR 处理的部分合金中 Fe 含量略低,因此氮化时采用 4 次 HDDR 处理后的粉末。

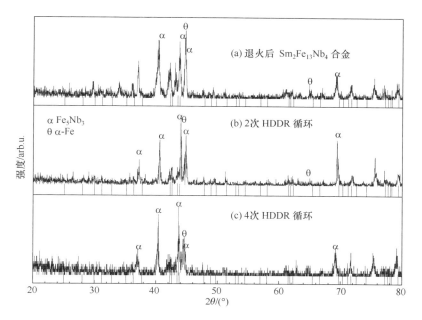

图 10.5　$Sm_2Fe_{13}Nb_4$ 合金 2 次与 4 次 HDDR 的 XRD 图

（a）～（c）下部分别示出 Sm_2Fe_{17} 的衍射位置

10.1.5　HDDR 过程中的中间产物分析

　　为了研究 Sm-Fe-Nb 合金 HDDR 过程中氢化-歧化后没有解吸及再复合前的物相，在正常的 HDDR 工艺过程中，在 800℃氢气处理 2h 后，马上使块状试样冷却而不抽真空处理。其中 $Sm_2Fe_{16.75}Nb_{0.25}$ 及 $Sm_2Fe_{16.25}Nb_{0.75}$ 合金的分析结果如图 10.6（c）和（d）所示，可见结果与图 8.2 的结果是相似的，除有歧化产物 α-Fe、SmH_y（与 Sm_3H_7 较吻合）外，只是多出了 Fe-Nb 相（主要为 Fe_5Nb_3 相），而没有发现 Fe-H 化合物，说明 $Sm_2Fe_{17-x}Nb_x$ 合金在氢化形成 $Sm_2Fe_{17-x}Nb_xH_y$ 后解吸的结果是

$$Sm_2Fe_{17-x}Nb_xH_y \longrightarrow Sm_3H_7 + \alpha\text{-}Fe + Fe_5Nb_3 \tag{10.1}$$

与退火后合金（图 10.6（a）和（b））相比，在图 10.6（c）和（d）中未发现 $Sm_2(Fe,Nb)_{17}$ 相的任何衍射峰，也没有发现 Sm 的单质，说明含 Nb 合金的 HDDR 机制与 Sm-Fe 合金的机制本质上是相同的，不再重复其他的研究。

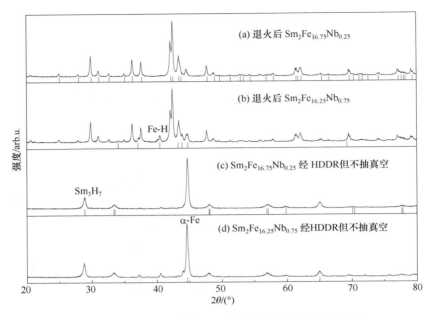

图 10.6　Sm-Fe-Nb 合金 HDDR 过程中不抽真空的 XRD

10.2　HDDR 处理后合金粉末的形貌

图 10.7 为 $Sm_2Fe_{17-x}Nb_x$ 合金 HDDR 后粉末的扫描二次电子像,其中从粉末的整体形貌(图 10.7(a))中可以观察到,粉末颗粒仍呈多边形,颗粒的整体形状没有改变,颗粒上的裂纹也没有含 Ti 的合金(图 9.6(a))多。但用 4% 硝酸酒精对粉末进行腐蚀后观察到了如图 10.7(b)~(e)所示的形貌。部分颗粒上仍有许多裂纹,如图 10.7(b)所示,但没有发现图 9.6(b)中规则的颗粒界裂纹。在粉末颗粒表面上附着许多小的颗粒,如图 10.7(c)所示,以及蜂窝状表面,如图 10.7(d)所示,但这种蜂窝状不如图 9.6(d)中的蜂窝细小均匀。而整个大颗粒在被腐蚀后的立体形貌如图 10.7(e)所示,从颗粒的所有断面上可以看到,整个大颗粒就是由许多 $1\sim3\mu m$ 的均匀的小颗粒组成的,可见经 HDDR 处理后大颗粒内部的小颗粒已得到细化。在某些没有腐蚀的颗粒上仍发现了与图 9.6(e)相似的、在颗粒表面上弥散分布的直径只有 $100\sim300nm$ 的小颗粒,如图 10.7(f)所示,这些小颗粒已经小于 $Sm_2(Fe,Nb)_{17}N_y$ 的单畴临界尺寸($<0.3\mu m$),均是合金中物相再复合后形成的,是 HDDR 直接作用的结果。

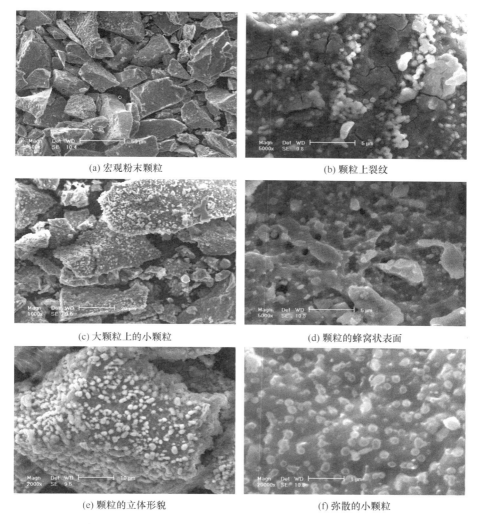

(a) 宏观粉末颗粒　　　　　　　　　　　　　(b) 颗粒上裂纹

(c) 大颗粒上的小颗粒　　　　　　　　　　　(d) 颗粒的蜂窝状表面

(e) 颗粒的立体形貌　　　　　　　　　　　　(f) 弥散的小颗粒

图 10.7　$Sm_2Fe_{17-x}Nb_x$ 合金 HDDR 后粉末的扫描二次电子像

10.3　氮化后物相变化

10.3.1　$Sm_2Fe_{16.5}Nb_{0.5}$ 的氮化 XRD

图 10.8 为 $Sm_2Fe_{16.5}Nb_{0.5}$ 合金氮化 0h、2h、6h、9h、12h 后的 XRD 图。纵观全图发现,氮化后合金的主相仍与 HDDR 后相似,为菱方 Th_2Zn_{17} 型结构的 Sm_2Fe_{17} 型相,但与 HDDR 后的不同点在于,氮化后的 Sm_2Fe_{17} 型相的衍射峰与 Sm_2Fe_{17} 相的衍射位置(图 10.8(a)下部竖线)相比,向小角度方向发生了移动,与 $Sm_2Fe_{17}N_3$

相的衍射位置（图 10.8（b）～（e）下部竖线）接近，说明形成了氮化相 $Sm_2(Fe,Nb)_{17}N_y$。计算后得到氮化 2h 与 6h $Sm_2(Fe,Nb)_{17}N_y$ 相的单胞体积分别为 $V=838.68Å^3$ 和 $838.60Å^3$，与 $Sm_2Fe_{17}N_3$ 的 $V=837.50Å^3$ 相当，考虑到 Nb 在合金中的膨胀，说明该相中的氮含量已接近 $y=3$。氮化 9h 后，单胞体积又减小到 $833.16Å^3$，氮化 12h 后，晶格参数为 $a=8.748914Å$，$c=12.692467Å$，$V=841.37Å^3$，与 $Sm_2Fe_{17}N_3$ 的晶格参数 $a=8.74Å$，$c=12.66Å$，$V=837.50Å^3$ 相比，a 轴、c 轴、单胞体积增大。另一变化是合金中的 α-Fe 含量，计算后得到氮化 2h、6h、9h、12h 的体积百分比分别为 5.2%、8.4%、29.2%、7.0%。可见在氮化 2h 后有最低的 α-Fe 含量与较大的体积膨胀，而在氮化 9h 后有最高的 α-Fe 含量与最低的单胞体积膨胀。另外还会发现，α-Fe 的 110 衍射峰已对称宽化，说明晶粒得到细化，按照谢乐公式 $d=\lambda/(B\cos\theta)$ 进行计算后得到，氮化后晶粒尺寸在 15～70nm 范围内，而 $Sm_2(Fe,Nb)_{17}N_y$ 相的主峰 303 衍射对应的晶粒尺寸为 20～80nm。可以认为，通过 HDDR 处理得到了晶粒尺寸在 100nm 范围内的 $Sm_2(Fe,Nb)_{17}N_y/\alpha$-Fe 的双相纳米材料的尺度条件。

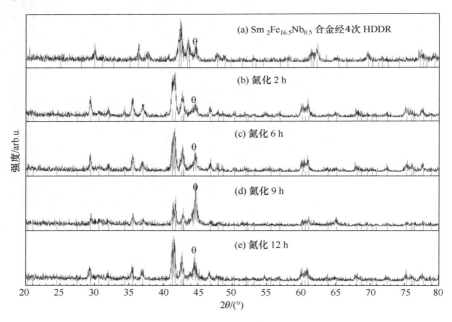

图 10.8　$Sm_2Fe_{16.5}Nb_{0.5}$ 合金氮化 0h、2h、6h、9h、12h 后的 XRD 图
（a）与（b）～（e）下部分别示出 Sm_2Fe_{17} 与 $Sm_2Fe_{17}N_3$ 的衍射位置

10.3.2　$Sm_2Fe_{16}Nb_1$ 的氮化 XRD

图 10.9 为 $Sm_2Fe_{16}Nb_1$ 合金 HDDR 后氮化 0h、2h、6h、9h、12h 后的 XRD 图。

纵观全图发现,氮化后合金的主相仍与 HDDR 后相似,为菱方 Th_2Zn_{17} 型结构的 $Sm_2(Fe,Nb)_{17}N_y$ 相,衍射峰与 $Sm_2Fe_{17}N_3$ 相的衍射位置(图 10.9(b)～(e)下部竖线)接近。经计算得到氮化 2h、6h、9h、12h 的单胞体积分别为 838.70Å³、839.72Å³、833.44Å³、841.03Å³,均大于 $Sm_2Fe_{17}N_3$ 的单胞体积 $V=837.50$Å³值。副相为 α-Fe 与极少量的 Fe_2Nb,其中 α-Fe 的含量分别约为 6.8%、7.7%、29.6%、7.5%,均高于 HDDR 后的 4.5%,说明氮化后增加了合金中的 α-Fe 含量,尤其氮化 9h 的含量最高,但单胞体积膨胀最小。

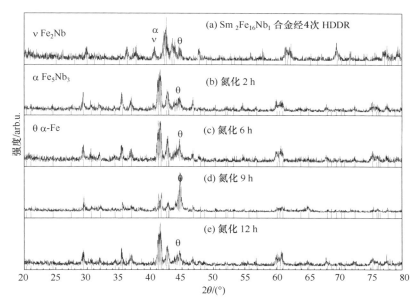

图 10.9　$Sm_2Fe_{16}Nb_1$ 合金氮化 0h、2h、6h、9h、12h 后的 XRD 图
(a)与(b)～(e)下部分别示出 Sm_2Fe_{17} 与 $Sm_2Fe_{17}N_3$ 的衍射位置

　　另外同样发现,α-Fe 的 110 衍射峰也对称宽化,说明晶粒得到细化,按照谢乐公式计算后得到,氮化后 $Sm_2(Fe,Nb)_{17}N_y$ 相与 α-Fe 的晶粒尺寸在 18～85nm 范围内。

10.3.3　$Sm_2Fe_{15}Nb_2$ 的氮化 XRD

　　图 10.10 为 $Sm_2Fe_{15}Nb_2$ 合金 HDDR 后氮化 0h、2h、6h、9h、12h 后的 XRD 图。纵观全图发现,氮化后合金中的物相组成没有发生变化,氮化前后均由 $Sm_2(Fe,Nb)_{17}$ 型相、α-Fe、Fe_5Nb_3(及少量的 Fe_2Nb)组成,但氮化后 Fe_5Nb_3 相随着氮化时间的延长而减少,而 α-Fe 含量则增加,另外 $Sm_2(Fe,Nb)_{17}N_y$ 相在氮化 9h 后也降到最低。

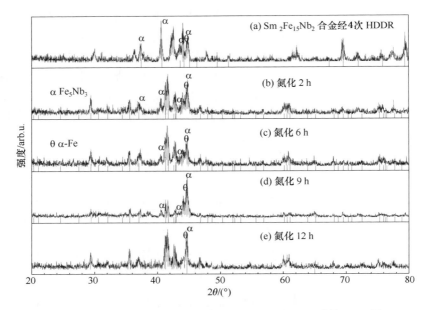

图 10.10　$Sm_2Fe_{15}Nb_2$ 合金氮化 0h、2h、6h、9h、12h 后的 XRD 图
(a)与(b)～(e)下部分别示出 Sm_2Fe_{17} 与 $Sm_2Fe_{17}N_3$ 的衍射位置

对氮化后合金中的 $Sm_2(Fe,Nb)_{17}N_y$ 相的单胞体积计算后得到氮化 2h、6h、9h、12h 后分别为 839.35${\text{Å}}^3$、839.93${\text{Å}}^3$、836.91${\text{Å}}^3$、840.19${\text{Å}}^3$，与 $Sm_2Fe_{17}N_3$ 的单胞体积 $V=837.50{\text{Å}}^3$ 相比，只有氮化 9h 的略低。计算估计氮化 2h、6h、9h、12h 后的 α-Fe 含量分别为 11.8%、12.0%、39.37%、14.1%。同样在氮化 9h 后达到最高。

10.3.4　$Sm_2Fe_{14}Nb_3$ 合金与 $Sm_2Fe_{13}Nb_4$ 合金的氮化 XRD

图 10.11 和图 10.12 分别为 $Sm_2Fe_{14}Nb_3$ 合金与 $Sm_2Fe_{13}Nb_4$ 合金的氮化 XRD，两图有一个共同特点，即氮化后主相变为了 Fe_5Nb_3（及 Fe_2Nb）与 α-Fe，而且 $Sm_2Fe_{13}Nb_4$ 合金氮化后的富 Fe 相含量高于 $Sm_2Fe_{14}Nb_3$ 合金的。相同成分合金则是随着氮化时间的延长而 α-Fe 含量逐渐增多，Fe_5Nb_3（及 Fe_2Nb）含量减少，两种合金均在氮化 12h 后的 α-Fe 含量最高。对于 $Sm_2(Fe,Nb)_{17}N_y$ 相，两种合金氮化后均存在，但含量均非常低，其中 $Sm_2Fe_{13}Nb_4$ 合金中的含量更低。把合金中的富 Fe 相全部算作 α-Fe 进行计算得到，$Sm_2Fe_{14}Nb_3$ 合金氮化 2h 后的富 Fe 相含量大于 43%，氮化 12h 后的含量大于 70%，而 $Sm_2Fe_{13}Nb_4$ 合金氮化 2h 后的富 Fe 相含量已大于 70%。

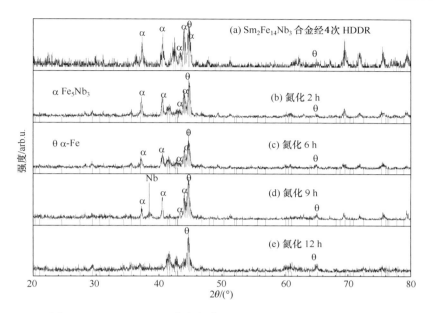

图 10.11 $Sm_2Fe_{14}Nb_3$ 合金氮化 0h、2h、6h、9h、12h 后的 XRD 图
(a)与(b)～(e)下部分别示出 Sm_2Fe_{17} 与 $Sm_2Fe_{17}N_3$ 的衍射位置

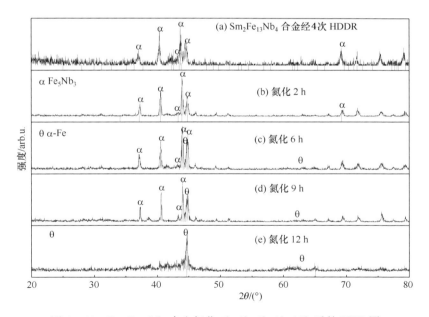

图 10.12 $Sm_2Fe_{13}Nb_4$ 合金氮化 0h、2h、6h、9h、12h 后的 XRD 图
(a)与(b)～(e)下部分别示出 Sm_2Fe_{17} 与 $Sm_2Fe_{17}N_3$ 的衍射位置

10.4 粉末粒度对氮化后氮含量的影响

图 10.13 为经 HDDR 处理后分别氮化 2h、6h、9h、12h 的 $Sm_2Fe_{17-x}Nb_xN_y$($x=$ 0.5，1.0，2.0，3.0，4.0)合金两种粒度粉末(细粉(FP，粒度为＋325 目)与粗粉 (CP，粒度为＋60～－80 目))中氮含量与氮化时间的关系曲线。分析后可以发现：第一，不管粉末粒度如何，粉末中的氮含量均随氮化时间的增加而增加；第二，相同成分的粗粉与细粉中的氮含量增长规律相似；第三，粗粉中的氮含量明显低于细粉中的对应值。与图 7.5 未经 HDDR 处理的相同成分的合金相比，经 HDDR 处理后的粉末在氮化短时间，如 2h 内的氮化速度要慢于未经 HDDR 处理的值，但经 HDDR 处理过的粉末的氮含量随着氮化时间的延长而增长斜率大，而未经 HDDR 粉末的增长幅度在 2h 后变化不大；两种工艺的细粉在氮化 12h 后的氮含量相当，而粗粉的氮含量则在氮化 12h 后，经 HDDR 处理后的含量较高。例如，Nb 含量为 $x \geqslant 2$ 的粉末在氮化 12h 后的氮含量已超过相同成分细粉氮化 6h 的氮含量，说明 HDDR 处理对提高粗粉的氮化速度更有效。如果 $Sm_2(Fe,Nb)_{17}N_y$ 中的氮含量 y 值仍按 $Sm_2Fe_{17}N_y$ 进行计算，图中氮含量为 3.25wt％的虚线即相当于 $y=3$ 的氮含量，按此估计，当合金细粉在氮化超过 9h 后，合金中的氮含量才接近或超过 $y=3$。

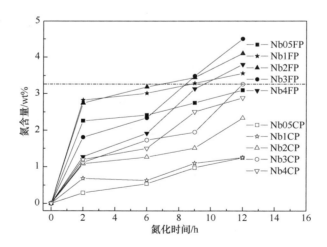

图 10.13 $Sm_2Fe_{17-x}Nb_xN_y$($x=0.5$，1.0，2.0，3.0，4.0)两种粒度粉末经 HDDR 处理后不同氮化时间的氮含量

图 10.14 为 $Sm_2Fe_{17-x}Nb_xN_y$($x=0.5$，1.0，2.0，3.0，4.0)合金两种粒度粉末氮替代量与 Nb 替代量的关系曲线。从总体看，与不含合金元素经 HDDR 处理

后的 $Sm_{12.8}Fe_{87.2}N_y$ 合金相比（$x=0$），对于粗粉，Nb 含量 $x \leqslant 2$ 的合金中的氮含量反而低于 $x=0$ 的值，再增加 Nb 含量，粉末中的氮含量才会高于 $x=0$ 的值；对于细粉，$x=0.5$ 的合金在氮化小于 6h 内的氮含量反而低于 $x=0$ 的值，而 $x=1$ 和 $x=2$ 及氮化超过 9h 的合金中的氮含量超过 $x=0$ 的值。氮化 9h 与 12h 的合金均在 $x=3$ 时氮含量最高，再增加 Nb 含量则又降低。而氮化小于 6h 内合金的氮含量在 Nb 含量 $x=2$ 时达到最高值，再增加 Nb 含量则氮含量已降低。可见 Nb 替代对增加氮含量的作用在合金经 HDDR 处理后不如未经 HDDR 处理后的明显，对经 HDDR 后的合金应当是添加适当替代量的 Nb 与延长氮化时间才会得到较多的氮含量。

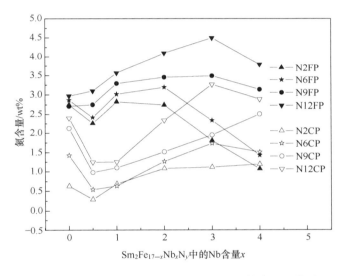

图 10.14　$Sm_2Fe_{17-x}Nb_xN_y$ 氮含量与 Nb 替代量的关系

10.5　氮化后粉末的形貌

　　$Sm_2Fe_{17-x}Nb_x$ 合金粉末氮化后的形貌除具有图 10.7 的形貌外，还发现氮化后粉末颗粒得到细化。与图 10.7(a) 相比，氮化后的粉末（图 10.15(a)）的颗粒已变小，而对图 10.15(a) 颗粒用 4% 硝酸酒精腐蚀后，得到图 10.15(b)，可以发现大颗粒实际也是由许多小颗粒组成的，颗粒的宏观尺寸基本已小于 $10\mu m$ 了，而细小的颗粒已达到 $1\sim3\mu m$，可见氮化工艺促进了粉末的细化。

(a)　　　　　　　　　　　　　　　　　　　　(b)

图 10.15　氮化后粉末颗粒的细化

10.6　氮化后粉末的热分析

图 10.16 为经 HDDR 处理后 $Sm_2Fe_{16}Nb_1$ 合金氮化 9h 的热分析。其中图 10.16(a)为在 N_2 气氛中的 DSC,发现合金在超过 292℃就有吸氮反应,在 350℃附近有一平台吸收少量热量后继续氮化,在 439~452℃放出热量,其中 452℃附近温度对应的是该合金的居里点,之后直到 500℃持续放热。图 10.16(b)与图 10.16(a)成分和氮化工艺相同,但是在 Ar 气氛中测量的 DTA,采用相同的升温速度(10℃/min),相同的气体流量(50mL/min),在图 10.16(b)中合金表现为持续吸热,没有明显的大的拐折,这进一步说明了图 10.16(a)中的放热现象是由 N 与 Sm-Fe-Nb 作用的结果。在图 10.16(b)中始终没有大的放热现象,但 Sm-Fe-Nb-N 在超过 600℃是不稳定的,应当有分解现象[121],图 10.16(b)可能意味着这种分解放出的热量是比较低的,或者反应是缓慢地进行的。

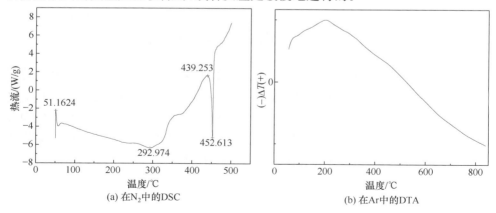

(a) 在N_2中的DSC　　　　　　　　　　　　(b) 在Ar中的DTA

图 10.16　经 HDDR 处理后的 $Sm_2Fe_{16}Nb_1$ 合金氮化 9h 后粉末的热分析

10.7　氮 化 机 制

由前面的分析可知，$Sm_2Fe_{17-x}Nb_x$ 合金经 HDDR 处理后的氮化与未经 HDDR 处理的粉末氮化机制有相同点，即由两个阶段(初期的"反应式"阶段与中后期的均匀扩散阶段)控制；不同点主要表现为：经 HDDR 处理的合金刚开始的"反应"速度较慢，这可能是由于合金中有残留 H 的影响，但其扩散均匀化的速度较快，当氮化时间较长时，氮含量最终会饱和，与 $Sm_2Fe_{17-x}Ti_x$ 合金经 HDDR 处理后的氮化机制是相同的。

10.8　氮化粉末的磁性能

图 10.17 为 $Sm_2Fe_{17-x}Nb_x$ ($x=0.5,1.0,2.0,3.0,4.0$)合金经 HDDR 处理后的氮化 0h、2h、6h、9h、12h 磁粉的性能(在外场 15000Oe 下 VSM 测试)，其中图 10.17(a)为矫顽力与氮化时间的关系，可见，随着 Nb 含量的增加，合金的矫顽力是降低的，尤其在 Nb 含量 $x \geqslant 3.0$ 后，矫顽力已低于 500Oe 并且变化幅度不大；$Sm_2Fe_{15}Nb_2$ 的矫顽力在氮化 6h 达到最高值后随氮化时间增加而降低，在氮化 9h 有最低值。$Sm_2Fe_{16.5}Nb_{0.5}$ 与 $Sm_2Fe_{16}Nb_1$ 合金的矫顽力值较高，并分别在氮化 6h 与氮化 2h 后有最高值 1950Oe 与 1815Oe，二者均又在氮化 9h 有极低值，再增加氮化时间到 12h 反而又提高。所有成分合金均在氮化 9h 后有最低值，这与合金在氮化 9h 后图 10.8～图 10.11 中富 Fe 相含量突然增加是对应的。可见在合金中虽然晶粒已小于 100nm，但没有形成很好的交换耦合相互作用来降低软磁性相对矫顽力的恶化作用。

与图 7.15(a)中未经 HDDR、氮化工艺相同、成分相同的合金相比，经 HDDR 处理后合金的矫顽力有明显的提高，尤其是 Nb 含量 $x \leqslant 1$ 的合金。而与图 9.16(a) 相比，所有合金的矫顽力与对应 Ti 替代合金的值相近，但最高值略低于 Ti 替代合金的值。图 10.18 为 $Sm_2Fe_{16.5}Nb_{0.5}$ 氮化 6h 与 $Sm_2Fe_{16}Nb_1$ 合金氮化 2h 的磁滞回线，可见，经 HDDR 处理后，Nb 替代 Sm-Fe 合金氮化物的矫顽力较高的原因与 Ti 替代合金的原因相同。

图 10.17(b)为 $Sm_2Fe_{17-x}Nb_x$ 合金的饱和磁化强度值。总体趋势看，随着氮化时间的延长，合金的 σ_s 值是增加的，但部分合金($x=1.0,3.0,4.0$)在氮化 2h 后的 σ_s 值低于退火后的值，而 $x \leqslant 2$ 的合金在氮化 9h 后有极低值，但所有合金在氮化 12h 后的 σ_s 值都是最高的。总体看，氮化后 σ_s 值由高到低的顺序为 $Sm_2Fe_{15}Nb_2 \geqslant Sm_2Fe_{16}Nb_1 \geqslant Sm_2Fe_{16.5}Nb_{0.5} \geqslant Sm_2Fe_{14}Nb_3 > Sm_2Fe_{13}Nb_4$。这种变化规律主要

与合金中物相的含量有关,α-Fe 含量增加,σ_s值会升高;Fe_2Nb 含量增加,σ_s值会降低。与图 7.15(b)相同成分及氮化工艺的未经 HDDR 合金相比,经 HDDR 处理后的合金中的 σ_s 值偏低。

　　图 10.17(c)为 $Sm_2Fe_{17-x}Nb_x$ 合金的剩磁随氮化时间的关系,其变化规律与图 10.17(a)中矫顽力的变化相似,随着 Nb 含量的增加,剩磁值降低,其中 $Sm_2Fe_{16.5}Nb_{0.5}$、$Sm_2Fe_{16}Nb_1$ 合金分别在氮化 2h 与 6h 的剩磁值最高,在氮化 12h 后 $x\leqslant2$ 的合金的剩磁值均较高,但 $x\leqslant3$ 的合金在氮化 9h 有最低的剩磁值。与图 7.15(c)相同成分及氮化工艺的未经 HDDR 合金相比,经 HDDR 处理后的合金中的剩磁值偏低,这主要是由于经 HDDR 处理后的合金的 σ_s 值偏低。

　　图 10.17(d)为 $Sm_2Fe_{16.5}Nb_{0.5}$ 合金的磁化强度与温度的关系,由图可见,随着温度的升高,磁化强度降低,居里温度约为 465℃,可见图 10.16 热分析中的测试结果值偏低。

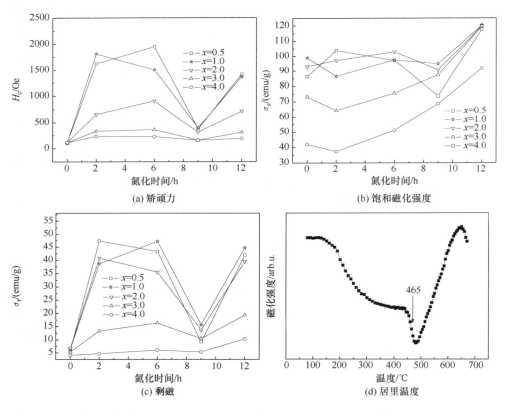

图 10.17　$Sm_2Fe_{17-x}Nb_x(x=0.5,1.0,2.0,3.0,4.0)$合金
经 HDDR 处理后的氮化粉末的磁性能

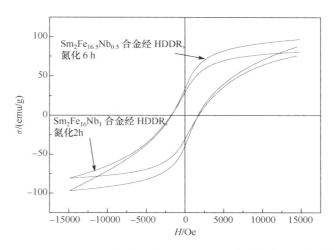

图 10.18　$Sm_2Fe_{16.5}Nb_{0.5}$ 氮化 6h 与 $Sm_2Fe_{16}Nb_1$ 合金氮化 2h 的磁滞回线

10.9　各向异性黏结磁体的磁性能

由于 $x>2$ 的 $Sm_2Fe_{17-x}Nb_xN_y$ 粉末的磁性能较低,所以只对 $x \leqslant 2$ 合金黏结磁体的性能进行了分析。

加质量百分比为 3% 的环氧树脂与 T-31 固化剂,并在 2T 磁场下取向后在 150℃ 固化得到的黏结磁体 $Sm_2Fe_{17-x}Nb_xN_y$($x=0.5,1.0,2.0$)的磁性能(在 VSM,磁场 15000Oe)如图 10.19 所示。其中图 10.19(a)为矫顽力与氮化时间的关系,由图可见,$Sm_2Fe_{17-x}Nb_xN_y$($x=0.5,1.0,2.0$)合金具有较强的各向异性,平行于取向方向($/\!/$)的矫顽力均大于垂直于取向方向($\perp$)的值。磁体的矫顽力值随着氮化时间的变化规律基本与图 10.17(a)中对应粉末的变化规律相同,且平行方向的矫顽力也与粉末的值相当。

图 10.19(b)为磁体的饱和磁化强度值与氮化时间的关系,可见,平行及垂直于磁场方向的磁体的 σ_s 值也有较强的各向异性。不同成分磁体的 σ_s 值随氮化时间的变化规律与图 10.17(b)对应粉末的基本相似,但最大的不同在于黏结磁体的 σ_s 值低于对应粉末的值,这是由于环氧树脂产生磁稀释。

图 10.19(c)为 $Sm_2Fe_{17-x}Nb_xN_y$($x=0.5,1.0,2.0$)黏结磁体的剩磁值与氮化时间的关系,可见磁体的剩磁与氮化时间的关系同图 10.17(c)中对应粉末的变化规律相似,但黏结磁体的值偏低,显然这也是由于黏结剂稀释了磁体的 σ_s。

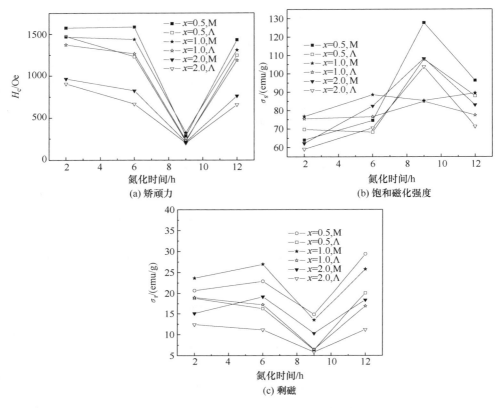

图 10.19　$Sm_2Fe_{17-x}Nb_xN_y(x=0.5,1.0,2.0)$ 黏结磁体的磁性能

10.10　本 章 小 结

本章对退火后的 $Sm_2Fe_{17-x}Nb_x(x=0.5,1.0,2.0,3.0,4.0)$ 合金进行了不同循环的 HDDR 处理及氮化,对 HDDR 后合金及氮化物的物相、形貌、磁性能等进行了较为详细的研究,并得到以下结论:

(1) $Sm_2Fe_{17-x}Nb_x(x=0.5,1.0,2.0,3.0,4.0)$ 合金经 HDDR 处理后形成与退火合金相同的物相,但与退火合金相比,$Sm_2(Fe,Nb)_{17}$ 型相减少, α-Fe、Fe_5Nb_3 及 Fe_2Nb 含量增加,而且合金中的 Nb 含量越高,这种变化越明显。Nb 含量越高,合金中的 α-Fe、Fe_5Nb_3 相越多,而 Fe_2Nb 相越少。不同 HDDR 循环处理后的富 Fe 相含量相近,4 次循环的略低。

(2) 经 HDDR 处理后大粉末颗粒仍呈多边形,但颗粒上有裂纹,颗粒表面上有许多蜂窝状孔洞与弥散分布的直径只有 $100\sim300nm$ 的小颗粒,氮化促进粉末颗粒的细化。

（3）经 HDDR 处理后的 $Sm_2Fe_{17-x}Nb_x$（$x=0.5,1.0,2.0,3.0,4.0$）合金氮化后只有 $Sm_2(Fe,Nb)_{17}N_y$、α-Fe 与 Fe_5Nb_3 及 Fe_2Nb。不同成分合金的主要区别在于物相的相对含量不同，随合金中 Nb 含量的增加与氮化时间的增加，合金中的富 Fe 相含量均增加，其中 α-Fe 随着氮化时间的增加而增加，而 Fe_5Nb_3 及 Fe_2Nb 随着氮化时间的增加而减少。不同合金中的富 Fe 相含量估计值（氮化 9h 除外）：$x\leqslant1.0$ 时低于 9%，$x=2.0$ 时小于 14%，$x=3.0$ 时达到 40%～70%，$x=4.0$ 后超过 70%。而氮化 9h 后合金有最高富 Fe 相含量，当 $x=0.5,1,2$ 时，该值分别为 29.2%，29.6%，39.37%。

（4）粉末中的氮含量均随氮化时间的增加而增加；相同成分的粗、细粉中的氮含量增长规律相似；粗粉中的氮含量明显低于细粉中的对应值；随着 Nb 含量 x 的增加，在 $x\leqslant2.0$（细粉氮化不大于 6h），$x\leqslant3.0$（粗粉或细粉氮化大于 6h）时，化合物中的氮含量是增加的。氮化机制也是由"反应式"阶段与氮的均匀扩散阶段组成的，但"反应"速度慢于未经 HDDR 处理的对应粉末。

（5）氮化后，经 HDDR 处理后的合金具有比未经处理的合金高的矫顽力，其中 $Sm_2Fe_{16.5}Nb_{0.5}$ 与 $Sm_2Fe_{16}Nb_1$ 合金分别在氮化 6h 和 2h 后具有极大值 1767Oe 与 1627Oe，但饱和磁化强度值及剩磁值低于未经 HDDR 处理的值。$Sm_2Fe_{17-x}Nb_xN_y$（$x=0.5,1.0,2.0,3.0,4.0$）合金的磁性能值随着 Nb 替代量的增加而降低。$Sm_2Fe_{16}Nb_1N_y$ 合金的居里温度约 465℃。

（6）经磁场取向固化后得到了各向异性环氧树脂黏结磁体，磁体的矫顽力与对应磁粉的相当；饱和磁化强度与剩磁值低于磁粉的值，但磁性能与氮化时间的关系同磁粉的规律是相似的。

（7）总体看，无论磁粉还是黏结磁体，$Sm_2Fe_{16.5}Nb_{0.5}$ 合金具有较佳的磁性能，其中以氮化 2～6h 的最高。

第 11 章　球磨、盘磨及机械研磨对比研究

11.1　Sm_2Fe_{17}型化合物高能球磨效果的研究

11.1.1　引言

目前制备 Sm-Fe-N 磁粉的方法主要有:机械合金化法(MA)、快淬法(RQ)、氢破碎法和粉末冶金法(PM),其中粉末冶金法用于制备磁性材料(如 Nd-Fe-B 型)等的工艺一般是将铸锭破碎、球磨等最后获得几微米且粒径分布窄的细粉。而破碎及球磨的方法主要有颚式破碎、盘磨、球磨(行星球磨机、振动式球磨机、搅拌式球磨机、高能球磨等)、气流磨及实验室的手研磨等。用盘磨配合球磨或颚式破碎配合气流磨制备 Nd-Fe-B 型磁性材料在工业生产中是比较常用的工艺,而在粉末冶金法工序中加入高能球磨制备 Sm-Fe 型磁性材料尚少见有报道。本节对 Sm_2Fe_{17}型合金在粉末制备过程中加入高能球磨,并重点对比研究了在氮化前或后高能球磨对 Sm_2Fe_{17}型合金及其氮化物的破碎效果、物相结构及磁性能的影响。

11.1.2　试验条件

将纯度大于 99.5% 的钐和铁块料,按名义成分 $Sm_{12.8}Fe_{87.2}$ 配料。在电弧炉熔炼后,铸锭在真空炉中 1000℃均匀化退火 48h 后快冷。将均匀化退火后的锭子用手轻破碎成过 325 目后,分两种工艺进行,工艺一:部分粉末先在 GN-2 型高能球磨机中球磨不同时间后在 500℃真空炉中氮化 2h;工艺二:粉末直接用相同工艺氮化后再在高能球磨中球磨不同时间。球磨过程中用 120♯航空油保护,用直径 6mm、8mm、10mm、12mm 的 GCr15 钢球与 GCr15 钢罐搭配,钢球重量比为 1:2.8:1.3:2.5,球料比(重量比)为 30:1,装填系数为 30%,转速为 325n/min。氮化后的粉末进行磁性能测试、热分析、形貌观察及 XRD 分析。

11.1.3　先球磨再氮化的粉末形貌

图 11.1 为采用工艺一对粉末球磨后的扫描电镜二次电子像。由图 11.1 可见,与手破碎后的粉末(图 11.1(a))相比,在高能球磨 1h(图 11.1(b))后,粉末已开始细化,颗粒平均尺寸减小,小颗粒数目增多,这可能是由于所研究的 Sm-Fe 合金脆性比较大,在较短的时间内,粉末加工硬化也显著,脆性更大。另外同时出现层片状结构颗粒,这应该是块状颗粒与钢球、钢罐频繁碰撞,使粉末粒子被反复挤压、变形、折叠、压延所致;有部分层片状像是从大颗粒上撕裂下来所致,这可能是

在球磨过程中沿大颗粒的某些易滑移面断裂的结果。随着球磨时间增加直到 8h
(图 11.1(c)和(d)),颗粒尺寸继续减小,大颗粒数目在逐渐减少,层片状颗粒在逐
渐增加,而且层片状的形貌也较多,如出现薄带状、层叠片状、团絮片状、小菱形片
状等。尤其在球磨 8h 后,已很难观察到完整的未变形的颗粒。在球磨 12h
(图 11.1(f))后,规则的小颗粒增多,薄带状在减少,但团絮层片状仍是颗粒的主
要形貌。而球磨超过 16h 后(图 11.1(g)),颗粒已明显细化,并形成近球形小颗
粒,片状颗粒明显减少。细小的球形粉末颗粒应是层片状颗粒断裂的产物。到球
磨 26h(图 11.1(h))甚至很难再发现片状物,而且小颗粒明显增多,所有颗粒的小
尺寸方向都已小于 $5\mu m$,而最小的颗粒已小于 $1\mu m$,大多分布在 $1\sim3\mu m$。可见
Sm-Fe 合金高能球磨细化颗粒的过程应当是:大粉末颗粒——→压延或断裂成层片
状——→断裂成小颗粒,三个阶段反复进行,使颗粒逐渐细化。在球磨 26h 的
图 11.1(h)中还会观察到小颗粒的堆积,而且颗粒之间结合紧密,这是粉末被"冷
焊"的结果,与细小颗粒的表面能较高,而冷焊后的表面能减小有关,因此图中看到
的较细小的颗粒一般是堆积的。

(a)锤击破碎325目   (b) 球磨1h   (c) 球磨2h   (d) 球磨4h

(e) 球磨8h   (f) 球磨12h   (g) 球磨16h   (h) 球磨26h

图 11.1 $Sm_{12.8}Fe_{87.2}$ 合金粉末高能球磨后的二次电子像

11.1.4 先氮化再球磨的粉末形貌

图 11.2 是 $Sm_{12.8}Fe_{87.2}$ 合金在 1.3atm 氮气 500℃下氮化 2h 后再在高能球磨
机中球磨的粉末扫描电镜二次电子像。由图可见,与氮化后未球磨(图 11.2(a))相
比,球磨 2h(图 11.2(b))后,有被压延的大层片状颗粒,但小于 $1\mu m$ 的细小的球形
颗粒也较多,这应该是大颗粒在被压延过程中被碰撞断裂的,粉末整体形貌更像碎
面包屑,这与图 11.1(c)有较大的区别,在图 11.2(b)中没有小菱形层片,没有齐整
的颗粒边界。在球磨 8h(图 11.2(c))后,颗粒也基本变为层片状,还可以看到将要
从大层片颗粒上断开的小层片及小颗粒。在球磨 12h(图 11.2(d))后,粉末大多变

为近球形的颗粒状,颗粒的大小与图 11.1(g)和(h)相当。总体看,氮化后再球磨细化颗粒的过程也应当是大粉末颗粒→压延→断裂成小颗粒,三个阶段反复进行,使颗粒逐渐细化,但粉末细化的速度要快于图 11.1,同时也说明 $Sm_{12.8}Fe_{87.2}$ 合金在氮化时由于有氮原子渗入其晶格中,形成 Sm-Fe-N 化合物,晶格膨胀的同时,也使粉末颗粒更易变形与破碎。

(a) 氮化后未球磨粉末　　　(b) 球磨2h　　　　　(c) 球磨8h　　　　　(d) 球磨12h

图 11.2　　$Sm_{12.8}Fe_{87.2}N_y$ 合金粉末高能球磨后的二次电子像

11.1.5　先球磨再氮化粉末的物相结构

图 11.3 是 $Sm_{12.8}Fe_{87.2}$ 合金粉末球磨不同时间后的 XRD 图。由合金铸锭退火后直接手破碎成过 325 目的粉末的衍射图 11.3(a)可见,粉末中只有两种物相,主相为具有 Th_2Zn_{17} 菱方结构的 Sm_2Fe_{17} 相,另外还有微量的 α-Fe。在高能球磨机中球磨 1h 后(图 11.3(b)),所有衍射峰有微小的弱化和宽化。衍射峰的弱化与宽化表明具有 Th_2Zn_{17} 菱方结构的 Sm_2Fe_{17} 相含量的降低或部分非晶化且晶粒在变小。而当球磨时间增长到 2h(图 11.3(c))及 4h(图 11.3(d))后,衍射峰弱化和宽化明显,在球磨达 4h 后 Sm_2Fe_{17} 相的强峰 220、303、214 衍射已叠加成一个大的丘包,另外 143、217 和 226 衍射也变成一个小丘包且明显弱化,说明其中的 Sm_2Fe_{17} 相已部分非晶化,而 α-Fe 的 110 衍射却变得突出且强度有增大的趋势。而连续球磨达到 26h(图 11.3(e))后,Sm_2Fe_{17} 相的衍射峰除留下几个小丘包外已基本全部消失,表明粉末中的 Sm_2Fe_{17} 相已全部非晶化。而 α-Fe 的 110 衍射峰则异常高且宽化,成为合金粉末中的主相。说明 Sm_2Fe_{17} 相在非晶化的同时,有更多的 α-Fe形成,因此 Sm_2Fe_{17} 相的非晶化过程应当是

$$Sm_2Fe_{17}(晶态) \longrightarrow Sm\text{-}Fe(非晶) + \alpha\text{-}Fe$$

也就是说,在 Sm_2Fe_{17} 相的非晶化过程中,其 2:17 的结构已被破坏,而且是具有较大原子半径的 Fe 原子从 2:17 相中分离出。球磨 36h(图 11.3(f))后,α-Fe 的 110 衍射峰更加宽化,表明 α-Fe 晶粒的细化,但衍射峰仍很尖锐,表明 α-Fe并没有非晶化。

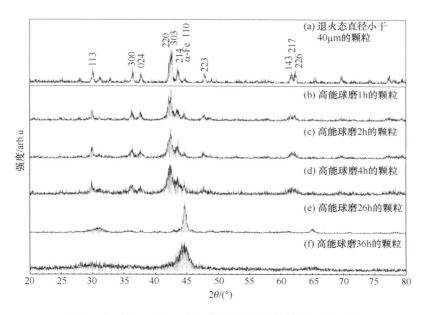

图 11.3　$Sm_{12.8}Fe_{87.2}$ 合金高能球磨不同时间的 XRD 图

在用扫描电镜对图 11.1 中粉末的形貌进行观察的同时，还用能谱（EDS）（不再给出）对比了粉末中的 Sm 与 Fe 元素的平均含量，发现 Sm 含量变化不大，这表明即使在航空油中球磨 26h 及 36h 后，Sm 含量没有明显的损失，但在图 11.3 的对应衍射峰（图 11.3（e）与（f））中没有观察到任何 Sm 的化合物或单质的衍射，因此可以肯定有 Sm 的存在，只是所有的 Sm 化合物相已全部非晶化。

用 DSC 测出球磨 36h 后 $Sm_{12.8}Fe_{87.2}$ 合金粉末的第一个晶化峰出现在 300℃附近，因此对该粉末试样在高真空炉（真空度低于 2×10^{-3} Pa）中进行 350℃、700℃和 800℃下 2h 的退火晶化处理后的 XRD 如图 11.4 所示。由图可见，经 350℃处理后的 XRD（图 11.4（a））与图 11.3（f）相差不大，说明 Sm_2Fe_{17} 相没有晶化。而在 700℃（图 11.4（b））和 800℃（图 11.4（c））下，有部分 Sm_2Fe_{17} 相的衍射峰出现，但与 α-Fe 的 110 衍射峰相比，Sm_2Fe_{17} 相含量仍很低。可见 Sm_2Fe_{17} 相的完全晶化是比较困难的。Sm-Fe 合金的晶化过程应当是非晶化过程的逆过程，即 Sm-Fe（非晶）+ α-Fe $\longrightarrow$ Sm_2Fe_{17}（晶态）。而此时被分离出的 α-Fe 要想与 Sm-Fe（非晶）重新形成规则的 Sm_2Fe_{17}（晶态）相，Sm-Fe 非晶相周围必须满足形成 Sm_2Fe_{17} 相所需的结构起伏、浓度起伏与能量起伏。由于只能在固态下晶化，所以 Fe 向 Sm-Fe 非晶相的扩散、固溶并完成结构的重组就变得比较困难，而随着温度的升高，原子扩散速度会加快，但温度再高时，不稳定的 Sm_2Fe_{17} 相还会分解 α-Fe 与含 Fe 量较低的 Sm-Fe 相，又会使晶化不完全。因此要在分散的粉末之间完成元素的均匀扩散与结构变化,使所有的 Sm_2Fe_{17} 相粉末完全晶化还是比较困难。但在图 11.4 中观察到的 Sm_2Fe_{17} 相部分晶化,可能是部分非晶 Sm-Fe 相中部分晶核形成比较容易,优先晶化成 Sm_2Fe_{17} 相的结果。

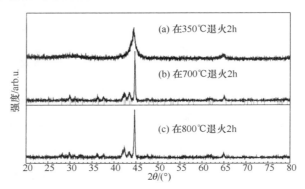

图 11.4　$Sm_{12.8}Fe_{87.2}$ 合金高能球磨 26h 后的晶化处理

　　图 11.5 为对 $Sm_{12.8}Fe_{87.2}$ 合金粉末高能球磨后再氮化的 XRD 图。由图可见,氮化后的 XRD 具有与图 11.3 球磨后相似的 XRD 峰形,破碎后未球磨直接氮化(图 11.5(a))、球磨 1～4h 后氮化(图 11.5(b)～(d))仍表现为菱方 Th_2Zh_{17} 型结构,但相对 Sm_2Fe_{17} 的衍射峰位(图 11.5(a)中下部竖线),氮化后 Th_2Zh_{17} 型结构相的衍射峰均向小角度方向偏移,晶格膨胀生成了 $Sm_2Fe_{17}N_y$ 化合物,球磨 1h+氮化 2h 的衍射峰位已与 $Sm_2Fe_{17}N_3$ 的峰位(图 11.5(b)下部竖线)对应很好。Coey 等[69]认为在 Sm_2Fe_{17} 结构中最多有 9 个间隙氮原子,即每分子式中有 3 个氮原子,形成 $Sm_2Fe_{17}N_3$ 化合物,可见球磨 1h 后氮化 2h(经计算,晶格常数为 $a=0.87447nm$,$c=1.26723nm$)就已达到饱和。球磨 2h($a=0.87455nm$,$c=1.26953nm$)与 4h 后($a=0.87433nm$,$c=1.26638nm$)再氮化的峰位也与 $Sm_2Fe_{17}N_3$($a=0.874nm$,$c=1.266nm$)的峰位相当。

　　随着球磨时间从 1h 增长到 4h,再氮化后,所有粉末的 α-Fe 含量都增加,而 $Sm_2Fe_{17}N_y$ 的峰位强度在降低,含量在减少,粉末直接破碎后氮化物(图 11.5(a))中的 α-Fe 含量与氮化前(图 11.3(a))相比增加较少,说明在氮化前球磨时间小于 4h 内,增加 Sm-Fe 合金中的 α-Fe 含量幅度较小(图 11.3),但会大大增加氮化后氮化物中的 α-Fe 含量。在球磨超过 8h(图 11.5(e))后,合金中的 $Sm_2Fe_{17}N_y$ 衍射峰已消失,只留下几个漫散的非晶丘包,说明氮化过程不能改变球磨后的非晶相结构,只是氮化后形成了非晶相的氮化物。同时说明:低于 500℃ 进行晶化处理是没有意义的;氮化过程不改变球磨后物相的结构。

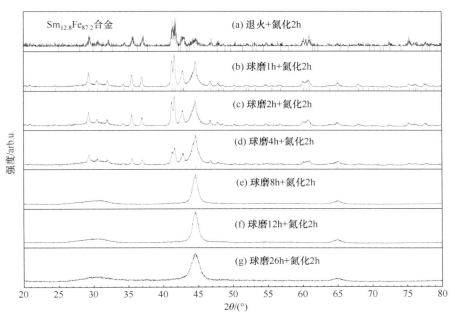

图 11.5　$Sm_{12.8}Fe_{87.2}$ 合金粉末高能球磨后再氮化的 XRD 图

11.1.6　先氮化再球磨的组织结构

图 11.6 为先对 $Sm_{12.8}Fe_{87.2}$ 合金氮化 2h 后再高能球磨不同时间后的 XRD 图。图 11.6(a) 为粉末氮化后未球磨的 XRD 图,可见氮化 2h 后,$Sm_{12.8}Fe_{87.2}$ 合金形成了主相为 $Sm_2Fe_{17}N_y$($y \approx 3$,与图 11.6(a) 下部 $Sm_2Fe_{17}N_3$ 的衍射峰位相比),还有较少量 α-Fe 的物相结构。但随着球磨时间增长到 2h(图 11.6(b))后,$Sm_2Fe_{17}N_y$ 的所有衍射峰均已弱化和宽化,另外还出现较明显的漫散丘包状,而且 α-Fe 含量增加。在球磨 5h(图 11.6(c))后,$Sm_2Fe_{17}N_y$ 的衍射峰变得越来越不尖锐,而 α-Fe 的 110 衍射峰越来越强。在球磨达 8h(图 11.6(d))后,$Sm_2Fe_{17}N_y$ 只剩下一个最强峰,其余已基本消失,而在球磨达到 12h(图 11.6(e))后,$Sm_2Fe_{17}N_y$ 的所有衍射峰消失,只剩下 α-Fe 的 110 衍射峰。可见即使先氮化再球磨,$Sm_2Fe_{17}N_y$ 相的非晶化速度与 Sm_2Fe_{17} 型二元合金的非晶化速度相当,二者都在球磨到 8~12h 后出现 Sm_2Fe_{17} 型相的非晶化,而且均只剩下 α-Fe。

接着对氮化后球磨 12h 完全非晶化后的粉末在真空炉中抽真空到小于 3×10^{-3} Pa 后充入 1atm 氩气,以防止抽真空对氮化物的影响。加热粉末到 800℃进行 2h 的退火晶化处理,其 XRD 结果如图 11.7(a) 所示,另外为了排除氧化的影响因素,在另一组相同退火工艺中加入一块纯 Sm 作对比,其 XRD 结果如图 11.7(b) 所示。对比后发现,是否加钐对退火后的结果基本没有影响,同时也没有发现任何氧

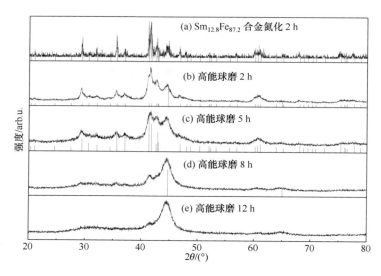

图 11.6　$Sm_{12.8}Fe_{87.2}N_y$ 合金粉末球磨的 XRD 图

化物的衍射,只有 Fe 的 110、200 衍射和面心立方结构 Sm-N 的 5 个衍射峰(图 11.7(a)下部给出 Sm-N 的衍射峰位),在 800℃进行晶化处理同样没有使氮化后的非晶相晶化成 Sm_2Fe_{17} 或 $Sm_2Fe_{17}N_y$,而是得到了 Sm-N 与 α-Fe 的混合态。在超过 600～650℃后 $Sm_2Fe_{17}N_y$ 就会不可逆地分解形成 Sm-N 与 α-Fe,因此想通过 800℃晶化处理得到组合的 $Sm_2Fe_{17}N_y$ 是不可行的。但另一种可能是:在加热到 800℃的过程中已晶化,但 $Sm_2Fe_{17}N_y$ 马上又分解成 Sm-N 与 α-Fe。

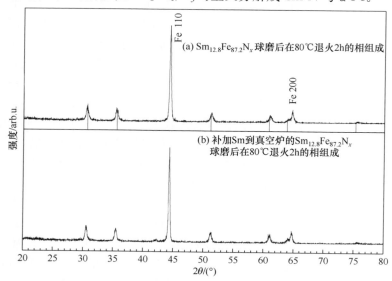

图 11.7　$Sm_{12.8}Fe_{87.2}N_y$ 粉末球磨后退火处理的 XRD 图

11.1.7　磁性能

表 11.1 给出了不同工艺下(先球磨再氮化以"M＋球磨时间＋N"表示;先氮化再球磨以"N＋ M＋球磨时间"表示)的磁性能,即矫顽力 H_c,剩磁 σ_r 和最高场下的磁化强度 σ_s(由于没有充分饱和,但为统一,也用饱和符号 σ_s 描述)。由表 11.1 可见,无论是先球磨再氮化还是先氮化再球磨,矫顽力均随着球磨时间的增长而减小,尤其是球磨较短时间(1h 或 2h)后,矫顽力值降低了约 50%,先球磨再氮化球磨 26h 与球磨 12h 的值相比降低量又超过 50%,达到最低 192.9Oe;而先氮化再球磨 12h 比 8h 降低幅度也超过 50%到最小值 207.1Oe,比前种工艺球磨 26h 的值略高。先球磨 1h 再氮化的剩磁 σ_r 与未球磨的相比(M0＋N)降低了约 50%,之后再增加球磨时间,剩磁值又有所升高,直到球磨 12h 氮化后剩磁又增加到 47.9emu/g,但仍比未球磨的值(59.5emu/g)低,而球磨 26h 后的剩磁则是最低的,只有 12.3emu/g。先氮化再球磨后剩磁的变化规律与先球磨再氮化的规律相似,也是球磨时间短(2h)的值(52.1emu/g)较低,之后延长球磨时间剩磁值是升高,在球磨 8h 后(65.7emu/g)反而超过了未球磨的值(59.5emu/g)达到最高值,而球磨 12h 的值变为最小值。剩磁值的高低与最高场下的最大磁化强度值 σ_s 及 α-Fe 的含量和矫顽力的大小有关。从表 11.1 可以看出,对先球磨再氮化工艺,M1＋N的 σ_s 值比未球磨的 M0＋N 的值低,但随着球磨时间的延长,σ_s 值一直升高,在球磨 26h 后达到最高,这是由于粉末中具有高饱和磁化强度的 α-Fe 的含量增加,σ_s 值的升高使得相应的 σ_r 值也升高,在球磨 26h 后 σ_r 有最低值是由于 H_c 值降低太多。与先球磨再氮化的工艺不同,先氮化再球磨的 σ_r 值在球磨 2h 的值降低幅度较小,但 σ_s 值降低幅度较大,在球磨 8h 后的提高幅度也较大,而且在球磨 12h 后达到最高值 175.2emu/g,超过了未球磨的值 171.5emu/g,其剩磁的降低也是由于在 12h 后矫顽力值太低。

表 11.1　不同工艺下的磁性能值

工艺	H_c/Oe	σ_r/(emu/g)	σ_s/(emu/g)
M0＋N	1321	59.5	171.5
M1＋N	715.2	29.9	151.0
M2＋N	676.5	33.5	153.8
M4＋N	645.9	40.0	156.6
M8＋N	556.9	47.5	160.6
M12＋N	500.5	47.9	167.4
M26＋N	192.9	12.3	177.1
N＋M0	1321	59.5	171.5

工艺	H_c/Oe	σ_r/(emu/g)	σ_s/(emu/g)
N+M2	715.4	52.1	130.6
N+M5	451.5	53.7	135.5
N+M8	429.4	65.7	172.1
N+M12	207.1	37.1	175.2

11.2　手研磨效果的研究

　　为了减轻粉末细化过程中硬磁相结构被破坏的程度,对 HDDR 处理的 $Sm_{14.2}$ $Fe_{85.8}$ 合金氮化 2h 后的粉末在研钵中进行了手研磨的对比研究。为了防止研磨过程中粉末氧化,用无水乙醇作保护剂,在研磨过程中每隔 5h 取出一些粉末进行磁性能测试,结果见表 11.2(以代号"研磨 YM+研磨时间(h)"表示)。可见,随着研磨时间从 10h 延长到 20h,矫顽力是一直增加的,这是由粉末的细化造成的,而剩磁略有增加,最高磁场下的磁化强度值变化幅度不大,说明粉末中主相的结构也没有被破坏,因此手研磨后的磁性能值明显好于高能球磨后的值,在手磨 20h 后得到最佳值,H_c=1100Oe,σ_r=44.95emu/g。这可能意味着,对 $Sm_2Fe_{17}N_y$ 型磁性材料在粉末破碎过程中应当采用类似于手研磨这种非频繁撞击式的破碎工艺。

表 11.2　不同工艺下的磁性能值

工艺	H_c/Oe	σ_r/(emu/g)	σ_s/(emu/g)
YM0	953.1	44.29	158.2
YM10	964.1	44.63	149.5
YM15	1042	44.78	145.8
YM20	1100	44.95	153.8

11.3　盘磨的研究

　　在工业生产 Nd-Fe-B 磁性材料的传统方法中经常使用盘磨设备(企业用名,在实验室设备名称为密封式化验试样粉碎机)对材料进行破碎。该设备的原理是利用一个直径约 10cm,高约 10cm 的大圆柱与比其直径大的圆环共同在一个更大直径的密封的圆盘中快速横向相互撞击。用此设备对 Sm-Fe 及 Sm-Fe-Ti、Sm-Fe-Nb 合金进行了研究,得到粉末的形貌如图 11.8 所示。图 11.8(a)~(f)分别为破碎 5min、10min、15min、20min、30min、35min 的二次电子像,由图 11.8(a)可见,破碎 5min 后大多数颗粒的直径已小于 $5\mu m$，但另有片状的大颗粒；随着盘磨时间的延长，小颗粒有所增多，但始终有大的片状存在，偶尔还有大些的颗粒，形貌与破碎 5min 的相差不大，这可能与容器内壁不光滑及有保护剂（航空油）存在有关。关键是，对这些合金粉末氮化后测试磁性能发现，矫顽力值比较低，这可能与粉末破碎过程是与金属容器强烈的相互撞击，从而容易破坏 2∶17 型、3∶29 型硬磁相结构有关，这说明 Sm 基间隙氮化物可能不适于使用这种破碎方法。

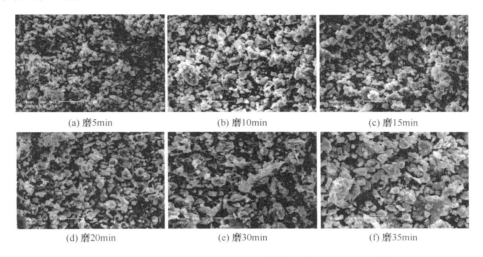

(a) 磨5min　　　　　　(b) 磨10min　　　　　　(c) 磨15min

(d) 磨20min　　　　　　(e) 磨30min　　　　　　(f) 磨35min

图 11.8　Sm-Fe(Ti,Nb)合金在盘磨机中破碎的二次电子像

11.4　HDDR 处理的 $Sm_2Fe_{16}Ti_1N_y$ 化合物高能球磨及研磨效果的研究

11.4.1　引言

到目前为止，经 HDDR 处理的粉末氮化后再进行高能球磨制备 Sm-Fe 型磁性材料的内容尚少见有报道。本节对 $Sm_2Fe_{17}Ti_1$ 合金在经 HDDR 处理及氮化后进行了高能球磨处理，研究了高能球磨的粉末破碎效果、物相结构及磁性能，并与手研磨粉末的性能进行了对比。

11.4.2　试验

按名义成分 $Sm_{12}Fe_{16}Ti_1$ 配料，在电弧炉中熔炼，铸锭在真空炉中 1000℃ 均匀化退火 48h 后快冷，进行完整的 HDDR 处理，粉末接着在 500℃ 真空炉中 1.25atm 氮气中氮化 2h 后，再在 GN-2 型高能球磨机中球磨不同时间。球磨过程中用 120♯ 航空油保护，球磨条件同 11.1.2 节。

11.4.3 高能球磨后的粉末形貌

图 11.9 为 $Sm_2Fe_{16}Ti_1N_y$ 合金球磨后的扫描电镜二次电子像。从图 11.9(a) 及放大的图 11.9(b)中手破碎粉末直接氮化后的粉末形貌看,颗粒小于 40mm,颗粒表面不光滑,还有许多小的孔洞,这是用 HDDR 工艺处理后 Sm-Fe-N 粉末的典型特征。在高能球磨 2h(图 11.9(c))后,粉末已明显细化到小于 $10\mu m$,而且粉末的形貌可分为三种类型,即小球形颗粒、短棒状颗粒和有锯齿边缘的大层片状颗粒。层片状结构颗粒的形成应该是大块状颗粒与钢球、钢罐频繁碰撞,粉末粒子被反复挤压、变形、折叠、压延所致;而短棒状及小颗粒应该是从层状颗粒的边缘被碰撞剥离,同时出现锯齿状边缘的结果。短棒状继续破断也会变成小球形颗粒。颗粒的细化速度快,小颗粒数目较多,是由于所研究的 Sm-Fe-Ti 合金脆性比较大,而且 HDDR 后大颗粒上有不光滑表面和孔洞,氮化时氮原子渗入使晶格膨胀及粉末撞击过程中的加工硬化效应均对颗粒的破碎有利,总体看其形貌与图 11.1(c)和(d)相似。球磨 5h(图 11.9(d))后粉末形貌主要以不同形式的层片状为主,如薄带状、层叠片状、团絮片状、小菱形尖片状等,这说明在高能球磨过程中先出现的小球形颗粒及短棒状颗粒在后续的球磨过程中会再次被压延折叠成层片状,另外也说明小颗粒的韧性较好,与图 11.1(e)中 Sm-Fe 合金球磨 8h 的形貌相似。在球磨8h 后,层片状颗粒已明显减少,大多变为不同粒径的球形颗粒及堆积的小颗粒。球磨 12h 后,粉末形貌似乎改善不大,总体看颗粒直径已基本小于 5mm,小于3mm 粒径的颗粒及颗粒的堆积增多,粒径分布范围也变窄,但仍可发现层片状及个别较大的颗粒,说明超过 8h 后,高能球磨的细化效果变慢。而球磨 8~12h 的形

(a) 氮化后未高能球磨   (b) 图11.9(a)的放大像   (c) 球磨2h

(d) 球磨5h   (e) 球磨8h   (f) 球磨12h

图 11.9 $Sm_2Fe_{16}Ti_1N_y$ 合金高能球磨不同时间后的粉末形貌二次电子像

貌已与图 11.1(g)和(h)形貌相似,另外说明高能球磨对含 Ti 的 HDDR 处理后的合金的细化速度要快于 Sm-Fe 合金。可见 $Sm_2Fe_{16}Ti_1N_y$ 化合物粉末通过高能球磨细化颗粒的过程应当是大粉末颗粒→压延成层片状→断裂成短棒状及球形颗粒→压延成层片状→断裂成球形小颗粒,几个阶段反复进行,使颗粒逐渐细化。

11.4.4　氮化物球磨后的物相结构

对氮化 2h 后 $Sm_2Fe_{16}Ti_1N_y$ 化合物高能球磨不同时间后的 XRD 进行分析后发现,其 XRD 的结果与图 11.6 基本相同,不再给出。球磨 2h 后,$Sm_2(FeTi)_{17}N_y$ 的所有衍射峰均已部分弱化和宽化,另外还出现较明显的漫散丘包状。在球磨 5h 后,$Sm_2(FeTi)_{17}N_y$ 的衍射峰进一步弱化与宽化,而 α-Fe 的 110 衍射峰越来越强。在球磨达 8h 后,$Sm_2(FeTi)_{17}N_y$ 只剩下一个最强峰,其余已基本消失,而在球磨达到 12h 后,$Sm_2(FeTi)_{17}N_y$ 的所有衍射峰消失,只剩下 α-Fe 的 110 衍射峰成为主相,表明粉末中的 $Sm_2(FeTi)_{17}N_y$ 相已全部非晶化,而且 $Sm_2(FeTi)_{17}N_y$ 在非晶化的同时,有更多的 α-Fe 形成,因此 $Sm_2(FeTi)_{17}N_y$ 相的非晶化过程应当是 $Sm_2(FeTi)_{17}N_y$(晶态)——→Sm-Fe(Ti)(非晶)+α-Fe,也就是说,在 $Sm_2(FeTi)_{17}N_y$ 相的非晶化过程中,其 2:17 的结构已被破坏,而且有 Fe 原子从 2:17 相中分离出。而 α-Fe 的 110 衍射峰宽化但不失尖锐,表明 α-Fe 晶粒细化的同时却没有非晶化。

11.4.5　磁性能

表 11.3 给出了 $Sm_2Fe_{16}Ti_1$ 氮化 2h 球磨前后粉末(工艺代号以“BM+球磨时间(h)”表示)的磁性能:矫顽力 H_c,剩磁 σ_r 和最高场下的磁化强度 σ_s。由表 11.3 可见,球磨后矫顽力随着球磨时间的延长而减小,尤其是球磨 2h(BM2)后,矫顽力值降低了 46%,球磨 12h(BM12)与球磨 8h(BM8)的值相比降低了 38%,达到最低 287.2Oe。矫顽力值降低的根本原因就是硬磁 $Sm_2(FeTi)_{17}N_y$ 相非晶化,结构被破坏而同时软磁性相 α-Fe 含量却增加。氮化物球磨 2h 的剩磁 σ_r 与未球磨(BM0)的相比也有所降低,但之后再增加球磨时间,剩磁值又有所升高,直到球磨 8h 后剩磁又增加到最高值 43.9emu/g,反而比未球磨的值(40.3emu/g)高,而延长球磨时间到 12h 后剩磁值也降低到最低值。剩磁值的高低与最高场下的最大磁化强度值 σ_s 及 α-Fe 的含量、矫顽力的大小有关。随着球磨时间的延长,σ_s 值一直升高,在球磨 12h 后达到最高 142.9emu/g,这是由于粉末中具有高饱和磁化强度的 α-Fe 的含量增加,σ_s 值的升高使得相应的 σ_r 值也升高,在球磨 12h 后 σ_r 有最低值是由于 H_c 值降低太多。

表 11.3　$Sm_2Fe_{16}Ti_1$ 氮化 2h 球磨前后的磁性能值

工艺	H_c/Oe	σ_r/(emu/g)	σ_s/(emu/g)
BM0	1432.4	40.3	95.3
BM2	775.5	36.9	105.2
BM5	489.4	37.7	108.7
BM8	465.5	43.9	140.1
BM12	287.2	29.2	142.9

11.5　本 章 小 结

本章对 Sm_2Fe_{17} 型合金在粉末制备过程中采用高能球磨、盘磨、手研磨方法破碎粉末,并对比研究了在氮化前或后高能球磨对 Sm_2Fe_{17} 型合金及其氮化物的破碎效果、物相结构及磁性能的影响,得到以下结论:

(1) $Sm_{12.8}Fe_{87.2}$ 合金采用先高能球磨再氮化或先氮化再高能球磨细化粉末颗粒的过程及高能球磨细化 HDDR 处理后的 $Sm_2Fe_{16}Ti_1N_y$ 氮化物粉末颗粒的过程均由三个阶段组成:大粉末颗粒→压延或断裂成层片状→断裂成小颗粒,而且氮化后再球磨的细化速度较快。

(2) 对 $Sm_{12.8}Fe_{87.2}$ 合金进行先球磨再氮化或先氮化再球磨工艺,均在球磨一定时间后使粉末中的 Sm_2Fe_{17} 型相完全非晶化,α-Fe 含量增加且没有非晶化。先高能球磨后的再氮化过程不改变球磨后粉末的物相结构。非晶化 Sm_2Fe_{17} 型相的完全晶化处理较困难。HDDR 处理后的 $Sm_2Fe_{16}Ti_1N_y$ 氮化物在高能球磨一定时间后粉末中的 $Sm_2(FeTi)_{17}N_y$ 主相完全非晶化,α-Fe 含量增加且没有非晶化。

(3) $Sm_{12.8}Fe_{87.2}$ 合金先高能球磨再氮化或先氮化再高能球磨后粉末与高能球磨使 HDDR 处理后的 $Sm_2Fe_{16}Ti_1N_y$ 氮化物粉末的磁性能变化规律相同:矫顽力随着球磨时间的延长而降低,而剩磁与最高磁场下的磁化强度值则是球磨短时间时降低,再延长球磨时间又增高,在球磨较长时间到粉末完全非晶化后又使剩磁降低。

(4) 手研磨使 Sm-Fe 氮化物粉末的矫顽力随着研磨时间的延长而增加,而剩磁略有提高,但与最高磁场下的磁化强度值均变化不大。

第 12 章　透射电镜观察与微结构分析

本章对 Sm-Fe 与 Sm-Fe-Ti、Sm-Fe-Nb 的氮化物进行了透射电镜的观察。试样为粉状与环氧树脂黏结试样和 Zn 黏结试样。粉状试样用超声波分散后用铜网捞取即可,黏结试样经过机械减薄、挖坑与离子减薄后进行观察。

12.1　黏结试样的形貌

图 12.1 为制备好的 Zn 黏结磁体的宏观形貌,为了提高粉末间的结合力,在试样中加入了质量百分比为 15wt％的 Zn。从图 12.1(a)可以看出,颗粒大小混杂,Zn 在颗粒间紧密分布,从放大的图 12.1(b)可以看到,Zn 与颗粒有良好的界面结合,颗粒大小为几微米。Arlot 等[294]认为 Zn 会与 Fe 形成 Zn_7Fe_3 或 Zn_4Fe 相,吸收多余的 Fe,但由于 Zn 为非磁性金属,所以其含量多时必然要降低磁性能。

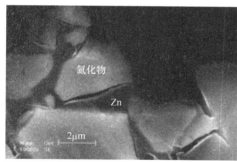
(a) 二次电子像

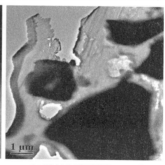
(b) 透射电子显微镜下形貌

图 12.1　Zn 黏结磁体透射电镜试样的二次电子像与透射电镜下的形貌

图 12.2 为环氧树脂黏结磁体的透射电镜试样的形貌,为了获得足够高的强度,同样加入了 15wt％的环氧树脂。从图中可以看到,在环氧树脂(白灰色,有小点状物)上有几个一百多纳米的黑色颗粒,说明树脂对颗粒的黏结是比较牢固的,但二者之间没有明显的界面产物。与 Zn 黏结同样的问题是,当树脂含量高时,必然会降低磁体的性能。

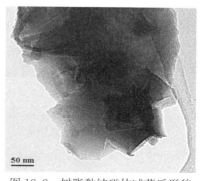

图 12.2　树脂黏结磁体减薄后形貌

12.2　未经 HDDR 处理 Sm-Fe-N 粉末的观察

图 12.3 为未经 HDDR 处理的 $Sm_{12.8}Fe_{87.2}N_y$ 磁粉的透射电镜结果，其中图 12.3(a)为粉末颗粒形貌，其直径为 100～300nm，图 12.3(b)为图 13.3(a)中某个颗粒的放大形貌，可见大颗粒实际是由 100nm 左右的小晶粒组成的，晶粒之间的界面面积较小，没有明显的界面相存在。对图 12.3(a)中的粉末颗粒进行电子衍射得到图 12.3(c)，分析后发现，这是纯 $Sm_2Fe_{17}N_y(y\approx3)$ 的晶带轴为 $[uvw]=[010]$ 的单晶衍射斑点。在粉末颗粒中没有发现 α-Fe 的形貌及电子衍射斑点，可能是由于含量较低。经对多个试样观察后发现，未经 HDDR 处理的粉末颗粒及晶粒基本上大于 100nm，不能形成 Sm-Fe-N/α-Fe 双相纳米材料。

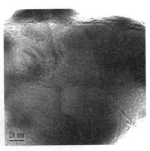

(a) 粉末颗粒形貌　　　　　　(b) 大颗粒上的晶粒

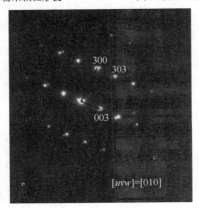

(c) 粉末颗粒的电子衍射

图 12.3　未经 HDDR 处理的 $Sm_{12.8}Fe_{87.2}N_y$ 的透射电镜观察结果

12.3　经 HDDR 处理 Sm-Fe(M)-N(M＝Ti，Nb) 黏结磁体的观察

12.3.1　Sm-Fe-N 磁体

图 12.2 与图 12.4 为在经 HDDR 处理后的 Sm-Fe-N 环氧树脂黏结磁体中观察到的的形貌与电子衍射斑点。由图 12.2 可见,粉末颗粒在 $100\sim200nm$,图 12.4(a) 为 $Sm_{10.5}Fe_{89.5}N_y$ 合金放大的颗粒形貌,可以看到,大颗粒实际是由 $20\sim50nm$ 的小晶粒组成的,这和我们利用 XRD 计算的结果(表 8.1)基本是吻合的。图 12.4(b) 为图 12.4(a) 的电子衍射斑点,同时出现了一套多晶环与两套单晶斑点,经分析发现多晶环为 $Sm_2Fe_{17}N_y(y\approx3)$ 的斑点,标定结果如图 12.4(b) 所示,在多晶环斑点中只出现了 $Sm_2Fe_{17}N_y$ 相中强度最高的衍射,即 113、220、143、600 等。另外两套单晶斑点中,其中一套为晶带轴为 $[uvw]=[\overline{1}2\overline{4}]$ 的 $Sm_2Fe_{17}N_y$ 相的斑点,另一套为 α-Fe 的晶带轴为 $[uvw]=[111]$ 的斑点。在 $Sm_{12.8}Fe_{87.2}N_y$ 合金中的一个大颗粒内还发现了图 12.4(c) 所示的小颗粒形貌,小颗粒尺寸也为 $10\sim50nm$,但没有观察到图 12.4(a) 中 α-Fe 的电子衍射斑点,可能是由于其中 α-Fe 含量较低。可见在 $Sm_{10.5}Fe_{89.5}N_y$ 合金的大粉末颗粒中得到了硬磁性相 $Sm_2Fe_{17}N_y$ 与软磁性相 α-Fe 共同存在的双相材料,但遗憾的是图 12.4(a) 中的晶粒太小,不能对两种相相互作用(即耦合)的界面进行更清晰的观察。

12.3.2　Sm-Fe-Nb-N 磁体

经 HDDR 处理过的 $Sm_2Fe_{17-x}Nb_xN_y$ 磁体$(x\leqslant2)$的透射电子显微镜的观察结果比较相似,在所有磁体中均观察到了类似于图 12.5(a) 中 $Sm_2Fe_{16.5}Nb_{0.5}$ 合金氮化 9h 的形貌,可以看到,在树脂上有几个几十到几百纳米的大颗粒,在大颗粒上有更细小的小于 $50nm$ 的黑色颗粒。对图中的大颗粒边缘灰区进行电子衍射得到多晶环图 12.5(b),分析后发现这是 $Sm_2(Fe,Nb)_{17}N_y$ 基体,而对黑色聚集区打电子衍射斑点又得到图 12.5(c),这是 $Sm_2(Fe,Nb)_{17}N_y$ 的晶带轴为 $[uvw]=[\overline{4}16\ \overline{1}]$ 的单晶与 α-Fe 的晶带轴为 $[uvw]=[\overline{2}10]$ 的单晶,说明黑色晶粒应为在灰色基体 $Sm_2(Fe,Nb)_{17}N_y$ 上分布的 α-Fe 晶粒,这与图 12.4(a) 中 Sm-Fe-N 磁体中两种相的存在形式不同,可能是由于添加 Nb 的 $Sm_2Fe_{17-x}Nb_x$ 合金退火态中 α-Fe 含量较低,尤其 $x=0.5$ 的合金,但在 HDDR 及氮化 9h 后合金中的 α-Fe 含量又明显增加,可能这是氮化后析出的 α-Fe,而图 12.4(a) 中 $Sm_{10.5}Fe_{89.5}N_y$ 合金在退火后就已残留较多 α-Fe。根据 XRD 的计算结果(见 10.3 节)又知,经 HDDR 及氮化后硬磁性相的晶粒也小于 $50nm$,说明在 Sm-Fe-Nb-N 磁体$(x\leqslant2)$中也形成了 Sm-Fe-

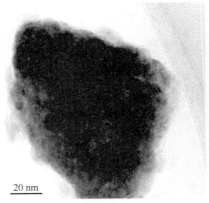

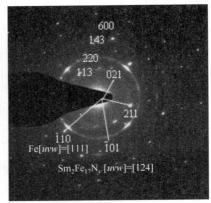

(a) $Sm_{10.5}Fe_{89.5}N_y$颗粒

(b) 对应图12.4(a)的电子衍射斑点

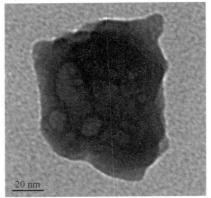

(c) $Sm_{12.8}Fe_{87.2}N_y$颗粒

图 12.4　经 HDDR 处理的 Sm-Fe-N 磁体的透射电镜观察

Nb-N/α-Fe 双相纳米材料,但由图 12.5(a)看,这两种相的耦合又是局域性的,是不太均匀的,可能这就是第 10 章得到的 Sm-Fe-Nb-N 合金中当 α-Fe 含量较高时,矫顽力较低的原因。图 12.2(d)为粉末颗粒直接接触的形貌,在每个大颗粒上又可以看到衬度不同的尺度只有几十纳米的"条状",对应的电子衍射斑点为多晶环与单晶斑点混杂的图 12.5(e),其中多晶环与图 12.5(b)相同,也为 $Sm_2(Fe,Nb)_{17}N_y$ 相,而单晶斑点中只有 α-Fe 的晶带轴为$[uvw]=[100]$的单晶斑点比较明显,其他斑点的周期性不明朗。对图 12.5(d)中单个颗粒进行选区衍射又得到图 12.5(f)所示的单晶斑点,分析后发现这是 $Sm_2(Fe,Nb)_{17}N_y$ 相的晶带轴为$[uvw]=[81\bar{2}]$的单晶斑点,因此图 12.5(d)中大颗粒也是 $Sm_2(Fe,Nb)_{17}N_y$ 相与 α-Fe 相共存的状态。图 12.5(g)和(h)为图 12.5(d)中大颗粒界面的放大,可见图 12.5(g)中大颗粒界面比较平直,界面产物不明显,但在其中一个颗粒上可以看到条状相形貌的黑色分界面,由于黑色衬度区比较致密,不应该是 α-Fe,而由于黏结磁体是经过取向后才固化的,所以应该是相邻相畴的畴壁。图 12.5(h)中看到的是另两个颗粒的界面,界面上有不连续的黑色颗粒,其衬度与大颗粒内黑色的小颗粒(应为分布在基体上的 α-Fe)相同,因此推测这是在 HDDR 及氮化过程中析出的 α-Fe。

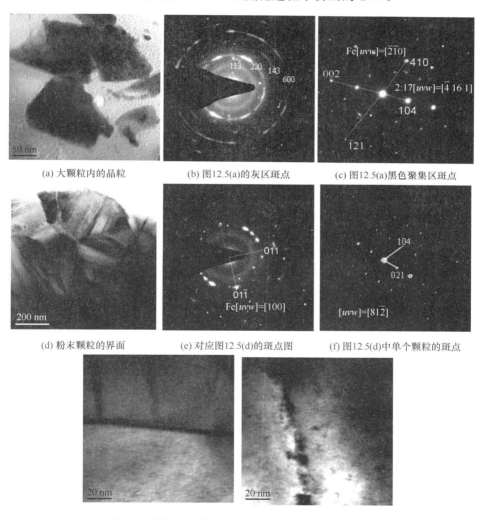

(a) 大颗粒内的晶粒　　　　(b) 图12.5(a)的灰区斑点　　　　(c) 图12.5(a)黑色聚集区斑点

(d) 粉末颗粒的界面　　　　(e) 对应图12.5(d)的斑点图　　　　(f) 图12.5(d)中单个颗粒的斑点

(g) 图12.5(d)颗粒界面的放大　　　　(h) 图12.5(d)颗粒界面的放大

图 12.5　经 HDDR 处理后的 Sm-Fe-Nb-N 环氧树脂黏结磁体透射电子显微镜的观察结果

12.3.3　Sm-Fe-Ti-N 磁体

图 12.6 为对经 HDDR 处理的 Sm-Fe-Ti-N 黏结磁体透射电子显微镜的观察

结果,其中图 12.6(a)为大颗粒 $Sm_2Fe_{16.5}Ti_{0.5}N_y$ 的边界形貌,整个颗粒比较致密,
上面有很少的黑色小颗粒,对该颗粒右边区域进行电子衍射得到图 12.6(b),分析
后发现,这是晶带轴为 $[uvw]=[81\bar{2}]$ 的 $Sm_2(Fe,Ti)_{17}N_y$ 相单晶斑点,说明基体主
要为 2∶17 型相,基本没有 α-Fe,这是由于 $Sm_2Fe_{16.5}Ti_{0.5}N_y$ 合金中 α-Fe 含量较
低。对 $Sm_2Fe_{16}Ti_1N_y$ 合金的试样观察得到图 12.6(c)所示的大颗粒边界形貌,图
中有许多小于 50nm 的小颗粒,对整体区域进行电子衍射得到图 12.6(d),图中有
多套单晶斑点及没有成环的 $Sm_2(Fe,Ti)_{17}N_y$ 相的多晶斑点,明朗的单晶斑点有晶
带轴为 $[uvw]=[1\bar{1}0]$ 的 $Sm_2(Fe,Ti)_{17}N_y$ 相斑点与晶带轴为 $[uvw]=[311]$ 的 α-Fe
的斑点,可见图 12.6(c)中的颗粒有较多 $Sm_2(Fe,Ti)_{17}N_y$ 相与少量 α-Fe 相。在大
颗粒内还发现了与图 12.4(c)相似的图 12.6(e)所示的形貌,大颗粒内部已破碎成
许多小颗粒,部分颗粒的相对位置仍保持原样,这可能是 HDDR 直接作用的结果。
在磁体中还发现了分布在基体上的大一些的 α-Fe 颗粒,如图 12.6(f)所示,颗粒大
小接近 50nm,对图 12.6(f)区域进行电子衍射分析得到图 12.6(g),可见图中既有
$Sm_2(Fe,Ti)_{17}N_y$ 相的多晶环,还有一套晶带轴为 $[uvw]=[1\bar{1}0]$ 的单晶斑点,此外
还有零星的属于 $\{110\}$、$\{200\}$、$\{211\}$ 的 α-Fe 相的斑点,对颗粒进行能谱分析如图
12.6(h)所示,确认为含有少量 Ti 的 α-Fe(Ti)相,说明这些较大的颗粒是嵌在
$Sm_2(Fe,Ti)_{17}N_y$ 基体相中的,没有弥散地分布在基体中,即在此区域中没有形成
$Sm_2(Fe,Ti)_{17}N_y$ 与 α-Fe 强烈的直接耦合,或者说没有形成文献[156],[158],
[278]~[280]所描述的双相耦合模型,这也正是第 9 章中含有 α-Fe 相的
$Sm_2Fe_{17-x}Ti_xN_y$ 合金矫顽力不很高的原因。图 12.6(i)为得到的 $Sm_2(Fe,Ti)_{17}N_y$
相的(101)面的高分辨晶格条纹像,其间距为 0.649nm,为 $Sm_2(Fe,Ti)_{17}N_y$ 相所能
得到的最大面间距,图 12.6(j)为对应图 12.6(i)条纹像的晶带轴为 $[uvw]=[\bar{1}2\bar{1}]$
的单晶衍射斑点。在图 12.6(k)中还观察到了 $Sm_2(Fe,Ti)_{17}N_y$ 相的(101)晶格错
配区,对黑色错配区域进行电子衍射,发现其具有与图 12.6(j)结果相同的单晶衍
射斑点,如图 12.6(l)所示,说明黑色区域也为 $Sm_2(Fe,Ti)_{17}N_y$ 相,可能只是由于
应力等原因而使两相邻的 $Sm_2(Fe,Ti)_{17}N_y$ 晶粒发生了晶格的部分错位。

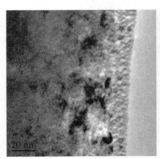
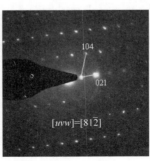

(a) $Sm_2Fe_{16.5}Ti_{0.5}N_y$ 颗粒边界　　(b) 对应图12.6(a)的电子衍射　　(c) $Sm_2Fe_{16}Ti_1N_y$ 颗粒

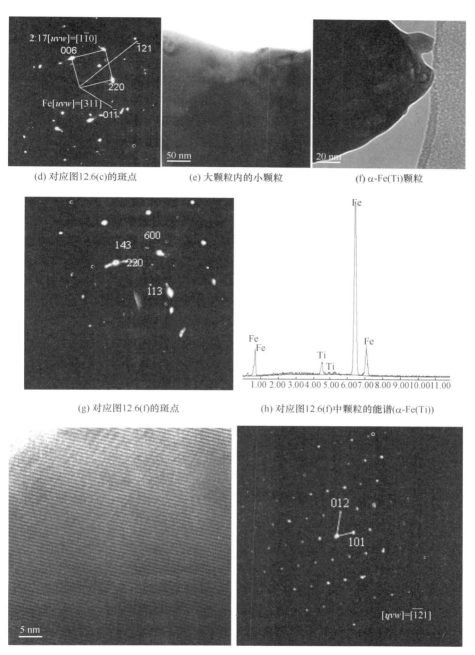

(d) 对应图12.6(c)的斑点　　　　　(e) 大颗粒内的小颗粒　　　　　(f) α-Fe(Ti)颗粒

(g) 对应图12.6(f)的斑点　　　　　(h) 对应图12.6(f)中颗粒的能谱(α-Fe(Ti))

(i) Sm$_2$(Fe,Ti)$_{17}$N$_y$的101晶格像　　　　　(j) 对应图12.6(i)的单晶斑点

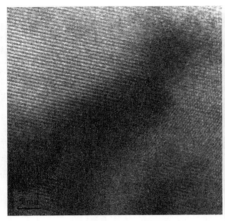 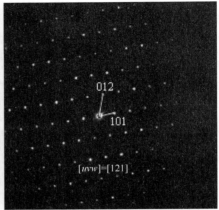

(k) Sm$_2$(Fe,Ti)$_{17}$N$_y$的101晶格错配区　　　　(l) 对应图12.6(k)的黑色区域单晶斑点

图 12.6　经 HDDR 处理的 Sm-Fe-Ti-N 黏结磁体透射电子显微镜的观察结果

12.4　本章小结

利用透射电镜对未经 HDDR 处理及经 HDDR 处理的 Sm-Fe 与 Sm-Fe-M(M=Ti,Nb)合金的氮化物进行了观察并得到以下结论：

（1）无论是用环氧树脂还是金属 Zn 黏结磁体，黏结剂与磁粉的结合均是紧密的，金属 Zn 与磁粉有结合界面产物存在，而树脂与磁粉之间没有明显的结合界面产物。

（2）未经 HDDR 处理的粉末或磁体中的颗粒及晶粒尺寸基本在 100nm 以上，不能得到纳米耦合结构。相邻的 Sm$_2$Fe$_{17}$N$_y$ 晶粒间界面干净、平直，没有明显的界面产物，得到了晶带轴为[uvw]＝[010]的单晶衍射斑点。

（3）经 HDDR 处理后，在 Sm-Fe-N、Sm-Fe-Nb-N 及 Sm-Fe-Ti-N 氮化物的黏结磁体中均观察到了小于 50nm 的 2∶17 型氮化相与 α-Fe，两相有相互作用，α-Fe 以两种形式存在：一种是较大颗粒嵌入基体 2∶17 相中，另一种为与 2∶17 相弥散混合。由于不同区域 α-Fe 的晶粒尺寸及分布不均匀，只在部分区域形成了良好的双相耦合机制。Sm$_2$(Fe,Nb)$_{17}$N$_y$ 大晶粒（颗粒）之间结合界面平直、良好，部分界面上有少量 α-Fe 断续分布，颗粒上有不同相畴及畴壁。Sm$_2$(Fe,Ti)$_{17}$N$_y$ 晶粒之间有界面的晶格错配区。在三种不同成分的氮化相中均得到了相同的 2∶17 型相氮化物的多晶衍射环，但只能出现强度较高的衍射，前四个衍射为 113、220、143、600。得到的 2∶17 型氮化相单晶衍射的晶带轴[uvw]有[$\overline{1}24$]、[$81\overline{2}$]、[$\overline{4}16\ 1$]、[$1\overline{1}0$]、[$\overline{1}21$]，并得到了 Sm$_2$(Fe,Ti)$_{17}$N$_y$相(101)面的高分辨晶格条纹像。得到的 α-Fe 相单晶衍射的晶带轴有[111]、[$\overline{2}10$]、[100]、[311]。

第 13 章 $Sm_3(Fe,Ti)_{29}/\alpha$-Fe 母合金 Sm-Fe-Ti 铸锭的熔炼与处理

13.1 引　言

双相纳米晶永磁材料正处于研究和开发阶段,从理论和材料及工艺等多方面仍需要进行大量的基础研究。理论上要通过精确试验,确立复合型纳米晶永磁合金的磁性与晶粒尺寸关系的理论模型,为实用化提供理论指导;要深入探讨与晶粒尺寸相关的杂散场效应和硬磁相与软磁相之间的交换弹性耦合效应的作用机制;研究制备工艺对此种新型材料的制约性作用。

对于双相纳米晶永磁材料,真正受交换耦合作用影响的磁极化强度是处于晶粒边界交换耦合区域内的磁极化强度。交换耦合区域在整个材料中所占的体积百分比越大,则交换耦合作用越明显,剩磁增强效应就越突出。基于这一考虑,细化晶粒就成为提高材料磁性能最直接、最有效的手段。

采用熔体快淬法可以得到非常细小的晶粒,是目前制备纳米晶双相复合永磁材料较为有效的手段,其材料组成及磁性能与许多工艺参数有关,其中快淬速度 V (即快淬辊的转动线速度)对组织与磁性能的影响最大,直接影响晶格畸变、应力、晶格细化和成分与组织的均匀性等,从而引起单胞体积变化和 XRD 谱线的宽化[62]。

熔体快淬法的双相纳米晶复合永磁材料一般通过三种途径来制备[63,64]:第一种是通过最佳快淬速度 $V0$ 把合金直接淬成细小而且均匀的晶粒。这种方法制备的永磁材料的综合磁性能好,但操作的具体工艺参数由于要求非常严格而不容易实现,而且氧化比较严重。第二种是通过部分过快淬($V<V0$)得到部分晶态和部分非晶态样品,然后在最佳退火温度下进行晶化处理。这种方法由于在晶化处理前,合金中已经有晶粒存在,在晶化过程中晶粒的长大易出现不均匀,其综合磁性能较差。第三种就是通过完全过快淬($V>V0$)得到完全非晶态样品,然后在最佳退火下进行晶化处理。这种方法得到的非晶态样品为最后形成均匀弥散的纳米结构相提供基础,并且其抗氧化能力增强,在随后的晶化、制粉时不易氧化,最后所制得磁体的综合磁性能较高。由于第三种方法操作方便,工艺参数比较容易控制,在试验中大多数采用熔体过快淬法。

添加微量其他元素可以优化永磁体的显微结构、提高内禀磁性从而提高合金的硬磁性能。根据添加元素原子在合金晶粒结构中的位置及作用,把添加元素分

为替代型和掺杂型[65]。替代型指稀土金属元素、过渡族元素及类金属元素原子替代永磁体中的 Sm、Fe、N 原子以提高内禀磁性,掺杂型是元素以脱溶物的形式析出于晶粒边界,阻止晶粒长大,使晶粒细化从而改善微结构和磁性能[66]。

在制备 Sm-Fe 母合金的过程中,由于预先晶化的固态 Fe 和液态富 Sm 相之间的包晶反应,铸造的 Sm-Fe 合金具有严重的结构不均匀性,铸态组织中存在大量的 α-Fe。试验发现添加某些过渡元素替代 Fe,如 Nb、Ta、V、Ti 等元素可以有效抑制 α-Fe 的含量[67],同时如果元素加入适量,可以有效稳定某一种物相。添加 Ga、Al 时合金的晶格常数会增大[68],而添加 Co 时晶格常数会减小[69],添加 Zr 有促进 Sm-Fe 合金非晶化和抑制晶粒长大的作用[70]。

添加元素对磁性能也有很大影响,试验发现 Zr 替代 Fe 可阻止晶粒长大[71],但降低剩磁;Al 或 Si 替代 Fe 可提高居里温度[72],降低饱和磁化强度;添加 Nb 可以通过稳定残余的非晶相而阻止晶粒长大[73],提高矫顽力;Co 替代 Fe 原子可提高居里温度[74],改善温度性能,增强硬磁性相的交换相互作用;掺杂原子 Cu 的加入通过在晶粒边界形成脱溶物[75],有效钉扎畴壁,提高矫顽力,明显抑制晶粒长大,同时 Cu 对晶界状态的影响对交换耦合作用起决定性因素[76],Cu 聚集于晶界,造成晶界的晶粒阻隔效应,导致晶界处交换耦合常数降低从而降低交换耦合作用;Ti、V、Cr、Mo 等原子替代 Fe 原子可有效稳定亚稳相 R$(Fe,M)_{12}$ 相和 R$_3$(Fe,M)$_{29}$ 相[77],加速氮化速度和增加吸氮量从而提高永磁性能。

综上所述,合理搭配合金化学成分,充分发挥合金成分多元化的综合效应,通过优化合金的化学成分来改善显微结构,提高双相纳米磁性材料的永磁性能应是该类材料研究的重点之一。

尽管 Sm-Fe 系永磁材料的研究已取得了很大发展,但仍有很大的挖掘潜力,但迄今为止对 Sm-Fe 系永磁材料的研究仍停留在实验室水平,未能真正用于大规模生产。主要是因为 Sm-Fe 系永磁材料的制备过程中,仍存在一些难以解决的问题,归纳起来主要有以下几点:

(1) 成本较高,挥发严重。目前每千克钐的售价为 200 元左右,比钕略贵,由于钐的低熔点、易挥发性,采用普通的粉末冶金法制备,钐的损失量较大,额外添加的钐量增加了成本,同时钐的挥发使得很难得到接近设计成分的 Sm-Fe 合金。普通粉末冶金法必须经历熔炼、退火、制粉、氮化、细破碎、黏结、成型等一系列复杂工艺,增加了制备成本。

(2) 制备工艺不太成熟。3:29 相为亚稳相,制备 3:29 相不仅需要添加稳定化元素,而且稳定化元素的含量及冶炼热处理的条件都会影响此相的存在。熔体快淬后的薄带含有非晶相,对其进行晶化退火时,晶化温度及时间的选择没有可靠的依据,需不断试验摸索。氮化机制没有统一的解释,计算得到的含氮量是否与氮化物的含氮量一致,是否与永磁性能成正比关系等还需进一步证实。氮化温度很难确定,太低则氮化速度太慢吸氮量很低,温度太高虽可提高氮化速度,但 Sm-Fe-N 化合物在高温分解的特殊性以及 Ti 元素对 N 的较强亲合力,使得 N 含量过量产生非晶相影响磁性能。

(3) 试验检测分析困难。双相纳米交换耦合机制虽理论上有很多解释[75],但真正看到的材料晶粒之间交换耦合的研究很少,由于达到很好的交换耦合的晶粒尺寸为纳米级,用扫描电镜已不能很好地研究晶粒间的结合情况,只能用透射电镜来分析。而透射电镜只能看到样品的很小范围,有一定的局限性,且制备所需的理想样品有一定难度。3:29 相目前没有标准的 PDF 卡片与其对应,使 XRD 图谱分析和透射电镜衍射斑点的分析十分困难。

(4) 磁性能不稳定,试验制得的磁粉的磁性能远低于理论值。配料过程中的成分配比、熔炼过程中的均匀程度、制备过程中磁粉的氧化程度及氮化过程中氮原子的吸收等操作都会对磁粉的磁性能有很大影响。

(5) 高温分解问题。Sm-Fe-N 合金属于亚稳相,在温度高于 650℃时发生不可逆分解,因此不能用粉末烧结法制备磁体,只能采用先制备出磁粉,然后制作黏结磁体的方法,一般采用的黏结剂是树脂和低熔点金属(Zn、Sn 等)[78],而黏结磁体的磁性能普遍低于烧结磁体的磁性能。

基于以上双相纳米晶永磁材料研究和开发中存在的问题,本章通过采用熔体快淬的制备工艺和稳定性元素 Ti 的添加来得到 $Sm_3(Fe,Ti)_{29}/\alpha$-Fe 双相纳米耦合磁性材料,主要对其显微结构进行检测分析,阐明其微结构与磁性能之间的关系和规律,具体内容如下:

(1) 制备双相纳米耦合永磁材料可以解决 Sm-Fe 合金稀土含量高、成本高的问题,双相纳米耦合永磁材料是由软磁相 α-Fe 提供较高的磁饱和强度,用硬磁相 $Sm_3(Fe,Ti)_{29}$ 提供较高的矫顽力,两者在纳米尺度发生耦合作用,从而提高综合永磁性能,软磁相 α-Fe 的存在大大降低了稀土的含量,降低了成本。

(2) 为了解决磁性能不稳定的问题,采用纯度较高的原材料,考虑到 Sm 的易挥发性和 Ti、Cu 对材料的影响,严格按要求的配比进行配料。熔炼时将易挥发的 Sm 放在最下面,用 Fe 块将其盖住先熔炼 Fe 块,并熔炼四次获得组织均匀的铸锭。将材料及时密封防止其氧化,控制氮化工艺使氮原子均匀扩散。

(3) 添加适量稳定性元素 Ti 与熔体快淬工艺的有效结合,制备亚稳相 $Sm_3(Fe,Ti)_{29}$,熔体快淬法的制备工艺简化了操作过程。对晶化工艺和氮化工艺进行试验,研究其作用机制并摸索出最佳工艺。

(4) 扫描电镜、透射电镜、XRD 图谱与磁粉磁性能相结合,分析 $Sm_3(Fe,Ti)_{29}/\alpha$-Fe 双相纳米耦合磁性材料的组织、成分、物相、磁性能之间的关系,进而分析交换耦合作用机制及晶粒之间的相互作用。

13.2　试验材料、设备及工艺

13.2.1　试验材料及设备

原料：DT-4 工业纯铁、纯钐（＞99.95wt％）、海绵钛、电解铜、高纯氩气、氮气等。

试验设备：

（1）WK-2 非自耗电极真空熔炼炉：熔炼母合金，最大锭块重量小于 30g。

（2）外热管式电阻真空加热退火炉：用于对母合金均匀化退火、晶化处理和氮化处理，真空度可达到 3×10^{-3}Pa。

（3）LZK-12A 真空快淬炉：通过熔体快淬将母合金甩成非晶薄带。

（4）BS210S 电子天平：精度可达到 10^{-4}g，用于精确配料和通过计算合金前后重量的变化来研究渗氮量。

（5）差热分析仪（DTA）：研究甩带样品的热稳定性和可能发生的相变。

（6）Gatan691 离子减薄仪：用氩离子束对薄带样品减薄，从而制备透射电镜样品。

（7）飞利浦 XL30 型扫描电镜（SEM）：观察铸锭、退火态、甩带样品晶化、氮化前后组织的形貌和成分分布。

（8）飞利浦 Tecnai F20 型透射电镜（TEM）和能谱仪（EDS）：观察甩带薄带晶粒间的耦合情况、晶粒分布情况、组织结构及晶粒的成分组成。

（9）飞利浦 X'pert MPD 型 X 射线衍射仪（XRD）：采用 CuK_α 射线对铸态组织、退火组织、氮化组织进行分析，确定其相组成和相对含量等。

（10）Lake Shore Model 7407 振动样品磁强计（VSM）：采用最高场为 15000Oe，测量粉末氮化后的低温、常温和高温磁性能。

13.2.2　试验工艺

1. 工艺路线

图 13.1 为 $Sm_3(Fe,Ti)_{29}N_x/\alpha\text{-Fe}$ 复相纳米永磁材料的制备工艺及其相关测试的流程图，由图可以看出整个试验过程由母合金的熔炼、均匀化退火、熔体快淬、晶化处理、氮化处理及磁性能的测试六部分组成。

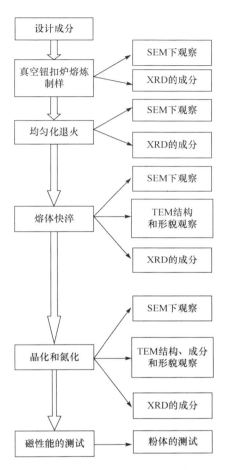

图 13.1　$Sm_3(Fe,Ti)_{29}N_x/\alpha$-Fe 复相纳米永磁材料的制备工艺及其相关测试的流程图

2. 成分设计

根据试样的 $Sm_{10}Fe_{84}Ti_6$ 和 $Sm_{10}Fe_{84}Ti_5Cu_1$ 成分要求,将各种原料合金用量按如下公式配比:

$$W_i = \frac{r_i}{R_i} \times M \tag{13.1}$$

其中,W_i 为含 i 元素的原料用量;R_i 为原料合金中 i 元素的含量;M 为试样总重量;r_i 为试样中设计要求 i 元素含量。

该试验按照铁的质量配定其他成分的质量,换算关系是

$$M_{Sm}^i = M_{Fe}^i \times 10 \times 150.36/(55.847 \times 85) \tag{13.2}$$

$$M_{Ti}^i = M_{Fe}^i \times 5 \times 47.88/(55.847 \times 85) \tag{13.3}$$

$$M_{Cu}^i = M_{Fe}^i \times 63.546/(55.847 \times 84) \tag{13.4}$$

其中，M_{Cu}^i 为第 i 种成分的母合金中 Cu 的含量；M_{Ti}^i 为第 i 种成分的母合金中 Ti 的含量；M_{Sm}^i 为第 i 种成分的母合金中 Sm 的含量；M_{Fe}^i 为第 i 种成分的母合金中 Fe 的质量。

试样化学成分见表 13.1 。

表 13.1　原料合金的化学成分

	编号	Fe/g	Sm/g	Ti/g	Cu/g
ZT1	1	25.1248	7.9582	1.2671	0
	2	28.2206	8.9388	1.4232	0
	3	26.9376	8.5324	1.3585	0
	4	28.7418	9.1039	1.4495	0
Z1	5	25.0660	7.9396	1.2641	0
	6	28.4239	9.0032	1.4335	0
	7	25.4311	8.0552	1.2825	0
	8	29.5504	9.3600	1.4903	0
ZT2	9	25.9206	8.3080	1.3228	0.3511
	10	29.6148	9.4921	1.5113	0.4010
	11	23.8903	7.6573	1.2192	0.3236
	12	25.9781	8.3265	1.3257	0.3519
Z2	13	26.5561	8.5117	1.3552	0.3597
	14	29.1443	9.3413	1.4873	0.3948
	15	26.6213	8.5326	1.3585	0.3606
	16	29.1062	9.3291	1.4854	0.3943

为了研究铜及均匀化退火工艺对材料组织、结构和性能的影响，将试样分成如表 13.1 所示 ZT1、Z1、ZT2、Z2 四组，Z1 为 $Sm_{10}Fe_{84}Ti_6$，Z2 为 $Sm_{10}Fe_{84}Ti_5Cu_1$，ZT1 为均匀化退火后的 $Sm_{10}Fe_{84}Ti_6$，ZT2 为均匀化退火后的 $Sm_{10}Fe_{84}Ti_5Cu_1$，其中 T 表示均匀化退火处理，1 为未加铜，2 为加铜。

3. 母合金熔炼

采用非自耗真空电弧炉(也称钮扣炉)在纯氩气保护下，在水冷铜坩埚中熔炼。制备试样时，用铁锭将钐和铜、钛盖上，以防止熔炼过程中钐的剧烈挥发；熔炼过程中注意电流的控制，既要使反应充分进行又要防止钐过度挥发；经常用纱布擦拭被钐污染的视窗。用反复熔炼四次的方法来获得成分均匀的母合金。

4. 均匀化退火

熔炼后的铸态组织含有富 Sm 相和富 Fe 相,成分分布不均匀,采用 1000℃ 保温 12h 的均匀化退火工艺,让富 Sm 相和富 Fe 相进一步充分反应,从而得到较多的 Sm-Fe 化合物。均匀化退火还可以消除内应力,使组织致密均匀,通过控制退火后试样的冷却速度,来控制物相的结构和组成。本试验采用退火后快冷的方式,使得亚稳相 3:29 相尽可能多地存在。

5. 熔体快淬

采用熔体过快淬法将基体为 Sm-Fe 化合物的四种母合金分别熔融后,选择钼辊速度 Vs＝40m/s 的工艺处理,得到近似非晶的薄带。

6. 晶化退火

对于熔淬后的非晶薄带,晶化处理的目的是得到纳米晶,以便验证复相纳米晶的耦合机制。Sm-Fe 的晶化过程包含固态反应与长程扩散。晶化过程的固态反应是

$$Sm\text{-}Fe(非晶态) + \alpha\text{-}Fe \longrightarrow Sm_3Fe_{29}(晶态)$$

由于甩带后的合金中有多余的 α-Fe,非晶体中的 Fe 与 Sm 的原子比低于 3:29,为了生成 Sm_3Fe_{29} 相,α-Fe 必须固溶,Fe 原子必须扩散。Sm-Fe 非晶相与 α-Fe 的混合物的浓度分布是不均匀的,也需要 Fe 的长程扩散,所以导致实际晶化处理时间比理论晶化时间要长一些。

将四种试样分别在 700℃、750℃、800℃ 保温 30min 工艺下晶化处理,摸索最佳工艺。

7. 氮化处理

Sm_3Fe_{29} 相并不具备单轴磁各向异性,只有经氮化处理后形成 $Sm_3Fe_{29}N_x$ 相才具有单轴各向异性。晶格间隙中的 N 原子使 Fe-Fe 原子间距离增大,从而近邻 Fe 原子间的次交互作用由反铁磁性转变为铁磁性,使永磁性能和居里温度提高[80]。

氮化过程存在孕育期,氮化温度 500℃ 时把高纯氮气倒入晶化后的 Sm-Fe 合金粉末中,氮化并不立即开始,而是经过一段时间才开始,即一个孕育期,孕育期之后,氮化可在 2h 之内完成[81]。

以前对氮化时间的系统研究[82],发现氮化 6h 为氮化最佳时间,为了对比氮化温度对材料的影响,采取在高纯氮气气氛下,氮化温度为 500℃ 时保温 6h,以及温度为 450℃ 时氮化 6h 两种工艺。

8. 磁性能测试

采用 VSM 对氮化后的磁粉进行低温、常温和高温磁性能测试,得到样品的磁

滞回线及相应的技术磁参量,如饱和磁化强度 M_s、剩磁 M_r 或 B_r、矫顽力 H_c、居里温度和磁能积$(BH)_{max}$等。

13.3　Sm-Fe-Ti 合金的熔炼

13.3.1　Sm-Fe-Ti 合金的熔炼工艺

　　熔炼是制备高性能永磁体的第一步,铸态组织的均匀程度及物相组成,不仅直接影响甩带后合金的均匀性和物相,对晶化和氮化效果及最终的磁性能也会产生重要影响。熔炼时间和熔炼电流对铸态组织的影响很大,在电弧炉中一般应反复熔炼四次,获得成分均匀的样品。熔炼电流过小和熔炼时间过短,样品局部熔化,会有铁核残留在样品中,严重影响合金均匀性和性能。但如果熔炼电流过大和熔炼时间过长,会引起 Sm 的大量挥发,不仅污染严重,浪费资源,也不能保证合适的化学计量比。为保证成分均匀,减少 Sm 的挥发,加热时间一般不超过 1min,并且在熔炼初期采用较小的电流,只有当熔化的 Fe 包裹住 Sm 时,才采用稳定的大电流。在理想情况下,希望加热室内真空度越高越好,不低于 5×10^{-3} Pa,金属 Sm 的挥发较少,含量容易控制。

13.3.2　Sm-Fe-Ti 合金的反应

　　依据 Fe-Sm 系二元合金相图[83],Fe 和 Sm 可以形成三种化合物:具有 Th_2Zn_{17} 型菱方结构的 Sm_2Fe_{17},$PuNi_3$ 型菱方结构的 $SmFe_3$ 和 $MgCu_2$ 型面心立方结构的 $SmFe_2$ 相,这三种化合物均表现为铁磁性行为。熔炼过程中,Sm-Fe 母合金是通过预先晶化的固态 α-Fe 和液态 Sm 相之间的包晶反应形成的,使得铸态母合金中的结构不均匀性是不可避免的。液相冷却过程中首先析出 δ-Fe 或(γ-Fe)初晶,一般以树枝状晶形式出现,冷却到 1558K 时发生包晶反应:$L + \gamma\text{-Fe} \longrightarrow Sm_2Fe_{17}$,$Sm_2Fe_{17}$ 相以 γ-Fe 为基底,通过固相界面和固/液界面充分扩散长大,由于先生成的是固态的 γ-Fe,扩散过程缓慢,在平衡结晶过程中,冷却速度较慢时,在室温会有较多的 Sm_2Fe_{17} 相和较少的 α-Fe 形成[84]。但一般情况下,结晶过程为非平衡结晶,冷却速度较慢时形成较多的树枝状 α-Fe 晶体,冷却速度较快时,可以抑制 α-Fe 晶体的形成。而加入适量稳定性元素 Ti 后,可以得到高温相 $Sm_3(Fe,Ti)_{29}$,采用快速冷却的方法,可以在常温下保持亚稳相 $Sm_3(Fe,Ti)_{29}$。Sm 的沸点仅为 1730℃,而纯 Fe 的熔点为 1536℃,用电弧炉熔炼过程中,反应温度难以精确控制,局部过热现象难以避免,导致 Fe 熔化的同时,大量 Sm 气化不能得到接近设计成分的 Sm-Fe 合金。通过以下途径可以减少误差:熔炼时将易挥发的 Sm 放在最下面,用 Fe 块将其盖住先熔炼 Fe 块,加热时间一般不超过 1min,并且在熔炼初期采用较小的电流,只有当熔化的 Fe 包裹住 Sm 时,才采用稳定的大电流,考虑到 Sm 的挥发,在理论元素配比的基础上适量增加 Sm 的含量。

13.3.3　Sm-Fe-Ti 铸态合金组织及物相

图 13.2 为铸态 $Sm_{10}Fe_{84}Ti_6$ 的 XRD 图谱,主要由四种物相组成,$Sm_3(Fe,Ti)_{29}$ 和 Sm_2Fe_{17} 相主峰位部分重叠,为合金主相,另外还有 α-Fe 相和 $SmFe_2$ 相。图 13.3 为铸态 $Sm_{10}Fe_{84}Ti_5Cu_1$ 的 XRD 图谱,具有与 $Sm_{10}Fe_{84}Ti_6$ 合金相同的四种物相,其中 $Sm_3(Fe,Ti)_{29}$ 和 Sm_2Fe_{17} 相主峰强度与 α-Fe 相强度几乎相当,说明此合金中 α-Fe 的相对含量较多。这与图 13.5 中看到的含有较多粗大的黑色相结果是一致的。$Sm_{10}Fe_{84}Ti_6$ 成分合金与 $Sm_{10}Fe_{84}Ti_5Cu_1$ 成分合金铸态组织中含有相同的四种物相,但相对含量略有不同,$Sm_{10}Fe_{84}Ti_5Cu_1$ 合金中 α-Fe 的相对含量较高,组织不太均匀,说明 Cu 的加入不能影响合金的物相组成,但对合金中物相的相对含量及组织均匀度有一定影响。

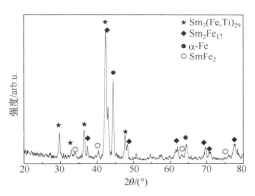

图 13.2　铸态 $Sm_{10}Fe_{84}Ti_6$ 的 XRD 图谱

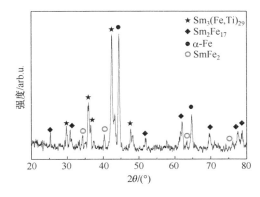

图 13.3　铸态 $Sm_{10}Fe_{84}Ti_5Cu_1$ 的 XRD 图谱

图 13.4 和图 13.5 分别是 $Sm_{10}Fe_{84}Ti_6$ 与 $Sm_{10}Fe_{84}Ti_5Cu_1$ 合金熔炼后,铸态组织的背散射电子图像。由图 13.4(a)和图 13.5(a)可以看出,母合金显微组织以基体上分布树枝晶为主要形式。根据背散射电子对比不同成分的两种合金在相同放大倍数的图像可以看出,图 13.4(a)中的树枝状组织比较细小,且白色富钐相和黑色富铁相都较少,由放大后的图 13.4(b)更能清楚地看出深灰色相和浅灰色相较多,说明熔炼过程中原料间反应比较充分。而图 13.5(a)中树枝状组织相对比较粗大,白色富钐相和黑色富铁相占了相当大的体积百分比,放大后的图 13.5(b)中粗大的富铁相组织和集中的白色富钐相更加明显,只有少量的灰色相生成,整体组织很不均匀,其原因可能为添加的 Cu 元素对合金的熔炼和凝固过程有一定影响。

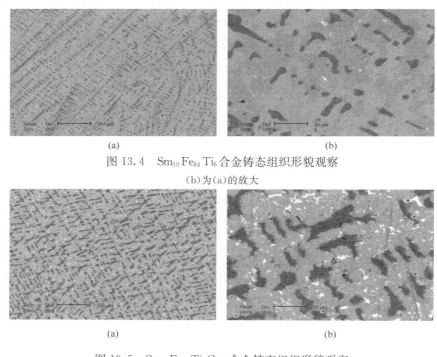

(a)　　　　　　　　　　　　　　(b)

图 13.4　$Sm_{10}Fe_{84}Ti_6$ 合金铸态组织形貌观察

(b)为(a)的放大

(a)　　　　　　　　　　　　　　(b)

图 13.5　$Sm_{10}Fe_{84}Ti_5Cu_1$ 合金铸态组织形貌观察

(b)为(a)的放大

13.4　Sm-Fe-Ti 合金铸锭的均匀化退火

均匀化退火对熔体快淬法制备双相纳米永磁体的作用可以归结为两种说法,均匀化退火可以消除内应力[85],使富钐相和富铁相更充分地反应,从而获得更均匀的组织,同时高熔点的 α-Fe 减少,使得合金在熔体快淬过程中能完全熔化,并保持一定的过热温度,从而使合金有较好的流动性,可以得到较好的薄带。在退火之后要采用水淬快速冷却,以保留高温的稳定相 Sm_3Fe_{29},同时防止富钐相的再次析出。但也有资料认为[76,77]对于制备 Sm-Fe 合金纳米双相永磁体,熔体快淬之前不退火能更好地保留原始成分,甩出的薄带具有较高的成核率,晶化退火后得到的晶粒更细小,同时长时间高温退火使得 Sm 大量挥发,α-Fe 含量增加。针对这两种说法,将 $Sm_{10}Fe_{84}Ti_6$ 和 $Sm_{10}Fe_{84}Ti_5Cu_1$ 中的部分试样进行均匀化退火处理,并分别命名为 ZT1 和 ZT2,T 表示均匀化退火处理。

图 13.6 和图 13.7 分别为 $Sm_{10}Fe_{84}Ti_6$ 和 $Sm_{10}Fe_{84}Ti_5Cu_1$ 合金退火后的 XRD图谱。可以看出退火后的合金仍包含四种物相,但富钐相 $SmFe_2$ 的相对含量已非常小,同时 α-Fe 的主峰位相对高于 Sm-Fe 合金相的主峰位,但由图 13.8 和图 13.9可以看出,α-Fe 的总含量是减少的,而 Sm-Fe 合金相的总量是增加的。这是由于长时间退火过程使富铁相和富钐相充分反应进一步生成 Sm-Fe 合金相,同时有少量 Sm 挥发。

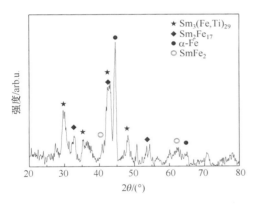
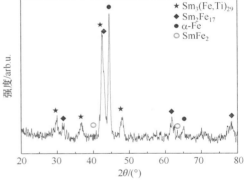

图 13.6　$Sm_{10}Fe_{84}Ti_6$ 合金退火后的 XRD 图谱　　　图 13.7　$Sm_{10}Fe_{84}Ti_5Cu_1$ 合金退火后的 XRD 图谱

图 13.8 和图 13.9 分别为 $Sm_{10}Fe_{84}Ti_6$ 和 $Sm_{10}Fe_{84}Ti_5Cu_1$ 母合金经 1000℃、12h 均匀化退火的背散射电子图像。可以看出退火后的合金仍包含四种衬度的物相,但与图 13.4 和图 13.5 相比,退火之后的显微图像上白色富钐相和黑色富铁相明显减少,灰色 Sm-Fe 合金相明显增多。说明铸态组织中的富钐相与富铁相在均匀化退火过程中进一步反应生成了 Sm-Fe 合金相。对比不同成分的合金退火处理后,相同放大倍数的图像如图 13.8(a)和图 13.9(a)可以看出,两种合金反应所剩树枝晶大小基本相当,Sm-Fe 相的分布程度也相差不多,不像图 13.4 和图 13.5的铸态组织那样相差较多。与铸态组织相比,退火态的图 13.8(b)基体相表面不光滑,使组织看上去很不均匀,说明 $Sm_{10}Fe_{84}Ti_6$ 合金退火后组织不如铸态组织均

匀。而与铸态组织图 13.5(b)相比,退火态图 13.9(b)中的组织相对均匀了许多,说明对于 $Sm_{10}Fe_{84}Ti_5Cu_1$ 合金,长时间的退火能明显改善合金组织均匀性。

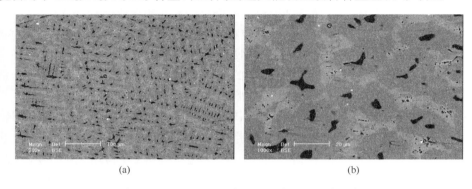

(a)   (b)

图 13.8 $Sm_{10}Fe_{84}Ti_6$ 合金退火态组织形貌观察
(b)为(a)的放大

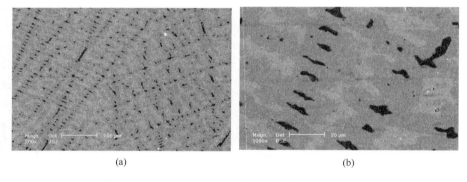

(a)   (b)

图 13.9 $Sm_{10}Fe_{84}Ti_5Cu_1$ 合金退火态组织形貌观察
(b)为(a)的放大

13.5 本章小结

(1)熔炼是制备高性能永磁体的第一步,对最终结果有非常重要的影响。为保证成分均匀,减少 Sm 的挥发,加热时间一般不超过 1min,并且在熔炼初期采用较小的电流,只有当铁熔化包裹住钐时,才采用稳定的大电流。在理想情况下,希望加热室内真空度越高越好,不低于 $5×10^{-3}$ Pa,金属 Sm 的挥发较少,含量容易控制。

(2)熔炼后的母合金大致由四种物相组成,黑色树枝晶 α-Fe,其周围分布大面积的深灰色相 $Sm_3(Fe,Ti)_{29}$,类似于基体的浅灰色相 $Sm_2(Fe,Ti)_{17}$,白色斑点为

富钐相 $SmFe_2$。

（3）母合金显微组织基体上分布树枝晶为主要形式。

（4）Cu 的加入不能影响合金的物相组成，但对合金中物相的相对含量及组织均匀度有一定影响。与 $Sm_{10}Fe_{84}Ti_5Cu_1$ 合金相比，$Sm_{10}Fe_{84}Ti_6$ 合金树枝晶较细小，组织均匀，富铁相和富钐相相对含量较少，钐铁合金相含量较多。

（5）退火后的 $Sm_{10}Fe_{84}Ti_6$ 合金和 $Sm_{10}Fe_{84}Ti_5Cu_1$ 合金仍由黑色树枝晶 α-Fe、深灰色相 $Sm_3(Fe,Ti)_{29}$、类似于基体的浅灰色相 $Sm_2(Fe,Ti)_{17}$ 和白色富钐相 $SmFe_2$ 四种物相构成，但 α-Fe 和富钐相的相对含量减少，$Sm_3(Fe,Ti)_{29}$ 相和 $Sm_2(Fe,Ti)_{17}$ 相的含量增多。

（6）退火后两种合金树枝晶大小基本相当，Sm-Fe 相的分布程度也相差不多。退火后 $Sm_{10}Fe_{84}Ti_6$ 合金基体相表面不光滑，使组织看上去很不均匀，而退火后 $Sm_{10}Fe_{84}Ti_5Cu_1$ 合金的组织相对比较均匀。

第 14 章 Sm$_3$(Fe,Ti)$_{29}$/α-Fe 双相纳米磁性材料制备、组织与性能

14.1 引　言

目前能够进行批量生产非晶金属合金的方法主要是熔体快淬法,国外文献中又称喷铸法或熔旋法[86],其中制造非晶态合金薄带的工艺方法主要有内圆离心淬火法、单辊外圆离心法和双辊轧制法。其工艺原理为装在坩埚内的母合金用高频感应加热熔化,待合金料完全熔化后,以层流的形式喷铸在高速旋转的冷却铜辊或钼辊表面,急速冷凝成连续薄带,在离心力的作用下抛离辊面。合金熔体快淬工艺[87]是一种直接喷铸过程,合金薄带一次直接成型,能够节省工时、减轻劳动强度和降低能耗。

非晶态是指物质从液态或气态急速冷却时来不及结晶而在常温下保留原子无序排列的凝聚状态[88],在热力学上属于非平衡的亚稳态。由于非晶态合金既具有金属性质,同时又像玻璃那样是非晶态固体,故又称金属玻璃。合金能否形成非晶态主要决定于合金本身的非晶态形成能力和合金熔体的冷却速度。在合理设计合金组元及其含量,使之具有非晶态形成能力的前提下,合金熔体的冷却速度是形成非晶态的关键因素。冷却速度必须大于合金形成非晶态的临界冷却速度时合金才能形成非晶态,临界冷却速度随合金系不同而相差很大。冷却轮的转速决定液滴的冷却速度,从而决定薄带的微结构,影响晶化后的磁粉微结构和磁性能。液滴的冷却速度随冷却辊轮转速的提高而增加,晶粒尺寸变小,由微晶、纳米晶直到非晶结构。

为了得到性能优良的永磁材料,快淬非晶带的晶化热处理工艺(包括温度和时间)应使非晶带充分晶化(没有残余非晶相),而且得到的晶粒尺寸细小、分布均匀、形状规则。如果热处理温度偏低,时间偏短,则薄带晶化不充分,存在残余非晶相,使磁粉的矫顽力降低。如果热处理温度偏高,时间偏长,则晶粒,特别是软磁相生长粗大,使晶粒间的交换耦合作用减弱,剩磁和矫顽力降低,永磁性能变坏。不同成分的合金应有不同的最佳晶化温度,需要试验摸索找到温度与时间的最佳结合点。

14.2　Sm-Fe-Ti 合金的快淬处理

14.2.1　熔体快淬后组织及物相分析

图 14.1～图 14.4 分别为 $Sm_{10}Fe_{84}Ti_6$、退火态 $Sm_{10}Fe_{84}Ti_6$、$Sm_{10}Fe_{84}Ti_5Cu_1$、退火态 $Sm_{10}Fe_{84}Ti_5Cu_1$ 四种合金甩带后晶化前的 XRD 图谱,可以看出甩带后的合金只有 $Sm_3(Fe,Ti)_{29}$ 和 α-Fe 两种物相存在,其他两种物相在甩带过程中消失了,四幅图中都能看到有非晶漫散射峰存在,说明甩带速度较大使得甩带后的合金有非晶组织存在,与图 14.6 中看不到明显的颗粒一致。退火态合金图 14.2 和图 14.4 的非晶漫散射峰比铸态直接甩带的合金图 14.1 和图 14.3 更为明显,加入 Cu 元素的合金图 14.3 和图 14.4 的非晶漫散射峰比未加 Cu 的图 14.1 和图 14.2 更为明显,说明退火态组织更容易非晶化,加入元素 Cu 的合金也更容易非晶化。同时图 14.1 和图 14.2 中都存在明显的晶体衍射峰,说明甩带后的合金既有非晶又有少量微晶,这会增加晶化过程中的形核核心,使晶化过程容易进行。图 14.1 中主相 $Sm_3(Fe,Ti)_{29}$ 比 α-Fe 的最高峰强度高许多,图 14.3 中 α-Fe 比 $Sm_3(Fe,Ti)_{29}$ 相的最高峰强度高,而图 14.2 和图 14.4 中 $Sm_3(Fe,Ti)_{29}$ 相与 α-Fe 的最高峰强度相差不多,说明对于 $Sm_{10}Fe_{84}Ti_6$ 合金,退火后再快淬 α-Fe 的含量要比铸态合金直接快淬的 α-Fe 相对含量高很多,而对于 $Sm_{10}Fe_{84}Ti_5Cu_1$ 合金,退火后再快淬的 α-Fe 含量要比铸态合金直接快淬的 α-Fe 相对含量低。

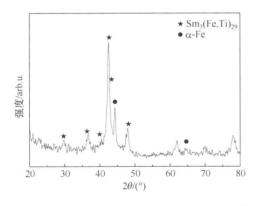

图 14.1　$Sm_{10}Fe_{84}Ti_6$ 甩带后的 XRD 图谱

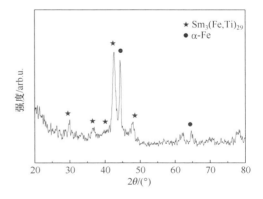

图 14.2　退火态 $Sm_{10}Fe_{84}Ti_6$ 甩带后的 XRD 图谱

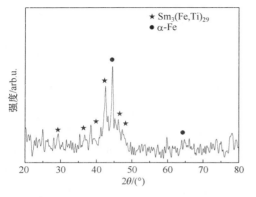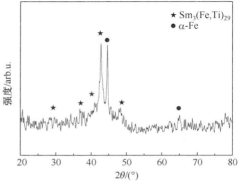

图 14.3　$Sm_{10}Fe_{84}Ti_5Cu_1$ 甩带后的 XRD 图谱　　图 14.4　退火态 $Sm_{10}Fe_{84}Ti_5Cu_1$
甩带后的 XRD 图谱

　　图 14.5 和图 14.6 分别为 $Sm_{10}Fe_{84}Ti_6$ 合金经钼辊线速度 40m/s 甩出的薄带
自由面和与钼辊接触面的形貌。由于其线速度较大,无论在自由面还是接触面都
看不到明显的颗粒,类似非晶,四种合金的形貌观察基本相似。由图 14.5 和图 14.6
可以看出薄带自由面的形貌与钼辊接触面的形貌有很大的不同,图 14.5(a)中薄
带上有带状条纹,放大后的图 14.5(b)呈现出很大的皱褶,原因为甩带过程中气体
被卷入合金液体导致液滴冷却速度不同,而图 14.6 中与钼辊接触面的表面非常光
滑,看不到皱褶。

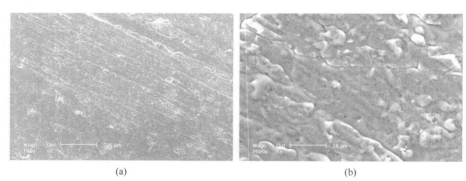

(a)　　　　　　　　　　　　　　　　(b)

图 14.5　合金薄带自由面形貌观察
(b)为(a)的放大

14.2.2　熔体快淬薄带的晶化处理

　　图 14.7 为甩带薄带研磨成粉后在氩气气氛下的 DTA 曲线。从图中可以看
到三个较为明显的放热峰,第一个小峰在 100℃附近;第二个峰在 176℃附近;第三
个峰在 450℃附近,图中可以看出晶化温度应低于 700℃。通常非晶体的晶化发生

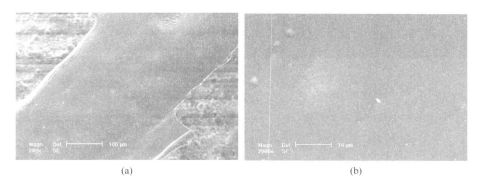

(a)　　　　　　　　　　　　　　　　　　(b)

图 14.6　合金薄带与钼辊接触面的形貌观察
(b)为(a)的放大

在晶化温度,经几分钟即可完成,但合金中既有晶体又有非晶体,使得合金晶化和长大速度不一致,同时合金中元素浓度分布不均匀,还需 Fe 原子的长程扩散,故实际所需的晶化时间要长一些;试验所用晶化设备温度控制不精确,很难保证在瞬间将温度提升到某一值,同时温度也不能达到理想的均匀分布,故晶化温度应比热力学测定的高。本试验主要研究了 700～800℃对薄带晶化处理 30min 后的形貌组织变化。

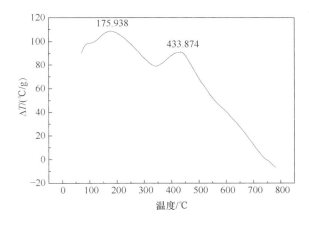

图 14.7　甩带后合金在氩气气氛中的 DTA 曲线

图 14.8 为 $Sm_{10}Fe_{84}Ti_6$ 合金 700℃晶化的 XRD 谱,可以看出 $Sm_{10}Fe_{84}Ti_6$ 合金由 $Sm_3(Fe,Ti)_{29}$ 和 α-Fe 两种物相组成,$Sm_3(Fe,Ti)_{29}$ 相为主相,相对含量很高。图 14.9 为退火态 $Sm_{10}Fe_{84}Ti_6$ 合金 700℃晶化的 XRD 谱,也是由 $Sm_3(Fe,Ti)_{29}$ 和 α-Fe 两种物相组成,但 $Sm_3(Fe,Ti)_{29}$ 相和 α-Fe 相的相对含量相差不多。说明在相同温度下晶化,退火态 $Sm_{10}Fe_{84}Ti_6$ 合金中 α-Fe 相的相对含量很高,而 $Sm_{10}Fe_{84}Ti_6$

合金中 α-Fe 相的相对含量很低。图 14.10 和图 14.11 分别为退火态 $Sm_{10}Fe_{84}Ti_6$ 合金 750℃和 800℃晶化的 XRD 谱,可以看出退火态 $Sm_{10}Fe_{84}Ti_6$ 中仍包含 Sm_3 $(Fe,Ti)_{29}$ 和 α-Fe 两种物相,晶体衍射峰变化很小。由这四幅图可以看出,除 700℃晶化还存在较小的非晶漫散射峰,750℃和 800℃晶化后非晶已消失,晶化温度的高低并不改变物相组成,对于退火态 $Sm_{10}Fe_{84}Ti_6$ 合金,晶化温度对 $Sm_3(Fe,Ti)_{29}$ 和 α-Fe 的相对含量影响较小,而对于 700℃晶化的 $Sm_{10}Fe_{84}Ti_6$,退火工艺对 $Sm_3(Fe,Ti)_{29}$ 和 α-Fe 的相对含量影响较大,使 α-Fe 相的主峰位相对含量增加较多。

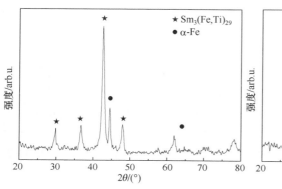

图 14.8　$Sm_{10}Fe_{84}Ti_6$ 700℃晶化的 XRD 谱　　图 14.9　退火态 $Sm_{10}Fe_{84}Ti_6$ 700℃晶化的 XRD 谱

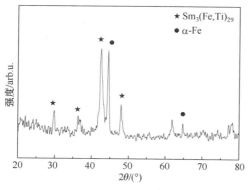

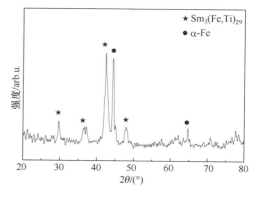

图 14.10　退火态 $Sm_{10}Fe_{84}Ti_6$ 750℃晶化的 XRD 谱　　图 14.11　退火态 $Sm_{10}Fe_{84}Ti_6$ 800℃晶化的 XRD 谱

图 14.12 为 $Sm_{10}Fe_{84}Ti_6$、退火态 $Sm_{10}Fe_{84}Ti_6$、$Sm_{10}Fe_{84}Ti_5Cu_1$、退火态 $Sm_{10}Fe_{84}Ti_5Cu_1$ 四种合金 750℃晶化的 XRD 图谱,对比可以发现四种合金均由 Sm_3

$(Fe,Ti)_{29}$ 和 α-Fe 两种物相组成,说明加入 Cu 元素和退火工艺均不能影响合金物相的组成,只对 $Sm_3(Fe,Ti)_{29}$ 和 α-Fe 两种物相的相对含量有一定的影响,对于 $Sm_{10}Fe_{84}Ti_6$ 合金,退火工艺使得 $Sm_3(Fe,Ti)_{29}$ 相总体含量相对较少。

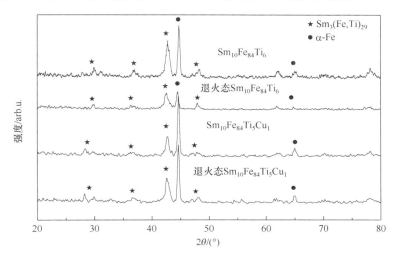

图 14.12　四种合金 750℃ 晶化的 XRD 图谱

图 14.13 为 $Sm_{10}Fe_{84}Ti_6$ 合金薄带分别在 700℃,750℃ 和 800℃ 晶化 30min 后的图像观察。由图 14.13(a)中可以看出薄带表面有很多细小的颗粒,但小颗粒不能完全覆盖薄带表面,仍有薄带基体裸露,说明 700℃ 能使非晶薄带发生晶化生成细小的晶粒,但此过程可能由于晶化温度较低,晶化过程进行地很不完全,与图 14.8 中仍存在非晶漫散射峰一致。图 14.13(b)中细小而均匀的颗粒分布在薄带的表面,几乎看不到薄带基体,说明 750℃ 晶化使合金的晶化过程进行地很彻底,而且晶粒能保持均匀细小。图 14.13(c)中薄带表面颗粒较大,有的颗粒还出现了粘连,是由于 800℃ 晶化温度较高使得颗粒长大或近邻的细小颗粒粘连在了一起。

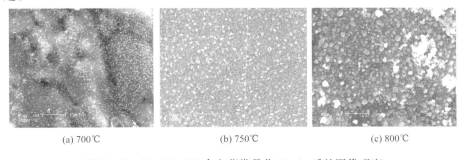

(a) 700℃　　　　　　　　(b) 750℃　　　　　　　　(c) 800℃

图 14.13　$Sm_{10}Fe_{84}Ti_6$ 合金薄带晶化 30min 后的图像观察

图 14.14 为退火态 $Sm_{10}Fe_{84}Ti_6$ 合金薄带分别在 700℃,750℃ 和 800℃ 晶化 30min 后的图像观察。图 14.14(a)中同样可以看到细小的颗粒分布在薄带表面,且分布不完全,是晶化温度较低引起的。同时能看到颗粒表面有白色絮状物,这可能为长时间退火后挥发的 Sm 在薄带表面的沉积。图 14.14(b)中的颗粒也很细小但与图 14.14(b)相比不太均匀,这可能与原铸态合金退火后的组织不太均匀有关。图 14.14(c)进一步体现了组织的不均匀和晶化温度较高导致的大颗粒。

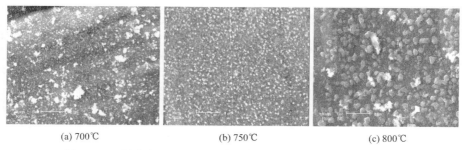

(a) 700℃   (b) 750℃   (c) 800℃

图 14.14 退火态 $Sm_{10}Fe_{84}Ti_6$ 合金薄带晶化 30min 后的图像观察

图 14.15 为 $Sm_{10}Fe_{84}Ti_5Cu_1$ 合金薄带分别在 700℃,750℃ 和 800℃ 晶化 30min 后的图像观察。图 14.15(a)中同样能看到晶化不完全的细小颗粒分布在薄带表面,不同的是颗粒有择优在某些位置析出的趋势。图 14.15(b)中的颗粒要比图 14.13(b)和图 14.14(b)中的颗粒小,且在晶界位置析出的颗粒要更多一些,这可能由于 Cu 的加入使得晶粒更加细小,同时 Cu 的加入影响了晶粒间的晶界状态,使得颗粒易于在晶界附近析出。图 14.15(c)中能看到大颗粒上有少许白色絮状物,这是由温度较高引起的。

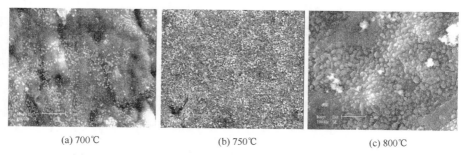

(a) 700℃   (b) 750℃   (c) 800℃

图 14.15 $Sm_{10}Fe_{84}Ti_5Cu_1$ 合金薄带晶化 30min 后的图像观察

图 14.16 为退火态 $Sm_{10}Fe_{84}Ti_5Cu_1$ 合金薄带分别在 700,750℃ 和 800℃ 晶化 30min 后的图像观察。图 14.16(a)中的颗粒要相对少一些,颗粒相对较大且表面有白色絮状物。图 14.16(b)中的颗粒较大,可能由于退火后均匀的组织与较大的晶核长大不一致。从图 14.16(c)可以看到晶粒不均匀的分布,与 Cu 对晶界状态的影响有关。

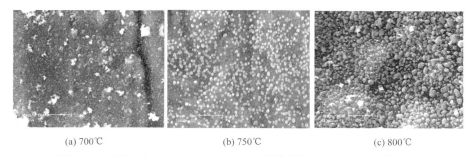

(a) 700℃　　　　　　　(b) 750℃　　　　　　　(c) 800℃

图 14.16　退火态 $Sm_{10}Fe_{84}Ti_5Cu_1$ 合金薄带晶化 30min 后的图像观察

对比晶化前的薄带表面,晶化后的四组图像中薄带的表面有颗粒析出,且可以观察出随着温度的升高,薄带表面的颗粒析出越多,晶化过程越彻底,但颗粒也会随着温度的升高而长大,从而不能得到细小的晶粒影响磁性能。如四种合金的700℃晶化薄带表面的颗粒细小但不能完全覆盖薄带表面,说明晶化不完全。而四种合金的 750℃晶化薄带表面的颗粒细小且能比较均匀地分布在整个薄带表面,说明 750℃晶化条件对四种合金比较适当。而四种合金的 800℃晶化由于晶化温度的升高晶粒变得比较粗大,且有白色絮状物沉积在颗粒表面。由此看来,750℃保温 30min 的晶化条件有利于本试验合金薄带生成细小而均匀的颗粒。同时通过对比四组图可以发现经退火后的合金薄带表面的白色絮状物明显多于未经退火处理的合金,这说明长时间的退火处理使得 Sm 挥发在表面沉积,从而使得退火后的合金 α-Fe 的含量相对有所增加。

为了清楚地分析晶化后合金的组织,对薄带样品抛光腐蚀后进行扫描电子显微镜观察。图 14.17 以 $Sm_{10}Fe_{84}Ti_6$ 合金为代表来说明不同温度晶化后抛光腐蚀对形貌的影响。图 14.17(a)腐蚀后表面剩余颗粒较少且颗粒细小,图 14.17(b)细小颗粒均匀分布,图 14.17(c)颗粒较大有黏结现象。与图 14.13 未抛光腐蚀的图像对比可以看出,抛光腐蚀对晶化规律没有影响,对颗粒大小也影响不大,不同之处在于未抛光腐蚀的颗粒是析出在薄带的表面,而经抛光腐蚀的颗粒是将易腐蚀的合金腐蚀掉后显现出来的。未腐蚀的颗粒形状为单一的圆形颗粒,腐蚀后的颗粒形状更接近真实情况。

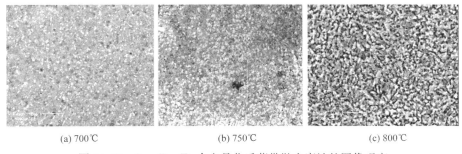

(a) 700℃　　　　　　　(b) 750℃　　　　　　　(c) 800℃

图 14.17　$Sm_{10}Fe_{84}Ti_6$ 合金晶化后薄带抛光腐蚀的图像观察

图 14.18 为 $Sm_{10}Fe_{84}Ti_6$ 合金 750℃ 晶化的二次电子像和背散射电子像。图 14.18(a)中能看到薄带表面均匀分布着细小的颗粒,且颗粒已完全覆盖薄带表面,晶化效果较好。图 14.18(b)为背散射电子像,可以看到薄带表面也有类似图 14.18(a)中的颗粒分布。

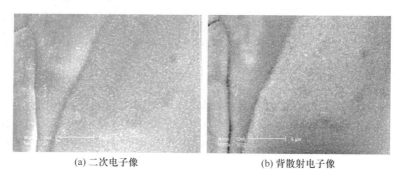

(a) 二次电子像   (b) 背散射电子像

图 14.18 $Sm_{10}Fe_{84}Ti_6$ 合金 750℃ 晶化

图 14.19 为 $Sm_{10}Fe_{84}Ti_5Cu_1$ 合金 800℃ 晶化的二次电子像和背散射电子像。由图 14.19(a)可以看到明显的晶粒局部析出现象,是由于 Cu 的加入影响了晶界状态,导致晶粒的不均匀析出。图 14.19(b)为其对应的背散射电子像,由于成像原理不同,背散射电子像中的晶粒不均匀析出现象不明显,但能看到衬度不同的两相存在。

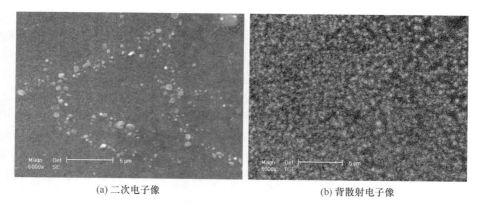

(a) 二次电子像   (b) 背散射电子像

图 14.19 $Sm_{10}Fe_{84}Ti_5Cu_1$ 合金 800℃ 晶化

14.3   快淬薄带的氮化处理、氮化组织与物相分析

由于氮以原子的形式存在于菱方结构的 9e 八面体间隙中,氮化物的形成未改变母合金的晶胞类型,但使其体即膨胀了 5%～6%[89]。形成的 Sm-Fe-N 系化合

物的居里温度较 Sm-Fe 合金提高一倍,其中居里温度的提高程度与 N 原子占有晶胞间隙位置类型及多少有关。各向异性及磁饱和强度也都得到提高,而各向异性的提高尤为显著,各向异性场为 2.4GA/m,并由原来易基面转变为易轴向。同时 N 原子进入 9e 位置后,在 Sm 的 4f 壳层产生强电场梯度,改变晶体场系数 A_{20},增加各向异性常数,导致矫顽力大幅度提高[90]。

忽略原子间的作用力,在 9e 位置氮原子溶解的方程式为

$$x = 3 \times [1 + (P_0/P)^{1/2} \times U_0/(KT)]^{-1}$$

其中,P_0 为常数,约等于 100 kbar(1bar = 10^5 Pa);U_0 为反应过程中氮吸收的能量[91]。U_0 的大小决定了氮吸收量的高低,试验测得的 Sm-Fe 合金的 U_0 值近似为 -57kJ/mol,氮的吸收量很高,而 α-Fe 的 U_0 值为 30kJ/mol,意味着它吸收氮的能力很低[92]。

表 14.1 为选取两种合金的薄带氮化和粉末氮化结果,表中吸收氮原子百分比通过如下公式计算:N% = (氮化后粉质量 - 氮化前粉质量) × 100%/氮化后粉质量。由表中数据可以看出,T1ZT1 片和 T1ZT2 片的吸氮量都要比其对应的 T1ZT1 粉和 T1ZT2 粉的吸氮量低很多,说明氮化时样品的粒径对氮化结果有较大影响,粒径越小,氮原子扩散的路程越短,速度越快,吸氮量越高,氮化后的均匀度也越高。经试验证明,一般选取粒径在 $20\sim30\mu m$,氮化效果最好。表中吸收氮原子的百分比都远低于理论吸氮量,是因为对于双相纳米耦合材料,除了永磁相 Sm₃(Fe,Ti)₂₉N$_x$ 外,α-Fe 的含量很高,根据上文中的氮原子溶解方程可以知道,α-Fe 的 U_0 值与 Sm-Fe 合金的 U_0 值相差较大,导致了它们溶解氮的能力也相差较大,就会出现虽然 Sm₃(Fe,Ti)₂₉ 吸氮量接近饱和,但较多 α-Fe 的存在使得粉末整体吸氮量严重下降。

表 14.1　两种合金的薄带氮化和粉末氮化结果

标号	氮化前粉质量/g	氮化后粉质量/g	吸收氮原子百分比/%
T1ZT1 片	0.2926	0.2928	0.068
T1ZT1 粉	0.0960	0.0978	1.84
T1ZT2 片	0.9411	0.9434	0.244
T1ZT2 粉	0.6451	0.6501	0.769

对 Sm-Fe 合金的氮化过程进行详细研究发现,其氮化过程为:①氮分子在母合金表面分解为氮原子;②氮原子向 9e 八面体间隙位置扩散;③由 Sm₃Fe₂₉ 相转变为氮化相,但结构类型不变,而晶胞体积膨胀面间距增大,在 XRD 图上表现为衍射峰位置向小角度方向移动。形成 Sm-Fe-N 化合物的过程中没有出现固溶体,而是在纯 Sm-Fe 合金相中直接析出过饱和相 Sm-Fe-N,形成反应前沿,并由粉末

颗粒表面向内部推进,其速度由已形成氮化物相中氮的扩散过程所控制。

表 14.2 为四种合金分别在 750℃ 和 800℃ 晶化后,磨成粒度为 $30\sim40\mu m$ 的细粉,然后在纯氮气氛中 500℃ 保温 6h 的吸氮量,可以看出粉末氮化后的吸氮量有所增加,但较多 α-Fe 的存在使得粉末整体吸氮量也不是很高。在 750℃ 晶化的四种合金中,氮吸收百分比有 Z1>ZT1>ZT2>Z2 的趋势,在 800℃ 晶化的四种合金中也有此趋势,说明合金成分对氮吸收量有一定的影响。对相同成分的合金,800℃ 晶化合金的吸氮量大于 750℃ 晶化合金的吸氮量,这是因为温度越高使得氮原子的扩散速度加快,同时温度较高使得晶粒长大,晶格膨胀增加,使氮原子运动空间加大,加速了氮原子的吸收。但也并非氮吸收量越高越好,过量氮原子溶入 3:29 相,使得 3:29 相结构破坏形成非晶相,影响永磁性能。

表 14.2　四种合金 750℃ 和 800℃ 晶化后氮化结果

标号	氮化前粉质量/g	氮化后粉质量/g	吸收氮百分比/%
T2Z1 粉	1.7534	1.7864	1.847291
T2ZT1 粉	1.7214	1.7464	1.431516
T2Z2 粉	1.5510	1.5592	0.525911
T2ZT2 粉	0.9519	0.9594	0.781739
T3Z1 粉	0.6155	0.6345	2.994484
T3ZT1 粉	0.6325	0.6484	2.452190
T3Z2 粉	1.9559	1.9716	0.796308
T3ZT2 粉	2.0161	2.0268	0.527926

图 14.20 为退火态 $Sm_{10}Fe_{84}Ti_6$ 合金 800℃ 保温 30min 晶化处理,以及四种合金 800℃ 保温 30min 晶化后,在纯氮气氛中 500℃ 保温 6h 氮化物粉末的 XRD 图谱,对比可以看出,$Sm_3(Fe,Ti)_{29}N_x$ 相主峰向小角度方向略有移动,因为氮原子的进入使得晶格膨胀,但移动量很小是由于 α-Fe 含量较多导致合金吸氮量很少。$Sm_3(Fe,Ti)_{29}N_x$ 相主峰发生宽化,相对含量降低,是由于晶粒细化及过量氮原子溶入 $Sm_3(Fe,Ti)_{29}$ 相使得 $Sm_3(Fe,Ti)_{29}$ 相结构破坏形成非晶相。Ti 对氮原子的亲合力远高于 Fe 原子对氮原子的作用,Ti 的替代产生的晶格膨胀或晶格缺陷也加速了氮原子渗入间隙位置。非晶相以环绕在 $20\sim30nm$ 的 $Sm_3(Fe,Ti)_{29}$ 相周围的形式存在。Ti 加速氮化非常有效,应降低氮化温度。

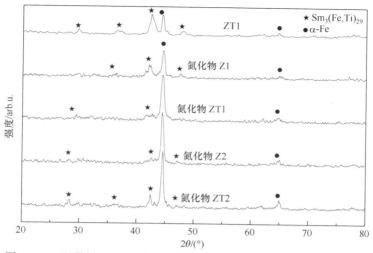

图 14.20　甩带样品 ZT1 及 Z1、ZT1、Z2、ZT2 氮化物的 XRD 图谱分析

图 14.21 为 Z1、ZT1、Z2、ZT2 四种合金 750℃保温 30min 晶化处理,以及晶化后在纯氮气氛中 450℃保温 6h 氮化物粉末的 XRD 图谱,可以看出氮化后合金仍由 Sm$_3$(Fe,Ti)$_{29}$N$_x$ 和 α-Fe 两相构成,与图 14.20 相比,Sm$_3$(Fe,Ti)$_{29}$N$_x$ 相的相对含量有所增加,说明降低氮化温度可以降低非晶相的生成。但与其对应的,未氮化的合金相比,Sm$_3$(Fe,Ti)$_{29}$N$_x$ 相的相对含量还是减少了,且氮化后 Sm$_3$(Fe,Ti)$_{29}$N$_x$ 相主峰向小角度方向略有移动,因为氮原子的进入使得晶格膨胀,但 α-Fe 含量较多导致合金吸氮量很小,移动量也很少。

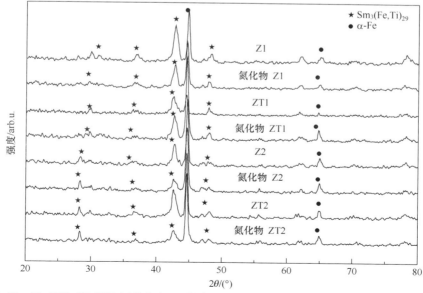

图 14.21　Z1、ZT1、Z2、ZT2 四种合金 750℃保温 30min 晶化,甩带样品及氮化物的 XRD 图谱

图 14.22 分别为 Z1、ZT1、Z2、ZT2 四种合金 750℃晶化退火后在纯氮气氛中 500℃保温 6h 后的图像观察。图 14.22(a)中细小的颗粒表面均匀地分布一些白色颗粒，有些颗粒定向生长为棒状；图 14.22(b)表面的棒状物更为明显，已经集结成网状；图 14.22(c)中白色颗粒在颗粒表面分布不均匀，沿晶界分布较多；图 14.22(d)白色颗粒分布不均匀且棒状物分布较多较凌乱。由图 14.22(b)和(d)可以看出，退火态合金氮化后白色颗粒更趋向于定向生长为棒状，且分布较凌乱。图 14.22(c)和(d)中颗粒分布不均匀区域较多，与前面晶化过程晶粒析出的现象相同，是由于添加 Cu 元素改变了晶界状态。

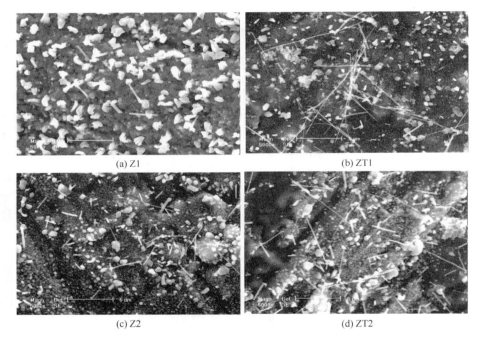

(a) Z1

(b) ZT1

(c) Z2

(d) ZT2

图 14.22　薄带 750℃晶化退火后 500℃保温 6h 氮化处理的图像观察

图 14.23 为 $Sm_{10}Fe_{84}Ti_6$ 合金薄带 750℃晶化后氮化产物的二次电子像和背散射电子像，由图 14.23(a)二次电子像可以看出，薄带表面均匀分布有 Sm-Fe 合金氮化后特有的白色颗粒，颗粒形状细长，有些颗粒定向生长成纤细而长的杆状。图 14.23(b)为其对应的背散射电子像，仍然可以看到如图 14.23(a)所示的颗粒及少数较粗的杆。

图 14.24 为 $Sm_{10}Fe_{84}Ti_6$ 合金颗粒 750℃晶化后氮化的二次电子像和背散射电子像，由二次电子像可以看到，大颗粒的各个面上都有如图 14.23 所示的小颗粒析出，这些颗粒在其对应的背散射电子像中也能看到。从氮化后析出的小颗粒来分析，晶化后的粉末氮化效果比合金薄带氮化效果好。

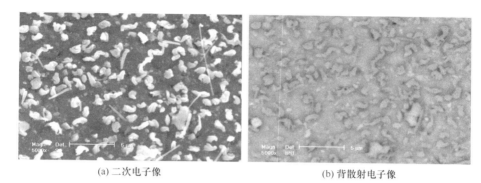

(a) 二次电子像　　　　　　　　　(b) 背散射电子像

图 14.23　$Sm_{10}Fe_{84}Ti_6$ 合金 750℃晶化后氮化

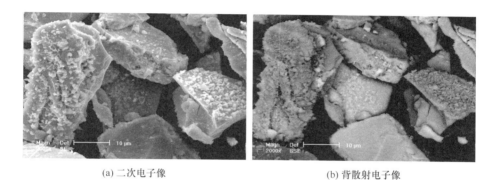

(a) 二次电子像　　　　　　　　　(b) 背散射电子像

图 14.24　$Sm_{10}Fe_{84}Ti_6$ 合金颗粒 750℃晶化后氮化

图 14.25 为退火态 $Sm_{10}Fe_{84}Ti_6$ 薄带 750℃晶化后,500℃氮化 6h 的显微组织观察结果,其中图 14.25(a)为薄带的二次电子像,氮化后的薄带表面能看到明显的晶粒,图 14.25(b)为图 14.25(a)放大后沿横线作的线扫描,由下至上依次为 N 元素、Ti 元素、Sm 元素和 Fe 元素沿线的分布曲线,可以看到尽管线扫描经过不同的区域,但各元素的相对含量相差并不明显,这是因为晶粒很小使得成分宏观差别很小。图 14.25(c)~(f)分别为图 14.25(a)面扫描中,Fe 元素、Sm 元素、Ti 元素和 N 元素对应于图 14.25(a)面上的分布情况,可以看出除了 N 元素分布较稀疏外,其他三种元素分布较密集,总体看分布很均匀,但仔细观察发现 Fe 元素分布非常密集几乎没有明显间隙,而 Sm 元素和 Ti 元素的分布趋势相同,且存在较小的形状类似晶粒的间隙。

图 14.26 为 $Sm_{10}Fe_{84}Ti_6$ 薄带 750℃晶化后,500℃氮化 6h 的显微组织观察结果,其中图 14.26(a)为薄带的二次电子像,氮化后的薄带表面晶粒规则且明显,图 14.26(b)~(e)分别为图 14.26(a)面扫描中,Fe 元素、Sm 元素、Ti 元素和 N 元

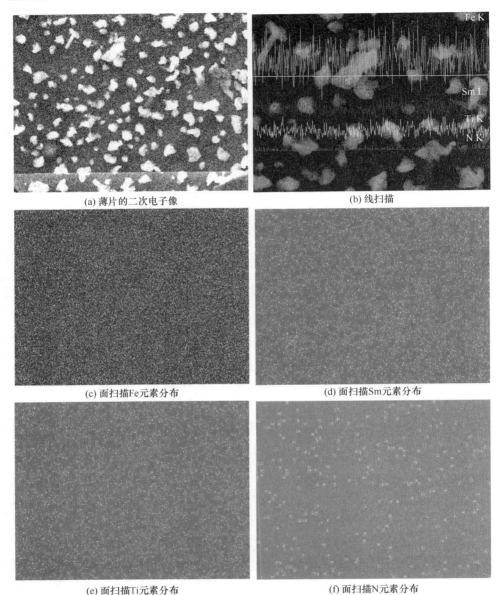

(a) 薄片的二次电子像　　　　　　　　　　(b) 线扫描

(c) 面扫描Fe元素分布　　　　　　　　　　(d) 面扫描Sm元素分布

(e) 面扫描Ti元素分布　　　　　　　　　　(f) 面扫描N元素分布

图 14.25　退火态 $Sm_{10}Fe_{84}Ti_6$ 薄带 750℃晶化后,500℃氮化 6h 的显微组织观察结果(后附彩图)

素对应于图 14.26(a)面上的分布情况,可以看出各元素的分布情况与图 14.25 中退火态 $Sm_{10}Fe_{84}Ti_6$ 薄带基本相同。除了 N 元素分布较稀疏外,其他三种元素分布较密集,总体看分布很均匀,是由于晶粒太小。但仔细观察发现 Fe 元素分布没有明显间隙,几乎整个面上均有 Fe 元素,而 Sm 元素和 Ti 元素的分布趋势相同,几乎在相同的地方存在较小的形状类似晶粒的间隙,这是因为氮化后薄带主要由

Sm₃(Fe,Ti)₂₉Nₓ 和 α-Fe 两种物相组成，Fe 元素存在于两种物相中，所以分布稠密而均匀，而 Sm、Ti 元素只存在于 Sm₃(Fe,Ti)₂₉Nₓ 相中，所以 Sm 元素和 Ti 元素的分布存在的较小的类似晶粒的间隙应为 α-Fe 晶粒存在的地方。

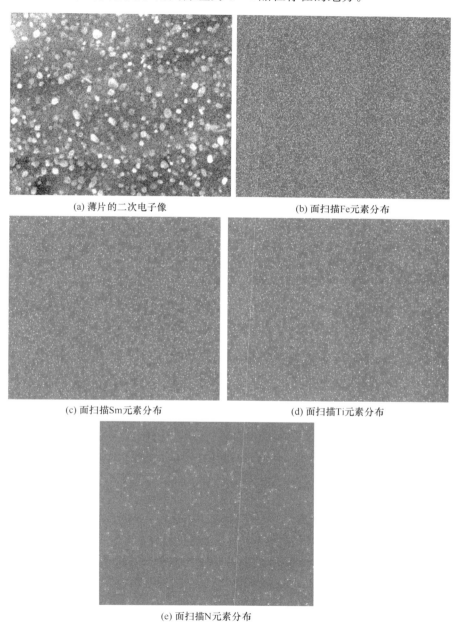

(a) 薄片的二次电子像　　　　　　　　　　(b) 面扫描Fe元素分布

(c) 面扫描Sm元素分布　　　　　　　　　　(d) 面扫描Ti元素分布

(e) 面扫描N元素分布

图 14.26　Sm₁₀Fe₈₄Ti₆ 薄带 750℃ 晶化后，500℃ 氮化 6h 的显微组织观察结果

取适量 500℃氮化 6h 的 $Sm_{10}Fe_{84}Ti_6N_x$ 粉末,在拉伸试验机上加载 10N,以 1500N/s 的速率反复冲压 5 次后,将压制的薄带在 XRD 仪上作织构分析,图 14.27 为近似最密排面[021]的织构分析,其中图 14.27(a)为其 2 维形式,图 14.27(b)为其 2.5 维形式,图 14.27(c)为其 3 维形式。由图 14.27(a)的各等高线的分布及图 14.27(b)和(c)中晶面定向分布情况,可以看出此密排面存在织构,为研究磁性材料某一确定晶面的磁性能打下了基础。

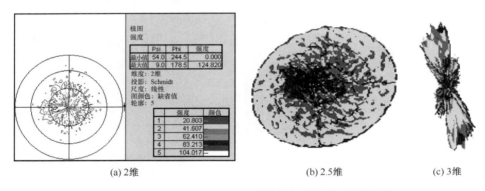

(a) 2维   (b) 2.5维   (c) 3维

图 14.27   压制 $Sm_{10}Fe_{84}Ti_6N_x$ 薄带的织构分析(后附彩图)

14.4   不同状态下 Sm-Fe-Ti 快淬薄带的磁性能测试与分析

14.4.1   影响材料磁性能的主要因素

依据材料的磁学原理,可以很好地理解和分析磁性能的检测结果。磁滞回线是磁性材料的基本特性曲线,它的形状强烈地依赖于晶体方向、显微组织和畴结构等因素[93]。因此可以认为,材料的磁晶各向异性、显微组织和磁畴结构是影响材料磁性能的主要因素。铁磁体磁化到饱和并去掉外磁场后,在磁化方向保留的 M_r 或 B_r 简称剩磁,使用永磁器件的目的是要在一定的空间内产生恒稳磁场。粗略地说,此恒稳磁场是靠材料的剩磁来产生的,它正比于永磁体工作点(工作点在退磁曲线上)处 B 与 H 的乘积值。剩磁越强,所产生的磁场就越强。铁磁体磁化达到饱和后,使它的磁化强度或磁感应强度降低到零所需的反向磁场称为矫顽力 H_{ic},该指标反映了永磁体使用过程中退磁的难易程度和材料保持磁化状态的能力,即抗去磁能力的大小。在永磁体退磁曲线上任一点的磁感应强度与磁场强度的乘积,称为磁能积[94],它是产生磁场的永磁材料每单位体积储存在外部磁场中的总能量的一个量度,其中在永磁体退磁曲线上获得的磁能积的最大值,称为最大磁能积,它是表征永磁材料磁性能的重要参数,永磁材料总是希望 $(BH)_m$ 越大越好。

强铁磁体由铁磁性或亚铁磁性转变为顺磁性的临界温度称为居里温度 T_c，居里温度的高低主要取决于交换积分常数 A 和配位数 Z 以及原子的角量子数 J 的大小，T_c 高的材料可在较高温度下工作，此时磁性材料具有较高的高温稳定性[95]。

磁畴是晶体内自发磁化的小区域，理论和实践都证明铁磁体内存在磁畴，平衡状态的磁畴结构具有最小的能量。畴结构受到畴壁能 E_w、磁晶各向异性能 E_k、磁弹性能 E_e 和退磁场能 E_d 的制约，其中退磁场能是铁磁体分成磁畴的驱动力，其他能量仅决定磁畴的形状、尺寸和取向。实际材料中的畴结构，还要受到材料的尺寸、晶界、应力、掺杂和缺陷等的影响，因此实际材料中的畴结构是相当复杂的[96]。永磁材料的反磁化过程一般有三种机制：畴壁钉扎、反磁化畴的形核及单畴颗粒磁逆转，实际过程可能由一种或几种机制同时控制[97]。形核和钉扎机制主要与晶体的不完整性、杂相等有关，以畴壁钉扎机制为主的磁体存在一个临界钉扎场 H_{pin}，外磁场 $H_{app} < H_{pin}$ 时磁化强度和矫顽力变化很小，一旦 $H_{app} > H_{pin}$ 后磁化强度和矫顽力迅速增大至饱和；以反磁化畴形核为主的磁体随外磁场增加，H_c 和 M_s 逐渐提高，当外磁场 H 达某一值后 H_c 和 M_s 达最大值[98]。

14.4.2　晶化温度对磁性能的影响

图 14.28 为 $Sm_{10}Fe_{84}Ti_6$、退火态 $Sm_{10}Fe_{84}Ti_6$、$Sm_{10}Fe_{84}Ti_5Cu_1$、退火态 $Sm_{10}Fe_{84}Ti_5Cu_1$ 四种合金不同的晶化温度下，500℃ 保温 6h 氮化后的磁性能。图 14.28(a) 中四种合金的矫顽力均在 750℃ 晶化时达到最大值，分别为 $Sm_{10}Fe_{84}Ti_6$ 的 1778.40Oe、退火态 $Sm_{10}Fe_{84}Ti_6$ 的 1516.90Oe、退火态 $Sm_{10}Fe_{84}Ti_5Cu_1$ 的 1055.10Oe、$Sm_{10}Fe_{84}Ti_5Cu_1$ 的 784.33Oe，在三种晶化温度下，均存在相同的矫顽力由高到低的顺序 $Z1 > ZT1 > ZT2 > Z2$，且相差较明显。图 14.28(b) 中可以看出四种合金的剩磁也是在 750℃ 晶化时达到最大值，但在不同晶化温度时的相对大小不同，750℃ 晶化时剩磁由高到低的顺序为 $Z1 > ZT1 > ZT2 > Z2$，与图 14.28(a) 中矫顽力的高低顺序相同，在 700℃ 时剩磁高低顺序为 $ZT1 > Z1 > Z2 > ZT2$，800℃ 时剩磁高低顺序为 $ZT1 > Z1 > ZT2 > Z2$，但总的趋势是退火态 $Sm_{10}Fe_{84}Ti_6$、$Sm_{10}Fe_{84}Ti_6$ 合金的剩磁要远高于 $Sm_{10}Fe_{84}Ti_5Cu_1$、退火态 $Sm_{10}Fe_{84}Ti_5Cu_1$ 成分的合金。图 14.28(c) 中四种合金的饱和磁化强度都有随晶化温度的升高而降低的趋势，在三种晶化温度下均有 $Z2 > ZT2 > ZT1 > Z1$ 的高低顺序，与矫顽力的高低顺序正好相反。

对比图 14.28 可以看出，$Sm_{10}Fe_{84}Ti_6$、退火态 $Sm_{10}Fe_{84}Ti_6$ 合金的矫顽力和剩磁明显高于 $Sm_{10}Fe_{84}Ti_5Cu_1$ 和退火态 $Sm_{10}Fe_{84}Ti_5Cu_1$ 合金，这是因为 $Sm_{10}Fe_{84}Ti_5Cu_1$ 和退火态 $Sm_{10}Fe_{84}Ti_5Cu_1$ 合金中有 Cu 的加入，对于纳米交换耦合磁性材料，Cu 的添加除了对晶粒尺寸有影响外，对晶界状态的影响是交换耦合作用的决

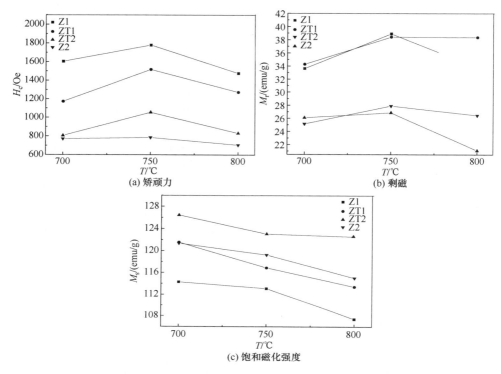

图 14.28 四种合金不同的晶化温度下,500℃保温 6h 氮化后的磁性能

定性因素。Cu 聚集于晶界,造成晶界的晶粒阻隔效应,导致晶界处交换耦合常数降低从而降低交换耦合作用,使得纳米磁体的剩磁和矫顽力都降低。在 750℃保温 30min 的最佳晶化条件下,$Sm_{10}Fe_{84}Ti_6$ 合金的矫顽力和剩磁高于退火态 $Sm_{10}Fe_{84}Ti_6$ 合金,这与退火后的组织不均匀及 α-Fe 的相对含量较高有关,退火态 $Sm_{10}Fe_{84}Ti_5Cu_1$ 合金的矫顽力和剩磁高于 $Sm_{10}Fe_{84}Ti_5Cu_1$,这是因为 $Sm_{10}Fe_{84}Ti_5Cu_1$ 合金铸态组织不均匀,而长时间退火使得组织比较均匀,α-Fe 的相对含量变化不大。

图 14.29 为晶化温度对四种合金磁性能的影响,由图可以看出,对某一特定合金,晶化温度对合金磁滞回线形状影响不大,基本相同。四图中以图 14.29(a)和(b)曲线比较光滑丰满,磁性能相对较高,而图 14.29(c)和(d)中的磁滞回线均为瘦腰型,磁性能相对较差。说明决定四种合金的磁性能大小的因素中以合金成分占主导地位,晶化温度只能限定于对某一特定合金的局部影响。不同晶化温度下,四种合金磁性能的具体值见表 14.3。

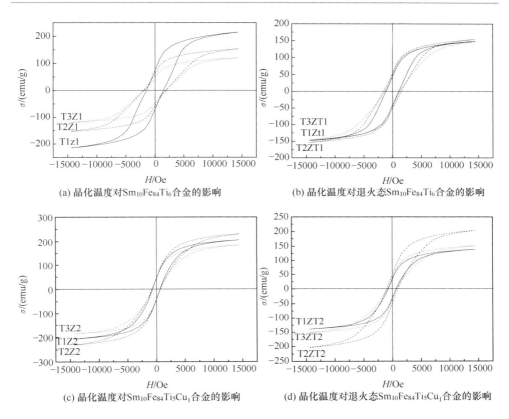

(a) 晶化温度对 $Sm_{10}Fe_{84}Ti_6$ 合金的影响　　(b) 晶化温度对退火态 $Sm_{10}Fe_{84}Ti_6$ 合金的影响

(c) 晶化温度对 $Sm_{10}Fe_{84}Ti_5Cu_1$ 合金的影响　　(d) 晶化温度对退火态 $Sm_{10}Fe_{84}Ti_5Cu_1$ 合金的影响

图 14.29　晶化温度对四种合金 450℃、6h 氮化后磁性能的影响

表 14.3　不同晶化温度下,四种合金 450℃、6h 氮化后的磁性能

合金	磁性能	700℃	750℃	800℃
$Sm_{10}Fe_{84}Ti_6$	H_c/Oe	1582.0	1786.8	1595.6
	M_s(emu/g)	110.2	101.5	107.2
	M_r/(emu/g)	37.2	39.1	42.1
退火态 $Sm_{10}Fe_{84}Ti_6$	H_c/Oe	1172.4	1516.9	1271.1
	M_s/(emu/g)	121.5	116.9	113.4
	M_r/(emu/g)	34.3	38.3	38.4
$Sm_{10}Fe_{84}Ti_5Cu_1$	H_c/Oe	770.7	784.3	817.7
	M_s/(emu/g)	126.4	123.1	121.4
	M_r/(emu/g)	26.1	26.9	22.0
退火态 $Sm_{10}Fe_{84}Ti_5Cu_1$	H_c/Oe	749.3	1055.1	831.3
	M_s/(emu/g)	123.8	119.2	115.0
	M_r/(emu/g)	29.1	27.9	26.5

14.4.3 氮化温度对磁性能的影响

图 14.30(a)为 $Sm_{10}Fe_{84}Ti_6$ 合金 750℃晶化后分别在 500℃和 450℃氮化 6h 后的室温磁滞回线，两条磁滞回线均表现为单一永磁体的特点，XRD 图谱中发现有较强的 Fe 峰，但在磁滞回线中并没有发现 Fe 或非晶相存在的痕迹，说明 3:29 相与 α-Fe 存在很好的纳米交换耦合。450℃氮化 6h 后的磁性能为 $H_c=$ 1786.8Oe，$M_s=101.53emu/g$，$M_r=39.04emu/g$，而后的磁性能为 $H_c=1778.4Oe$，$M_s=113.09emu/g$，$M_r=38.897emu/g$，450℃氮化磁粉的矫顽力和剩磁略高于 450℃氮化的磁粉。图 14.30(b)为退火态 $Sm_{10}Fe_{84}Ti_6$ 合金 750℃晶化后分别在 500℃和 450℃氮化 6h 后的室温磁滞回线，两条磁滞回线也表现为单一永磁体的特点，450℃氮化 6h 后的磁性能为 $H_c=1516.9Oe$，$M_s=116.86emu/g$，$M_s=38.354emu/g$，500℃氮化 6h 后的磁性能为 $H_c=1427.8Oe$，$M_s=118.07emu/g$，$M_r=34.57emu/g$。图 14.30 以 $Sm_{10}Fe_{84}Ti_6$ 和退火态 $Sm_{10}Fe_{84}Ti_6$ 为代表说明了氮化温度对磁性能的影响，比较得出 450℃氮化的矫顽力与剩磁比 500℃氮化的矫顽力和剩磁高，因为 Ti 对氮有较强亲合力，温度太高使得氮化物中的氮过量，产生较多非晶相及 α-Fe，所以应降低温度来降低吸氮速率。

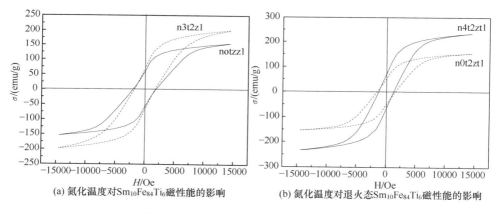

(a) 氮化温度对 $Sm_{10}Fe_{84}Ti_6$ 磁性能的影响   (b) 氮化温度对退火态 $Sm_{10}Fe_{84}Ti_6$ 磁性能的影响

图 14.30　氮化温度对合金磁性能的影响

14.4.4 测试温度对磁性能的影响

图 14.31 为四种合金 750℃晶化后，500℃氮化 6h 磁粉在不同温度下测得的磁性能，由图 14.31(a)中矫顽力曲线可以看出，随着测量温度由 100K 升高到 273K，四种合金的矫顽力均呈递减的趋势，即在 100K 时测得的矫顽力值最大。由 273K 到室温的测量，除了 $Sm_{10}Fe_{84}Ti_5Cu_1$ 矫顽力继续下降外，其他三种合金的矫顽力值有所回升，但仍小于 100K 时测得的矫顽力。四种合金的矫顽力比较发现，

$Sm_{10}Fe_{84}Ti_6$ 合金的矫顽力远高于其他三种合金，其大小关系存在 Z1＞ZT1＞ZT2＞Z2。图 14.31(b) 为剩磁曲线图，四种合金均存在曲线先上升后下降的规律，即在 200K 测量磁性能时可以得到最大的剩磁值，由 273K 到室温的测量过程中，剩磁值也是下降的。四种合金的剩磁值比较发现，$Sm_{10}Fe_{84}Ti_6$ 合金的剩磁值远高于其他三种合金，其大小关系也存在 Z1＞ZT1＞ZT2＞Z2。说明测量温度的变化对磁性能的测量值有很大影响，这是因为温度会影响样品中磁畴的转动，进而影响磁性能的各个参数。

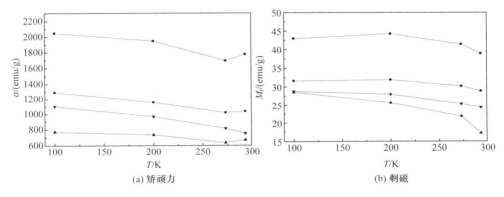

(a) 矫顽力　　　　　　　　(b) 剩磁

图 14.31　测量温度对磁性能的影响

14.5　$Sm_3(Fe,Ti)_{29}/\alpha$-Fe 的透射电镜观察与微结构分析

14.5.1　材料的透射电镜样品的制备特点

显微结构的尺度和相的组成对磁体的磁性能起着至关重要的作用，采用熔体快淬法制备薄带，并采用适当的晶化退火工艺，可以得到两个或多个分散均匀的纳米尺度的交换耦合相，从而使磁性能有很大的提高。与传统的具有相同磁性能的稀土永磁材料相比，交换耦合效应降低了磁体中的稀土含量，从而降低了稀土永磁材料的成本。

本试验利用透射电镜对粉末状样品和薄带状样品进行了观察，其中粉末样品制备过程较简单，只需将少许粉末放入盛有无水乙醇的玻璃皿中，放入超声波清洗器中充分分散，再用微栅将粉末捞取少许即可。薄带样品的制备较复杂，但薄带样品可以得到很多粉末样品所不能取代的信息，更值得研究。由于薄带具有很高的脆性，制作过程中用镊子的夹取很容易使样品破裂，很难得到 $\varPhi$3 大小的薄带，所以制备中要小心谨慎，先将大片薄带用耐热胶粘在 $\varPhi$3 钼环上，用手术刀将薄带沿钼环边缘将多余部分的材料切除；将样品放入离子减薄仪中，先用大角度、大功率减到有很小的洞时换成小角度、小功率减，应尽量使洞很小，否则在装卸样品时很容易破坏薄区，从而得不到较好的观察效果。现分别对其进行说明，由于各成分的图像差别不大,分析时主要选择有代表性的合金加以说明。

14.5.2 粉末样品的透射电镜观察与分析

图 14.32 为 $Sm_{10}Fe_{84}Ti_6$ 合金 750℃ 晶化后粉末的透射电子显微观察,图 14.32(a)为其明场像,可以看到微栅上的颗粒团聚在一起,没有完全分散开,颗粒大小看得不是很清楚。对该区域打电子衍射发现如图 14.32(b)所示典型的多晶衍射环,说明图 14.32(a)为细小晶粒的团聚。图 14.32(c)为选取衍射环上的部分斑点所作的暗场像,可以清楚地看到部分细小的晶粒,晶粒尺寸大约在 20nm 或更小。

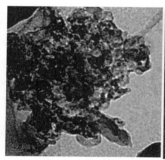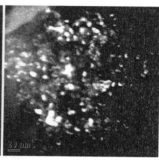

(a) 明场像　　　　　　　　　(b) 该区衍射环　　　　　　　　(c) 暗场像

图 14.32　$Sm_{10}Fe_{84}Ti_6$ 合金 750℃ 晶化后粉末的透射电子显微观察

图 14.33 为 $Sm_{10}Fe_{84}Ti_6$ 合金 750℃ 晶化的粉末充分分散后的明场像,与图 14.32(a)相比能够比较清楚地看到颗粒分布及大小。图 14.34 为退火态 $Sm_{10}Fe_{84}Ti_6$ 合金 750℃ 晶化的粉末充分分散后的明场像,其颗粒的形态及分布形式与图 14.33 相同,颗粒尺寸均在纳米级,且在单个颗粒上能看到许多更小的颗粒。

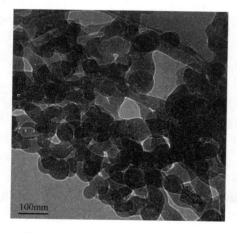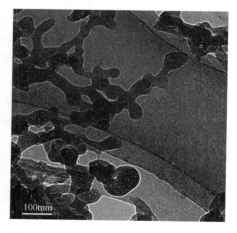

图 14.33　$Sm_{10}Fe_{84}Ti_6$ 合金 750℃ 晶　　　图 14.34　退火态 $Sm_{10}Fe_{84}Ti_6$ 合金 750℃
化的粉末充分分散后的明场像　　　　　晶化的粉末充分分散后的明场像

14.5.3　薄带样品的透射电镜观察与分析

图 14.35 为 Sm$_{10}$Fe$_{84}$Ti$_6$ 合金不同温度晶化后，薄带样品的透射电镜图，图 14.34(a)为 Sm$_{10}$Fe$_{84}$Ti$_6$ 薄带 700℃晶化后，可以看到有非常细小的晶粒生成，但颗粒之间并没有紧密结合，中间有类似非晶形态的物质隔开。说明晶化已使部分晶粒生成，但晶化不充分仍有非晶相存在，与前面扫描电镜观察到的薄带表面没有被析出颗粒完全覆盖，从而得出晶化不完全的结论是一致的。图 14.34(b)为 Sm$_{10}$Fe$_{84}$Ti$_6$ 薄带 750℃晶化，与图 14.34(a)相比晶粒有所长大，晶粒与晶粒之间紧密结合没有界面相，基体中的非晶相也消失了，晶粒尺寸一般在 50nm 以下，说明 750℃晶化使得薄带充分晶化的同时，能有效控制晶粒尺寸在纳米级。图 14.34(c)为 Sm$_{10}$Fe$_{84}$Ti$_6$ 薄带 800℃晶化，可以看到直径约 200nm 的较大晶粒，晶粒形状以充分长大的退火态六边形为主，未来得及长大的晶粒夹杂其中，说明 800℃高于此合金的理论晶化温度，使得晶粒长大。但能更清楚地看到晶粒间的界面状况，可以看到晶粒的晶界平直、光滑，晶粒间结合紧密无界面相的存在。

(a) Sm$_{10}$Fe$_{84}$Ti$_6$薄片 700℃晶化　　(b) Sm$_{10}$Fe$_{84}$Ti$_6$薄片 750℃晶化　　(c) Sm$_{10}$Fe$_{84}$Ti$_6$薄片 800℃晶化

图 14.35　Sm$_{10}$Fe$_{84}$Ti$_6$ 合金不同温度晶化后，薄带样品的透射电镜图

图 14.35 为退火态 Sm$_{10}$Fe$_{84}$Ti$_6$ 合金 800℃晶化，薄带样品的透射电镜图，图 14.35(a)为规则大晶粒区，其晶粒形状和大小和图 14.34(c)中规则大晶粒区相似，都是由于温度高引起的晶粒长大，但晶粒的表面不是特别干净光滑。除了这种典型的晶粒区域，局部地区还有类似图 14.35(b)中的大片区域，对这种区域进行衍射分析发现是典型的多晶环，同时作暗场像分析如图 14.35(c)所示，可以看到该区域由许多较小的晶粒构成，与图 14.32(c)中粉末样品暗场像中的晶粒形态和大小相似。原因是固体薄带加热晶化过程中，薄带受热不均，使有的区域晶粒已经长大，个别区域温度较低，晶化过程进行缓慢，限制了晶粒的生长。

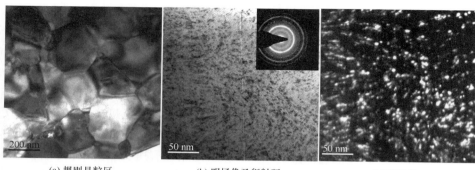

　　　(a) 规则晶粒区　　　　　　　　(b) 明场像及衍射环　　　　　　　　(c) 暗场像

图 14.36　退火态 $Sm_{10}Fe_{84}Ti_6$ 合金 800℃晶化,薄带样品的透射电镜图

　　图 14.36 为 $Sm_{10}Fe_{84}Ti_6$ 和退火态 $Sm_{10}Fe_{84}Ti_6$ 合金薄带样品界面研究,图 14.36(a)为 $Sm_{10}Fe_{84}Ti_6$ 合金样品,可以看到四个晶粒相互结合情况,基本为相互接触的三个晶粒相遇,它们两两相交于一界面,三个界面相交于一个三叉界棱,晶面夹角近似为 120°,为平衡状态。图 14.36(b)为图 14.36(a)晶界处局部放大,可以看到晶界平直光滑,晶粒间直接结合,界面处没有界面相存在。图 14.36(c)为退火态 $Sm_{10}Fe_{84}Ti_6$ 合金界面处,可以看到其具有与 $Sm_{10}Fe_{84}Ti_6$ 合金相同的晶界状态,三个晶粒两两相交,三个界面夹角近似为 120°,晶界平直光滑,晶粒间直接结合,界面处没有界面相存在。对于大角度晶界的合金,晶界单位面积的界面能大致为一常数,两晶粒间的界面能取决于界面面积,系统总是自发趋向于能量最低状态,为了使界面能最小,两个晶粒间的晶界有平直化的倾向。

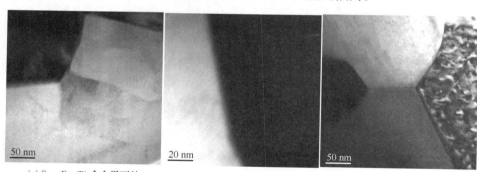

(a) $Sm_{10}Fe_{84}Ti_6$合金界面处　　　(b) 图14.36(a)界面处放大　　　(c) 退火态$Sm_{10}Fe_{84}Ti_6$合金界面处

图 14.37　$Sm_{10}Fe_{84}Ti_6$ 和退火态 $Sm_{10}Fe_{84}Ti_6$ 合金薄带样品界面研究

　　图 14.37 为 $Sm_{10}Fe_{84}Ti_5Cu_1$、退火态 $Sm_{10}Fe_{84}Ti_5Cu_1$ 合金 800℃晶化,与图 14.34(c)$Sm_{10}Fe_{84}Ti_6$ 合金 800℃晶化和图 14.35(a)退火态 $Sm_{10}Fe_{84}Ti_6$ 合金 800℃晶化相比,晶粒分布较混乱,晶粒大小差别较大,有形状不规则表面粗糙的晶粒,也有在晶界位置析出的细小晶粒,晶粒间结合没有规律,晶界也不是典型的平直光滑,与晶化过程中受热不均匀及添加元素 Cu 对晶界状态的影响有关。

图 14.39 为 $Sm_{10}Fe_{84}Ti_6$ 合金 800℃ 晶化的组织结构和成分分析,可以看出 A、B 两个较大的晶粒为 Sm-Fe 合金相,元素比例接近 $Sm_3(Fe,Ti)_{29}$,由于透射电镜能谱只能收集晶粒内很小范围的信息,材料内部元素的分布不均,会使收集的元素比例有一定偏差。C 晶粒为 α-Fe,其晶粒一般比 Sm-Fe 合金相的晶粒小很多,与其他合金的能谱分析一致。

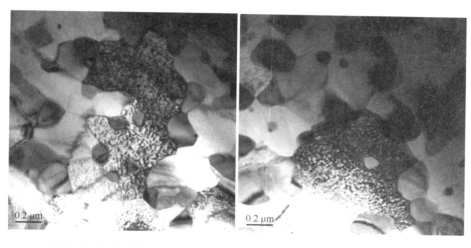

(a) $Sm_{10}Fe_{84}Ti_5Cu_1$ 合金800℃晶化　　　　(b) 退火态$Sm_{10}Fe_{84}Ti_5Cu_1$合金800℃晶化

图 14.38　$Sm_{10}Fe_{84}Ti_5Cu_1$、退火态 $Sm_{10}Fe_{84}Ti_5Cu_1$ 合金薄带 800℃ 晶化
的透射电镜显微组织观察

(a) $Sm_{10}Fe_{84}Ti_6$合金800℃晶化透射电镜观察　　(b) 对应图14.38(a)中三点的能谱

图 14.39　$Sm_{10}Fe_{84}Ti_6$ 合金 800℃ 晶化的组织结构和成分分析

图 14.40 为 $Sm_{10}Fe_{84}Ti_6$ 合金 800℃ 晶化透射电镜显微组织和物相分析。由图 14.39(a)可以看出只有 $Sm_3(Fe,Ti)_{29}$ 和 α-Fe 两种物相，软磁相 α-Fe 的晶粒较小，硬磁相 $Sm_3(Fe,Ti)_{29}$ 的晶粒较大，实际图中的 $Sm_3(Fe,Ti)_{29}$ 相是由许多小晶粒组成的，但因为晶体取向相近，衬度相差不多，很难分辨出来。图 14.39(b)为两种物相界面处的衍射斑点，由 $Sm_3(Fe,Ti)_{29}$ 和 α-Fe 两套斑点构成，且两套斑点除了中心斑点外有一点重合，说明两个晶粒之间存在一定的相位关系。

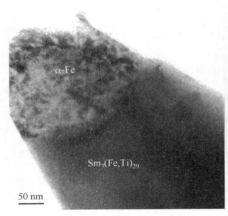

(a) $Sm_{10}Fe_{84}Ti_6$合金800℃晶化明场像　　　　(b) 对应图14.39(a)的衍射斑点

图 14.40　$Sm_{10}Fe_{84}Ti_6$合金 800℃ 晶化透射电镜显微组织和物相分析

14.6　本章小结

本章在第 13 章母合金熔炼与加工的基础上对 $Sm_3(Fe,Ti)_{29}N_x$ 和 α-Fe 纳米双相耦合永磁材料制备过程中的晶化工艺、氮化工艺、微结构和磁性能进行了详细的分析和研究，得出以下结论：

（1）Sm-Fe-Ti 合金甩带后的薄带表面看不到明显颗粒，只有 $Sm_3(Fe,Ti)_{29}$ 和 α-Fe 两种物相，有明显的非晶漫散射峰。加入 Cu 元素的合金及退火处理后的合金非晶化程度明显。薄带自由面粗糙有皱褶，与钼辊接触面光滑。

（2）只有 700℃ 晶化的薄带有少许非晶漫散射峰，薄带由 $Sm_3(Fe,Ti)_{29}$ 和 Fe 两种物相组成；晶化后薄带的表面有颗粒析出，且随着温度的升高，薄带表面的颗粒析出增多，晶化过程越彻底，但颗粒也会随着温度的升高而长大，从而不能得到细小的晶粒，最终影响磁性能；750℃保温 30min 的晶化条件有利于本试验合金薄带生成细小而均匀的颗粒；在相同条件下晶化，$Sm_{10}Fe_{84}Ti_6$ 合金的晶化效果最好，细小的颗粒均匀分布于薄带表面；晶化温度、添加 Cu 元素、退火处理等均不能改变合金中物相的组成,只是对 $Sm_3(Fe,Ti)_{29}$ 和 α-Fe 两种物相的相对含量有一定的影响。

(3) 氮化后合金仍由 $Sm_3(Fe,Ti)_{29}N_x$ 和 α-Fe 两相构成,晶化温度和氮化温度均不能改变物相的组成,只对其相对含量有一定影响,氮化后 $Sm_3(Fe,Ti)_{29}N_x$ 相主峰向小角度方向略有移动,$Sm_3(Fe,Ti)_{29}N_x$ 相主峰发生宽化,相对含量降低,降低氮化温度可以使 $Sm_3(Fe,Ti)_{29}N_x$ 相对含量增加。薄带的吸氮量都要比其对应的粉末吸氮量低很多,一般选取粒径在 $20\sim30\mu m$,氮化效果较好。对于双相纳米耦合永磁材料,由于含有较多 α-Fe,粉末整体吸氮量严重下降。氮化后发现,细小的颗粒表面均匀地分布一些白色颗粒,有些定向生长为棒状。

(4) 四种合金的矫顽力和剩磁均在 750℃ 晶化时达到最大值,$Sm_{10}Fe_{84}Ti_6$、退火态 $Sm_{10}Fe_{84}Ti_6$ 合金的磁性能要远高于 $Sm_{10}Fe_{84}Ti_5Cu_1$、退火态 $Sm_{10}Fe_{84}Ti_5Cu_1$ 合金。决定四种合金的磁性能大小的因素中以合金成分占主导地位,晶化温度只能限定于对某一特定合金的局部影响,对某一特定合金,晶化温度对合金磁滞回线形状影响不大。不同成分的合金以 $Sm_{10}Fe_{84}Ti_6$、退火态 $Sm_{10}Fe_{84}Ti_6$ 合金曲线比较光滑丰满,$Sm_{10}Fe_{84}Ti_5Cu_1$、退火态 $Sm_{10}Fe_{84}Ti_5Cu_1$ 合金磁滞回线均为瘦腰型。450℃ 氮化的矫顽力与剩磁比 500℃ 氮化的矫顽力和剩磁高,但均表现为单一永磁体的特点,XRD 图谱中发现有较强的 Fe 峰,但在磁滞回线中并没有发现 Fe 或非晶相存在的痕迹,说明 3:29 相与 α-Fe 存在很好的纳米交换耦合。样品的测量温度对磁性能的测量值有很大影响,但四种合金磁性能高低的总体规律不变,仍为 Z1>ZT1>ZT2>Z2。磁性能较差,远低于理论磁性能,与 $Sm_3(Fe,Ti)_{29}N_x$ 相周围存在大量的非晶相,以及氮原子渗入的严重不均匀有关。

(5) 用透射电子显微镜观察到 $Sm_{10}Fe_{84}Ti_6$ 薄带 700℃ 晶化后,有非常细小的晶粒生成,晶粒由类似非晶形态的物质隔开;750℃ 晶化,晶粒与晶粒之间紧密结合,非晶相消失,晶粒尺寸一般在 50nm 以下;800℃ 晶化,晶粒较大直径,约 200nm,晶粒形状以充分长大的退火态六边形为主,未来得及长大的晶粒夹杂其中。对界面处分析发现,基本为相互接触的三个晶粒相遇,两两相交于一界面,三个界面相交于一个三叉界棱,晶面夹角近似为 120°,为平衡状态,晶界平直光滑,晶粒间直接结合,界面处没有界面相存在。

第 15 章　$Nd_2Fe_{14}B/FeCo$ 原位双相纳米磁性材料制备工艺

15.1　试 验 原 料

成分是影响稀土永磁材料的敏感因素之一,而原材料的纯度是影响材料成分准确性的关键,为降低杂质对材料磁性能的影响,试验中选用的原料为纯 Nd(99.6%)、纯 Fe(99.8%)、纯 Co(99.8%)、纯 Cr(99.6%)及 FeB 合金(含 19.98% B)、Cu(紫铜)、Si(单晶硅)。此外,材料制备过程中还用到保护气体——纯氩气、航空汽油。

15.2　试验工艺及过程

试验的整体工艺流程为:首先是成分设计与原材料的配备,然后是母合金的熔炼、快淬及均匀化退火,接下来是制粉,制备黏结磁体。同时对母合金铸锭、快淬薄带、退火薄带、粉末及黏结磁体进行显微组织及形貌的观察与分析,对薄带、粉末和磁体进行常温及高温磁性能的测试,对快淬薄带进行热分析。

本章拟采用的工艺流程如图 15.1 所示。

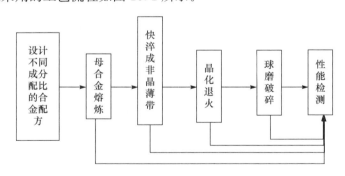

图 15.1　$Nd_2Fe_{14}B/FeCo$ 制备流程图

15.2.1　成分设计原则与配料

纳米复合稀土永磁材料是通过减少传统稀土永磁材料中稀土的含量,从而获得硬磁相与软磁相双相交换耦合复合永磁材料。它的优点为低稀土、高剩磁,降低制造成本的同时提高材料的磁性能。但为了使磁体具有较高的内禀矫顽力和实用价值,稀土含量又不能过低。本节重点研究了利用熔体快淬工艺制备的 $Nd_{10}Fe_{84-x}B_6Co_x(x=0,3,5)$、$Nd_{11.3}Fe_{80-x}B_{5.2}Co_{3.5}Cr_x(x=0.4,0.9,1.3,1.8)$、$Nd_{11.3}Fe_{80-x}B_{5.2}Co_{3.5}Al_x(x=0.5,1,1.5,2)$、$Nd_{11.3}Fe_{80-x}B_{5.2}Co_{3.5}Zr_x(x=0.5,1,1.5,2)$合金的微结构及磁性能。由于原料铁块较大不易加工,Fe-B 合金和钴片易成碎屑状,钕较柔软,配料时以铁块的重量为基准来确定其他原料的加入量,另外在配料前要将原料清洗干净去氧化皮。

15.2.2　母合金的熔炼

采用 WK-Ⅱ型非自耗真空电弧炉熔炼制得母合金。为了减少母合金成分与设计成分之间的偏差,放料时将低熔点金属放在水冷铜坩埚底部,然后依次将较高熔点金属均匀覆盖在上面,这样可尽量减少熔炼时温度过高使低熔点金属蒸发而带来的损失。熔炼时先抽低真空,当炉体真空度达到 2×10^{-2} Pa 以下时,开始抽高真空,电弧炉真空室内的真空度达到 5×10^{-3} Pa 时,用纯度为 99.99% 的氩气洗炉 2 遍,再冲入氩气至 5×10^4 Pa,以减少熔炼时的挥发。在熔炼过程中,还要注意控制好熔炼电流和熔炼时间,为使合金熔炼均匀,采用三遍小电流和一遍大电流进行熔炼四次,每炼完一次都要将铸锭翻面,以获得成分均匀的母合金。

15.2.3　熔体快淬

熔体快淬制备工艺又称喷铸法或熔旋法。是在保护气氛下,金属熔体被喷射到高速旋转的冷却钼辊或铜辊上,使熔体急速冷却从而制备成薄带。由于液态合金与钼辊或铜辊接触时间极短,同时温差很大,所以合金中晶粒来不及长大,甚至尚未形核,从而形成非晶态或纳米晶。快淬速度不同,薄带微结构不同。当冷却速度大于非晶态临界冷却速度时,薄带出现非晶结构,快淬速度越高,非晶所占比例越高;随着快淬速度降低,薄带内纳米晶、微晶结构逐渐增加;快淬速度低于非晶态临界冷却速度时,薄带直接结晶,但此时晶粒易粗大,不利于材料的磁性能。依据薄带的微结构,后序工艺或直接制粉或经晶化处理后磨碎制粉。熔体快淬法制备纳米稀土复合永磁材料可降低能耗,并且工艺简单、可操作性强。

本试验中采用 LZK-12A 型真空快淬炉,将熔炼好的母合金锭破碎成小块,放入真空快淬炉的水冷铜坩埚内,小块放在坩埚底部,较大块覆盖在上面,便于引弧。调节电极位置,使之与坩埚内合金颗粒之间的距离为 $0.5\sim1.5\mu m$,关闭炉门、进出料口、放气阀,抽真空至 5×10^{-3} Pa 后,用氩气洗炉,随后冲入氩气至 $0.04\sim0.05$MPa,保证熔炼母合金时尽量减少杂质气体带来的影响,同时由于炉体内空间较大,为安全考虑将炉内压力控制在低于 1atm 下。起弧后调节弧电流逐步上升至 $500\sim600$A,然后将合金锭熔化。待合金锭全部熔化至液态时,倾斜坩埚使得合金液通过流道引至高速旋转的水冷钼轮上。由于钼轮表面只有 $10\sim15$℃,熔融液态合金与其接触后,迅速凝固(冷却速度为 $10^5\sim10^6$℃/s)成条带状,由钼轮切线方向飞出,经挡板阻挡后落入炉体下部的收藏室。得到的快淬条带,迅速装好放入真空柜中,以备下一工序使用。

15.2.4　均匀化退火

纳米复合永磁材料晶粒交换耦合作用的强弱与晶粒尺寸、晶粒耦合程度等有关。晶粒尺寸越小,单位体积的表面积(比表面积)越大,界面处的交换耦合相互作用对磁体性能影响越显著;晶粒界面直接耦合越多,交换作用越强。快淬后的薄带由于激冷组织不均匀,为获得较为理想的纳米晶结构,将薄带在一定温度下进行均匀化退火处理,从而使材料组织充分晶化,得到分布均匀、尺寸细小的晶粒,并同时消除内应力。

在试验过程中,首先将快淬薄带放置在干燥的瓷坩埚内,然后将其放入真空晶化炉中,密封在炉管内。抽真空至 5×10^{-3}Pa,冲入保护气体氩气至稍低于 1atm。在一定的温度下保温一段时间。为减少升温过程对试样的影响,升温时先将外炉体加热至晶化温度,然后将封有试样的炉管推入炉体,待温度显示稳定在晶化温度后开始计时。保温结束后将外炉体推出,试样风冷。

15.2.5　球磨制粉

将经过晶化处理后的合金放入行星球磨机中,注意四个球磨罐重量应基本一致,以保持球磨机运转平稳。样品不足时,对称使用两个罐也可。装料时,先将原料装入球磨罐中,然后装钢球。钢球按照大、中、小球按一定比例装入罐中,料球比为 1∶20,大球用来冲击砸碎样品,中、小球一方面用来填充大球间的空隙,提高研磨体的堆积密度,以控制物料流速,增加研磨能力,另一方面将大球的冲击能量传递给物料,起能量传递及混合物料的作用。装料完毕后原料与钢球占整罐体积的 $40\%\sim50\%$,余下空间以备运转使用。最后将 120♯航空汽油倒满全罐,对原料进行保护。

球磨效果决定于试样形貌、配球大小及其比例、转速、球磨时间等。试验中采用转速为 300r/min,先球磨 3h,再利用 500r/min 转速球磨 1h 以达到良好的效果。在最初球磨 3h 的过程中,要让球磨机中间停止工作 0.5h,以防止磨罐中汽油过热。完成后将球磨好的磁粉放到滤纸上,然后在烘干箱里烘干,尽量减少粉在空气中停留的时间,因为粉状试样更加容易氧化,所以在烘干箱烘干后应马上进行抽真空塑封,等待压型。

15.3 试验所用主要设备

15.3.1 制备设备

（1）母合金熔炼用 WK-Ⅱ型非自耗真空电弧炉；

（2）快淬用 ZKL-12A 型真空快淬炉；

（3）退火用 GL-100Z 型管式真空烧结炉；

（4）球磨用 QM-DY2 型行星式球磨机；

（5）存放样品用真空干燥箱。

15.3.2 分析设备

（1）试样称重用 BS-210S 型电子分析天平，测量精度为 10^{-4}g。

（2）利用飞利浦 X'Pert MPD 型 X 射线衍射仪分析材料相组成及其相对含量，分析材料结晶情况及晶粒度等。

（3）利用扫描电子显微镜和金相显微镜来检测和分析合金的组织和结构。

（4）利用透射电子显微镜微观组织及形貌进行分析。

（5）TA Q600 SDT 型差示扫描量热仪和热重分析仪对样品进行测试，测量温度为室温至 1000 ℃，升温速率为 10℃/min，样品在氮气气氛下进行测试。

（6）用 Lake Shore7407 型振动样品磁强计在室温下测量其初始磁化曲线和磁滞回线，最大测量磁场为 20kOe。用高纯氩气作为保护气体，在振动样品磁强计上测量薄带样品的热磁曲线（*M-T* 曲线），温度从室温至 1000℃，测量磁场为 1000Oe。

第 16 章　$Nd_{10}Fe_{84-x}B_6Co_x(x=0,3,5)$合金微结构及磁性能的研究

16.1　引　言

传统的 NdFeB 材料目前虽然还占有很大的市场份额,但大幅提高其磁性能已经十分困难,而双相纳米磁性材料的研究为稀土永磁材料的发展开辟了一条新的途径。目前研究的双相纳米稀土永磁材料中的硬磁相主要集中在 $Nd_2Fe_{14}B$、$Sm_2Fe_{17}N_x$、$SmCo_5$、Sm_2Co_{17} 等,软磁性相主要集中在 α-Fe、Fe_3B 等,从而形成 $Nd_2Fe_{14}B/\alpha$-Fe 或 Fe_3B 及 $Pr_2Fe_{14}B/\alpha$-Fe,$Sm_2Fe_{17}N_x/\alpha$-Fe 或 Fe_3B 和 $SmCo_5/\alpha$-Fe(Co)、Sm_2Co_{17}/α-Fe 等研究方向。

最近研究表明,以铁和钴为主要组元的一类软磁合金具有优异的软磁性能,表 16.1 列出了几种 Fe-Co 合金的磁性能。可以看到,这类软磁合金具有较高的饱和磁感应强度、高的磁导率。其中含有 40wt%～50wt%Co 的 Fe-Co 合金具有较高的磁导率,含有 35%Co 的 Fe-Co 合金是目前磁感应强度值最大(2.42T)的合金。由于 Co 的居里温度为 1130℃,所以 Fe-Co 合金的居里点随 Co 含量增加而升高,其中含有 50%Co 的 Fe-Co 合金的居里点高达 900℃。

表 16.1　几种 Fe-Co 合金的磁性能[103]

合金牌号	主要成分/%	B_s/T	H_c/Oe	μ_0	μ_m
Hiperco 27	27Co,0.6Cr	2.36	2.50	—	2800
Hiperco 35	35Co,0.5Cr	2.42	1.00	650	10000
Permendur	50Co	2.40	2.00	800	5000
2V-Permendur	49Co,2 V	2.40	1.20	800	8000

由于 Co 的原子半径(0.167 nm)比 Fe 的原子半径(0.172 nm)略小,Co 可以作为 $Nd_2Fe_{14}B/\alpha$-Fe(或 Fe_3B)型永磁材料的替代元素,进入 2:14:1 和 α-Fe 相,并占据 Fe 的原子位置,从而减小软磁相与硬磁相的晶格常数;同时由于 Co 的高居里点会提高软磁相和硬磁相的居里温度,并提高软磁相和硬磁相间的交换耦合作用。马毅龙[278]认为,少量 Co 的添加可提高磁体的饱和磁化强度,而当 Co 含量过多时,剩磁 B_r 随着 Co 含量的增加,先增大后减小。Co 的添加使得硬磁相各向异

性降低,故而少量 Co 的添加使得矫顽力 H_{cj} 减小;当 Co 含量大于 5% 时,细化晶粒作用显著,细小均匀的晶粒使得矫顽力增加。Liu[279] 认为 Co 均匀分布于软、硬磁相之间,可降低剩磁和矫顽力的温度系数,从而提高温度稳定性和耐蚀性。尤俊华等[281] 研究了 Co 和其他元素复合添加对 $Nd_2Fe_{14}B$ 型双相纳米稀土永磁材料的影响。

本章将分别利用 $Nd_2Fe_{14}B$ 的高硬磁特性与 Fe_7Co_3 相的高饱和磁化强度,将二者复合,通过调整合金中 Co 的含量,探讨 $Nd_{10}Fe_{84-x}B_6Co_x$ 合金的微结构,研究 Co 含量对磁性能的影响,并期望获得磁性能优异的磁体。

16.2　试样制备及试验方法

为了降低稀土元素含量,Nd 含量设计原子比小于 11%,拟定合金名义成分为 $Nd_{10}Fe_{84-x}B_6Co_x(x=0,3,5)$。表 16.2 为母合金的成分配比表与试样编号,以下为了叙述方便,三种成分的合金如表 16.2 所示,分别命名为 A1、A2、A3。原材料选用纯 Nd(99.6%)、纯 Fe(99.8%)、纯 Co(99.8%) 及 FeB 合金(含 19.98%B)。其中铁块较大不易加工,Fe-B 合金和钴片易成碎屑状,钕较柔软,配料时以铁块的重量为基准来确定其他原料的加入量,另外在配料前要将原料清洗干净去氧化皮。合金采用熔体快淬法制备,具体工艺流程为:成分设计→配料→合金熔炼→合金快淬→晶化退火→球磨。合金熔炼、合金快淬、晶化退火后以及球磨的试样作 XRD和 SEM 检测。

表 16.2　母合金 $Nd_{10}Fe_{84-x}B_6Co_x$ 的化学成分

合金成分编号	Co 的含量	分子式
A1	$x=0$	$Nd_{10}Fe_{84}B_6$
A2	$x=3$	$Nd_{10}Fe_{82}CoB_6$
A3	$x=5$	$Nd_{10}Fe_{79}Co_5B_6$

16.3　$Nd_{10}Fe_{84-x}B_6Co_x(x=0,3,5)$ 合金铸态组织及物相分析

16.3.1　$Nd_{10}Fe_{84-x}B_6Co_x(x=0,3.0,5.0)$ 铸态组织的 XRD 分析

图 16.1 为三种不同成分合金 $Nd_{10}Fe_{84-x}B_6Co_x(x=0,3.0,5.0)$ 铸态组织的 XRD 图谱。其中图 16.1(a)~(c)分别与成分 A1~A3 相对应。由 XRD 图谱中可以发现,试样 A1 由三种物相组成,分别是 $Nd_2Fe_{14}B$ 相、$\alpha\text{-Fe}$ 相和 Nd_2Fe_{17} 相;试

样 A2 由 $Nd_2Fe_{12.8}Co_{1.2}B$ 和 $Fe_{15.7}Co$ 以及富 Nd 相组成。可见加入 Co 后,Co 原子优先进入 $Nd_2Fe_{14}B$ 相中,替代 Fe 形成了 $Nd_2Fe_{12.8}Co_{1.2}B$ 相,剩余部分与 Fe 形成了 Fe-Co 合金 $Fe_{15.7}Co$。试样 A3 由 $Nd_2Fe_{12.8}Co_{1.2}B$ 和 Fe_7Co_3 以及富 Nd 相组成。这是由于随着 Co 含量的继续增加,Fe-Co 合金中 Co 的含量增加,生成了 Fe_7Co_3。

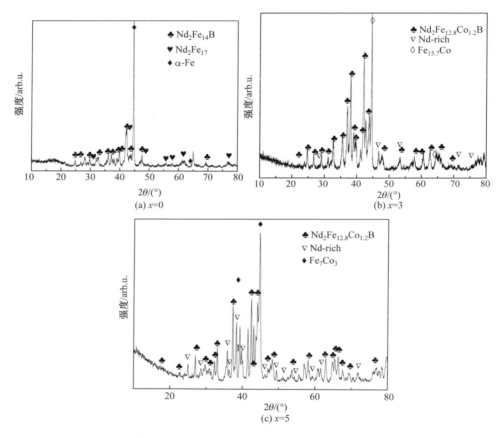

图 16.1　$Nd_{10}Fe_{84-x}B_6Co_x$ 合金铸态 XRD 图谱

16.3.2　$Nd_{10}Fe_{84-x}B_6Co_x(x=0,3.0,5.0)$ 铸态组织的形貌分析

图 16.2 为三种不同成分合金 $Nd_{10}Fe_{84-x}B_6Co_x$ $(x=0,3.0,5.0)$ 铸态组织的 BSE 图,其中图 16.2(a)～(c)分别与成分 A1～A3 相对应。BSE 像可清楚地显示试样的组织分布及形态,其成像特点为样品的原子序数越大 BSE 的产额越高,因此 BSE 图像衬度反映的是原子序数衬度,即平均原子序数较大的区域在图像中呈现较明亮状态。

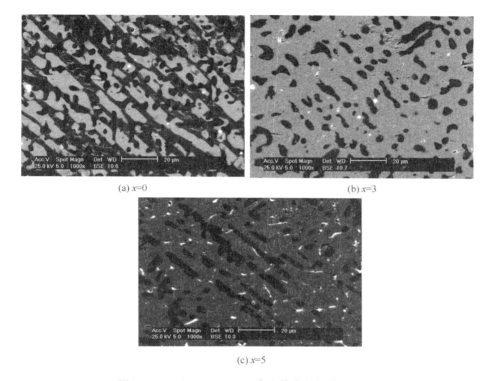

(a) $x=0$　　　　　　　　　　　　　　(b) $x=3$

(c) $x=5$

图 16.2　$Nd_{10}Fe_{84-x}B_6Co_x$ 合金铸态组织的 BSE 图

由图 16.2(a)可以看出,A1 合金中有三种不同衬度的区域,结合图 16.1 中 XRD 分析及 BSE 成像原理可知,灰色的基体相为 $Nd_2Fe_{14}B$,黑色相为 α-Fe,深灰色相为 Nd_2Fe_{17};$Nd_2Fe_{14}B$ 相中分布着树枝状形态的 α-Fe 相,Nd_2Fe_{17} 相包裹在 α-Fe 相周围,这是由于 NdFeB 合金是通过包晶反应结晶的。Fe 首先从液相中析出,剩余液体和 Fe 发生反应包裹在 Fe 周围形成 $Nd_2Fe_{14}B$($L+Fe\longrightarrow Nd_2Fe_{14}B$),并在 1185℃时发生包晶反应生成 Nd_2Fe_{17} 相($L+\gamma$-Fe$\longrightarrow Nd_2Fe_{17}$)。

由图 16.2(b)可以看出,A2 合金的铸态组织中灰色基体相为 $Nd_2Fe_{12.8}Co_{1.2}B$,黑色相为 $Fe_{15.7}Co$,少量白色亮点为富 Nd 相。A2 合金主相含量很高,而富 Nd 相含量很少,$Fe_{15.7}Co$ 呈鱼骨状均匀分布在 $Nd_2Fe_{12.8}Co_{1.2}B$ 基体相上。

由图 16.2(c)可以看出,A3 合金的铸态组织中灰色基体相为 $Nd_2Fe_{12.8}Co_{1.2}B$,黑色相为 Fe_7Co_3,白色为富 Nd 相。比较 A2 合金与 A3 合金的铸态组织可以看到,随着 Co 含量的进一步增加,Fe-Co 相在组织中所占比例一方面有所上升,另一方面 Fe-Co 相枝状晶也较为粗大,且白色区富 Nd 相数量增加,呈长条状分布在基体上。说明随着 Co 含量的进一步增加,Fe_7Co_3 及富 Nd 相含量上升。

16.4　$Nd_{10}Fe_{84-x}B_6Co_x(x=0,3,5)$合金快淬薄带组织及物相分析

16.4.1　$Nd_{10}Fe_{84-x}B_6Co_x(x=0,3,5)$快淬组织的 XRD 分析

图 16.3(a)～(c)分别为 A1～A3 铸态合金以 35m/s 速度快淬后的 XRD 图谱。从三种合金的 XRD 谱中可以看出,它们快淬后的薄带中均有部分非晶漫散射峰和部分晶体衍射峰,说明快淬后的三种合金都既有非晶又有微晶存在,但相对含量有所变化。少量微晶相的存在会增加后续晶化过程中的形核核心,使结晶过程容易进行,并容易形成细小的晶粒。图 16.3(b)A2 合金中出现的 Nd-Fe-B 相的晶态衍射峰较 A1 和 A3 的明显,这说明 35m/s 淬速下适量地添加 Co 元素有利于 Nd-Fe-B 相晶态的形成,但过多 Co 的添加反而使得其晶态的形成能力下降,非晶

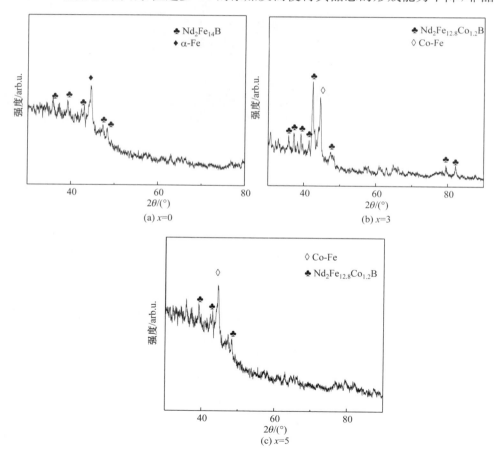

(a) x=0

(b) x=3

(c) x=5

图 16.3　$Nd_{10}Fe_{84-x}B_6Co_x$合金薄带的 XRD 图谱

形成能力增强。这是由于 Co 的原子半径较 Fe 的半径小,适量地添加 Co,有利于 Fe-Co 合金的析出,析出的 Fe-Co 合金加大了合金液体的成分起伏与结构起伏,从而有利于 NdFeB 相晶态的形成。而当 Co 的添加量继续增加时,依据多组元非晶合金玻璃形成能力规律,Co 的添加增加了元素种类,Co 的原子半径较 Fe 的半径小,加大了和 Nd 元素的原子半径差,且与 Nd 元素的原子半径差大于 12%,则有利于形成非晶。

16.4.2　$Nd_{10}Fe_{84-x}B_6Co_x(x=0,3,5)$快淬组织的扫描电镜分析

图 16.4(a)~(c)分别是 A1~A3 合金薄带快淬后自由面的 SEM 图。由合金薄带自由面的 SEM 形貌图可以看出,这三种合金自由面上均出现了凸起的颗粒。添加 Co 后,A2 合金中出现的颗粒增多且较均匀,而 A3 中在非晶的基体上只有少量的颗粒,这也意味着在三种薄带中 A2 中的晶态相含量最高,而另两种合金中非晶态相含量较高。

(a) $x=0$　　　　　　　　　　　　(b) $x=3$

(c) $x=5$

图 16.4　以 35m/s 速度快淬的 $Nd_{10}Fe_{84-x}B_6Co_x$ 合金薄带的 SEM 图

16.5　$Nd_{10}Fe_{84-x}B_6Co_x(x=0,3,5)$合金晶化退火组织及磁性能分析

16.5.1　$Nd_{10}Fe_{84-x}B_6Co_x(x=0,3,5)$合金晶化退火组织相组成分析

退火工艺的目的是保证快淬带内组织充分晶化,得到尺寸细小、形状规则、分布均匀的晶粒,尽量消除非晶相。快淬薄带晶化处理工艺的主要参数为晶化温度、时间以及保护气体等因素。图 16.5(a)～(c)分别为 A1～A3 合金在 800℃保温 20min 退火的 XRD 图谱。由图可知,A1 合金在 800℃保温 20min 退火后的组织为 $Nd_2Fe_{14}B$ 相和 Fe_3B 相,A2、A3 合金在 800℃保温 20min 退火后的组织为 $Nd_2Fe_{12.8}Co_{1.2}B$ 相和 Fe_7Co_3 相。

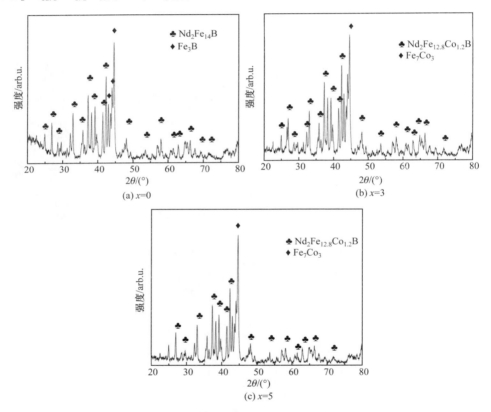

图 16.5　$Nd_{10}Fe_{84-x}B_6Co_x$ 合金薄带在 800℃晶化处理 20min 后的 XRD 图谱

图 16.5(a)～(c)与图 16.3(a)～(c)对比可知,退火后非晶漫散射包几乎已经消失,快淬后的非晶已大部分转变为晶体。从退火物相的组成上看,A1 合金经过

快淬退火后,Nd 有所烧损,铸态中出现的 Nd$_2$Fe$_{17}$相消失,多余的 Fe 与 B 结合形成了 Fe$_3$B 相;同样,A2 合金经过快淬退火后,由于 Nd 的烧损,Fe-Co 合金由 Fe$_{15.7}$Co 转变为 Fe$_7$Co$_3$。而 A3 合金经过快淬退火后,Fe-Co 合金仍为 Fe$_7$Co$_3$。从总体看,三种薄带均由硬磁性相 Nd-Fe-B 2∶14∶1 相与软磁性的 Fe$_3$B 或 Fe$_7$Co$_3$两种相组成。

16.5.2　Nd$_{10}$Fe$_{84-x}$B$_6$Co$_x$($x=0,3,5$)合金晶化退火态的磁性能

图 16.6 为三种合金快淬薄带退火后的磁滞回线。从总体看,三种薄带退火的磁滞回线第二象限都没发现有台阶存在,表现为单硬磁性相的特征曲线。而由图 16.5 已知,三种薄带均由两种软、硬磁性相组成,说明这两种相存在较强的磁性交换耦合作用,表现出较强的硬磁特性。表 16.3 中列出了三种合金快淬退火后的磁性能,其中 A1 的矫顽力 H_{ci}最高为 4078.4Oe,随着 Co 的加入,矫顽力先降低再升高;饱和磁化强度与剩磁均随着 Co 的增加先升高再降低,A2 饱和磁化强度与剩磁在三种合金中最高,分别为 137.8emu/g 和 84.3emu/g。

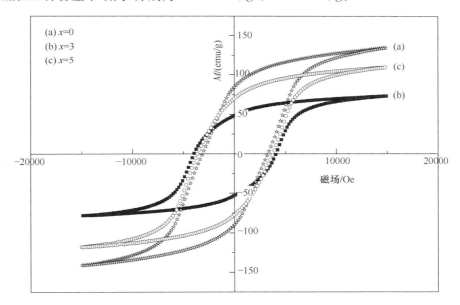

图 16.6　Nd$_{10}$Fe$_{84-x}$B$_6$Co$_x$合金薄带在 800℃晶化处理 20 min 后的磁滞回线

矫顽力变化与材料的反磁化机理密切相关,通常的反磁化过程可分为两类:形核型和钉扎型。这两种类型在热退磁状态后的磁化曲线和磁滞回线中会表现出不同的特征:以形核为主的起始磁导率较高,磁化曲线上升很快,其矫顽力通常随外磁场的增大而增大,用较小的外磁场就能达到饱和;而以钉扎为主的磁化曲线起始

磁导率低,只有当外磁场达到矫顽力时才增大,其矫顽力与外磁场无关。在纳米复合永磁材料中,软磁相充当反磁化形核,那么反磁化过程应当受形核控制,但硬磁相与软磁相的交换耦合作用阻碍着反磁化畴的扩张,又对反磁化畴起着钉扎作用,因此,纳米复合永磁材料的起始磁化曲线既不同于单一的形核型、又不同于单一的钉扎型的特征。此外,纳米复合永磁材料的反磁化机理还会受到材料微观组织形态或元素添加的影响,当软磁相和硬磁相晶粒尺寸适宜、分布均匀时有利于矫顽力的提高。从三种合金的磁性能看,添加 Co 后使得硬磁相各向异性降低,故而少量 Co 的添加使得矫顽力 H_{ci} 减小;当 Co 含量大于 5% 时,细化晶粒作用显著,细小均匀的晶粒使得矫顽力又增加。

表 16.3　$Nd_{10}Fe_{84-x}B_6Co_x$($x=0,3,5$)薄带退火后的磁性能

编号	H_{ci}/Oe	$M_s/(emu/g)$	$M_r/(emu/g)$	M_r/M_s
A1 ($x=0$)	4078.4	75.6	52.9	0.70
A2 ($x=3$)	3139.0	137.8	84.3	0.61
A3 ($x=5$)	3618.1	113.6	77.3	0.67

　　纳米复合永磁材料的饱和磁化强度与软、硬磁相的饱和磁化强度以及它们的体积百分比有关,即 $M_s = fM_s^{软} + (1-f)M_r^{硬}$

　　其中,f 为软磁相的体积百分比;$M_s^{软}$、$M_s^{硬}$ 分别为软磁相和硬磁相的饱和磁化强度。添加 Co 后,一方面 Fe-Co 合金的饱和磁化强度比 Fe_3B 的高,另一方面从三种合金的 XRD 图谱可看到,加 Co 后,合金中软磁相相对衍射强度增强,而且 A2 软、硬磁性相达到比较好的比例,因此 A2 的饱和磁化强度最高。此外,三种合金都存在着剩磁增强,都大于了 0.5,其中 A1 剩磁比最高为 0.70,这说明三种合金的软、硬磁相交换耦合都良好,A1 要优于 A2 与 A3;A2 的剩磁比最低为 0.61,这主要是由于 A1 的矫顽力最高,A2 的矫顽力较低。

16.6　$Nd_{10}Fe_{84-x}B_6Co_x$($x=0,3,5$)合金球磨组织及磁性能分析

16.6.1　$Nd_{10}Fe_{84-x}B_6Co_x$($x=0,3,5$)合金球磨组织相组成分析

　　图 16.7(a)～(c)分别为 A1～A3 合金试样在 800℃ 保温 20min 退火后经 300rpm 球磨 2h,然后继续以转速 500rpm 球磨 1h 后的 XRD 图谱。对比图 16.7(a)～(c)和图 16.5(a)～(c),可以看出球磨后合金的物相没有发生变化,

只是衍射峰的底部宽化,这说明球磨工艺进一步细化晶粒的同时,使粉末应力增大,晶相结构被部分破坏,并有非晶化的趋势。

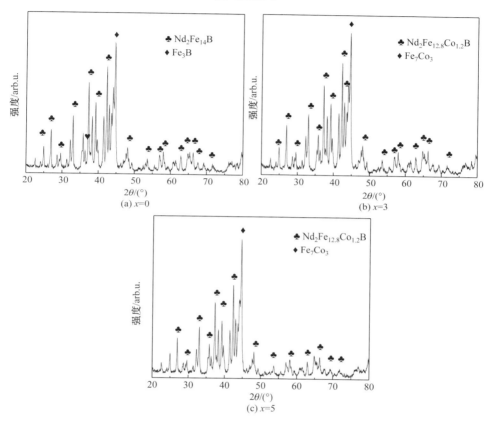

图 16.7   Nd₁₀Fe₈₄₋ₓB₆Coₓ 合金薄带球磨后的 XRD 图谱

16.6.2   Nd₁₀Fe₈₄₋ₓB₆Coₓ(x=0,3,5)合金球磨组织的磁性能分析

图 16.8(a)～(c)分别为以 35m/s 转速快淬,800℃保温 20min 退火后 A1～A3 薄带以转速 300r/min 球磨 2h,然后继续以转速 500r/min 球磨 1h 后磁粉的磁滞回线。从总体上看,三种球磨粉末的磁滞回线仍表现为单硬磁性特性,在第二象限没有明显的台阶存在,说明 Nd₂Fe₁₄B 型硬磁性相与软磁性相的耦合仍比较强烈。通过磁滞回线能够得到磁性材料的各个技术磁参量,如非结构敏感参量(即内禀磁参量)以及结构敏感磁参量:剩磁 M_r 或 B_r、矫顽力 H_{cb} 或 H_{ci}、磁能积 $(BH)_{max}$ 等。磁性材料的内禀磁参量主要与材料的化学成分和晶体结构有关,而结构敏感磁参量既与内禀参量有关,同时还与材料的显微组织结构,包括晶粒大小、取向、缺

陷以及掺杂物等因素有关。在退磁曲线上,某点的磁感应强度与磁场强度的乘积称为磁能积,其最大值称为最大磁能积。磁性材料用作磁场源主要是利用它在空气隙中产生的磁场,最大磁能积越大,在空气隙中产生的磁场就会越大,因此磁体的磁能积越大越好。

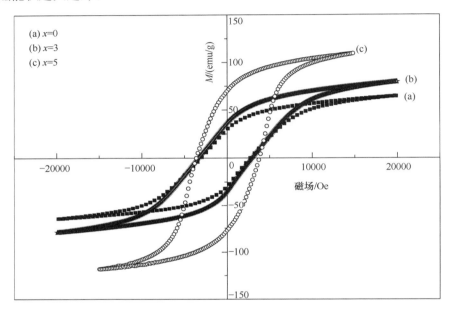

图 16.8 $Nd_{10}Fe_{84-x}B_6Co_x$ 合金薄带球磨后的磁滞回线

表 16.4 给出 A1、A2、A3 不同薄带球磨后的磁性能值。从表 16.4 中可以看出,A1 与 A3 球磨后的剩磁与矫顽力较退火后薄带的大幅降低,这主要是由于球磨工艺使得粉末中主相晶体结构部分破坏;而 A2 的剩磁与磁化强度虽然减小,但矫顽力则略有升高,这可能是由于球磨使得 A2 中组织细化的同时,适量双相的交换耦合作用仍较强。

表 16.4 $Nd_{10}Fe_{84-x}B_6Co_x(x=0,3,5)$ 合金薄带球磨的磁性能

编号	H_{ci}/Oe	$M_s/(emu/g)$	$M_r/(emu/g)$
A1 ($x=0$)	2909	64.506	29.594
A2 ($x=3$)	3464	97.357	46.087
A3 ($x=5$)	2093.9	116.55	54.6

16.7　本　章　小　结

本章采用熔体快淬法制备了 $Nd_{10}Fe_{84-x}Co_xB_6$ 合金，研究了合金铸态、快淬处理、晶化工艺和球磨工艺对合金微结构及其磁性能的影响，并得出以下结论：

（1）在铸态 $Nd_{10}Fe_{84-x}B_6Co_x$ 合金中，随着钴含量的增加，除得到 $Nd_2Fe_{14}B$ 型主相外，还会分别得到 a-Fe、$Fe_{15.7}Co$ 和 Fe_7Co_3 软磁性相。

（2）以 35m/s 速度快淬的 $Nd_{10}Fe_{84-x}B_6Co_x$ 薄带由较多的非晶相与一定量的微晶组成，随着钴含量变化，两种物相的相对含量不同，其中 $x=3$ 的合金中，晶态相含量较高。

（3）$Nd_{10}Fe_{84-x}B_6Co_x$ 薄带在 800℃退火 20min 后，薄带均由两种物相组成，其中主相均是硬磁性的 $Nd_2Fe_{14}B$ 型相。而随着 Co 含量的增加，$x=0$ 时得到的另一软磁性相是 Fe_3B，$x\geqslant3$ 时的软磁性相为 Fe_7Co_3 相。三种合金的磁滞回线均表现为单硬磁性相的特性。其中，$x=0$ 的 $Nd_{10}Fe_{84}B_6$ 合金有最大的矫顽力（4078.4 Oe）与最高的剩磁比（0.70）；而 $x=3$ 的 $Nd_{10}Fe_{81}B_6Co_3$ 薄带具有最高的磁化强度（137.8emu/g）与最大的剩磁（84.3emu/g）。

（4）以转速 300r/min 球磨 2h，然后继续以转速 500r/min 球磨 1h 后 $Nd_{10}Fe_{84-x}B_6Co_x$ 磁粉在细化晶粒的同时，使粉末应力增大，晶相结构被部分破坏，并有非晶化的趋势，使薄带粉末的磁化强度与剩磁减小。

第 17 章 $Nd_{11.3}Fe_{80-x}B_{5.2}Co_{3.5}Cr_x$合金微结构及磁性能的研究

17.1 引 言

Cr 是反铁磁性元素,但根据 Slater-Pauling(斯莱特-泡利)曲线,Fe-Cr 合金也具有比较高的磁矩。而且,有人报道[110-113],当 Cr 添加到 $Nd_2Fe_{14}B/Fe_3B$ 双相纳米材料中时,Cr 主要在软磁相 Fe_3B 中富集,并使硬磁相 $Nd_2Fe_{14}B$ 的体积百分比增加,这样可获得高的矫顽力。同时 Cr 可以有效地抑制合金相的长大,使得软、硬磁相的交换耦合作用增强。

本章以纯 Nd(99.6%)、纯 Fe(99.8%)、纯 Co(99.8%)、纯 Cr(99.6%)及 FeB 合金(含 19.98%B)为原材料,合金成分按体积百分比设计为 90% $Nd_{12.8}Fe_{81.7-x}$ $B_{5.5}Cr_x$($x=0.5,1,1.5,2$)+10% Fe_7Co_3,配比后的成分如表 17.1 所示,以下为了叙述方便,四种成分的合金分别命名为 D1、D2、D3、D4。铸态合金接着以 30m/s 速度在熔体快淬炉上快淬成薄带,然后对薄带在 800℃退火 20min,退火后的薄带再以 400r/min 速度在 QQM 型球磨机上用 120♯航空汽油保护球磨 5h。对不同状态的合金分别用 XRD、SEM、VSM 等仪器进行分析。本章重点探讨 $Nd_{11.3}Fe_{80-x}B_{5.2}Co_{3.5}Cr_x$合金的相结构与 Cr 含量对磁性能的影响。

表 17.1 $Nd_{11.3}Fe_{80-x}B_{5.2}Co_{3.5}Cr_x(x=0.4,0.9,1.3,1.8)$合金的成分

编号	Cr 的含量	分子式
D1	$x=0.4$	$Nd_{11.3}Fe_{79.9}B_{5.2}Co_{3.5}Cr_{0.4}$
D2	$x=0.9$	$Nd_{11.3}Fe_{79.4}B_{5.2}Co_{3.5}Cr_{0.9}$
D3	$x=1.3$	$Nd_{11.3}Fe_{79}B_{5.2}Co_{3.5}Cr_{1.3}$
D4	$x=1.8$	$Nd_{11.3}Fe_{78.5}B_{5.2}Co_{3.5}Cr_{1.8}$

17.2 $Nd_{11.3}Fe_{80-x}B_{5.2}Co_{3.5}Cr_x$合金铸态组织分析

17.2.1 $Nd_{11.3}Fe_{80-x}B_{5.2}Co_{3.5}Cr_x$合金铸态 XRD 分析

图 17.1 为 $Nd_{11.3}Fe_{80-x}B_{5.2}Co_{3.5}Cr_x(x=0.4,0.9,1.3,1.8)$合金铸态组织的 XRD 图谱。其中图 17.1(a)~(d)分别与试样 D1~D4 相对应。由 XRD 图谱可知,$Nd_{11.3}Fe_{80-x}B_{5.2}Co_{3.5}Cr_x$铸态合金均由四种物相组成,分别是 $Nd_2(Fe,Co)_{14}B$、

Fe_7Co_3、$Fe(Cr)$和富 Nd 相，说明加入 Cr 后，Cr 主要进入 Fe 中形成 $Fe(Cr)$固溶体相。但从图 17.1(a)可以发现，硬磁性 $Nd_2(Fe,Co)_{14}B$ 相的衍射峰最坚锐，而且在四种合金中 $Nd_2(Fe,Co)_{14}B$ 晶态相含量最高；而在合金中加入原子比为 0.9 的 Cr 后，图 17.1(b)中，硬磁性 $Nd_2(Fe,Co)_{14}B$ 相与富 Nd 相的衍射峰强度明显弱化与宽化，晶态含量明显减少，而非晶态相含量增加；而再随着 Cr 含量增加到 $x=1.3$ 与 1.8 后，$Nd_2(Fe,Co)_{14}B$ 晶态相的含量反而逐渐略有增加，说明加入 $x>0.9$ 的 Cr 会明显抑制 $Nd_2(Fe,Co)_{14}B$ 相与富 Nd 相的结晶，促进了这两种相的非晶化，这是由于 Cr 的原子半径(0.185 nm)与 Fe(0.172 nm)、Co(0.167 nm)、B(0.117 nm)、Nd(0.264 nm)相比，是第二大原子，而且 Cr 在加入母合金后，可以部分取代 $Nd_2(Fe,Co)_{14}B$ 中 Fe 的位置，使其单胞体积膨胀，当 Cr 替代量适当时(如图 17.1(b)中 $x=0.9$)，使 Nd-Fe-B 型相基本满足了多元、原子半径差增大等形成非晶的条件，而促使 Nd-Fe-B 型硬磁性相部分非晶化。而 Cr 含量再增加，Cr 并不能全部进入 Nd-Fe-B 相中替代 Fe，而是在 Nd-Fe-B 基体上与 Fe 形成了 $Fe(Cr)$固溶体，因此，非晶化趋势并没有随着 Cr 含量 $x>0.9$ 而增强，而是略有下降，这反而增加了晶态 Nd-Fe-B 相含量。

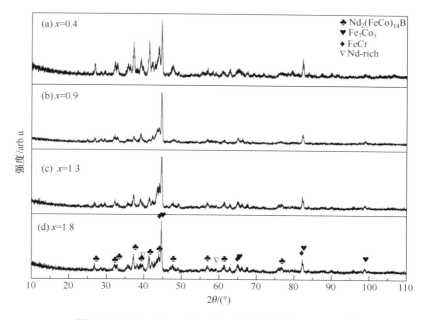

图 17.1　$Nd_{11.3}Fe_{80-x}B_{5.2}Co_{3.5}Cr_x$合金铸态 XRD 图谱

17.2.2　$Nd_{11.3}Fe_{80-x}B_{5.2}Co_{3.5}Cr_x$合金铸态 SEM 分析

图 17.2 为四种不同成分合金 $Nd_{11.3}Fe_{80-x}B_{5.2}Co_{3.5}Cr_x(x=0.4,0.9,1.3,$

1.8)铸态组织的 BSE 像,其中图 17.2(a)~(d)分别与试样 D1~D4 相对应。图 17.3为与图 17.2(d)对应的 $Nd_{11.3}Fe_{80-x}B_{5.2}Co_{3.5}Cr_x$($x=1.8$)铸态合金中不同物相的能谱(EDAS)图,其中图 17.3(a)为树枝状黑色物相的能谱,对应为 Fe_7Co_3 相,图 17.3(b)为细条状黑色物相的能谱,对应为 Fe-Cr 相,图 17.3(c)为灰色物相的能谱,对应为 Nd-Fe-B 型基体。结合图 17.1 中 XRD 分析,灰色的基体相为 $Nd_2(Fe,Co)_{14}B$,黑色相为 Fe-Cr 和 Fe_7Co_3,Fe_7Co_3 相呈树枝状分布在 $Nd_2(Fe-Co)_{14}B$ 灰色的基体上,Fe(Cr)呈细条状分布在晶界处,而白色亮点或条为富 Nd 相。总体对比看,随着合金中 Cr 含量的增加,Fe-Co 晶界相逐渐增加,由图 17.2(a)的断续分布,逐渐变成图 17.2(d)中的连续分布,而且含量逐渐增加;从晶粒大小看,Cr 含量的增加对晶粒细化作用不明显。此外,随着 Cr 含量的增加,白亮色富 Nd 相含量降低。

(a) x=0.4

(b) x=0.9

(c) x=1.3

(d) x=1.8

图 17.2　$Nd_{11.3}Fe_{80-x}B_{5.2}Co_{3.5}Cr_x$ 铸态合金的 SEM 图

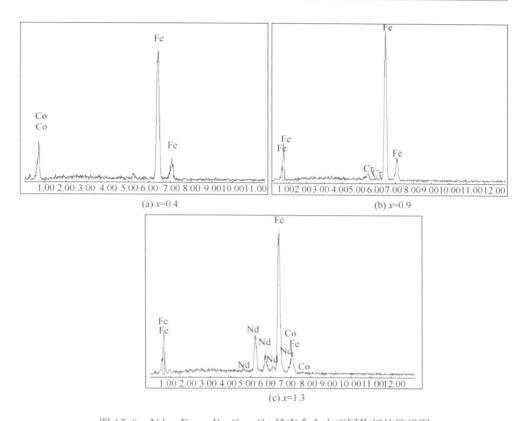

图 17.3 $Nd_{11.3}Fe_{80-x}B_{5.2}Co_{3.5}Cr_x$ 铸态合金中不同物相的能谱图

17.3 $Nd_{11.3}Fe_{80-x}B_{5.2}Co_{3.5}Cr_x$ 合金快淬组织及磁性能分析

17.3.1 $Nd_{11.3}Fe_{80-x}B_{5.2}Co_{3.5}Cr_x$ 合金快淬组织 XRD 分析

图 17.4 为 $Nd_{11.3}Fe_{80-x}B_{5.2}Co_{3.5}Cr_x$($x$=0.4,0.9,1.3,1.8)合金以 30m/s 速度快淬薄带的 XRD 图谱。分析可以发现,四种薄带的物相组成相似,均由 $Nd_2(Fe,Co)_{14}B$、Fe_7Co_3、$Fe(Cr)$ 三种物相组成。与图 17.2 对比,只是富 Nd 相消失了。纵向对比看,当 x=0.4 时,所有衍射峰底部明显宽化,而且衍射杂峰增强,说明即使 Cr 替代量原子比只有 0.4,与图 17.1(a)相比,$Nd_2(Fe,Co)_{14}B$、Fe_7Co_3、$Fe(Cr)$ 三种物相均存在一定含量的非晶态相,而且 Fe_7Co_3 的最强峰比 $Nd_2(Fe,Co)_{14}B$ 相最强峰高;而当 x=0.9 时,除 $Nd_2(Fe,Co)_{14}B$、Fe_7Co_3、$Fe(Cr)$ 三种物相的最强峰比较尖锐外,其他衍射峰已非常弱化,说明薄带中存在一定的结晶择优取向;而 $Nd_2(Fe,Co)_{14}B$ 最强峰高度超过了 Fe_7Co_3 的最强峰,说明 Fe-Co 相也存在

一定的非晶相。再增加 Cr 替代量，$Nd_2(Fe,Co)_{14}B$ 非晶化趋势超过了 Fe-Co 相的比例，使得 $Nd_2(Fe,Co)_{14}B$ 最强峰又比 Fe-Co 相的低了。而当 Cr 含量达到 $x=1.8$ 时，虽然非晶相含量仍比较多，但 $Nd_2(Fe,Co)_{14}B$、Fe_7Co_3、$Fe(Cr)$ 三相形成的尖锐衍射峰增多，说明 Cr 含量替代达到甚至超过 $x=1.8$ 时，薄带的择优取向减弱，$Fe(Cr)$ 相含量增多，这与铸态的图 17.1(d) 相似。

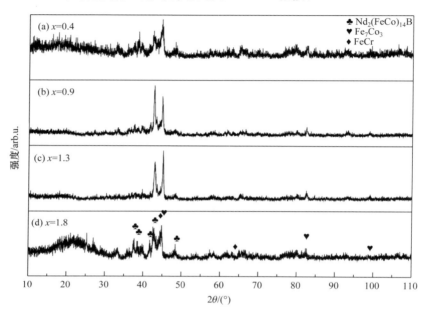

图 17.4　$Nd_{11.3}Fe_{80-x}B_{5.2}Co_{3.5}Cr_x$ 合金快淬薄带的 XRD 图谱

17.3.2　$Nd_{11.3}Fe_{80-x}B_{5.2}Co_{3.5}Cr_x$ 合金快淬薄带磁性能分析

图 17.5 为与图 17.4 对应的 $Nd_{11.3}Fe_{80-x}B_{5.2}Co_{3.5}Cr_x(x=0.4,0.9,1.3,1.8)$ 含金快淬薄带的磁滞回线，表 17.2 给出对应图 17.5 的 $Nd_{11.3}Fe_{80-x}B_{5.2}Co_{3.5}Cr_x$ $(x=0.4,0.9,1.3,1.8)$ 快淬薄带的磁性能。由图 17.5 可以看出，四种薄带的磁化与退磁化行为相似，并且都在第二象限都出现了蜂腰，说明薄带中有不能产生耦合效应的弱磁性相存在，对应图 17.4 可知这种相主要是非晶相。从表 17.2 的磁性能值可以看出，D1 薄带有最大的矫顽力（2083.9Oe）、最高的剩磁（67.8emu/g）与剩磁比（0.53），这主要是由于该薄带中非晶相含量最少，而硬磁性 $Nd_2Fe_{14}B$ 型相含量较高，并能与软磁性相 Fe-Co 产生一定的磁性相互作用，因此，不但具有高的矫顽力，而且剩磁与剩磁比也达到了最大值。D2 合金具有最小的矫顽力、磁化强度与剩磁，这主要是由于薄带中非晶相含量非常高，薄带的各项磁性能参数都明

显减小;D3 合金与 D2 合金相似,但该薄带中 Fe(Cr)含量增加,使得磁化强度增大到 139.0emu/g,也使得剩磁增大;D4 合金中虽然也有非晶相,但随着 Fe(Cr)相含量的增加,Nd-Fe-B 的非晶化趋势减弱,而且在薄带中形成了 $Fe_7Co_3/Nd_2Fe_{14}B/Fe(Cr)$的三明治式耦合作用,因此,薄带的矫顽力、剩磁与剩磁比都增大。

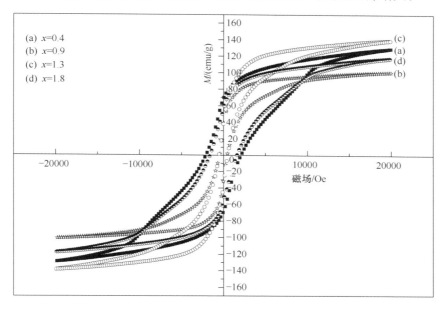

图 17.5　$Nd_{11.3}Fe_{80-x}B_{5.2}Co_{3.5}Cr_x$合金快淬薄带的磁滞回线,(a) $x=0.4$;(b) $x=0.9$;
(c) $x=1.3$;(d) $x=1.8$

表 17.2　$Nd_{11.3}Fe_{80-x}B_{5.2}Co_{3.5}Cr_x$($x=0.4,0.9,1.3,1.8$)快淬薄带的磁性能

编号	H_{ci}/Oe	$M_s/(emu/g)$	$M_r/(emu/g)$	M_r/M_s
D1 ($x=0.4$)	2083.9	129.1	67.8	0.53
D2 ($x=0.9$)	457.2	100.4	31.5	0.31
D3 ($x=1.3$)	517.9	139.0	37.4	0.27
D4 ($x=1.8$)	1599.0	117.4	55.6	0.47

17.4　$Nd_{11.3}Fe_{80-x}B_{5.2}Co_{3.5}Cr_x$合金退火组织及磁性能分析

17.4.1　$Nd_{11.3}Fe_{80-x}B_{5.2}Co_{3.5}Cr_x$合金退火组织 XRD 分析

图 17.6 为 $Nd_{11.3}Fe_{80-x}B_{5.2}Co_{3.5}Cr_x(x=0.4,0.9,1.3,1.8)$快淬薄带在 800℃退火 20min 的 XRD 图谱。分析可以发现,四种退火薄带的物相组成相似,均由 $Nd_2(Fe,Co)_{14}B$、Fe_7Co_3、$Fe(Cr)$ 三种物相组成,这与图 17.4 快淬薄带的物相组成相同,但不同点在于,图 17.6 中退火薄带的衍射峰都已非常尖锐,只在衍射峰的底部有宽化现象。说明,退火并没有使晶粒过分长大,而是基本保持了快淬薄带的晶粒尺寸,同时也意味着,可能还有少量非晶相存在。另外,四种退火薄带中三相的相对含量也有变化,随着 Cr 含量从 $x=0.9$ 增加到 $x=1.8$,退火薄带中的 $Fe(Cr)$ 相含量是在逐渐增加的,而 $Nd_2(Fe,Co)_{14}B$ 相的相对含量在逐渐减少。

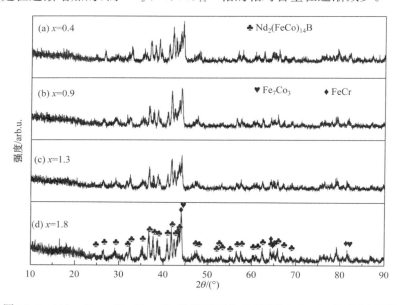

图 17.6　$Nd_{11.3}Fe_{80-x}B_{5.2}Co_{3.5}Cr_x$快淬薄带在 800℃退火 20min 的 XRD 图谱

17.4.2　$Nd_{11.3}Fe_{80-x}B_{5.2}Co_{3.5}Cr_x$合金退火组织 SEM 分析

图 17.7 为 $Nd_{11.3}Fe_{80-x}B_{5.2}Co_{3.5}Cr_x(x=0.4,0.9,1.3,1.8)$快淬薄带在 800℃退火 20min 的 SEM 图像。从四个退火的表面可以看出,$x=0.4$ 与 $x=1.8$ 薄带的退火效果最好,可以看到紧密排列的晶粒和隐约的晶界,晶粒平均大小小于 1mm。而 $x=0.9$ 与 $x=1.3$ 的则只能看到部分晶粒,说明在相同的退火工艺下,$x=0.9$ 与 $x=1.3$ 的薄带退火是不完全的,其中残留有较多的非晶相,这与图 17.4 也是对

应的。可见,一定含量的 Cr 具有稳定非晶相的作用。Cr 含量较少($x<0.4$)或较多($s>1.8$)反而促进晶态相的形成。这与图 17.4 快淬薄带的表现也是一致的。

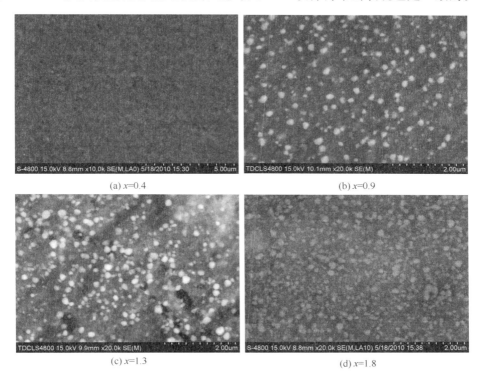

(a) x=0.4　　　　　　　　　　　　　　　　　(b) x=0.9

(c) x=1.3　　　　　　　　　　　　　　　　　(d) x=1.8

图 17.7　Nd$_{11.3}$Fe$_{80-x}$B$_{5.2}$Co$_{3.5}$Cr$_x$快淬薄带在 800℃退火 20min 的 SEM 图像

17.4.3　Nd$_{11.3}$Fe$_{80-x}$B$_{5.2}$Co$_{3.5}$Cr$_x$合金退火磁性能分析

图 17.8 为 Nd$_{11.3}$Fe$_{80-x}$B$_{5.2}$Co$_{3.5}$Cr$_x$(x=0.4,0.9,1.3,1.8)快淬薄带在 800℃退火 20min 的磁滞回线。由图可见,x=0.4 与 x=1.8 的薄带的磁滞回线在第二象限是光滑的,没有台阶,表现为单硬磁性相的特征。而由图 17.6 已知,薄带中始终有三种物相存在,可以说明其中一种硬磁性相与两种软磁性相的耦合作用非常强烈,只是 x=1.8 中含有更多的软磁性相,使薄带的磁能积降低。而 x=0.9 与 x=1.3薄带的磁滞回线则在第二象限存在一定的蜂腰,这主要是由其中残留的弱磁性非晶相造成的,该弱磁性相在一定程度上破坏了软、硬磁性相的耦合作用。

表 17.3 为与图 17.8 对应的 Nd$_{11.3}$Fe$_{80-x}$B$_{5.2}$Co$_{3.5}$Cr$_x$(x=0.4,0.9,1.3,1.8)薄带退火后的磁性能。由表可见,D1 合金具有最好的矫顽力(5375.7Oe)与剩磁值(96.5emu/g),其次是 D4 薄带。而且这两种薄带的剩磁比都超过了 0.65,说明确实产生了剩磁增强效应。而 x=0.9 与 x=1.3 薄带的剩磁比虽然也超过了

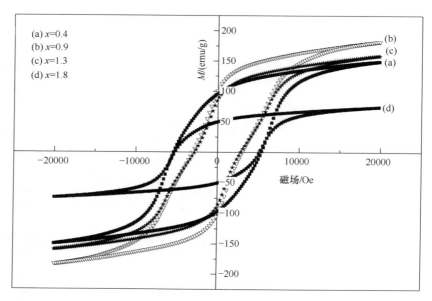

图 17.8　$Nd_{11.3}Fe_{80-x}B_{5.2}Co_{3.5}Cr_x$ 快淬薄带在 800℃退火 20min 的磁滞回线

0.5,但由于非晶相的存在,其矫顽力明显弱化。有意思的是,表 17.3 中矫顽力的变化规律与表 17.2 快淬薄带的矫顽力变化规律非常相似,这也证明,薄带中的非晶相含量确实对薄带的矫顽力机制起着关键作用。

表 17.3　$Nd_{11.3}Fe_{80-x}B_{5.2}Co_{3.5}Cr_x$ $(x=0.4,0.9,1.3,1.8)$薄带退火后的磁性能

编号	H_{ci}/Oe	$M_s/(emu/g)$	$M_r/(emu/g)$	M_r/M_s
D1 $(x=0.4)$	5375.7	149.2	96.5	0.65
D2 $(x=0.9)$	2784.2	182.3	107.0	0.59
D3 $(x=1.3)$	2845.6	158.4	86.6	0.55
D4 $(x=1.8)$	5105.2	73.8	50.5	0.68

17.5　$Nd_{11.3}Fe_{80-x}B_{5.2}Co_{3.5}Cr_x$合金球磨组织及磁性能分析

17.5.1　$Nd_{11.3}Fe_{80-x}B_{5.2}Co_{3.5}Cr_x$合金球磨粉末组织形貌

图 17.9 是 $Nd_{11.3}Fe_{80-x}B_{5.2}Co_{3.5}Cr_x$$(x=0.4,0.9,1.3,1.8)$薄带以 400r/min

速度在 QQM 型球磨机上球磨 5h 的扫描电子图像。由图可见,随着 Cr 含量的增加,粉末的粒度越来越大,坚硬的大颗粒越来越多。图 17.9(a)中 $x=0.4$ 薄带的粉末粒度比较均匀,一般小于 $5\mu m$;而 $x=1.8$ 的薄带中都有超过 $10\mu m$ 的粉末。这反映出,$x=0.4$ 薄带中脆性相(Nd$_2$Fe$_{14}$B 型相)含量多,韧性软磁性相较少,因此粉末粒度比较均匀。而随着 Cr 含量从 $x=0.9$ 增加到 $x=1.8$,薄带中的Fe(Cr)含量增多,而这种相的韧性非常好,在同等载荷条件下具有比 Nd$_2$Fe$_{14}$B 更好的韧性,该相应该对应于图中的大颗粒。而那些小粉末颗粒对应于 Nd$_2$Fe$_{14}$B 型相。从图中也可以看出,Nd$_2$Fe$_{14}$B 型相含量是随着 Cr 替代量的增加而减少的。

(a) $x=0.4$

(b) $x=0.9$

(c) $x=1.3$

(d) $x=1.8$

图 17.9 Nd$_{11.3}$Fe$_{80-x}$B$_{5.2}$Co$_{3.5}$Cr$_x$薄带以 400r/min 速度球磨 5h 的扫描电子图像

17.5.2 Nd$_{11.3}$Fe$_{80-x}$B$_{5.2}$Co$_{3.5}$Cr$_x$合金球磨粉末磁性能

图 17.10 为 Nd$_{11.3}$Fe$_{80-x}$B$_{5.2}$Co$_{3.5}$Cr$_x$($x=0.4,0.9,1.3,1.8$)薄带以 400r/min 速度球磨 5h 的磁滞回线。可见,四种薄带粉末表现为相似的特性,并且都在第二象限存在蜂腰特征,说明球磨粉末中存在了弱磁性相。表 17.4 为与图 17.10 对应的 Nd$_{11.3}$Fe$_{80-x}$B$_{5.2}$Co$_{3.5}$Cr$_x$($x=0.4,0.9,1.3,1.8$)薄带球磨的磁性能。与球磨前的表 17.3 对比会发现,大多数性能都有所降低,但 $x=0.4$ 与 $x=1.8$ 薄带粉末降

低得最多,说明支持其高性能的硬磁性 $Nd_2Fe_{14}B$ 型相含量在减少。这可能是由于这种球磨工艺在一定程度上破坏了 $Nd_2Fe_{14}B$ 型相结构,使其再度非晶化,该非晶相在产生蜂腰的同时,降低了薄带的矫顽力,破坏了软、硬磁性相间的相互作用,使剩磁比减小。

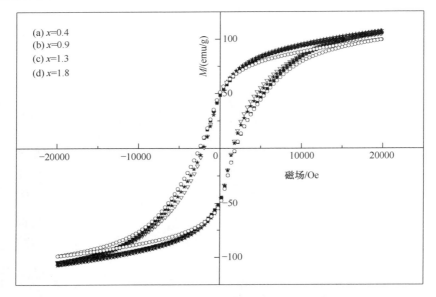

图 17.10　$Nd_{11.3}Fe_{80-x}B_{5.2}Co_{3.5}Cr_x$ 薄带以 400r/min 速度球磨 5h 的磁滞回线

表 17.4　$Nd_{11.3}Fe_{80-x}B_{5.2}Co_{3.5}Cr_x(x=0.4,0.9,1.3,1.8)$ 薄带球磨的磁性能

编号	H_{ci}/Oe	$M_s/(emu/g)$	$M_r/(emu/g)$	M_r/M_s
D1 $(x=0.4)$	1981.6	104.7	50.0	0.478
D2 $(x=0.9)$	2455.2	105.0	47.9	0.456
D3 $(x=1.3)$	2050.8	107.3	49.9	0.465
D4 $(x=1.8)$	2504.3	99.1	51.0	0.515

17.6　本 章 小 结

本章通过采用电弧炉熔炼 $Nd_{11.3}Fe_{80-x}B_{5.2}Co_{3.5}Cr_x(x=0.4,0.9,1.3,1.8)$ 合

金,对铸态合金以 30m/s 速度进行熔体快淬,并进行退火、球磨处理,可以得到以下结论:

(1) $Nd_{11.3}Fe_{80-x}B_{5.2}Co_{3.5}Cr_x$($x=0.4,0.9,1.3,1.8$)合金铸态均由 $Nd_2(Fe,Co)_{14}B$、Fe_7Co_3、$Fe(Cr)$和富 Nd 相四种物相组成。加入的 Cr 主要与 Fe 形成 $Fe(Cr)$固溶体相,该相以细片状分布于主相 $Nd_2(Fe,Co)_{14}B$ 的晶界处,随着 Cr 含量增加,晶界处 $Fe(Cr)$相含量增加。Fe_7Co_3 与富 Nd 相主要在晶内及部分晶界处分布。在铸态合金中加入 $x>0.9$ 的 Cr 会明显抑制 $Nd_2(Fe,Co)_{14}B$ 相与富 Nd 相的结晶,并促进这两种相非晶化。

(2) $Nd_{11.3}Fe_{80-x}B_{5.2}Co_{3.5}Cr_x$($x=0.4,0.9,1.3,1.8$)合金以 30m/s 速度快淬薄带均由 $Nd_2(Fe,Co)_{14}B$、Fe_7Co_3、$Fe(Cr)$三种物相及一定含量的非晶态相组成。随着 Cr 替代量增加,薄带中 $Fe(Cr)$相含量增加。非晶态相含量决定了薄带的磁性能,其中非晶相含量最少的 D1 薄带有最大的矫顽力(2083.9 Oe)、最高的剩磁(67.8emu/g)与剩磁比(0.53)。

(3) $Nd_{11.3}Fe_{80-x}B_{5.2}Co_{3.5}Cr_x$($x=0.4,0.9,1.3,1.8$)快淬薄带在 800℃ 退火 20min 均由 $Nd_2(Fe,Co)_{14}B$、Fe_7Co_3、$Fe(Cr)$三种物相组成。Cr 含量在 $0.4<x<1.8$ 范围内时,具有稳定薄带中非晶态相的作用。随着 Cr 含量从 $x=0.9$ 增加到 $x=1.8$,退火薄带中的 $Fe(Cr)$相含量是在逐渐增加的,而 $Nd_2(Fe,Co)_{14}B$ 相的相对含量在逐渐减少。非晶相含量决定了薄带的磁性能,非晶相含量较少的 D1 合金具有最好的矫顽力(5375.7Oe)与剩磁值(96.5emu/g),其次是 D4 薄带。

(4) 随着 Cr 含量的增加,$Nd_{11.3}Fe_{80-x}B_{5.2}Co_{3.5}Cr_x$($x=0.4,0.9,1.3,1.8$)薄带以 400r/min 速度在 QQM 型球磨机上球磨 5h 后的粉末的粒度越来越大,坚硬的 $Fe(Cr)$大颗粒越来越多。$Nd_2Fe_{14}B$ 型相含量随着 Cr 替代量的增加而减少。球磨粉末的磁性能也由于主相晶体结构被部分破坏而减小。

第 18 章 $Nd_{11.3}Fe_{80-x}B_{5.2}Co_{3.5}Al_x$ 合金的微结构与磁性能的研究

18.1 引　　言

Al 是非磁性元素,从而可以调整磁体的内禀磁性能;Al 的熔点远比 Nd、Fe 及 Fe-B 合金的低(660℃),在熔炼过程中会改变合金的润湿性,降低合金整体的熔化温度;但同时也会增加合金的黏度,使原子在合金中的扩散比较困难,从而增加合金的非晶化形成能力。在合金凝固过程中,Al 原子还可以抑制晶粒的长大,从而有助于得到细晶磁体。因此,本章将 Al 加入 $Nd_{11.3}Fe_{80}B_{5.2}Co_{3.5}$ 合金中,重点研究 Al 含量对该类合金的结构和磁性能的影响。试验以纯的 Nd(99.6%)、Fe(99.8%)、Co(99.8%)、Al(99.6%)及 Fe-B 合金(含 19.98%B)为原材料,并且由于 Al 在合金中主要影响 Fe 的分布,所以合金成分设计为 $Nd_{11.3}Fe_{80-x}B_{5.2}Co_{3.5}Al_x(x=0.5,1,1.5,2)$,具体的合金成分与编号如表 18.1 所示。

表 18.1　$Nd_{11.3}Fe_{80-x}B_{5.2}Co_{3.5}Al_x$ 合金的成分

编号	Al 的含量	分子式
G1	$x=0.5$	$Nd_{11.3}Fe_{79.5}B_{5.2}Co_{3.5}Al_{0.5}$
G2	$x=1.0$	$Nd_{11.3}Fe_{79}B_{5.2}Co_{3.5}Al_1$
G3	$x=1.5$	$Nd_{11.3}Fe_{78.5}B_{5.2}Co_{3.5}Al_{1.5}$
G4	$x=2.0$	$Nd_{11.3}Fe_{78}B_{5.2}Co_{3.5}Al_2$

试验首先用 WK-Ⅱ型非自耗真空电弧炉按照表 18.1 成分配比(以下为了叙述方便,四种成分的合金分别命名为 G1、G2、G3、G4。)熔炼合金,铸态合金接着以 35m/s 速度在熔体快淬炉上快淬成薄带。随后将甩成的薄带放在瓷坩埚中,在外热管式真空晶化炉中在 800℃晶化 8min 后风冷。操作时先将炉体加热到 800℃,然后将加热管推入,使其快速升温至 800℃,然后保温 8min 后,拉出炉体,进行风冷。退火后的薄带在 QQM 型球磨机上用 120♯航空汽油保护,以 300r/min 速度球磨 4h 后继续以 500r/min 转速球磨 0.5h。对不同状态的合金分别用 XRD、SEM、VSM 等仪器进行分析。

18.2　$Nd_{11.3}Fe_{80-x}B_{5.2}Co_{3.5}Al_x$ 合金快淬组织的 XRD 分析

图 18.1 为 $Nd_{11.3}Fe_{80-x}B_{5.2}Co_{3.5}Al_x(x=0.5,1,1.5,2)$ 合金以 35m/s 速度快淬薄带的 XRD 图谱。总体来看,随着 Al 含量的增加,四种合金的 XRD 谱主要由一个大的非晶漫散射峰构成,只有 $Nd_2(Fe,Co)_{14}B$ 与 Fe_7Co_3 相的几个强衍射峰还可鉴定,因此,合金的非晶化程度随着 Al 含量的增加变得越来越严重,尤其是 G4 合金,几乎完全由非晶态相组成。同时也说明四个样品的快淬薄带均由非晶相加一定含量的微晶组成,但相对含量有所变化。而由 $Nd_2(Fe,Co)_{14}B$ 相的强衍射峰根据谢乐公式估算,其晶粒尺寸分布在 20~70nm。可见,铝的加入使合金非晶化能力增强,或者说提高了 $Nd_{11.3}Fe_{80}B_{5.2}Co_{3.5}$ 合金的非晶形成能力。这主要是由于加入的铝增加了 $Nd_{11.3}Fe_{80}B_{5.2}Co_{3.5}$ 合金的黏度,使原子在合金中扩散比较困难,而且加上快速的冷却条件,合金来不及进行有序的形核并完成结晶。

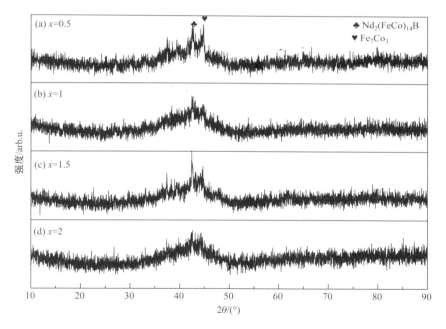

图 18.1　$Nd_{11.3}Fe_{80-x}B_{5.2}Co_{3.5}Al_x$ 合金快淬薄带的 XRD 图谱

18.3 $Nd_{11.3}Fe_{80-x}B_{5.2}Co_{3.5}Al_x$ 合金退火组织及磁性能分析

18.3.1 $Nd_{11.3}Fe_{80-x}B_{5.2}Co_{3.5}Al_x$ 合金退火组织 XRD 分析

图 18.2 为 $Nd_{11.3}Fe_{80-x}B_{5.2}Co_{3.5}Al_x(x=0.5,1,1.5,2)$ 快淬薄带在 800℃退火 8min 的 XRD 图谱。分析可以发现,四种退火薄带的物相组成相似,均由 $Nd_2(Fe,Co)_{14}B$、Fe_7Co_3、$Al_{0.4}Fe_{0.6}$ 三种物相组成。与图 18.1 快淬薄带的 XRD 图谱相比,薄带在 800℃退火 8min 热处理后,非晶漫散射峰消失,$Nd_2(Fe,Co)_{14}B$、Fe_7Co_3、$Al_{0.4}Fe_{0.6}$ 三种物相基本完成晶化过程。由衍射峰的半高宽计算得到,晶粒的尺度基本还保持在 20~70 nm,说明晶化过程并没有使晶粒明显长大。而且随着 Al 含量从 $x=0.5$ 增加到 $x=2.0$,两种富铁相(Fe_7Co_3 与 $Al_{0.4}Fe_{0.6}$)的含量变化较明显。其中,Fe_7Co_3 相含量在 $x=0.5$ 时最多(110 衍射峰最强),而 $Al_{0.4}Fe_{0.6}$ 相含量则在 $x=1.0$ 时达到最高(100 衍射峰最强)。而随着 Al 含量增加到 $x=1.5$ 与 2.0,由于薄带中 Fe 含量降低,两种富 Fe 相含量反而降低,而部分 Al 与 Co 则置换部分 Fe 而形成 $Nd_2(Fe,Co,Al)_{14}B$ 相,并使其含量相对增加。由于 Al 的原子半径(0.182nm)比 Fe 的(0.172nm)大,而 Co 的原子半径(0.167nm)又比 Fe 的小,所以 Co 与 Al 对 Fe 的替代并没有明显使 $Nd_2(Fe,Co)_{14}B$ 单胞体积膨胀,这可以从图 18.2 中竖线 A 与 2∶14∶1 最强衍射峰的相对位置基本一致得到证明。这说明,加入 Al 后,一方面,Al 与 Fe 结合形成 $Al_{0.4}Fe_{0.6}$ 新的简单立方结构的化合物;另一方面,多余的 Al 会部分置换 Fe 而改变 $Nd_2(Fe,Co)_{14}B$ 的结构与内禀磁性能。

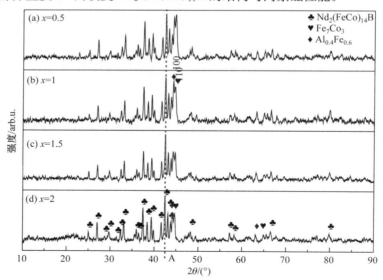

图 18.2 $Nd_{11.3}Fe_{80-x}B_{5.2}Co_{3.5}Al_x$ 快淬薄带在 800℃退火 8min 的 XRD 图谱

18.3.2　$Nd_{11.3}Fe_{80-x}B_{5.2}Co_{3.5}Al_x$合金退火组织的 SEM 分析

图 18.3 为 $Nd_{11.3}Fe_{80-x}B_{5.2}Co_{3.5}Al_x (x=0.5, 1, 1.5, 2)$快淬薄带自由面在800℃退火 8min 的扫描电子图像。从图中可以看出，四种合金薄带表面均由非常细小的颗粒组成，说明四种薄带均由非常明显的晶态相形成，这与图 18.2 的结果是对应的。尤其是 G3 与 G4 薄带表面的颗粒更致密但尺度略大。

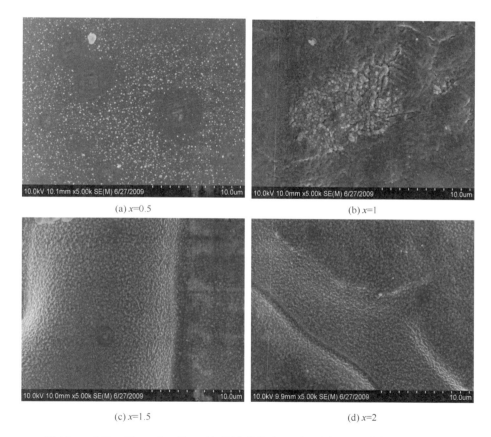

(a) $x=0.5$　　　　　　　　　　　　　(b) $x=1$

(c) $x=1.5$　　　　　　　　　　　　　(d) $x=2$

图 18.3　$Nd_{11.3}Fe_{80-x}B_{5.2}Co_{3.5}Al_x$快淬薄带在 800℃退火 8min 的扫描电子图像

18.3.3　$Nd_{11.3}Fe_{80-x}B_{5.2}Co_{3.5}Al_x$合金退火磁性能分析

图 18.4 为 $Nd_{11.3}Fe_{80-x}B_{5.2}Co_{3.5}Al_x (x=0.5, 1, 1.5, 2)$快淬薄带在 800℃退火 8min 的磁滞回线。总体看，四种退火薄带具有相似的退磁行为与反磁化机制，基本表现为单硬磁性相的退磁行为。而由图 18.2 已知，四种薄带中总是存在着三种相，即硬磁性 $Nd_2(Fe,Co)_{14}B$ 相，具有非常好的软磁性能的 Fe_7Co_3 相，

以及弱的软磁性相 $Al_{0.4}Fe_{0.6}$，而且晶粒尺度较小，说明 $Fe_7Co_3/Nd_2(Fe,Co)_{14}B/$ $Al_{0.4}Fe_{0.6}$ 三相形成了比较强的磁性耦合体系，产生了较好的硬磁行为。但缺陷是，四种退火薄带都在第二象限存在一个非常小的台阶，这说明薄带中总是存在一个弱磁性相，该弱磁性相使薄带在反磁化时比较容易形成反磁化核，并且在反磁化时略降低了薄带的矫顽力。第四象限出现的台阶较大，除了与该弱磁性相有关外，主要还由于测量磁场较小，没有使薄带磁化饱和，从而降低了负的磁化强度值与正磁化方向的矫顽力值，该弱磁性相就是 $Al_{0.4}Fe_{0.6}$。表 18.2 为与图 18.4 对应的 $Nd_{11.3}Fe_{80-x}B_{5.2}Co_{3.5}Al_x(x=0.5,1,1.5,2)$ 薄带退火后的磁性能。可见，四种退火薄带中，G3 与 G4 具有较高的矫顽力（7227.8Oe 与 6244.8Oe），剩磁比也最接近 0.50。由图 18.2 已知，G3 与 G4 薄带中硬磁相 $Nd_2(Fe,Co)_{14}B$ 含量较高，两种富 Fe 相含量较少。可见，在目前的 $Nd_{11.3}Fe_{80-x}$ $B_{5.2}Co_{3.5}Al_x$ 合金体系及 35m/s 的快淬速度下，使薄带中硬磁性相增加对增加薄带的硬磁行为更有利。

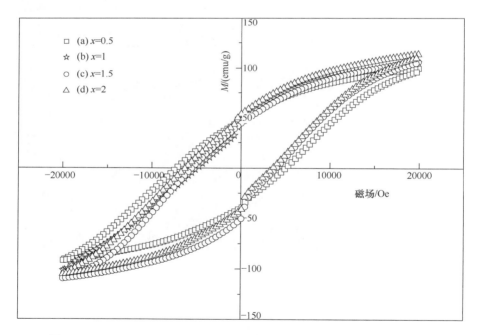

图 18.4　$Nd_{11.3}Fe_{80-x}B_{5.2}Co_{3.5}Al_x$ 快淬薄带在 800℃退火 8min 的磁滞回线

表 18.2　Nd$_{11.3}$Fe$_{80-x}$B$_{5.2}$Co$_{3.5}$Al$_x$($x=0.5,1,1.5,2$)快淬薄带退火后的磁性能

编号	H_{cj}/Oe	M_s/(emu/g)	M_r/(emu/g)	M_r/M_s
G1 ($x=0.5$)	4924.6	108.1	47.1	0.44
G2 ($x=1$)	5474.9	106.2	44.0	0.41
G3 ($x=1.5$)	7227.8	99.4	50.4	0.51
G4 ($x=2$)	6244.8	113.8	53.5	0.47

18.4　Nd$_{11.3}$Fe$_{80-x}$B$_{5.2}$Co$_{3.5}$Al$_x$合金球磨组织及磁性能分析

18.4.1　Nd$_{11.3}$Fe$_{80-x}$B$_{5.2}$Co$_{3.5}$Al$_x$合金球磨粉末 XRD 分析

图 18.5 为 Nd$_{11.3}$Fe$_{80-x}$B$_{5.2}$Co$_{3.5}$Al$_x$($x=0.5,1,1.5,2$)退火薄带经 300r/min 球磨 4h,然后继续以转速 500r/min 球磨 0.5h 磁粉的 XRD 图谱。分析可以发现,与图 18.2 退火薄带相比,四种球磨薄带的物相组成与退火后薄带相同,也由 Nd$_2$(Fe,Co)$_{14}$B、Fe$_7$Co$_3$、Al$_{0.4}$Fe$_{0.6}$三种物相组成;不同的是三种物相的衍射峰较

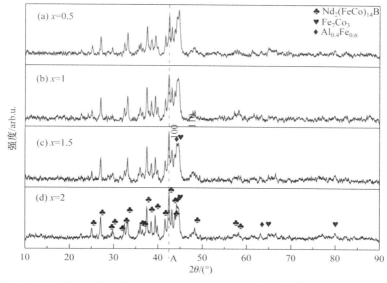

图 18.5　Nd$_{11.3}$Fe$_{80-x}$B$_{5.2}$Co$_{3.5}$Al$_x$($x=0.5,1,1.5,2$)快淬薄带球磨后的 XRD 图谱

退火后的均有宽化现象,这一方面表明球磨使晶粒细化了;另一方面也意味着晶态相中晶粒间可能存在着较大的应力。而这种应力也会部分地破坏晶态相的晶体结构,使其产生较大的畸变,也可能会产生少量的非晶相。另外,球磨后的四种合金随着 Al 含量从 $x=0.5$ 增加到 $x=2.0$,退火薄带中的 $Al_{0.4}Fe_{0.6}$ 相与 $Nd_2(Fe,Co)_{14}B$ 的相对含量均是在逐渐增加的,而 Fe_7Co_3 相则是随着 Al 含量增加在逐渐减少。两种富 Fe 相含量也是随着 Al 的增加在减少,与退火薄带有相似的规律,这主要是由于薄带中总的 Fe 含量在减少,Fe 会优先形成 2∶14∶1 相,剩余的才会形成富 Fe 相。由竖线可以看出,$Nd_2(Fe,Co)_{14}B$ 型相的主衍射峰没有随着 Al 含量的增加发生明显的偏移,也说明 Fe、Co、Al 三种不同大小的原子在 2∶14∶1 相中达到了一种平衡。

18.4.2　$Nd_{11.3}Fe_{80-x}B_{5.2}Co_{3.5}Al_x$ 合金球磨粉末磁性能

图 18.6 为在 800℃退火 8min 的 $Nd_{11.3}Fe_{80-x}B_{5.2}Co_{3.5}Al_x$ ($x=0.5,1,1.5,2$) 快淬薄带以 300r/min 速度球磨 4h 后继续以 500r/min 转速球磨 0.5h 后的磁滞回线。四种球磨薄带的磁滞回线非常相似,说明表现为相同的磁化与反磁化机制;并且都在第二象限出现了蜂腰,说明有连续的软磁性相存在。与退火后的薄带的磁

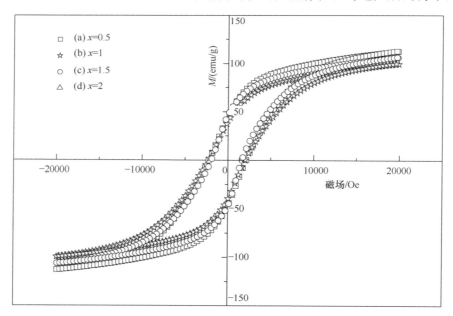

图 18.6　$Nd_{11.3}Fe_{80-x}B_{5.2}Co_{3.5}Al_x$ 球磨薄带的磁滞回线

滞回线(图 18.4)相比,矫顽力明显减小。表 18.3 列出了图 18.5 的主要磁性能参数,可以发现,球磨后薄带的矫顽力只有退火薄带的约 1/4,剩磁比也有所下降。由图 18.5 知,在球磨薄带中实际上可能存在着 $Fe_7Co_3/Nd_2(Fe,Co)_{14}B/$ $Al_{0.4}Fe_{0.6}$/非晶相四种相,而 $Nd_2(Fe,Co)_{14}B$ 相中也存在着较大的畸变,会降低其硬磁性能,复杂的畸变相的存在也降低了软、硬磁性相间的耦合作用,使得薄带不但矫顽力变小,而且剩磁增强效应也不明显,需要继续减弱球化破碎过程中的强度。

表 18.3　$Nd_{11.3}Fe_{80-x}B_{5.2}Co_{3.5}Al_x(x=0.5,1,1.5,2)$ 薄带球磨的磁性能

编号	H_{ci}/Oe	M_s/(emu/g)	M_r/(emu/g)	M_r/M_s
G1 ($x=0.5$)	1496.6	133.5	54	0.40
G2 ($x=1$)	2181.5	96.7	36.3	0.38
G3 ($x=1.5$)	1377.2	120.8	42.6	0.35
G4 ($x=2$)	1232.8	105.2	43.1	0.41

18.5　本 章 小 结

本章将 Al 加入 $Nd_{11.3}Fe_{80}B_{5.2}Co_{3.5}$ 合金中,并将熔炼的 $Nd_{11.3}Fe_{80-x}B_{5.2}Co_{3.5}$ $Al_x(x=0.5,1,1.5,2)$ 合金以 35m/s 速度在熔体快淬炉上快淬成薄带。重点研究了 Al 含量对该类合金薄带的结构和磁性能的影响,得到以下结论:

(1) $Nd_{11.3}Fe_{80-x}B_{5.2}Co_{3.5}Al_x(x=0.5,1,1.5,2)$ 合金以 35m/s 速度快淬薄带主要由非晶相组成,而且随着 Al 含量的增加,非晶化程度变得越来越严重。Al 的加入使合金非晶化能力增强,提高了 $Nd_{11.3}Fe_{80}B_{5.2}Co_{3.5}$ 合金的非晶形成能力。

(2) 在 800℃退火 8min 的 $Nd_{11.3}Fe_{80-x}B_{5.2}Co_{3.5}Al_x$ 快淬薄带均由 $Nd_2(Fe,Co)_{14}B$、Fe_7Co_3、$Al_{0.4}Fe_{0.6}$ 三种物相组成。随着 Al 含量增加,Fe_7Co_3 相含量在 $x=0.5$ 时最多,$Al_{0.4}Fe_{0.6}$ 相含量则在 $x=1.0$ 时达到最高。当 Al 含量增加到 $x=1.5$ 与 2.0 时,两种富 Fe 相含量降低,$Nd_2(Fe,Co,Al)_{14}B$ 相含量增加。在薄带中形成了 $Fe_7Co_3/Nd_2(Fe,Co)_{14}B/Al_{0.4}Fe_{0.6}$ 三相耦合体系,产生了较好的硬磁行为。其中 $x=1.5$ 与 $x=2.0$ 的薄带具有较高的矫顽力(7227.8Oe 与 6244.8Oe),剩磁比也最接近 0.50。

　　(3) $Nd_{11.3}Fe_{80-x}B_{5.2}Co_{3.5}Al_x$ ($x=0.5,1,1.5,2$)退火薄带经 300r/min 球磨 4h,然后继续以 500r/min 转速球磨 0.5h 后,四种球磨薄带均由 $Nd_2(Fe,Co)_{14}B$、Fe_7Co_3、$Al_{0.4}Fe_{0.6}$ 三种物相组成;但随着 Al 含量增加,薄带中的 $Al_{0.4}Fe_{0.6}$ 相与 $Nd_2(Fe,Co)_{14}B$ 的相对含量在逐渐增加,而 Fe_7Co_3 相在逐渐减少。球磨使晶粒细化的同时也使晶粒间可能存在着较大的应力,部分地破坏了晶态相的晶体结构,降低了 $Nd_2(Fe,Co)_{14}B$ 硬磁性能,复杂的畸变相的存在也降低了软硬磁性相间的耦合作用,使得薄带不但矫顽力变小,而且剩磁增强效应也不明显。

第 19 章 $Nd_2(Fe,Co)_{14}B/Fe_7Co_3$ 原位自生双相纳米磁性材料的微结构及磁性能的研究

19.1 引　　言

　　Zr 是非磁性元素,也是高熔点元素(1852℃),加入 $Nd_2Fe_{14}B$ 合金中可以形成高熔点钉扎相,有望提高矫顽力。同时由于 Zr 的原子半径(0.216nm)比 Fe 的原子半径(0.172nm)略大,所以,Zr 可能会进入 $Nd_2Fe_{14}B$ 相中取代部分 Fe,改变 $Nd_2Fe_{14}B$ 型相的结构与磁性能。Zr 也会影响原子的扩散,抑止硬磁相晶粒的长大,细化合金晶粒从而改善合金磁性能。因此,本章将不同含量的 Zr 加入 $Nd_{11.3}Fe_{80}B_{5.2}Co_{3.5}$ 合金中,制备了 $Nd_{11.3}Fe_{80-x}B_{5.2}Co_{3.5}Zr_x$ 系列合金和薄带。

　　试验以纯 Nd(99.6%)、纯 Fe(99.8%)、纯 Co(99.8%)、纯 Zr(99.9%)及 FeB 合金(含 19.98%B)为原材料,合金成分设计为 $Nd_{11.3}Fe_{80-x}B_{5.2}Co_{3.5}Zr_x$($x=0.5$, 1,1.5,2),合金成分与编号如表 19.1 所示,以下为叙述方便,将四种合金试样分别命名为 H1、H2、H3、H4。试验首先用 WK-Ⅱ型非自耗真空电弧炉按照成分配比熔炼合金,铸态合金接着以 35m/s 速度在熔体快淬炉上快淬成薄带。随后将甩成的薄带放在瓷坩埚中,在外热管式真空晶化炉中 810℃ 晶化不同时间后风冷。对不同状态的合金分别用 XRD、SEM、VSM 等仪器进行分析。本章重点探讨 $Nd_{11.3}Fe_{80-x}B_{5.2}Co_{3.5}Zr_x$($x=0.5$,1,1.5,2)合金的相结构与 Zr 含量对磁性能的影响,并研究了退火时间对材料磁性能的影响。

表 19.1　$Nd_{11.3}Fe_{80-x}B_{5.2}Co_{3.5}Zr_x$ 合金的成分

编号	Zr 含量	分子式
H1	$x=0.5$	$Nd_{11.3}Fe_{79.5}B_{5.2}Co_{3.5}Zr_{0.5}$
H2	$x=1.0$	$Nd_{11.3}Fe_{79}B_{5.2}Co_{3.5}Zr_{1.0}$
H3	$x=1.5$	$Nd_{11.3}Fe_{78.5}B_{5.2}Co_{3.5}Zr_{1.5}$
H4	$x=2.0$	$Nd_{11.3}Fe_{78}B_{5.2}Co_{3.5}Zr_{2.0}$

19.2　$Nd_{11.3}Fe_{80-x}B_{5.2}Co_{3.5}Zr_x$ 合金快淬薄带磁性能分析

　　图 19.1 为 $Nd_{11.3}Fe_{80-x}B_{5.2}Co_{3.5}Zr_x$($x=0.5$,1,1.5,2)快淬薄带的磁滞回线。由图 19.1 可以看到,H3 与 H4 的磁滞回线饱满,磁性能较 H1、H2 的优异,H1 与 H2 薄带在第二象限存在蜂腰。表 19.2 给出了对应图 19.1 的 $Nd_{11.3}Fe_{80-x}B_{5.2}Co_{3.5}Zr_x$($x=0.5$,1,1.5,2)快淬薄带的磁性能。随着 Zr 替代量的增加,$Nd_{11.3}$

$Fe_{80-x}B_{5.2}Co_{3.5}Zr_x$合金薄带的矫顽力、剩磁与剩磁比增加,但 Zr 含量达到 $x=1$ 时,矫顽力与 $x=0.5$ 的相当,但磁化强度增加;当 Zr 含量增加到 $x=1.5$ 时,矫顽力、磁化强度、剩磁与剩磁比各项磁性能参数均较 $x=0.5$ 与 1 时明显增加,矫顽力均超过了 9000Oe,磁化强度超过了 160emu/g,剩磁达到了 86~91emu/g,剩磁比超过了 0.5。这说明在 35m/s 的快淬速度下,对于 $Nd_{11.3}Fe_{80-x}B_{5.2}Co_{3.5}Zr_x(x=0.5,1,1.5,2)$合金,Zr 的加入有利于合金中晶态相的形成;当 Zr 含量增加量小于 $x=1.0$ 时,薄带合金中还会有一定的非晶态相,导致 H1 与 H2 二者磁性能较差;而当 Zr 含量增加到超过 $x=1.5$ 时,随着 Zr 含量增加,Zr 阻止晶粒长大效果明显,晶粒细小,得到了一定含量的晶态软、硬磁性相,并能够很好地耦合,所以 H3 的矫顽力达到了 9241.0Oe,剩磁为 91.5emu/g,剩磁比为 0.57,获得了较为优异的磁性能。

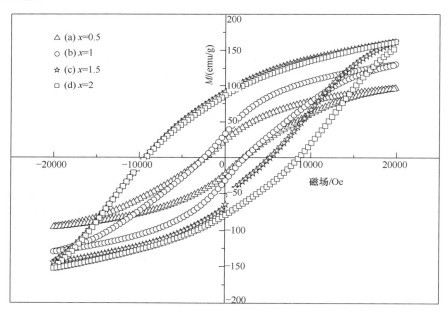

图 19.1 $Nd_{11.3}Fe_{80-x}B_{5.2}Co_{3.5}Zr_x$快淬薄带的磁滞回线

表 19.2 $Nd_{11.3}Fe_{80-x}B_{5.2}Co_{3.5}Zr_x(x=0.5,1,1.5,2)$快淬薄带的磁性能

编号	H_{ci}/Oe	$M_s/(emu/g)$	$M_r/(emu/g)$	M_r/M_s
H1($x=0.5$)	2301.2	96.2	23.7	0.25
H2($x=1$)	2410.8	130.4	33.1	0.25
H3($x=1.5$)	9241.0	161.8	91.5	0.57
H4($x=2$)	9205.6	161.6	86.3	0.53

19.3　Nd$_{11.3}$Fe$_{80-x}$B$_{5.2}$Co$_{3.5}$Zr$_x$合金退火组织及磁性能分析

19.3.1　Nd$_{11.3}$Fe$_{80-x}$B$_{5.2}$Co$_{3.5}$Zr$_x$合金薄带退火组织 XRD 分析

图 19.2 为 Nd$_{11.3}$Fe$_{80-x}$B$_{5.2}$Co$_{3.5}$Zr$_x$(x=0.5,1,1.5,2)合金快淬薄带在 800℃
退火 15min 的 XRD 图谱。分析可以发现,四种退火薄带的物相组成相似,均由主
相 Nd$_2$(Fe,Co)$_{14}$B 与富 Fe 相 Fe$_7$Co$_3$ 及 Fe$_2$Zr 三种物相组成。Fe$_2$Zr 具有面心立
方结构,具有一定的软磁性能。三种物相的衍射峰的半高宽都比较宽,说明 800℃
退火 15min 的退火工艺在使三种物相晶化的同时并没有使这些晶态相明显长大,
而是基本保留了快淬态薄带的细晶组织。随着 Zr 替代含量的增加,Nd$_2$(Fe,
Co)$_{14}$B 相的 314 衍射峰与 Fe$_7$Co$_3$ 相的 110 衍射峰的强度均在减弱,意味着
Nd$_2$(Fe,Co)$_{14}$B相的含量是随着 Zr 替代量的增加而减少的,因此,Nd$_2$(Fe,Co)$_{14}$B
相的 410 衍射峰也应当随着 Zr 替代量的增加而减弱,而与 Nd$_2$(Fe,Co)$_{14}$B 相的
410 衍射峰重叠的 Fe$_2$Zr 相的 311 衍射峰的强度就意味着是增强的。这说明两种
富 Fe 相中的 Fe$_2$Zr 相的含量逐渐增加,Fe$_7$Co$_3$ 相的含量则逐步减少。

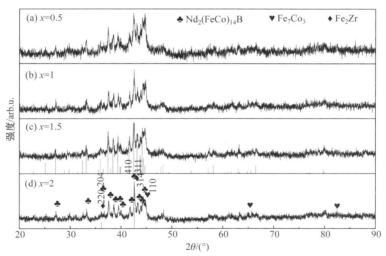

图 19.2　Nd$_{11.3}$Fe$_{80-x}$B$_{5.2}$Co$_{3.5}$Zr$_x$快淬薄带在 800℃退火 15min 的 XRD 图谱
(c)与(d)分别示出了 Nd$_2$(Fe,Co)$_{14}$B 与 Fe$_2$Zr 相的衍射位置

19.3.2　Nd$_{11.3}$Fe$_{80-x}$B$_{5.2}$Co$_{3.5}$Zr$_x$合金薄带退火组织 SEM 分析

图 19.3 为 Nd$_{11.3}$Fe$_{80-x}$B$_{5.2}$Co$_{3.5}$Zr$_x$(x=0.5,1,1.5,2)合金快淬薄带在 800℃
退火 15min 的扫描电子图像,其中图 19.3(a)～(d)分别对应试样 H1～H4。从图
中可以看出,四种试样的组织形貌大不相同。试样 H1 中可以看到紧密排列的尺
寸小于 1μm 的晶粒和尺寸小于 200nm 的分散地分布于晶界上的小颗粒;试样

H2～H4是用硝酸酒精腐蚀后的图像。其中,H2试样中晶粒尺寸小于$0.5\mu m$,晶界上也断续分布着尺寸小于$0.2\mu m$的颗粒相;试样H3中晶粒尺寸小于$1\mu m$,晶界上基本连续地分布着一些小平均原子序数的相。由图19.2的结果可推测,晶界上应该是富铁相,而晶粒均为$2:14:1$的Nd-Fe-B相。试样H4中晶粒尺寸也是小于$1\mu m$,晶界上也有低原子序数相,更明显的是,有针状物析出。

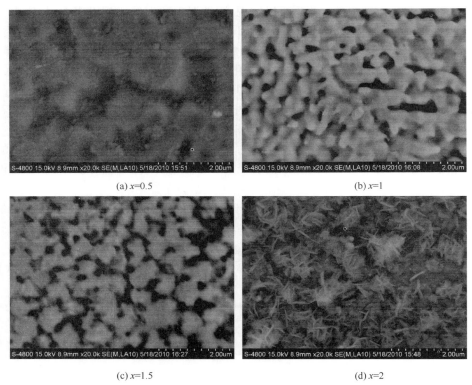

(a) $x=0.5$　　　　　　　　　　　　(b) $x=1$

(c) $x=1.5$　　　　　　　　　　　　(d) $x=2$

图19.3　$Nd_{11.3}Fe_{80-x}B_{5.2}Co_{3.5}Zr_x$快淬薄带在800℃退火15min的扫描电子图像

由于Zr主要以富Fe相形式出现在晶界处,必然影响薄带合金晶化过程中其他元素的扩散与磁化及反磁化机制。另外,加入的高熔点Zr会提高富Fe相合金的晶化温度。由图19.3可知,四种成分薄带合金的主相晶粒均小于$1\mu m$,说明Zr的加入确实改变了富铁相从非晶中的析出和主相晶粒的长大,并使软、硬磁相同时晶化析出,避免了软磁相的异常长大,从而会提高磁性能。同时加入Zr的合金能在较高温度、较小的温度区间内,以较低的激活能完全晶化,因此,Zr的加入使合金在晶化过程中的形核率增大,得到了均匀细小的晶化组织。

19.3.3　$Nd_{11.3}Fe_{80-x}B_{5.2}Co_{3.5}Zr_x$合金薄带退火磁性能分析

图19.4为$Nd_{11.3}Fe_{80-x}B_{5.2}Co_{3.5}Zr_x(x=0.5,1,1.5,2)$快淬薄带在800℃退火

15min 的磁滞回线。由图可见,四种成分的磁滞回线在第二象限都表现为单硬磁行为,而且 $x=0.5$ 与 $x=1.0$ 的磁化与反磁化行为相似,$x=1.5$ 与 $x=2.0$ 的相似。其中,$x=1.5$ 与 $x=2.0$ 的磁滞回线在第二象限表现得更丰满,意味着在 $x=1.5$ 与 $x=2.0$ 的薄带中有更强的钉扎行为存在。表 19.3 给出对应图 19.4 的 Nd$_{11.3}$Fe$_{80-x}$B$_{5.2}$Co$_{3.5}$Zr$_x$($x=0.5,1,1.5,2$)快淬薄带退火后的磁性能。可以看到,退火后 H1、H2 合金的磁性能与快淬态的图 19.1 及表 19.2 相比有了大幅提高,H3、H4 的磁性能变化不是很大,其中 H1 薄带的矫顽力由退火前的 2301.2Oe 提高为退火后的 6366.3Oe,剩磁由 23.7emu/g 提高到 67.1emu/g,剩磁比由 0.25 提高到 0.44;H2 的矫顽力由退火前的 2410.8Oe 提高为退火后的 5113.2Oe,剩磁由 33.1emu/g 提高到 57.4emu/g,剩磁比由 0.25 提高到 0.40。这是由于退火后,H1 与 H2 合金中原有的非晶相转化为晶态相,非晶相的减少会提高薄带合金的磁性能;另外,由图 19.3 知,在 H1 与 H2 薄带合金退火后,在 Nd$_2$(Fe,Co)$_{14}$B 晶粒的周围有断续的富 Fe 相分布于晶界上,这些相一方面可以起到钉扎磁畴壁移动的作用;另一方面也会形成 Fe$_7$Co$_3$/Nd$_2$(Fe,Co)$_{14}$B/Fe$_2$Zr 的软、硬磁性相的相互作用。但由于这些相的尺度较大,所以,磁耦合作用不是很强,表现为磁滞回线第二象限窄瘦。而由图 19.3 已知,H3 与 H4 薄带中 Nd$_2$(Fe,Co)$_{14}$B 晶粒周围的富 Fe 相的含量增加。由图 19.2 知,主要是 Fe$_2$Zr 含量在增加,Fe$_7$Co$_3$ 相含量还下降,这种增加的富 Fe 相提高了主相 Nd$_2$(Fe,Co)$_{14}$B 畴壁转动的阻力,使其矫顽力达到较大值。与退火前相比,H3 与 H4 薄带的矫顽力提高不明显,说明在退火前的薄带中已经存在相当大的钉扎力,但退火过程使薄带的磁化强度增加。

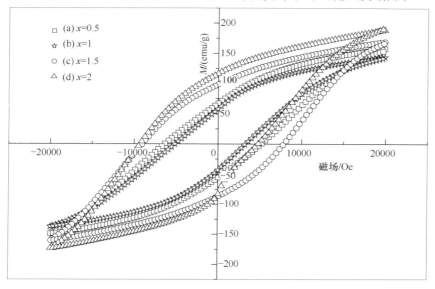

图 19.4　Nd$_{11.3}$Fe$_{80-x}$B$_{5.2}$Co$_{3.5}$Zr$_x$快淬薄带在 800℃退火 15min 的磁滞回线

表 19.3　$Nd_{11.3}Fe_{80-x}B_{5.2}Co_{3.5}Zr_x(x=0.5,1,1.5,2)$快淬薄带退火后的磁性能

编号	H_{ci}/Oe	$M_s/(emu/g)$	$M_r/(emu/g)$	M_r/M_s
H1($x=0.5$)	6366.3	153.3	67.1	0.44
H2($x=1$)	5113.2	144.1	57.4	0.40
H3($x=1.5$)	9046.7	169.3	98.7	0.58
H4($x=2$)	9311.4	190.1	116.4	0.61

19.4　退火时间对 $Nd_{11.3}Fe_{80-x}B_{5.2}Co_{3.5}Zr_x$ 合金薄带磁性能的影响

图 19.5～图 19.8 为 $Nd_{11.3}Fe_{80-x}B_{5.2}Co_{3.5}Zr_x(x=0.5,1,1.5,2)$快淬薄带在 800℃分别退火 15min、25min、35min 的磁滞回线,表 19.4～表 19.7 给出对应图 19.4～图 19.8 的 $Nd_{11.3}Fe_{80-x}B_{5.2}Co_{3.5}Zr_x(x=0.5,1,1.5,2)$快淬薄带在 800℃分别退火 15min、25min、35min 的磁性能。可以看到,$x\leqslant1.5$ 的三种合金均在 800℃退火 25min 时获得了较好的磁性能,而在 800℃退火 35min 时磁性能最差,尤其 H2 在 800℃退火 35min 时磁性能最差,矫顽力为 1506.3 Oe,剩磁仅为 3.0emu/g,说明快淬薄带合金在 800℃退火最适宜的晶化时间为 25min 左右。而过长时间的退火使晶粒过分长大,Zr 对薄带中晶粒长大的阻止作用也减弱,最终会恶化磁性能。只有 $x=2.0$ 的薄带,在 800℃退火 15min 时磁性能最佳。

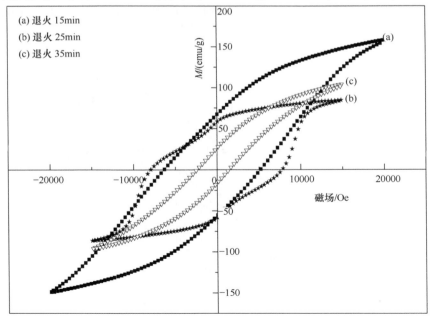

图 19.5　$Nd_{11.3}Fe_{79.5}B_{5.2}Co_{3.5}Zr_{0.5}$快淬薄带在 800℃分别退火 15min、25min、35min 的磁滞回线

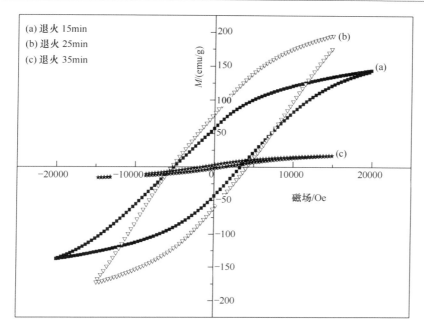

图 19.6　Nd₁₁.₃Fe₇₉B₅.₂Co₃.₅Zr₁快淬薄带在 800℃分别退火 15min、25min、35min 的磁滞回线

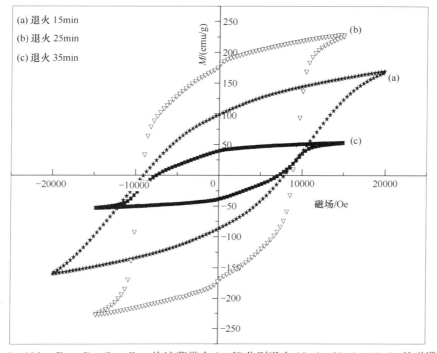

图 19.7　Nd₁₁.₃Fe₇₈.₅B₅.₂Co₃.₅Zr₁.₅快淬薄带在 800℃分别退火 15min、25min、35min 的磁滞回线

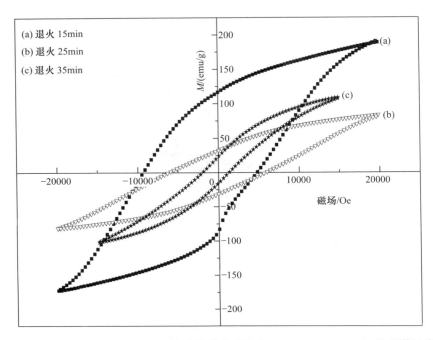

图 19.8 $Nd_{11.3}Fe_{78}B_{5.2}Co_{3.5}Zr_2$ 快淬薄带分别退火 15min、25min、35min 的磁滞回线

表 19.4 $Nd_{11.3}Fe_{79.5}B_{5.2}Co_{3.5}Zr_{0.5}$ 快淬薄带在 800℃ 分别退火 15min、25min、35min 的磁性能

退火时间/min	H_{ci}/Oe	M_s/(emu/g)	M_r/(emu/g)	M_r/M_s
15	6366.3	153.3	67.1	0.44
25	7944.5	85.5	58.1	0.68
35	2422.2	99.9	26.5	0.27

表 19.5 $Nd_{11.3}Fe_{79}B_{5.2}Co_{3.5}Zr_1$ 快淬薄带在 800℃ 分别退火 15min、25min、35min 的磁性能

退火时间/min	H_{ci}/Oe	M_s/(emu/g)	M_r/(emu/g)	M_r/M_s
15	5113.2	144.1	57.4	0.4
25	7921.0	202.6	143.1	0.71
35	1506.3	16.7	3.0	0.18

表 19.6 $Nd_{11.3}Fe_{78.5}B_{5.2}Co_{3.5}Zr_{1.5}$ 快淬薄带在 800℃ 分别退火 15min、25min、35min 的磁性能

退火时间/min	H_{ci}/Oe	M_s/(emu/g)	M_r/(emu/g)	M_r/M_s
15	9046.7	169.3	98.7	0.58
25	9241.9	228.0	179.1	0.79
35	7467.3	53.2	39.6	0.74

表 19.7　$Nd_{11.3}Fe_{78}B_{5.2}Co_{3.5}Zr_2$ 快淬薄带分别退火 15min、25min、35min 的磁性能

退火时间/min	H_{ci}/Oe	$M_s/(emu/g)$	$M_r/(emu/g)$	M_r/M_s
15	9311.4	190.1	116.4	0.61
25	6156.3	82.1	32.4	0.39
35	1975.2	105.2	23.3	0.22

19.5　本 章 小 结

本章通过采用熔体快淬法以 35m/s 速度制备了 $Nd_{11.3}Fe_{80-x}B_{5.2}Co_{3.5}Zr_x(x=0.5,1,1.5,2)$ 薄带合金,并对其在 800℃ 分别退火 15min、25min、35min,得到了 $Nd_2(Fe,Co)_{14}B/Fe_7Co_3$ 原位自生双相纳米磁性材料,主要结论如下:

(1) 在 35m/s 的快淬速度下,Zr 的加入,有利于 $Nd_{11.3}Fe_{80-x}B_{5.2}Co_{3.5}Zr_x$ 合金中晶态相的形成;当 Zr 含量 $x\leqslant1.0$ 时,薄带合金中会有一定的非晶态相,导致 H1 与 H2 二者磁性能较差;而当 Zr 含量增加到超过 $x=1.5$ 时,Zr 阻止晶粒长大效果明显,晶粒细小,晶态软、硬磁性相间存在一定的耦合,使 H3 薄带的矫顽力达到了 9241.0Oe,剩磁为 91.5emu/g,剩磁比为 0.57,获得了较为优异的磁性能。

(2) $Nd_{11.3}Fe_{80-x}B_{5.2}Co_{3.5}Zr_x$ 快淬薄带在 800℃ 退火 15min 后,四种薄带均由 $Nd_2(Fe,Co)_{14}B$、Fe_7Co_3、Fe_2Zr 三种物相组成,主相为 $Nd_2(Fe,Co)_{14}B$、Fe_7Co_3,而 Fe_2Zr 为钉扎相,得到了 $Nd_2(Fe,Co)_{14}B/Fe_7Co_3$ 原位自生双相纳米磁性材料;而且 $Nd_2(Fe,Co)_{14}B$、Fe_7Co_3、Fe_2Zr 三种物相保持了快淬态的细晶效果。宏观扫描电镜图像显示,所有 $Nd_2(Fe,Co)_{14}B$ 主相晶粒尺度小于 $1\mu m$,富 Fe 相 Fe_7Co_3 与 Fe_2Zr 分布于主相晶界上,随着 Zr 替代量的增加,晶界相由断续分布变得连续。

(3) $Nd_{11.3}Fe_{80-x}B_{5.2}Co_{3.5}Zr_x$ 快淬薄带在 800℃ 退火 15min 后,$x=0.5$ 与 $x=1.0$ 薄带中非晶相被晶化为晶态相,晶界相对主相畴壁的钉扎使得退火后的磁性能大幅提高;$x=1.5$ 与 $x=2.0$ 薄带的矫顽力变化不明显,磁化强度略有增加。

(4) $Nd_{11.3}Fe_{80-x}B_{5.2}Co_{3.5}Zr_x$ 快淬薄带在 800℃ 分别退火 15min、25min、35min,$x\leqslant1.5$ 的三种薄带均在 800℃ 退火 25min 时获得了较好的磁性能,而在退火时间延长到 35min 时磁性能变差,$Nd_{11.3}Fe_{80-x}B_{5.2}Co_{3.5}Zr_x$ 薄带最佳晶化工艺为在 800℃ 退火 25min 左右。只有 $x=2.0$ 的薄带在 800℃ 退火 15min 时磁性能最佳。

第 20 章　快淬速度对 $Nd_{10}Fe_{81}Co_3B_6$ 薄带微结构及磁性能的影响

20.1　引　　言

　　熔体快淬法是对熔炼后的铸态母合金在氩气或真空气氛保护下进行熔体快淬,通过快速冷却使得晶体形核被遏制,合金熔体在极大的过冷度下凝固,从而获得非晶、纳米晶或微晶薄带。真空电弧重熔快淬炉主要由真空系统、辊轮系统、重熔系统、进料系统、收集系统及控制系统组成,如图 20.1 所示。熔体快淬的工作流程为:首先对炉体抽真空,并充入氩气作为保护气氛,随后对放入水冷铜坩埚内的合金进行熔化,合金熔体流向高速旋转的辊轮上,并在离心力的作用下甩离辊面,快速凝固成条带状进入收集系统。

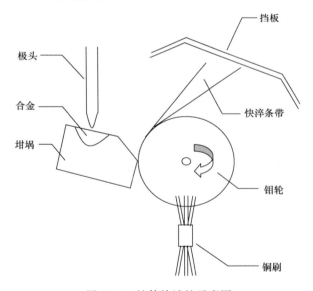

图 20.1　熔体快淬炉示意图

　　熔体快淬法工艺简单、可操作性较强,实施工业化生产时可将母合金熔炼与快淬过程结合在一起,通过控制合金浇注的温度、间距和淬速,以使快淬薄带制备连续化。目前该工艺已成为纳米复合永磁材料最常用的制备工艺之一,用这种方法制备的材料,其微观组织与磁性能受到快淬速度、金属熔液喷射压力、喷嘴口与冷辊表面的间距等诸多因素的影响,其中快淬速度的影响最为显著,并成为该领域内的重点研究内容之一[114-119]。

本章以 99.5%Nd、工业纯 Fe、B-Fe 中间合金(含 19.6%B)、电解 Co 为原材料,在高纯氩气保护下,采用电弧炉熔炼名义成分为 $Nd_{10}Fe_{81}Co_3B_6$ 的母合金铸锭,然后分别以 15m/s、35m/s、50m/s 的快淬速度用熔体快淬法制备厚度为 25～55μm 的薄带;随后在真空度为 $5×10^{-3}Pa$ 的管式炉中将薄带在 800℃ 晶化处理 10min。利用飞利浦 X'pert MPD X 射线衍射仪测试材料的物相,利用 JE-OL100CX-Ⅱ型透射电子显微镜观察样品微结构,利用 Lake Shore 7407 振动样品磁强计(VSM,最大外磁场为 20kOe)检测材料的磁性能。热磁曲线外加磁场为 1kOe,按照最大斜率法确定居里温度。研究不同快淬速度对快淬薄带微结构、晶化过程及其磁性能的影响。

20.2　不同快淬速度对 $Nd_{10}Fe_{81}Co_3B_6$ 薄带微观组织的影响

图 20.2 为以不同速度快淬的 $Nd_{10}Fe_{81}Co_3B_6$ 薄带的 XRD 图谱。当快淬速度为 50m/s 时,淬态薄带的 XRD 图谱中基本上只有软磁相 Fe_7Co_3 的衍射峰,Nd-Fe-B 2∶14∶1 硬磁相的衍射峰则主要表现为非晶型的馒头峰,说明以该速度快淬的薄带是以非晶相为主;当快淬速度为 35m/s 时,软、硬磁相衍射峰的相对强度增强,衍射峰的半高宽较宽,这说明此时淬态薄带中晶态相含量在逐渐增多,且晶粒

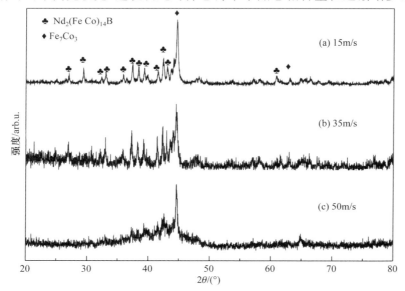

图 20.2　以不同速度快淬的 $Nd_{10}Fe_{81}Co_3B_6$ 薄带的 XRD 图谱

细小,而非晶相含量在减少;当快淬速度为 15m/s 时,薄带物相衍射峰很强,只有反映非晶相的馒头峰,说明此时薄带主要由晶态相组成,非晶相含量较少,晶态相为 2∶14∶1 硬磁相和软磁相 Fe_7Co_3。可见在熔体快淬工艺中,合金在极大的过冷度下非平衡结晶,由于快淬速度决定了金属熔体的冷却速度,从而决定了合金薄带的相结构组成。当快淬速度很高时,过冷度很大,液态合金来不及有序排列并形核结晶就已经凝固,此时合金凝固后为非晶态组织;当快淬速度降低时,有部分合金形核结晶,而部分合金以非晶态凝固;当快淬速度足够低时,合金几乎是以晶态凝固,但此时往往晶粒较大,可能不利于提高合金的磁性能。

20.3　不同淬速 $Nd_{10}Fe_{81}Co_3B_6$ 淬态薄带的热分析

图 20.3 是不同淬速 $Nd_{10}Fe_{81}Co_3B_6$ 快淬薄带以 80℃/min 速度升温在氮气保护下的 DTA 曲线,这里之所以采用 80℃/min 的升温速度,是为了与试样在实际退火过程中快速升温的过程相吻合。由图 20.3 可见,三种淬速快淬薄带的 DTA 曲线存在很大的差异。15m/s 淬速时合金的 DTA 曲线上出现了两个放热峰,35m/s 和 50m/s 淬速时合金的 DTA 曲线上则只出现了一个放热峰。15m/s 淬速时合金的两个放热峰对应的初始温度分别为 510℃和 610℃;35m/s 淬速时合金的放热峰初始温度为 540℃,同时放热峰峰形较 15m/s 淬速时平缓,温度范围跨度也

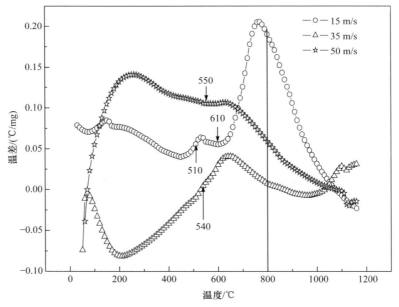

图 20.3　不同淬速 $Nd_{10}Fe_{81}Co_3B_6$ 快淬薄带的 DTA 曲线

大；50m/s 淬速时合金的放热峰初始温度为 550℃，峰形在三种淬速中最平缓，温度范围跨度也最大。这表明不同淬速 $Nd_{10}Fe_{81}Co_3B_6$ 快淬薄带可能存在着不同的晶化过程。

由图 20.2 中不同淬速的 XRD 图谱已知，15m/s 时，淬态薄带主要由晶态相组成，只有少量的非晶。而这种非晶是由一定含量的 Fe_7Co_3 非晶与 Nd-Fe-B 2：14：1 硬磁相非晶组成的。在晶化升温过程中，首先是薄带中存在的 Fe_7Co_3 非晶相晶化转变，此过程需要的能量较低，因此在 510℃ 出现了第一个小放热峰。随着晶化温度升高，薄带内的 2：14：1 非晶相晶化，继而出现了第二个放热峰，第二个放热峰尖锐且面积较大，这说明主相相变需要更多的能量，同时也说明主相非晶相含量应该较高。当淬速为 35m/s 时，薄带中 Fe_7Co_3 与 2：14：1 硬磁相非晶相含量均增多，则相变过程中放出的热量较多，并且两相的放热效应叠加形成一个大的放热峰，因此没有出现第二个放热峰。同时受成分等因素的影响，薄带中物相稳定性有所提高，需要更高的能量条件才能发生转变，因此该淬速下物相初始转变温度有所提高，为 540℃。当淬速为 50m/s 时，薄带中基本为非晶相，因此初始转变温度也提高到 550℃ 附近。其放热峰峰形平缓，温度范围跨度也最大，说明此时薄带的晶化过程应该是一种持续式形核长大的过程，即不断有晶核的形成、晶粒的长大，因此没有出现明显的尖锐的放热峰。在晶化过程中非晶基体首先转变成两种非晶相，然后两非晶相各自独立地发生晶化，同样 Fe_7Co_3 与 2：14：1 硬磁相两相的放热效应叠加形成一个大的放热峰，没有出现第二个放热峰。

此外，图 20.3 中三种快淬速度薄带的 DTA 曲线有一个共同点就是，在 800℃ 附近，晶化过程趋近完成，考虑到过高的加热温度会使晶粒快速长大，因此，我们接着对薄带选择在 800℃ 保温 10min 进行晶化处理。

20.4　不同淬速 $Nd_{10}Fe_{81}Co_3B_6$ 薄带磁性能分析

图 20.4 为不同淬速的 $Nd_{10}Fe_{81}Co_3B_6$ 薄带的磁滞回线，表 20.1 列出了不同速度快淬的 $Nd_{10}Fe_{81}Co_3B_6$ 薄带的磁性能。由图 20.2 中不同淬速的 XRD 图谱已知，15m/s 时，淬态薄带主要由硬磁相和软磁相的晶态物相组成，只有少量的非晶，因此其矫顽力较高，但由于非磁相的存在，软、硬磁相交换耦合作用极小，其 M_r/M_s 小于 50%，没有出现剩磁增强现象；50m/s 时，淬态薄带主要由非晶态相组成，非晶为弱磁相，因此其磁性能最差；35m/s 时，淬态薄带中仍存在着部分非晶，晶态相主要为软磁相 Fe_7Co_3，硬磁相含量很少，因此其矫顽力很低，但剩磁却较高。

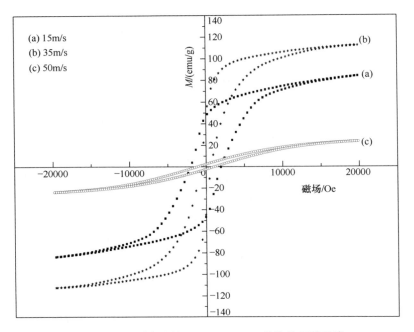

图 20.4　不同淬速的 $Nd_{10}Fe_{81}Co_3B_6$ 薄带的磁滞回线

表 20.1　不同淬速的 $Nd_{10}Fe_{81}Co_3B_6$ 薄带的磁性能

快淬速度/(m/s)	H_{ci}/Oe	M_s/(emu/g)	M_r/(emu/g)
15	2035.4	83.91	46.32
35	742.9	112.3	42.5
50	975.8	24	10

20.5　不同淬速 $Nd_{10}Fe_{81}Co_3B_6$ 快淬薄带晶化后的结构特征

图 20.5 是不同淬速的 $Nd_{10}Fe_{81}Co_3B_6$ 薄带在 800℃ 晶化处理 10 min 后的 XRD 图谱。可以看到,薄带在晶化处理后,三种淬速的 $Nd_2(Fe,Co)_{14}B$ 与 Fe_7Co_3 相衍射峰均已出现,而且 $Nd_2(Fe,Co)_{14}B$ 和 Fe_7Co_3 的衍射峰与标准 $Nd_2Fe_{14}B$ 及 α-Fe 的衍射峰相比,都向右发生了偏移。这是由于当合金中添加 Co 后,Co 会分别进入 α-Fe 和 $Nd_2Fe_{14}B$ 相中替换部分 Fe 原子,这和 Ma 等[278] 的研究结果相一致,但他们没有明确 Fe、Co 合金的成分。对比图 20.2 中不同淬速薄带的 XRD,在相同的退火温度与时间下,50m/s 淬速的薄带退火后仍存在部分非晶相,这主要是由于其淬态薄带中非晶相含量很高;而 15m/s 淬速的薄带退火后,衍射峰变得很尖锐,这是由于其淬态薄带中只存在少量的非晶相,薄带退火时非晶相快速完成晶

化过程,而原有的晶态相则持续长大;相比较之下,在 800℃晶化处理 10min 的工艺恰好使 35m/s 淬速的薄带较好地完成了晶化过程。

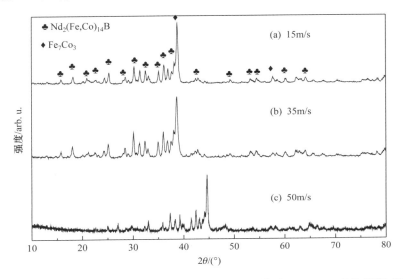

图 20.5　不同淬速的 $Nd_{10}Fe_{81}Co_3B_6$ 薄带在 800℃晶化处理 10 min 后的 XRD 图谱

图 20.6 为不同淬速的 $Nd_{10}Fe_{81}Co_3B_6$ 薄带在 800℃晶化处理 10min 后的透射电镜图像。由图可见,15m/s 淬速的薄带退火后基本由晶态相组成。对选区 A 进行电子衍射,发现其衍射由 $Nd_2Fe_{14}B$ 型相的断续的多晶衍射环及 Fe_7Co_3 相的单晶斑点组成。其中,$Nd_2Fe_{14}B$ 型相的衍射由断续的 410、511、317、721、800 衍射的

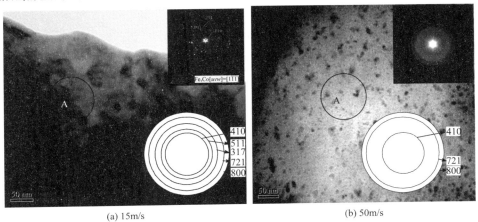

(a) 15m/s　　　　　　　　　　　　　　(b) 50m/s

图 20.6　不同淬速的 $Nd_{10}Fe_{81}Co_3B_6$ 薄带在 800℃晶化处理 10min 后的透射电镜图像

图中小图示出对应 A 区域的选区电子衍射图谱及分析结果

衍射环组成;而 Fe_7Co_3 相的单晶斑点的晶带轴为 $[uvw]=[1\bar{1}\bar{1}]$。退火后的薄带由直径约 50nm 的 $Nd_2Fe_{14}B$ 型相晶粒与直径约小于 25nm 的 Fe_7Co_3 组成;而 50m/s 淬速的薄带退火后 $Nd_2Fe_{14}B$ 型相的多晶衍射环强度虽较低,但基本呈连续的圆环状,另外还有明显的非晶光晕存在,说明退火薄带中除有分散直径较小的一部分 $Nd_2Fe_{14}B$ 型小晶粒外,仍存在部分非晶相,这与图 20.5 的结果是吻合的。

20.6　不同淬速对 $Nd_{10}Fe_{81}Co_3B_6$ 快淬薄带磁性能的影响

图 20.7 为不同淬速的 $Nd_{10}Fe_{81}Co_3B_6$ 薄带在 800℃ 晶化处理 10min 后的退磁曲线,表 20.2 中列出了不同淬速的 $Nd_{10}Fe_{81}Co_3B_6$ 薄带在 800℃ 晶化处理 10min 后的磁性能,可见,35m/s 淬速薄带的磁性能最佳:$H_c=3139.8Oe,M_r=84.3emu/g$。这主要是由于 35m/s 淬速的薄带晶化充分,晶粒细小,硬磁性相 $Nd_2(Fe,Co)_{14}B$ 与软磁性相 Fe_7Co_3 产生较强的交换耦合作用,退磁曲线表现为单硬磁性相的特征,磁性能较高;而 15m/s 淬速薄带中硬磁性相晶粒已超过 50nm,软硬磁性相间交换耦合作用减弱,使得剩磁与矫顽力都减小;50m/s 淬速薄带的剩磁明显减小,但矫顽力降低不多。文献[10]认为,随着淬速增加,薄带厚度降低,结晶取向度会增加,有助于获得高的矫顽力。但由图 20.5 与图 20.6 已知,50m/s 淬速薄带退火后仍有较高含量的非晶相,非晶相会降低剩磁。

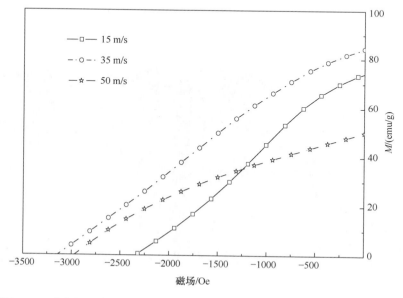

图 20.7　不同淬速的 $Nd_{10}Fe_{81}Co_3B_6$ 薄带在 800℃ 晶化处理 10min 后的退磁曲线

表 20.2　不同淬速 $Nd_{10}Fe_{81}Co_3B_6$ 薄带在 800℃ 晶化处理 10min 后的磁性能

快淬速度/(m/s)	H_{ci}/Oe	M_s/(emu/g)	M_r/(emu/g)
15	2343.9	122.3	74.3
35	3139.8	137.8	84.3
50	2969.1	84.1	50.0

图 20.8 为不同淬速的 $Nd_{10}Fe_{81}Co_3B_6$ 薄带在 800℃ 晶化处理 10 min 后的热磁曲线。由图可见,不同淬速薄带的热磁曲线变化规律相似,居里温度基本相同,为 630K。但比纯 $Nd_2Fe_{14}B$ 的居里温度(585K)略高,这是由于添加了高居里温度 Co。可见,快淬速度对主相 $Nd_2(Fe,Co)_{14}B$ 的居里温度影响不大。

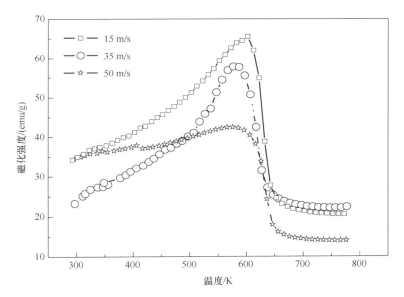

图 20.8　不同速度快淬的 $Nd_{10}Fe_{81}Co_3B_6$ 薄带在 800℃ 晶化处理 10 min 后的热磁曲线

20.7　本章小结

(1) $Nd_{10}Fe_{81}Co_3B_6$ 合金当淬速为 15m/s 时,淬态薄带中非晶相含量较少,主要由晶态 $Nd_2(Fe,Co)_{14}B$ 和 Fe_7Co_3 相组成;随着淬速的提高,当快淬速度为 35m/s 时,淬态薄带中非晶相含量逐渐增加,当快淬速度达到 50m/s 时,淬态薄带则以非晶态相为主。

(2) 不同淬速 $Nd_{10}Fe_{81}Co_3B_6$ 快淬薄带可能存在着不同的晶化过程。随着淬速的提高,初始晶化温度提高;在晶化过程中非晶基体首先转变成两种非晶相,然后两非晶相各自独立地发生晶化。

（3）以 15m/s 速度快淬的薄带中只有少量的非晶,矫顽力较高,但没有出现剩磁增强现象；以 50m/s 速度快淬的薄带主要由非晶态相组成,磁性能最差；以 35m/s 速度快淬的薄带中晶态相主要为软磁相 Fe_7Co_3,硬磁相含量很少,矫顽力很低,但剩磁却较高。

（4）$Nd_{10}Fe_{81}Co_3B_6$ 薄带在 800℃ 晶化处理 10 min 后,15m/s 淬速的薄带基本由粒径大于 50nm 的 $Nd_2(Fe,Co)_{14}B$ 与粒径小于 25nm 的 Fe_7Co_3 组成,两相交换耦合作用较弱；而 50m/s 淬速的薄带中仍含有大量的非晶相,使得薄带的剩磁减小,但矫顽力没有明显降低；35m/s 淬速的薄带退火后晶化完好,两相交换耦合作用最好,矫顽力达到 3139.8Oe,剩磁达到 84.3emu/g。

（5）快淬速度对主相 $Nd_2(Fe,Co)_{14}B$ 的居里温度影响不大,不同淬速薄带的 $Nd_2(Fe,Co)_{14}B$ 相的居里温度约为 630K。

参 考 文 献

[1] 郝延民. 2∶17 型稀土铁金属间化合物的替代研究. 北京∶中国科学院物理研究,1997

[2] Needham J. Science and Civilization in China,Volume 4. 1. Cambridge∶Cambridge University Press,1962

[3] 戴道生,钱昆明. 铁磁学(上册). 北京∶科学出版社,2000

[4] 田民波. 磁性材料. 北京∶清华大学出版社,2001

[5] 田民波. 磁性材料进展. 物理与工程,2002,12(1)∶32-35

[6] 周寿增,董清飞. 超强永磁体-稀土铁系永磁材料. 北京∶冶金工业出版社,1999

[7] Coey J M D. Magnetic materials. J Alloys Comp,2001,326∶2-6

[8] Coey J M D. Magnetism in future. J Magn Magn Mater,2001,226/230∶2107-2112

[9] 何代华,傅正义,王皓,等. 试述永磁材料及软磁材料的研究进展. 陶瓷工程,2001,8∶30-34

[10] 李国栋. 当代磁学及其若干进展. 科学通报,2000,45(7)∶673-677

[11] Coey J M D. Rare-earth magnets. Endeavour,1995,19(4)∶146-151

[12] Henvotte F,Nicolet A,Delince F,et al. Modeling of ferromagnetic materials in 2d finite-element problems using preisach model. IEEE Transactions on Magnetics,1992,28(5)∶2614-2616

[13] Coey J M D. Whither magnetic materials? J Magn Magn Mater,1999,196∶1-7

[14] Long G J,Grandjean F. Supermagnets Hard Magnetic Materials. Norwell∶Kluwer Academic Publishers,1991

[15] Estévez-Rams E,Fidler J,Penton A,et al. Microstructural study of high coercivity $Sm(Co,Cu)_5$ alloy. Journal of Solid State Chemistry,1999,(195)595-600

[16] Saito H,Takahashi M,Wakiyama T. Hard magnetic properties of the rapidly quenched $Sm(Co-Fe-B)_5$ alloy ribbons. IEEE Trans Magn,1987,23(5)∶2725-2727

[17] Zhang J,Zhang SY,Zhang HW,et al. Structure and magnetic properties of $Sm_x Co_5/\alpha$-Fe ($x=0.65\sim1.3$) prepared by mechanical milling and subsequent annealing. J Appl Phys,2001,89(1)∶2857-2860

[18] Lefevre A,Cohen-Adad M T,Mentzen B F. Structural effect of Zr substitution in the $Sm_2 Co_{17}$ phase. J Alloy Comp,1997,2156∶207-212

[19] Liu W,McCormick P G. Systhesis of $Sm_2 Co_{17}$ alloy nanoparticles by mechanochemical processing. J Magn Magn Mater,1999,195∶L279-L283

[20] Tang H,Liu Y,Sellmyer D J. Nanocrystalline $Sm_{12.5}(Co,Zr)_{87.5}$ magnets∶synthesis and magnetic properties. J Mag Magn Mater,2002,241∶345-356

[21] Pauw V De,Lemarchand D,Malandain J J. A structural and kinetic study of the oxidation of the intermetallic $Sm_2(Fe,Co)_{17}$ compound for permanent magnets. J Magn Magn Mater,1997,172∶269-276

[22] Shimoda T,Okonogi I,Kasai K,et al. New resin-bonded $Sm_2 Co_{17}$ type magnets. IEEE Trans Magn,1980,16(5)∶991-993

[23] Liu W L,Liang Y L,Scott D W,et al. Coercive Sm_2Co_{17} powder for the bonded magnet application. IEEE Trans Magn,1995,31(6):3686-3688

[24] Liu S,Hoffman E P. Application-oriented characterization of $Sm_2(Co,Fe,Cu,Zr)_{17}$ permanent magnets. IEEE Trans Magn,1996,32(5):5091-5093

[25] Katter M,Weber J,Assmus W,et al. A new method for the coercity mechanism of $Sm_2(Co,Fe,Cu,Zr)_{17}$ magnets. IEEE Trans Magn,1996,32(5):4815-4817

[26] Liu S,Hoffman E P,Brown J R. Long-term aging of $Sm_2(Co,Fe,Cu,Zr)_{17}$ permanent Magnets at 300 and 400°C. IEEE Trans Magn,1997,33(5):3859-3861

[27] Corte-Real M,Chen ZM,Hideyuki O,et al. Magnetic hardening in nanograin Sm-Co 2:17 magnets. IEEE Trans Magn,2000,36(5):3306-3308

[28] Sagawa M,Fujimura S,Yamamoto S,et al. Permanent magnet materials based on the Rare Earth-Iron-Boron tetragonal compounds. IEEE Transactions on Magnetics,1984,20(5):1584-1589

[29] Coey J M D. Permanent magnetism. Solid State Coμmunications,1997,102(2/3):101-105

[30] Coey J M D,Smith P A I. Magnetic nitrides. J Magn Magn Mater,1999,200(1-3):405-424

[31] Pamyatnykh L A,Pushkarsky V I,Andreev S V. New structural state in melt-spun Nd-Fe-B alloys. J Alloys Comp,1995,226:158-160

[32] Ragg O M,Harris L R. A study of the effects of the addition of various amounts of Cu to sintered Nd-Fe-B magnets. J Alloys Comp,1997,256:252-257

[33] Yang JB,Handstein A,Kirchner A,et al. Magnetic properties of melt-spun(Nd,Dy) Fe(B,C). J Alloys Comp,2001,316:290-295

[34] Ozawa S,Saito T,Yu J,et al. Solidification behavior in undercooled Nd-Fe-B alloys. J Alloys Comp,2001,322:276-280

[35] Rybalka S B,Goltsov V A,Didus V A,et al. Fundamentals of the HDDR treatment of type NdFeB alloys. J Alloys Comp,2003,356/357:390-394

[36] Yang S,Liu XS,Li SD,et al. Effect of Cu and Cu-Ti additions on the microstructures and magnetic properties of Nd Fe B-α-Fe nanocomposite magnets. J Alloys Comp,2003,358:316-320

[37] Zhang G W,Feng Y P,Ong C K. Studies on the exchange interactions in $R_2Fe_{14}B$,$R_2Fe_{14}C$ and $R_2Co_{14}B$ by molecular field theory. Solid State Coumunications,1997,103(8):465-469

[38] Chaboy J,Piquer C,Plugaru N,et al. Relationship between hydriding and Nd magnetic moment in $Nd_2Fe_{14}B$. J Appl Phys,2003,93(1):475-478

[39] Pandian S,Chandrasekaran V. Effect of Al,Cu,Ga,and Nb additions on the magnetic properties and microstructural features of sintered NdFeB. J Appl Phys, 2002, 92 (10):6082-6086

[40] Andreev S V,Kudrevatykh N V,Pushkarsky V I,et al. Magnetic hysteresis properties of melt-spun Nd-Fe-B alloys prepared by centrifugal method. J Magn Magn Mater,1998,187:83-87

[41] Thompson P,Guteisch O,Chapman J N,et al. A comparison of the micromagnetic and microstructural properties of four NdFeB-type materials processed by the HDDR route. J Magn Magn Mater,1999,202:53-61

[42] Ssinger R Gr,Heib S,Hilscher G,et al. The effect of substitutions on the hard magnetic properties of Nd-Fe-B based materials. J Magn Magn Mater,1989,80:61-66

[43] Manaf A,Al-Khafaji M,Zhang P Z,et al. Microstructure analysis of nanocrystalline Fe-Nd-B ribbons. J Magn Magn Mater,1993,128:307-312

[44] Al-Khafaji M A,Rainforth W M,Gibbs M R J,et al. The effect of phase constitution on the magnetic structure of nanophase NdFeB alloys observed by magnetic force microscopy. J Magn Magn Mater,1998,188:109-118

[45] Lu A,Huang M Q,Chen Q,et al. Microstructure and magnetic domain structure of boron-enriched $Nd_2(FeCo)_{14}B$ melt-spun ribbons. J Magn Magn Mater,1999,195:611-619

[46] Tu GH,Altounia Z,Ryan D H,et al. Crystallization and texturing in rapidly quenched $Nd_2Fe_{14}B_1$ and $Nd_{15}Fe_{77}B_8$. J Appl Phys,1988,63(8):3330-3332

[47] Martinez N,Jones D G,Gutfleisch O,et al. Evolution of recombination in a solid HDDR processed $Nd_{14}Fe_{79}B_7$ alloy. J. Appl. Phys,1994,76(10):6825-6827

[48] Nakamura H,Suefuji R,Sugimoto S,et al. Effects of HDDR treatment conditions on magnetic properties of Nd-Fe-b anisotropic powders. J Appl Phys,1994,76(10):6828-6830

[49] Yi G,Chapman J N,Brown D N,et al. Intermediate phases in the hydrogen disproportionated state of NdFeB powders. J Appl Phys,2001,89(1):1924-1930

[50] Jezierska E,Kaszuwara W,Klodas J,et al. TEM study of in homogeneities in Nd-Fe-B sintered magnets. IEEE Trans Magn,1994,(30):580-582

[51] Hermann R,Bächer I,Matson D M,et al. Growth kinetics in levitated and quenched Nd-Fe-B alloys. IEEE Trans Magn,2001,37(3),1100-1104

[52] Ohashi K,Yokoyama T,Osugi R,et at. The magnetic and structural properties of R-Ti-Fe ternary compounds. IEEE Trans Magn,1987,23(5):3101-3103

[53] Strzeszewski J,Wang Y Z,Singleton E W,et al. High coercivity in $Sm(FeT)_{12}$ type magnets. IEEE Trans Magn,1989,25(5):3309-3311

[54] Pinkerton F E,Van Wingerden D J. Magnetic hardening of $SmFe_{10}V_2$ by melt-spinning. IEEE Trans Magn,1989,25(5):3306-3308

[55] Okada M,Kojima A,Yamagishi K,et al. High coercivity in melt-spun $SmFe_{10}(Ti,M)_2$ ribbons(M=V/Cr/Mn/Mo). IEEE Trans Magn,1990,26(5):1376-1378

[56] Huang S H,Chin T S,Chen Y S,et al. Magnetic properties of melt spun $SmFe_{11}$ Ti-Sm_2 TM_{17} pseudobinary alloys. IEEE Trans Magn,1990,26(5):1391-1393

[57] Otani Y,Li H S,Coey J M D. Coercivity mechanism of melt-spun $Sm(Fe_{11}Ti)$. IEEE Trans Magn,1990,26(5):2658-2660

[58] Skolozdra R V,Tomey E,Gignoux D. et al. On the new interstitial $RFe_{10.5}Mo_{1.5}C_x$ Series (R=rare earth metal):synthesis and magnetic properties. J Magn Magn Mater ,1995,

(139):65-76

[59] Ren SW, Zhang ZW, Liu Y. The molecular field theory analysis of $RFe_{10}V_2N_x$ (R=Y, Nd, Sm, Gd, Dy, Er) intermetallic compounds. J Magn Magn Mater, 1995, (139):175-178

[60] Coey J M D, Hurley D P F, Kohgi M, et al. Crystal field and exchange interactions in R $(Fe_{11}Ti)$ and $R(Fe_{11}Ti)N(R = Gd, Er)$. J Magn Magn Mater, 1995, 140/144:1027-1028

[61] Chen NX, Hao SQ, Wu Y, et al. Phase stability and site preference of $Sm(Fe, T)_{12}$. J Magn Magn Mater, 2001, 233:169-180

[62] Tereshina I S, Nikitin S A, Ivanova T I, et al. Rare-earth and transition metal sublattice contributions to magnetization and magnetic anisotropy of $R(TM, Ti)_{12}$ single crystals. J Alloys Comp, 1998, 275/277:625-628

[63] Kuzmin M D, Zvezdin A K. Full magnetization process of 3d-4f hard magnetic materials in ultrahigh magnetic fields(an example: $RFe_{11}Ti$). J Appl Phys, 1998, 83(6):3239-3249

[64] Liu N C, Kamprath N, Wickramasekara L, et al. Crystal structure of $R(Ti, Fe)_{12}$ (R=Nd, Sm) compound. J Appl Phys, 1988, 63(8):3589-3591

[65] Sun H, Otani Y, Coey J M D, et al. Coercivity and microstructure of melt-spun $Sm(Fe_{11}Ti)$. J Appl Phys, 1990, 67(9):4659-4661

[66] Yang YC, Zhang XD, Ge SL, et al. Magnetic and crystallographic properties of novel Fe-rich rare-earth nitrides of the type $RTiFe_{11}N1$-σ(invited). J Appl Phys, 1991, 70(10):6001-6005

[67] Liao L X, Altounian Z, Ryan D H. Structure and magnetic properties of the $RFe_{11}TiN_x$ (R= Y, Sm, and Dy)[J]. J Appl Phys, 1991, 70(10):6006-6008

[68] Jian MR, Chin TS, Tsai JL, et al. Structure and magnetic properties of textured $Nd(Fe, Ti)_{12}N_x$ films. J Magn Magn Mater, 2000, 209:205-207

[69] Coey J M D, Sun H. Improved magnetic properties by treatment of iron-based rare earth intermetallic compounds in anmonia. J Magn Magn Mater, 1990, 87(3):L251-L254

[70] Kou X C. Magnetocrystalline anisotropy and magnetic phase transition in $R_2Fe_{17}C_x$-based alloys. J Magne Magn Mater, 1990, 88:1-6

[71] Li Z W, Morrish A H. Studies of spectra for gas-phase prepared $Sm_2Fe_{17-x}Si_xC_y$. J Magn Magn Mater, 1996, 163:193-198

[72] Liu J P, Winkelman A J M, Menovsky A A, et al. Diffusion of nitrogen in R_2Fe_{17} (R=rare earth) compounds determined by the Kissinger method. J Alloys Comp, 1995, 218:L15-L18

[73] Christodoulou C N, Komada N. Anisotropic atomic diffusion mechanism of N, C and H into Sm_2Fe_{17}. J Alloys Comp, 1995, 222:27-32

[74] Imaoka N, Iriyama T, Itoh S, et al. Effect of Mn addition to Sm-Fe-N magnets on the thermal stability of coercivity. J Alloy Comp, 1995, 222:73-77

[75] Christodoulou C N, Komada N. High coercivity anisotropic $Sm_2Fe_{17}N_3$ powders. J Alloy Comp, 1995, 222:92-95

[76] Uchida H, Tachibana S, Kawanabe T, et al. Diffusion behavior of N atoms in Sm_2Fe_{17}. J Alloy Comp, 1995, 222:107-112

[77] Koeninger V, Uchida H H, Uchida H. Nitrogen absorption and desorption of Sm_2Fe_{17} in ammonia and hydrogen atmospheres. J Alloy Comp, 1995, 222: 117-122

[78] Horiuchi H, Koike A, Kaneko H. Effects of N, C and B addition on the Sm_2Fe_{17} crystal structure and magnetic properties. J Alloy Comp, 1995, 222: 131-135

[79] Chin T S, Wu M F, Chen S K. Magnetic viscosity of $Sm_2Fe_{17}N_x$ ($x=1.6-3.5$) alloys. J Alloy Comp, 1995, 222: 143-147

[80] Fujii H, Tatami K, Koyama K. Nitrogenation process in Sm_2Fe_{17} under various N_2-gas pressures up to 6 MPa. Journal of Alloy and Compounds, 1996, 236: 156-164

[81] Sun H, Tomida T, Makita K, et al. Nitrogenation process of Sm_2Fe_{17}. Journal of Alloy and Compounds, 1996, 237: 108-112

[82] Izumi H, Machida K, Adachi G. Electronic structure of $Sm_2Fe_{17}X_x$ ($X=C$ or N) calculated by DV-Xα method. J Alloy Comp, 1997, 259: 191-195

[83] Mommer N, Kubis M, Hirscher M, et al. Measurement of N and C diffusion in Sm_2Fe_{17} by magnetic relaxation. J Alloy Comp, 1998, 279: 113-116

[84] Kou X C. Coercivity of SmFeN permanent magnets produced by various techniques. J Alloy Comp, 1998, 279: 113-116

[85] Itoh M, Machida K, Nakajima H, et al. Nitrogen storage properties based on nitrogenation and hydrogenation of rare earth-iron intermetallic compounds R_2Fe_{17} ($R=Y$, Ce, Sm). J Alloy Comp, 1999, 288: 141-146

[86] Mikio I, Kazuhiko M, Toru S, et al. Effects of partial substitution of V and Ti for Fe on nitrogenation rate and magnetic properties of $Sm_2Fe_{17}N_x$ anisotropic coarse powders. J Alloy Comp 2003, 349: 334-340

[87] Edgley D S, Saje B, Platts A E, et al. The diffusion of nitrogen into Nb-modified Sm_2Fe_{17} powder. J Magn Magn Materl, 1994, 38: 6-14

[88] Zeng YW, Lu ZH, Tang N, et al. Structural, magnetic and microscopic physical properties of $(Sm, Pr)_2Fe_{17}$ and their nitrides. J Magn Magn Mater, 1995, 139: 11-18

[89] Zhao T S, Pang K S, Lee T W, et al. Exchange and crystalline electric fields in $Sm_2Fe_{17}N_x$. J Magn Magn Mater, 1995, 140/144: 989, 990

[90] Makihara Y, Fujii H, Tatami K. Thermal expansion anomalies in interstitial nitride $Sm_2Fe_{17}N_3$. J Magn Magn Mater, 1995, 140/144: 991, 992

[91] Martínez Li M, Wirth S, Wendhausen P A P, et al. Comparison of ac-and differential de-susceptibility of Zn-bonded $Sm_2Fe_{17}N_3$. J Magn Magn Mater, 1995, 140/144: 993, 994

[92] Wolf M, Wirth S, Wendharsen P A P, et al. Calculation of the crystal-field parameters of $Sm_2Fe_{17}N_3$ from the measured temperature dependence of K_1 and K_2. J Magn Magn Mater, 1995, 140/144: 995, 996

[93] Brennan S, Skomski R, Qi Q, et al. Is $Sm_2Fe_{17}N_x$ a two-phase system? J Magn Magn Mater, 1995, 140/144: 999, 1000

[94] Kobayashi K, Qi QN, Coey J M D. Magnetic properties of partially oxidized $Sm_2Fe_{17}N_x$. J

Magn Magn Mater,1995,140/144:1077,1078

[95] Skomski R,Kobayashi K,Brennan S,et al. $Sm_2Fe_{17}N_x$ with discontinuous nitrogen profiles. J Magn Magn Mater,1995,140/144:1079,1080

[96] Kobayashi K,Skomski R,Coey J M D. Dependence of coercivity on particle size in $Sm_2Fe_{17}N_3$ powders. J Alloy Comp,1995,222:1-7

[97] Saje B,Reinsch B,Kobe-Besemičar S,et al. Nitrogenation of Sm_2Fe_{17} alloy with Ta addition. J Magn Magn Mater,1996,157/158:76-78

[98] Kobayashi K,Givord D,Coey J M D. Magnetisation reversal in $Sm_2Fe_{17}N_3$ particles. J Magn Magn Mater,1996,157/158:97,98

[99] Brennan S,Rao X L,Skomski R,et al. Magnetic properties of $Sm_2Fe_{17}N_x$,$x=3.9$. J Magn Magn Mater,1996,157/158:510,511

[100] Shen N X,Zhang Y D,Budnick J I,et al. X-ray diffraction and magnetization studies on Sm_2Fe_{17} and its nitrides. J Magn Magn Mater,1996,162:265-270

[101] Kim D H,Kim T K,Park W S,et al. Magnetocrystalline anisotropy of$Sm_2Fe_{17}N_{2.8}$. J Magn Magn Mater,1996,163:373-377

[102] Ezekwenna P C,Shumsky M,James W J,et al. Thermal expansion anomalies in R_2Fe_{17} compounds before and after nitrogenation(R:Y and Sm). J Magn Magn Mater,1997,168:149-153

[103] Han X F,Zhang M C,Qiao Yi,et al. Hard magnetic properties of $Sm_3Fe_{26.7}V_xN_4$ and $Sm_3Fe_{26.7}V_xC_y$. J Magn Magn Mater,1999,192:314-320

[104] Kobayashi K,Ohmura M,Yoshida Y,et al. The origin of the enhancement of magnetic properties in $Sm_2Fe_{17}N_x$($0<x<3$). J Magn Magn Mater,2002,247:42-54

[105] Fujii H,Koyama K,Tatami K,et al. Recent development of basic magnetism in interstitially modified rare-earth iron nitrides $R_2Fe_{17}N_3$. Physica B,1997,237/238:534-540

[106] Mashimo T,Huang X S,Hirosawa S,et al. Effects of decomposition on the magnetic propety of shock-consolidated $Sm_2Fe_{17}N_x$ bulk magnets. Joural of materials Processing Technology,1999,85:138-141

[107] Hu BP,Rao X L,Xu JM,et al. Magnetic properties of sintered $Sm_2Fe_{17}N_y$ magnets. J Appl Phys,1993,74(1):489-494

[108] Melamud M,Bennett L H. Effect of nitrogen on the properties of hard magnets. J Appl Phys,1994,76(10):6044-6046

[109] Mikio I,Kazuhiko M,Toru S,et al. Magnetic properties of $Sm_2(Fe_{0.95}M_{0.05})_{17}N_x$($M=$ Cr and Mn) anisotropic coarse powders with high coercivity. J Appl Phys,2001,92(5):2641-2645

[110] Otani Y,Hurley D P F,Sun H,et al. Magnetic properties of a new family of ternary rare-earth iron nitrides $R_2Fe_{17}N_{3-\delta}$(invited). Journal of Applied Physis,1991,69(8):5584-5589

[111] Otani Yoshichika,Moukarika A,Sun H,et al. Metal bonded $Sm_2Fe_{17}N_{3-\delta}$magnets. J Appl Phys,1991,69(9):6735-6737

[112] Huang M Q, Zheng Y, Miller K, et al. Magnetism of (Sm, R) 2 Fe_{17} N_y (R＝Y, Tb, or mischmetal). J Appl Phys, 1991, 70(10): 6024-6029

[113] Endoh M, Iwata M, Tokunaga M. Sm_2 (Fe, M) $_{17}$ N_x compounds and magnets. J Appl Phys, 1991, 70(10): 6030-6032

[114] Christodoulou C N, Komada N. Atomic diffusion mechanism and diffusivity of nitrogen into Sm_2 Fe_{17}. J Appl Phys. 1994, 76(10): 6041-6043

[115] Suzuki S, Suzuki S, Kawasaki M. Magnetic properties of Sm_2 (Fe, V) $_{17}$ N_y coarse powder. J Appl Phys, 1994, 76(10): 6708-6710

[116] O'Donnell K, Kuhrt C, Coey J M D. Influence of nitrogen content on coercivity in remanence-enhanced mechanically alloyed Sm-Fe-N. J Appl Phys, 1994, 76(10): 7068-7070

[117] Piqu C, Burriel R, Fruchart D, et al. A heated-capacity study of the intermetallic compounds R_2 Fe_{17} X_y (R＝Er, Tm, Gd; X＝N, D). IEEE Trans Magn, 1994, 30(2): 604-606

[118] Tajima S, Hattori T, Kato Y. Influnce of milling conditions on magnetic properties of Sm_2 Fe_{17} N_3 particles. IEEE Trans Magn, 1995, 31(6): 3701-3703

[119] Gama S, Ribeiro C A, Colucci C C, et al. A detailed study of the nitrogenation of the Fe_{17} R_2 phases(R＝Sm, Gd, Ho and Tb). IEEE Trans Magn, 1995, 31(6): 3704-3706

[120] Rave W, Eckert D, Schfer R, et al. Interaction domains in isotropic, fine-grained Sm_2 Fe_{17} N_3 permanent magnets. IEEE Trans Magn, 1996, 32(5): 4362-4364

[121] Cabra F A O, Gama S, Morais E de, et al. Study of thermal decomposition mechanism of the Fe_{17} Sm_2 N_3. IEEE Trans Magn, 1996, 32(5): 4365-4367

[122] Wirth S, Wolf M, Muller K H, et al. Determination of crystal-field parameters of Sm_2 Fe_{17} N_3 and Sm_2 Fe_{17} C_3. IEEE Trans Magn, 1996, 32(5): 4746-4748

[123] Kapsuta C, Rosenburg M, Riedi P C, et al. Nuclear magnetic resonance study of the Sm_2 Fe_{17} N_x compounds. J Magn Magn Mater, 1994, 134: 106-112

[124] Arlot R, Lzumi H, Machida K, et al. Particle size dependence of the magnetic properties for zinc-coated Sm_2 ($Fe_{0.9}$ $Co_{0.1}$) $_{17}$ $N_{2.9}$ powders. J Magn Magn Mater, 1997, 172: 119-127

[125] Gebel A, Kubis M, Muller K H. Permanent magnets prepared from $Sm_{10.5}$ $Fe_{88.5}$ $Zr_{1.0}$ N_y without homogenization. J Magn Magn Mater, 1997, 174: L1-L4

[126] Brennan S, Skomski R, Coey J M D. Non-equilibrium gas-phase nitrogenation. IEEE Trans Magn, 1994, 30(2): 571-573

[127] Horiuchi H, Koike U, Kaneko H, et al. Decomposition behaviors and magnetic properties of Sm_2 (Fe_{1-x} Co_x) $_{17}$ M_yC and Sm_2 (Fe_{1-x} Co_x) $_{17}$ CN_2 (M＝Be, Mg, Al, Si, V, Cr, Mn, Ni, Ga, Ge, Mo, In, Taor W). J Alloy Comp, 1995, 222: 127-130

[128] Shen BG, Kong LS, Gong HY, et al. Magnetic harding ofSm_2 Fe_{17-x} Ga_x $C_{2.5}$ compounds. J Alloy Comp, 1995, 227: 82-85

[129] Kapusta C, Riedi P C, Lord J S, et al. Nuclear magnetic resonance study of the Sm_2 Fe_{17} carbides. J Alloy Comp, 1996, 235: 66-71

[130] Zhang SY, Shen BG, Cheng ZH, et al. Structure and magnetic properties of $Sm_2(Fe_{1-x}Co_x)_{16}GaC$ and $Sm_2(Fe_{0.8}Co_{0.2})_{16}GaC_y$ compounds. J Alloy Comp, 1997, 257: 1-4

[131] Jakubowicz J, Jurczyk M. Synthesis of Sm_2Fe_{17}-carbonitrides by mechanical grinding Sm_2Fe_{17} with pyrazine. J Alloy Comp, 1998, 266: 318-320

[132] Tang W, Zhang J R, Jin Z Q, et al. Studies on the structure and magnetic properties of $Sm_2(Fe, Al)_{17}C_y$ alloys with Zr additions. J Alloy Comp, 1998, 281: 56-59

[133] Geng D Y, Zhang Z D, Cui B Z, et al. Structure, phase transformation and magnetic properties of $Sm_y Fe_{100-1.5y}Co_{0.5y}$ alloys prepared by mechanical alloying and re-milling. J Alloy Comp, 1999, 291: 276-281

[134] Geng DY, Zhang ZD, Liu W, et al. Magnetic properties of $Sm(Fe, Ti)CN/\alpha$-Fe nanocomposites. J Alloy Comp, 2001, 329: 259-263

[135] Nehdi I, Abdellaoui M, Bessais L, et al. Structural and magnetic properties of $Sm_2 Fe_{17-x}Cr_x C_2$ nanocrystalline carbides with $0 < x < 2$. J Alloy Comp, 2003, 360: 14-20

[136] Cheng ZH, Shen BG, Zhang JX, et al. Effect of Al on the formation and magnetic properties of $Sm_2 Fe_{17}C_x$ ($x = 0 \sim 2.5$) prepared by arc-melting. Joural of Magnetism and Magnetic Materials, 1995, 140/144: 1075, 1076

[137] Shen BG, Gong HY, Cheng ZH, et al. Effects of Ga substitution on the hard magnetic properties of the $Sm_2 Fe_{17}C_{1.5}$ compounds. J Magn Magn Mater, 1996, 153: 332-336

[138] Zarek W. Influence of Si, Al and C on the crystal structure and magnetic properties of Sm_2Fe_{17}. J Magn Magn Mater, 1996, 157/158: 91, 92

[139] Li Z W, Morrish A H. Studies of spectra for gas-phase prepared $Sm_2 Fe_{17-x}Si_x C_y$. J Magn Magn Mater, 1996, 163: 193-198

[140] Tang W, Lu LY, Jin ZQ, et al. Formation, structure and magnetic hardening of Zr added $Sm_2(Fe, Al, Zr)_{17}C_{1.5}$ compounds. J Magn Magn Mater, 1998, 184: 209-214

[141] Zhang X Y, Zhang J W, Wang W K. Crystallization process of an amorphous $Sm_8 Fe_{85}Si_2 C_5$ alloy under high pressure. J Magn Magn Mater, 2000, 219: 199-205

[142] Zhang X Y, Zhang J W, Wang W K. Crystallization kinetics and phase transition under high-pressure of amorphous $Sm_8 Fe_{85}Si_2 C_5$ alloy. Acta mater, 2001, 49: 3889-3897

[143] Zhao T, De Boer F R, Buschow K H J. Investigation of magnetization reversal in Sm-Fe-Cu(Zr)-Ga-C nanocomposite magnets. J. Appl. Phys, 2000, 87(3): 1410-1414

[144] Isnard O, Miraglia S, Guillot M, et al. High field magnetization measurements of $Sm_2 Fe_{17}$, $Sm_2 Fe_{17}C_x$, and $Sm_2 Fe_{17}C_x H_{5-x}$. J Appl Phys, 1994, 76(10): 6035-6037

[145] Zhang SY, Zhang HW, Shen BG. Investigation of magnetization reversal in Sm-Fe-Cu(Zr)-Ga-C namocomposite magnets. J Appl Phys, 2000, 87(3): 1410-1414

[146] Mao O, Altounian Z, Strm-Olsen J O, et al. Soild-state phase transformation in nanocrystalline $R_2 Fe_{17}C_x$ compounds (R = Sm or Nd; $x = 0 \sim 1$). IEEE Trans Magn, 1996, 32(5): 4413-4418

［147］Chen ZM,Hadjipanayis G C. Effects of Cr substitution on the formation,stucture and magnetic properties of Sm_2(Fe,Cr)$_{17}$C$_x$ alloys. IEEE Trans Magn,1997,33(5):3856-3858

［148］Kapusta C,Figiel H,Stoch G,et al. NMR of Nd and Sm in $Nd_2Fe_{14}B$ and $Sm_2Fe_{14}B$. IEEE Trans Magn,1993,29(6):2893-2895

［149］Kim S R,Lin S H. Magnetostriction of rapidly quenched Sm-Fe-B alloys. J Alloy Comp,1997,258:163-168

［150］Liu Z,Ohsuna T,Hiraga K,et al. Structure change in Sm-Fe-B-Ti permanent magnet materials induced by HDDR process. J Alloy Comp,1999,288:277-285

［151］Le Breton J M,Crisan O. A Mössbauer investigation of amorphous Sm-Fe-B ribbons under applied field. J Alloy Comp,2003,351:59-64

［152］Crisan O,Le Breton J M,Machizaud F,et al. Crystallization processes and resulting phase structure of Sm-Fe-B melt-spun ribbons. J Magn Magn Mater,2002,242/245:1297-1299

［153］Handstein A,Kubis M,Gao L,et al. Thermostability and magnetic properties of Sm_2(Fe,M)$_{17}$(C,N)$_y$(M=Ga,Al and Si). J Magn Magn Mater,1999,192:281-287

［154］Kou X C,Grossinger R,Katter M,et al. Intrinsic magnetic properties of $R_2Fe_{17}C_yN_x$ compounds(R=Y,Sm,Er,and Tm). J Appl Phys,1991,70(4):2272-2282

［155］钟文定. 铁磁学(中册). 北京:科学出版社,2000

［156］高汝伟,代由勇,陈伟,等. 纳米晶复合永磁材料的交换耦合相互作用和磁性能. 物理学进展,2001,21(2):131-155

［157］Kneller E F,Hawig R. The exchange-spring magnet:a new material principle for permanent magnets. IEEE Trans Magn,1991,27(4):3588-3600

［158］Skomski R,Coey J M D. Nucleation field and energy product of aligned two-phase magnets-progress towards the 1 MJ/m^3 magnet. IEEE Trans Magn,1993,29(6):2860-2862

［159］O'Donnell K,Skomski R,Coey J M D,et al. Structural imaging of mechanically alloyed remanence-enhanced $Sm_2Fe_{17}N_3$/α-Fe. J Magn Magn Mater,1996,157/158:79,80

［160］Ding J,McCormick P G,Street R. Remanence enhancement in mechanically alloyed isotropic Sm_7Fe_{93}-nitride. J Magn Magn Mater,1993,124:1-4

［161］Mikio I,Hiroki Y,Kazuhiko M,et al. $Sm_2Fe_{17}N_x$+α-Fe anisotropic composite powders prepared by Sm evaporation and mechanical grinding in NH_3. Scripta Materialia,2002,46:695-698

［162］Kaszuwara W,Leonowicz M,Kozubowski J A. The effect of tungsten addition on the magnetic properties and microstructure of SmFeN-α-Fe nanocomposites. Materials Letters,2000,42:383-386

［163］Hidaka T,Yamamoto T,Nakamura H,et al. High remanence(Sm,Zr)Fe$_7$N$_x$+α-Fe nanocomposite magnets through exchange coupling. J Appl Phys,1998,83(11):6917-6919

［164］Wu Y O,Ping D H,Hono K. Microstructural characterization of anα-Fe/Nd_2Fe_{14}B nanocomposite magnet with a remaining amorphous phase. J Appl Phys,2000,87(12):

8658-8665

[165] Wang Z C, Davies H A, Zhou S Z. Effect of C content on the formation and magnetic properties of $Nd_2Fe_{14}(BC)/\alpha$-Fe nanocomposite magnets. J Appl Phys, 2002, 91(6):3769-3774

[166] Neu V, Schultz L. Two-phase high-performance Nd-Fe-B powders prepared by mechanical milling. J Appl Phys, 2001, 89(1):1540-1544

[167] Withanawasam L, Murthy A S, Hadjipanayis G C. Hysteresis behavior and microstucture of exchange coupled $R_2Fe_{14}Bl/\alpha$-Fe Magnets. IEEE Trans Magn, 1995, 31(6):3608-3610

[168] Liu J F, Davies H A. Magnetic properties of cobalt substituted $Nd_2Fe_{14}B/\alpha$-Fe nanocomposite magnets processed by overquenching and annealing. J Magn Magn Mater, 1996, 157/158:29, 30

[169] Yang C J, Park E B. Mössbauer study on $Nd_2Fe_{14}B/Fe_3B$ composite magnet treated by an external magnetic field. J Magn Magn Mater, 1997, 168:278-284

[170] Jurczyk M, Jakubowicz J. Nanocomposite $Nd_2(Fe, Co, Cr)_{14}B/\alpha$-Fe materials. J Magn Magn Mater, 1998, 185:66-70

[171] Gao YH, Zhu JH, Yang CJ, et al. Thermomagnetic behavior of $Nd_2Fe_{14}B/Fe_3B$ based nanocomposite magnets. J Magn Magn Mater, 1998, 186:97-103

[172] Xiao Q F, Zhao T, Zhang Z D, et al. Effect of grain size and magnetocrystalline anisotropy on exchange coupling in nanocomposite two-phase Nd-Fe-B magnets. J Magn Magn Mater, 2001, 223:215-220

[173] Wang ZC, Zhang MC, Zhou SZ, et al. Beneficial effects of Cu substitution on the microstructures and magnetic properties of $Pr_2(FeCo)_{14}B/\alpha$-(FeCo) nanocomposites. J Alloy Comp, 2000, 309:212-218

[174] Chen Z M, Okumura H, Hadijipanayis G C, et al. Enhancement of magnetic properties of manocomposite $Pr_2Fe_{14}B/\alpha$-Fe magnets by small substitution of Dy for Pr. J Appl Phys, 2001, 89(1):2299-2303

[175] Geng DY, Zhang ZD, Cui BZ, et al. Nano-colposites $SmFe_7C_x/\alpha$-Fe permanent magnet. J Magn Magn Mater, 2001, 224:33-38

[176] Zhang X Y, Zhang J W, Wang W K. Effect of pressure on the microstructure of α-Fe/Sm_2 $(Fe, Si)_{17}(Fe, Si)_{17}C_x$ nanocomposite magnets. J Appl Phys, 2001 89(1):477-481

[177] Coey J M D. Permanent magnet applications. J Magn Magn Mater, 2002, 248(3):441-456

[178] Overshott K J. Magnetism: it is permanent. Science, Measurement and Technology, IEE Proceedings A, 1991, 138(1):22-30

[179] 李国栋. 1995—1996 年国际磁学进展综述. 金属材料研究, 1997, 23(1):35-42

[180] 李国栋. 2000—2001 年磁学新进展综述. 金属材料研究, 2002, 28(1):1-7

[181] 李国栋. 2000—2001 年金属磁性功能材料新进展. 金属功能材料, 2002, 9(2):1-3

[182] 计齐根, 都有为, 戴玉萍, 等. 纳米复合磁性材料的研究现状. 金属功能材料, 1999, 6(2):49-54

[183] 杨仕清,彭斌,张万里,等. 纳米晶稀土永磁材料的理论、制备及应用研究. 大自然探索, 1999,18(70):56-61

[184] 吴安国. $Sm_2Fe_{17}N_y$ 型稀土永磁材料的最近进展(一). 磁性材料及器件,1997,28(1):46-52

[185] 吴安国. $Sm_2Fe_{17}N_y$ 型稀土永磁材料的最近进展(二). 磁性材料及器件,1997,28(2):31-36

[186] Buschow K H J. Trends in rare earth permanent magnets. IEEE Trans Magn,1994 30(2): 565-570

[187] Wallace W E, Huang M Q. Magnetism of intermetallic nitrides: a review. IEEE Trans Magn,1992,28(5):2312-2315

[188] Ray A E. A revised model for the metallurgical behavor of 2:17-type permanent magnet alloys. Journal of Applied Physis,1990,67(9):4972-4977

[189] Kou X C,de Boer F R,Grössinger R,et al. Magnetic anisotropy and magnetic phase transitions in R_2Fe_{17} with R=Y,Ce,Pr,Nd,Sm,Gd,Tb,Dy,Ho,Er,Tm and Lu. J Magn Magn Mater,1998,177-181:1002-1007

[190] Hu JF,Zhao TY,Guo HQ,et al. Diffusion process of nitrogen in Sm_2Fe_{17}. J Alloy Comp, 1995,222:113-116

[191] Fujii H,Sun H. Handbook of Magnetic Materials,Vol 9. Amsterdam:North-Holland,1995

[192] Ezekwenna P C,Shumsky M,James W J,et al. Thermal expansion anomalies in R_2Fe_{17} compounds before and after nitrogenation(R:Y and Sm). J Magn Magn Mater,1997,168: 149-153

[193] Uchida H,Ishikawa K,Suzuki T,et al. Synthesis of NH_3 on Fe,Sm and Sm_2Fe_{17} surfaces. J Alloy Comp,1995,222:153-159

[194] Iriyama T,Kobayashi K,Imaoka N,et al. Effect of nitrogen content on magnetic properties of $Sm_2Fe_{17}N_x(0<x<6)$. IEEE Trans Magn,1992,28(5):2326-2331

[195] Clarke J C,Gutfleisch O,Sinan S A,et al. The disproportionated structure of Sm_2Fe_{17} observed by high resolution scanning electron microscopy. J Alloy Comp,1996,232:L12-L15

[196] Teresiak A,Uhlemann M,Kubis M,et al. Study of hydrogenation of $Sm_2Fe_{17-y}Ga_y$ by means of X-ray diffraction. J Alloy Comp,2000,305:298-305

[197] Zinkevich M,Mattern N,Handstein A,et al. Thermodynamics of Fe-Sm,Fe-H,and H-Sm systems and its application to the hydrogen-disproportionation-desorption-recombination (HDDR) process for the system $Fe_{17}Sm_2-H_2$. J Alloy Comp,2002,339:118-139

[198] Sartorelli M L,Kleinschroth I,Kronmüller H. Magnetic aftereffect in $Sm_2Fe_{17}H_x$ and $Sm_2Fe_{17}D_x$. J Magn Magn Mater,1995,140/144:997,998

[199] Kapusta C,Lord J S,Riedi P C. NMR study of the Sm_2Fe_{17} hydrides. J Magn Magn Mater, 1996,159:207-210

[200] 罗广圣,贺伦燕. 金属间化物$(Sm_{1-x}Dy_x)_2Fe_{17}N_y$中的各向异性机制探讨. 稀土,1995,16 (5):34-38

[201] Tegus O,Lu Y,Tang N,et al. Magnetic properties of$(Sm_{1-x}R_x)_2Fe_{17}N_y(R=Dy,Er)$com-

pounds. IEEE Trans Magn,1992,28(5):2581-2583

[202] 罗广圣,贺伦燕,曾贻伟. (Sm$_{1-x}$Y$_x$)$_2$Fe$_{17}$N$_y$的 Mössbauer 谱研究. 金属学报,1996,32(3):328-332

[203] 张敏刚,郭东城,孔海旺,等. Nd$_2$Fe$_{14}$B/α-Fe 纳米晶双相复合永磁合金. 金属学报,1999,35(7):777-780

[204] 林国标. (Sm$_{1-x}$Pr$_x$)$_2$(Fe$_{1-z}$V$_z$)$_{17}$N$_y$各向异性磁粉磁性能. 有色金属,1997,49(3):87-89

[205] Kubis M,Brown D N,Gutfleisch O,et al. Effect of small Zr additions on the microstructure of Sm$_2$Fe$_{17}$. IEEE Trans Magn,2000,36(5):3303-3305

[206] Chen X,Altounian Z,Ström-Olsen J O. Structural stability of Sm$_2$Fe$_{17}$ based carbides under nitrogenation. J Magn Magn Mater,1997,167:80-86

[207] Moukarika A,Papaefthymiou V,Bakas T,et al. X-ray Mössbauer studies of Sm-Fe-Nb(Zr) (2:17:2) alloys and their nitrides. J Magn Magn Mater,1996,163:109-116

[208] Sinan S A,Edgley D S,Harris I R,et al. Effect of additions of Nb to Sm$_2$Fe$_{17}$-based cast alloys. J Alloy Comp,1995,226:170-173

[209] Sinan S A,Neiva A C,Harris I R. Prepartion of Sm$_{10.2}$Fe$_{85.4}$Nb$_4$ nitride-based permanant magnet by HDDR process. J Magn Magn Mater,1996,157/158:101,102

[210] Shcherbakova Y V,Ivanova G V,Mushnikov N V,et al. Magnetic properties of Sm$_2$(Fe,Ti)$_{17}$ compounds and their nitrides with Th$_2$Zn$_{17}$ and Th$_2$Ni$_{17}$ structures. J Alloy Comp,2000,308:15-20

[211] Cao L Z,Shen J,Chen N X. Theoretical study of the phase stability and site preference for R$_3$(Fe,T)$_{29}$(R=Nd,Sm;T=V,Ti,Cr,Cu,Nb,Mo,Ag). J Alloy Comp,2002,336:18-28

[212] 周寿增,杨俊,张茂才,等. Sm$_2$(Fe$_{1-x}$Cr$_x$)$_{17}$N$_{2.7}$永磁材料的结构与磁性能. 金属学报,1994,30(2):B72-B76

[213] Hadjipanayis G C,Tang W,Zhang Y,et al. High temperature 2:17 magnets:relationship of magnetic properties to microstructure and processing. IEEE Trans Magn,2000,36(5):3382-3387

[214] Nakamura H,Sugimoto S,Tanaka T,et al. Effects of additional elements on hydrogen absorption and desorption characteristics of Sm$_2$Fe$_{17}$ compounds. J Alloy Comp,1995,222:13-17

[215] Wall B,Katter M,Rodewald W,et al. Dependence of the magnetic properties pf Zn bonded Sm$_2$Fe$_{17}$N$_x$ magnets on the particle size distribution. IEEE Trans Magn,1994,30(2):675-677

[216] Kawamoto A,Ishikawa T,Yasuda S,et al. Sm$_2$Fe$_{17}$N$_3$ magnet powder made by reduction and diffusion method. IEEE Trans Magn,1999,35(5):3322-3324

[217] Vasilyev E,Januszewski D,Leonowicz M. Mechanically alloyed Sm-Fe-N magnets with addition of Ga. IEEE Trans Magn,1997,33(5):3853-3855

[218] Sasaki I,Fujii H,Okada H. Coercivity of Sm$_2$Fe$_{17}$N$_3$ particles prepared by mechanically

grinding without exposing in air. IEEE Trans Magn,1999,35(5):3319-3321

[219] Liu W,Wang Q,Sun X K,et al. Metastable Sm-Fe-N magnets prepared by mechanical alloying. J Magn Magn Mater,1994,131:413-416

[220] Xu H,He KY,Cheng LZ. Changes of structural and magnetic properties for a mixture of α-Fe and Fe_3N powders during mechanical alloying process. J Magn Magn Mater,1997, 174:316-320

[221] Okada M,Saito K,Nakamura H,et al. Microstructure evolutions during HDDR phenomena in $Sm_2Fe_{17}N_x$ compounds. J Alloy Comp 1995,231:60-65

[222] Mommer N,Lier J van,Hirscher M,et al. Hydrogen diffusion in Sm 2Fe 17and Sm_2Fe_{14} Ga_3 compounds. J Alloy Comp,1998,270:58-62

[223] Kubis M,Gutfleisch O,Gebel B,et al. Influence of M=Al,Ca and Si,Ga and Si on microstructure and HDDR-processing of $Sm_2(Fe,M)_{17}$ and magnetic properties of their nitrides and carbides. J Alloy Comp,1999,283:296-303

[224] Sugimoto S,Maeda T,Book D,et al. GHz microwave absorption of a fine α-Fe structure produced by thedisproportionation of Sm_2Fe_{17} in hydrogen. J Alloy Comp,2002,330/332: 301-306

[225] Dempsey N M,Wendhausen P A P,Gebel B,et al. Improvement of the magnetic properties of HDDR $Sm_2Fe_{17}N_3$. J Magn Magn Mater,1996,157/158:99,100

[226] Zhao X G,Zhang ZD,Sun X K,et al. Structural and magnetic properties of $Sm_2(Fe_{1-x}$ $Ti_x)_{17}$($x=0\sim0.1$) alloys prepared by hydrogenation processes and their nitrides. J Magn Magn Mater,2000,208:231-238

[227] Kubis M,Gutfleisch O,Müller K H,et al. Microstructure and HDDR-processing of as-cast $Sm_{10.5}Fe_{88.5}Zr_{1.0}$. J Magn Magn Mater,1999,196/197:297,298

[228] Han XF,Xu RG,Wang XH,et al. Structural and magnetic properties of hydrides R_3Fe_{29-x} V_xH_y(R=Y,Ce,Nd,Sm,Gd,Tb,and Dy). J Magn Magn Mater,1998,190:257-266

[229] Kwon HW. Experimental study of Hopkinson effect in HDDR-treated $Nd_{15}Fe_{77}B_8$ and Sm_2 $Fe_{17}N_x$ materials. J Magn Magn Mater,2002,239:447-449

[230] McGuiness P J,Žužek K,Podmiljšak B,et al. Magnetic monitoring of the hydrogenation-decomposition-desorption-recombination process in SmFe-based alloys. J Magn Magn Mater,2002,251:207-214

[231] Shield J E. Phase formation and crystallization behavior of melt spun Sm-Fe-based alloys. J Alloy Comp,1999,291:222-228

[232] Yamamoto T,Hikada T,Yoneyame H,et al. Peoceeding of the Fourteenth International Workshop on Rare-Earth magnets and Their Applications. Singapore:World Scientific,1996

[233] Mashimo T,Huang XS,Hirosawa S,et al. Magnetic properties of fully dense $Sm_2Fe_{17}N_x$ magnets prepared by shock compression. J Magn Magn Mater,2000,210:109-120

[234] Hu JF,Yang FM,Zhao TY,et al. Hard magnetic behavior of$Sm_2Fe_{17}N_x$ and Nd(Fe,Mo)$_{12}$

N_x epoxy resin-bonded materials. J Alloy Comp,1995,222:103-106

[235] Suzuki S,Miura T,Kawasaki M. $Sm_2Fe_{17}N_x$ bonded magnets with high performance. IEEE Trans Magn,Volume:1993,29(6):2815-2817

[236] Reinsch B,Stadelmaier H H,Petzow G. The source of free iron in zinc-bonded permanent magnets based on $Sm_2Fe_{17}N_x$. IEEE Trans Magn,1993,29(6):2830-2832

[237] Wall B,Katter M,Rodewald W,et al. Dependence of the magnetic properties of Zn bonded $Sm_2Fe_{17}N_x$ magnets on the particle size distribution. IEEE Trans Magn,1994,30(2): 675-677

[238] Kou X C,Sinnecker E H C P,Grossinger R,et al. Coercivity mechanism of Zn-bonded iso-tropic $Sm_2Fe_{17}N_x$ permanent magnets prepared by HDDR. IEEE Trans Magn,1995,31 (6):3638-3640

[239] Araújo R C,Alves C S,Coelho A A,et al. Effects of Sn deposition and plasma sintering on the magnetic properties of SmFe nitride compound. Journal of Magnetismand Magnetic Materials,2001,226-230:1449-1451

[240] Yoshizawa S,Ishikawa T,Kaneko I,et al. Injection molded $Sm_2Fe_{17}N_3$ anisotropic magnet using reduction and diffusion method. IEEE Trans Magn,1999,35(5):3340-3342

[241] Izumi H,Machida K,Iguchi M,et al. Coercivity of Zn evaporation-coated $Sm_2Fe_{17}N_x$ fine powder and its bonded magnets. J Alloy Comp,1997,261:304-307

[242] Machida K,Nakatani Y,Adachi G. High-pressure sintering characteristics of $Sm_2Fe_{17}N_x$ powder. Appl Phys Lett,1993,62:2874-2876

[243] 杨应昌. 具有 $ThMn_{12}$ 型结构的 R-Fe 金属间化合物研究. 自然科学进展,1992,5:423-428

[244] Yang YC,Zhang XD,Kong LS,et al. Magnetocrystalline anisotropies of $RFe_{11}TiN_x$ com-pounds. Applied Physics Letters,1991,58:2042-2047

[245] Yang YC,Zhang X,Yang J,et al. Magnetic and crystallographic properties of novel Fe-rich rare earth nitrides of the type $RTiFe_{11}N_{1-\delta}$. J Appl Phys,1991,70:6001-6006

[246] Hu BP,Li HS,Coey J M D. Relationship between $ThMn_{12}$ and Th_2Ni_{17} structure type in the $YFe_{11-x}Ti_x$ alloy series. J Appl Phys,1990,67(9):4838-4844

[247] Nasunjiegal B,Yang FM,Tang N,et al. Novel permanent magnetic material:$Sm_3(Fe,Ti)_{29}$ N_y. J Alloy Comp,1995,222:57-61

[248] Sherbakova Y V,Ivanova G V,Bartashevich M I,et al. Magnetocrystalline anisotropy and exchange interaction in the novel $R_3(Fe,V)_{29}$ compounds($R=Y,Nd,Sm$). J Alloy Comp,1996,240:101-106

[249] Ivanova G V,Makarova G M,Shcherbakova Y V. Peculiarities of the $R_3(Fe,Si)_{29}$ phase formation in the Sm-Fe-Si system. J Alloy Comp,1997,260:139-142

[250] Kwon HW. Kinetic study of the hydrogen-assisted disproportionation and recombination of $Sm_3(Fe,Co,V)_{29}$-type magnetic alloy. J Alloy Comp,2001,327:206-209

[251] Shah V R,Markandeyulu G,Rama R K V S,et al. Structural and magnetic properties of

$(Sm_{1-x}Pr_x)_3Fe_{27.5}Ti_{1.5}[x=0.2,0.5,0.8,1.0]$ and their nitrides. J Alloy Comp,2003,
352:6-15

[252] Wang WQ,Wang JL,Li WX,et al. Structural and magnetic properties of $Sm_3(Fe_{1-x}$ $Co_x)_{29-y}Cr_y$ compounds. J Alloy Comp,2003,358:12-16

[253] Papaefthymiou V,Yang F M,Hadjipanayis G C. Mossbauer studies of $R_3(Fe,Ti)_{29}$ compounds. J Magn Magn Mater,1995,140/144:1101,1102

[254] Muller K H,Dunlop J B,Handstein A,et al. Permanent magnet properties of $Sm_3(Fe_{0.93}$ $Ti0.07)_{29}N_x(x=C$ or N) Germany and Australia. J Magn Magn Mater,1996,157/158: 117,118

[255] Pan H G,Yang F M,Chen C P,et al. Formation and magnetic properties of $R_3(Fe,Mo)_{29}$ intermetallic compounds(R=Nd,Sm and Gd). J Magn Magn Mater,1996,159:352-356

[256] Koyama K,Fujii H,Suzuki S. Magnetic properties of interstitially modified compounds $Sm_3(Fe,M)_{29}Z_x$ (M=Ti,V,Cr and Z=H or N). J Magn Magn Mater,1996,161:118-126

[257] Pan HG,Chen Y,Chen CP. Magnetic propeties of $R_3(Fe,Mo)_{29}$ (R=Sm and Y) with Ga substituted for Fe. J Magn Magn Mater,1997,170:179-183

[258] Paoluzi A,Pareti L,Albertini F,et al. Magnetocrystalline anisotropy in $RE_3(FeTi)_{29}$ (RE= Sm,Y) intermetallics. J Magn Magn Mater,1999,196/197:840-842

[259] Tajima S,Hattori T,Kato Y. Influence of milling conditions on magnetic properties of Sm_2 $Fe_{17}N_3$ particles. IEEE Trans Magn,1995,31(6):3701-3703

[260] Kataoka M,Satoh T,and Otsuki E. Structure and magnetic properties of $Sm_3(Fe,V)_{29}N_x$. J Appl Phys,1999,85(8):4675-4677

[261] Courtois D,Li HS,Cadogan J M. Determination of the easy magnetisation diretion by X-ray diffraction analysis at room temperature in the $R_3(Fe,M)_{29}$ compounds:R=Nd,Sm, Gd,Dy and:M=Ti and V. Pergamon solid state coµmunications,1996,98(6):565-570

[262] Pan HG,Yang FM,Chen CP,et al. The intrinsic magnetic properties of novel $R_3(FeMo)_{29}$ compounds. Pergamon Solid State Communications,1996,98(3):259-263

[263] Johnson Q,Smith G S. Laurence Radiation lab. Rept UCRL-71094,1968

[264] Collocott S J,Day R K,Dunlop J B. Preparation and properties of Fe-rich Nd-Fe-Ti inter-matallic compounds and their nitrides//The University of Westen Australia. Hi-perm Lab-otatory. 7th inter,Symposium on Magnetic Anisotropy and Coercivity in Rare Earth Transi-tion Metal,Alloys ,Canberra,Australia,1992:437

[265] Li H S,Cadogen J M,Davis R L,et al. Structural properties of a novel magnetic ternary phase:$Nd_3(Fe_{1-x}Ti_x)_{29}$ (0.04≤x≤0.06). Solid State Coµmon,1994,90:487

[266] Hu Z,Yelon W B. Magnetic and crystal structure of the novel compound $Nd_3Fe_{29-x}Ti_x$. J Appl Phys,1994,76:6147

[267] Kim H T,Xiao Q F,Zhang Z D,et al. Phases of melt-spun $Sm_{1-x}Fe_{7+x}$ alloys and magnetic properties of their nitrodes. J Magn Magn Mater,1997,173:295-301

[268] Wang K Y, Wang Y Z, Hu B P. Magnetic properties of Sm-Fe-Ti and its nitrides with Tb-Cu$_7$-type structure. Physica B, 1994, 203:54-58

[269] Suzuki S, Yamamoto H. Magnetic properties of melt-spun Sm$_{10}$(Fe, V)$_{90}$N$_y$ with TbCu$_7$-type structure. IEEE Trans Magn, 1995, 31(1):902-905

[270] Yang YC, Kong LS, Sun SH, et al. Intrinsic magnetic properties of SmTiFe$_{10}$. Journal of Applied Physis, 1988, 63(8):3702, 3703

[271] Ishizaka C, Yoneyama T, Fukuno A. Magnetic properties and phase transfer of SmFe$_2$ and SmFe$_3$ intermetallic compounds by nitrogenation. IEEE Trans Magn, 1993, 29(6):2833-2835

[272] Yau J M, Cheng K H, Lin C H, et al. Magnetic properties of SmFe$_3$ and its hydrogenation and nitrogenation. IEEE Trans Magn, 1993, 29:2851-2853

[273] Samata H, Uchida T, Shimizu Y, et al. Magnetic proeperties of Sm$_6$Fe$_{23}$ crystal. J Alloy Comp, 2001, 322:37-41

[274] Zhao G P, Ong C K, Feng Y P, et al. Remanence enhancement of single-phased isotropic nanostructured permanent magnets. J Magn Magn Mater, 1999, 192:543-552

[275] Kneller E F, Hawig R. The exchange-spring magnet: a new material principle for permanent magnets. IEEE Trans Magn, 1991, 27(4):3588-3600

[276] Fischer R, Schrefl T, Kronmüller H, et al. Grain-size dependence of remanence and coercive field of isotropic nanocrystalline composite permanent magnets. J Magn Magn Mater, 1996, 153:35-49

[277] Fukunaga H, Inoue H. Jpn J Appl Phs, 1992, 31:1347-1352

[278] Ma Y L, Liu Y, Li J, et, al. Microstructure and magnetic properties of bulk magnets Nd$_{14-x}$Fe$_{76+x}$Co$_3$Zr$_1$B$_6$ ($x=0, 0.5, 1$) prepared by spark plasma sintering. Journal of Rare Earths, 2009, 27(6):1023-1026

[279] Liu J F, Davies H A. Magnetic properties of cobalt substituted Nd$_2$Fe$_{14}$B/α-Fe nanocomposite magnets processed by overquenching and annealing. Journal of Magnetism and Magnetic Materials, 1996, 157:29, 30

[280] 高汝伟, 代由勇, 陈伟, 等. 纳米晶复合永磁材料的交换耦合相互作用和磁性能. 物理学进展, 2001, 21(2):131-155

[281] 尤俊华, 邱克强, 李庆达, 等. 各向异性 Nd$_{12.5}$Fe$_{68.9-x}$Co$_{12}$Ga$_x$Zr$_{0.1}$B$_{6.5}$ 磁粉研究. 功能材料, 2010, 41(6):1079-1082

[282] Schrefl T. Remanence and coercivity in isotropic nanocrystalline permanent magnets. Physical Review B, 1994, 49:6100-6110

[283] Schrefl T, Fidler J. Micromagnetic simulation of magnetizability of nanocomposite Nd-Fe-B magnets. Journal of Applied Physics, 83(11):6262-6264

[284] Feng W C, Gao R W, Yan S S, et al. Effects of phase distribution and grain size on the effective anisotropy and coercivity of nanocomposite Nd$_2$Fe$_{14}$B/α-Fe magnets. Journal of Ap-

plied Physics,2005,98,044305:1-5

[285] Kuma J,Kitajima N,Kanai Y,et al. Maximum energy product of isotropic Nd-Fe-B-based nanocomposite magnets. Journal of Applied Physics,83(11):6623-6625

[286] 陈伟,刁树林,赵旭. 一种高性能纳米复合永磁材料及其制备方法:中国,200710185573. 6[P/OL]. 2008-09-03

[287] 张士岩,徐晖,谭晓华,等. 一种纳米晶复合永磁合金及其制备方法:中国,200710043776. 1[P/OL].

[288] 张久兴,李永利,岳明,等. $Nd_2Fe_{14}B/Fe$ 双相纳米晶复合永磁材料制备方法:中国, 200610089122. 8[P/OL]. 2007-01-03

[289] 白书欣,张虹,陈柯,等. 含钛、碳的 Re-Fe-B 基高性能纳米复合永磁材料:中国, 200610031653. 1[P/OL]. 2006-11-08

[290] 胡连喜,王尔德,石刚,等. 一种制备 $Nd_2Fe_{14}B/\alpha$-Fe 纳米双相永磁材料粉末的方法:中国, 200610009638. 7[P/OL]. 2006-07-19

[291] 岳明,张久兴,田猛,等. 稀土铁系双相纳米晶复合永磁材料的制备方法:中国, 200510087114. 5[P/OL]. 2006-02-22

[292] 都有为,李山东. 纳米复合稀土永磁材料的热处理方法:中国,200510123111. 2[P/OL]. 2006-08-02

[293] 张湘义,李伟. 一种高性能纳米晶复合永磁合金:中国,200410104243. 6[P/OL]. 2005-06-02

[294] Arlot R,Lzumi H,Machida K,et al. Particle size dependence of the magnetic properties for zinc-coated $Sm_2(Fe_{0.9}Co_{0.1})_{17}N_{2.9}$ powders. J Magn Magn Mater,1997,172:119-127

[295] 潘振东. 稀土铁系纳米复合永磁合金粉末及其制造方法:中国,01123722. 8[P/OL]. 2002-05-01

[296] Sakuma N,Shoji T. Production method for nanocomposite magnet:WO,2008065539 [P/OL]. 2008-06-05

[297] Kanekiyo H,Miyoshi T,Hirosawa S. Iron-based rare-earth-containing nanocomposite magnet and process for producing the same:WO,2006101117[P/OL]. 2006-09-28

[298] 刘 S,李 D. 纳米复合永磁体:中国,200480039473. 7[P/OL]. 2007-05-09

[299] Miyoshi T,Kanekiyo H. Nanocomposite magnet and method for producing the same Publication number:US,2005040923[P/OL]. 2005-02-24

[300] Shigemoto Y,Hirosawa S,Miyoshi T. Nano-composite magnet,quenched alloy for nano-composite magnet,and method for producing them and method for distinguishing them: US,2007131309[P/OL]. 2007-06-14

[301] Miyoshi T,Kanekiyo H,Hirosawa S. Method for producing nanocomposite magnet using atomizing method:US,2004194856[P/OL]. 2004-10-07

[302] Nishiuchi T,Hirozawa S,Miyoshi T. Method of producing hot molded type nanocomposite magnet:JP,2004339527[P/OL]. 2004-12-02

［303］Nishiuchi T. R-FE-B nanocomposite magnet powder：JP，2004111540［P/OL］. 2004-04-08

［304］Kanekiyo H，Miyoshi T，Hirosawa S. Nanocomposite magnet and method for producing same：US，2003019546［P/OL］. 2003-01-30

［305］Ono H，Tayu T，Shimada M. Nanocomposite magnet and manufacturing method thereof：JP，2003309005［P/OL］. 2003-10-31

［306］张湘义，王文魁. $Sm_2(Fe,Si)_{17}C_x/\alpha$-Fe 复合超细纳米昌永磁材料的制备方法：中国，02119590. 0［P/OL］. 2002-12-18

［307］Zhang J. Takahashi Y，Gopalan R. Nanocomposite magnet and process for producing the same：WO，2006064937［P/OL］. 2006-06-22

［308］刘伟，张志东，孙校开，等. 一种纳米复合稀土永磁薄膜材料及其制备：中国，01133311. 1［P/OL］. 2003-04-23

［309］文玉华，严密，罗伟. 高能气雾化法 $Fe_3B/R_2Fe_{14}B$ 纳米复合永磁粉末及制备方法：中国，200410025647. 6［P/OL］. 2005-03-16

［310］孙光飞，陈菊芳. 一种纳米复合稀土永磁合金及其制备方法：中国，01130782. X［P/OL］. 2003-03-19

［311］Coey J M D. Interstitial intermetallics. J Magn Magn Mater，1996，159(1/2)：80-89

［312］Zhang Y D，Budnick J I，Hines W A. J Appl Phys，1996，79：4596

［313］Coey J M D，Ariando，Pickett W E. Magnetism at the edge：new phenomena at oxide interfaces. MRS Bulletin，2013，38(12)：1040-1047

彩　　图

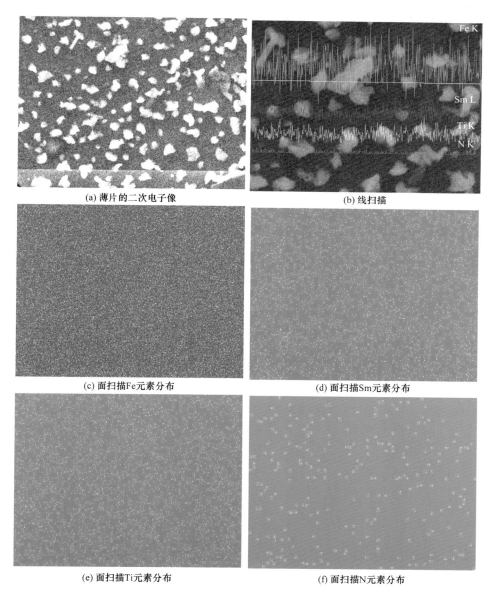

(a) 薄片的二次电子像

(b) 线扫描

(c) 面扫描Fe元素分布

(d) 面扫描Sm元素分布

(e) 面扫描Ti元素分布

(f) 面扫描N元素分布

图 14.25　退火态 $Sm_{10}Fe_{84}Ti_6$ 薄带 750℃晶化后,500℃氮化 6h 的显微组织观察结果

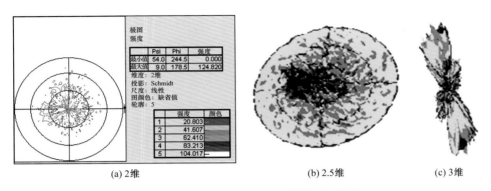

极图
强度

	Psi	Phi	强度
最小值	54.0	244.5	0.000
最大值	9.0	178.5	124.820

维度: 2维
投影: Schmidt
尺度: 线性
图颜色: 缺省值
轮廓: 5

	强度	颜色
1	20.803	
2	41.607	
3	62.410	
4	83.213	
5	104.017	

(a) 2维 　　　　　　　　(b) 2.5维 　　　　(c) 3维

图 14.27 　压制 $Sm_{10}Fe_{84}Ti_6N_x$ 薄带的织构分析